水电工程高陡边坡施工技术

吴旭　向建　赵海洋　熊海华　编著

中国水利水电出版社
www.waterpub.com.cn
·北京·

内 容 提 要

本书以锦屏一级水电站左岸高陡边坡施工技术为主线，结合其他工程施工的典型实例，阐述了水电工程高陡边坡关键施工技术。全书共分为 6 章，包括：概论，施工规划，开挖控制施工技术，边坡治理施工技术，边坡施工安全预警预控技术，特殊地质边坡稳定控制与治理技术等。

本书可供从事边坡工程的工程技术人员阅读参考，也可作为相关专业大专院校师生的参考资料。

图书在版编目（CIP）数据

水电工程高陡边坡施工技术 / 吴旭等编著. -- 北京：
中国水利水电出版社，2020.10
ISBN 978-7-5170-9068-7

Ⅰ．①水… Ⅱ．①吴… Ⅲ．①水利水电工程－边坡－
工程施工 Ⅳ．①TV5

中国版本图书馆CIP数据核字(2020)第206444号

书　　名	**水电工程高陡边坡施工技术** SHUIDIAN GONGCHENG GAO - DOU BIANPO SHIGONG JISHU	
作　　者	吴旭　向建　赵海洋　熊海华　编著	
出版发行	中国水利水电出版社 （北京市海淀区玉渊潭南路 1 号 D 座　100038） 网址：www. waterpub. com. cn E - mail：sales@waterpub. com. cn 电话：(010) 68367658（营销中心）	
经　　售	北京科水图书销售中心（零售） 电话：(010) 88383994、63202643、68545874 全国各地新华书店和相关出版物销售网点	
排　　版	中国水利水电出版社微机排版中心	
印　　刷	北京捷迅佳彩印刷有限公司	
规　　格	184mm×260mm　16 开本　25 印张　608 千字	
版　　次	2020 年 10 月第 1 版　2020 年 10 月第 1 次印刷	
印　　数	0001—1000 册	
定　　价	**180.00 元**	

前言

　　边坡是人类工程活动中最为常见的一种自然地质环境，而水电工程边坡作为基础是水工建筑的重要组成部分。人类在从事生产建设过程中，不可避免地要对自然边坡进行改造，形成工程边坡，随着工程规模的增大，工程边坡的高度也越来越高。边坡稳定问题是水电工程和其他工程经常遇到的难题，特别是在地质条件复杂和自然边坡环境恶劣的西部高山峡谷地区，随着大型工程建设项目日益增多，面临的高陡边坡问题日趋复杂和困难，其中工程边坡稳定性问题尤为突出，关系着工程建设和长期运行的安全。在水电工程边坡施工中，按设计边坡体型要求进行土石明挖，是水电工程施工的先行工序，不仅直接影响后续工序施工，而且事关工程的施工进度、质量和安全，往往成为影响工程顺利建设的重要因素。

　　大多水电工程高陡边坡规模大，地质条件复杂，边坡稳定控制严，安全风险高，施工难度大。特别是高拱坝边坡，对地基条件、结构安全等的控制有严格要求，尤其对承受水平推力的两岸山体基岩稳定性要求高，拱肩槽边坡的稳定和变形控制，对拱坝安全起到决定性作用。而有针对性的、合理的边坡开挖加固施工技术，是确保边坡稳定性、整体性和安全性的重要一环。

　　工程边坡施工是对开挖边坡成型和爆破振动进行控制，减少对保留岩体的损伤，并对边坡进行支护加固和全过程监控，以保证边坡的稳定性和岩体的完整性、平顺性及体型要求，实现保护利用边坡；同时，对边坡的不良地质体进行加固处理和跟踪置换，以提高岩体的完整性、承载能力和抗变形能力，实现加固利用岩体。

　　近年来，国内已建的锦屏一级、小湾、杨房沟、大岗山、长河坝等大型水电站，均为300m级以上高陡边坡，最高开挖边坡达700m，其中以锦屏一级电站边坡治理最为复杂、全面，具有代表性。本书以锦屏一级水电站左岸高陡边坡施工技术为主线，并结合其他工程施工的典型实例，阐述水电工程高陡边坡关键施工技术。

　　本书基本包含了目前水电工程高陡边坡施工的各种新技术、新方法，本书在编撰时特别注重理论联系实际，力求简明、扼要，重在实用。全书共分为6章，包括：概论，施工规划，开挖控制施工技术，边坡治理施工技术，边坡施工安全预警预控技术，特殊地质边坡稳定控制与治理技术等。

　　本书的编撰，得到了中国水利水电第七工程局有限公司、四川大学、成都理工大学有关专家和教授的大力支持、指导和帮助。除署名者外，参与编写工作的还有李洪涛、李正兵、杨兴国、裴向军、魏平、周家文、陈旭东、严明、姚强、李万洲、王石连等，谨此一并表示衷心的感谢！

　　限于作者的水平和经验，书中有不妥与错谬之处，敬请读者批评指正。

作者

2020 年 9 月于成都

目录

概　　论

　　我国水能资源丰富，理论蕴藏量 6.9 亿 kW，技术可开发量 5.7 亿 kW，居世界首位。其中，西南的川、滇、藏 3 省（自治区）水能资源量占全国资源总量的 2/3，集中分布在金沙江、雅砻江、大渡河、澜沧江、雅鲁藏布江等流域。水能资源丰富的西南地区是我国地质条件极其复杂，生态环境比较脆弱的地区。受青藏高原隆升影响，该地区河谷深切狭窄，谷坡陡峻，地应力水平高，岩体卸荷强烈，地质灾害发育，且地质结构复杂，构造活跃，地震烈度高，天然岸坡稳定性较差。

　　随着西部水能资源大开发，我国水电工程边坡普遍具有边坡高陡、规模巨大、地质条件复杂等特点。典型水电工程边坡如图 1-1 所示。

图 1-1　典型水电工程边坡

20世纪水电工程边坡开挖高度大致在300m以下，而21世纪其开挖高度不断增加，最高已达近700m，边坡地形大多呈V形峡谷。如锦屏一级左岸边坡，自然边坡高达3000m以上，坡度高达80°；小湾水电站左岸坝肩开挖边坡高达700m、开挖方量超过2000万m^3。边坡岩体主要地质特征表现为：断层挤压带、错动带、岩脉、深部裂隙发育；存在软弱致密岩体、堆积体和冰水堆积体等；部分地域地应力高，最大主应力达30～40MPa，卸荷强烈，地质条件极为复杂。

水电工程规模巨大、服役时间长、安全标准高、施工难度大，特别是高陡边坡开挖加固难度极大。水电工程边坡作为水工建筑物的承载体，在复杂地质条件下，施工扰动导致岩体变形破坏，将直接影响边坡轮廓成型和安全稳定，容易触发边坡失稳，严重威胁工程建设和运行安全。边坡治理，应进行边坡稳定性分析，并根据边坡监测分析成果进行动态优化设计和指导施工；同时，采用先进的开挖控制技术、加固处理技术、施工安全预警预控技术和信息化施工技术，实现工程边坡信息化动态治理，以保证边坡的安全稳定性、经济性和绿色施工要求。

1.1　边坡

1.1.1　工程边坡

边坡是自然或人工形成的斜坡，是人类工程活动中最基本的地质环境之一，也是工程建设中最常见的形式。边坡由坡肩、坡面、坡脚及其下部一定深度内的岩土体组成。典型边坡如图1-2所示。

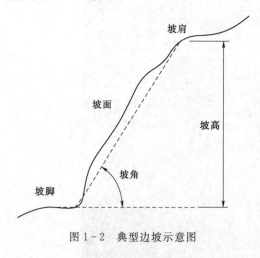

图1-2　典型边坡示意图

在实际工程中，为满足不同工程用途需要，边坡的分类通常有以下几种：

（1）根据成因，边坡可分为自然边坡、人工边坡、工程边坡三类。天然存在的由自然营力形成的边坡被称为自然边坡；人工堆积形成的边坡被称为人工边坡；经人工改造形成的或受工程影响的边坡被称为工程边坡。

（2）根据边坡与工程的关系，可将边坡分为建筑物地基边坡（必须满足稳定和有限变形要求）、建筑物邻近边坡（必须满足稳定要求）和对建筑物影响较小的延伸边坡（允许有一定限度的破坏）。

（3）根据组成物质的差异，宏观上可将边坡划分为土质类边坡和岩质类边坡。土质类边坡是指由土、砂、碎石、块石、弧石或碎裂结构岩体等组成发均质或似均质材料边坡；岩质类边坡是指由块状结构、层状结构、镶嵌碎裂结构的岩体组成的边坡。根据坡体结构特征，岩质边坡又可细分为顺向坡、逆向坡、横向坡、斜向坡和水平层状坡等。

（4）根据边坡的陡缓程度划分，坡度在 10°以下为缓坡，10°～30°为斜坡，30°～45°为中等坡，45°～60°为陡坡，60°～75°为峻坡，75°～90°为直立坡，90°以上为倒坡。

（5）根据边坡的高度特征划分，坡度在 10m 以下为低边坡，10～30m 为中低边坡，30～70m 为中等边坡，70m 以上为高边坡；一般地，150～300m 为超高边坡，300m 以上为特高边坡。

（6）根据边坡对工程影响的时间差别，可将边坡分为永久边坡和临时边坡两类。

除上述分类方法外，边坡还可以根据支护结构型式等进行分类。

1.1.2 水电工程边坡

水电工程规模巨大，在深切峡谷中已建造了大量的 200m 级以上高坝，开挖形成大量高陡边坡，部分水电站高陡边坡特性见表 1-1。

表 1-1　　　　　　　　　　部分水电站高陡边坡特性

序号	水电站	自然坡高/m	自然坡度/(°)	人工坡高/m	坝高/m
1	小湾	700～800	47	690	294.5
2	锦屏一级	>2000	>55	540	305.0
3	拉西瓦	>700	60～70	470	250.0
4	杨房沟	>500	45～75	385	155.0
5	大岗山	>600	>40	380～410	210.0
6	溪洛渡	300～350	>60	300	276.0
7	天生桥	400	50	350	178.0
8	向家坝	350	>40	200	161.0
9	糯扎渡	800	>43	300～400	261.5
10	紫坪铺	350	>40	280	156.0
11	白鹤滩	440～860	>42	400～600	289.0
12	乌东德	830～1036	>43	430	263.0

水电工程边坡施工一般具有以下特点：

（1）开挖体量大。边坡开挖体量达数百上千万立方米，地处高山峡谷，施工场地狭小，施工布置困难，边坡治理在相当大程度上影响和制约工程建设周期。

（2）边坡开挖控制难度大。边坡在开挖过程中，不仅面临着局部稳定问题，而且由于坝肩开挖边坡比自然边坡陡，开挖切出的开挖坡面与多组结构面组合，形成不稳定岩体，影响坝肩边坡整体稳定性。控制开挖爆破振动对边坡的影响，减少开挖对边坡岩体扰动和损伤，实现精细化的轮廓控制，对于工程安全和满足边坡岩体作为建筑物基础的要求，有着极为重要的意义。

（3）边坡锚固处理难度大。边坡陡峻，岩体卸荷深度大，地质条件复杂，边坡加固，特别是锚索等深层加固难度大，边坡开挖往往受边坡支护的制约。岩体存在裂隙、断层、挤压破碎带及影响带，钻孔过程中存在塌孔、漏风埋钻等问题，且孔斜不易控制，如何保证锚索顺利成孔和缩短注浆体及锚墩混凝土待强时间，也是锚索快速施工的难题之一。

（4）施工工序复杂，施工安全问题突出，动态反馈优化施工迫切。边坡复杂性是其根本属性，由于地层分布、岩体特性、节理裂隙、水文环境、地应力等条件极为复杂多变，且存在明显的未知和不可预见性，对边坡稳定分析、评价、预测难度极高，加之施工过程岩体开挖卸荷、爆破扰动和降雨渗流等诸多因素影响，使开挖边坡稳定性和施工安全问题十分突出。施工工序的繁杂交错性，决定了边坡设计、施工必须随开挖而采用动态调整优化的措施。如何采用合理的监测反馈及预警措施，一方面保证施工安全；另一方面为开挖速度控制、开挖与支护距离、开挖支护分区及开挖支护在空间（水平、垂直方向上）的协调关系的确定，提供有力的支撑数据。

在大规模水电工程建设中，边坡一方面作为工程建（构）筑物的基本环境，工程建设会在很大程度上打破原有自然边坡的平衡状态，使边坡偏离甚至远离平衡状态，控制与管理不当会带来边坡变形与失稳，形成边坡地质灾害；另一方面它又构成工程设施的承载体，工程的荷载效应可能会影响和改变它的承载条件和承载环境，从而反过来影响岩石边坡的稳定性。

水电工程高陡边坡的稳定问题不仅涉及工程本身的安全，同时也涉及整体环境的安全；边坡的失稳破坏不仅会直接摧毁工程建设本身，而且也会通过环境灾难对工程和人居环境带来间接的影响和灾害。

1.2 边坡治理技术发展沿革

人类对边坡问题的研究，随着工程活动的发展也在不断地深入，国际上工程边坡研究起步较早，并在一定时期居于领先地位的主要是发达国家，主要涉及边坡地质、岩体节理裂隙以及稳定分析等方面。当前，我国正在进行的基本建设所涉及的工程边坡，在数量以及复杂程度上已远高于发达国家，研究也更为广泛、深入。

对边坡问题的研究大致可分为以下几个阶段：

（1）19 世纪中叶之前仅限于一些边坡事故灾害的简单记录；此后随着社会的发展，人们逐渐认识到结构面对边坡稳定性的控制作用，以及边坡失稳的时效特征，初步认识了岩体结构的特点，提出了实体比例投影方法，定性判断边坡的稳定性。

（2）20 世纪中期以来，对边坡开挖支护及边坡稳定控制开始了系统研究。

20 世纪 50 年代锚杆支护技术在世界各国的土建工程中得到了大量的应用。

20 世纪 60 年代开始在水电、交通、矿山等部门广泛应用预应力锚固技术。同时利用滑坡的一些变形破坏现象和失稳的前兆现象，对边坡失稳破坏进行预测与推断，以现象预报和经验方程预报进行边坡安全预警。

70 年代以来，我国岩石高边坡理论与实践伴随着西南地区水电开发、铁路建设和金川、抚顺等大型露天矿山开采的需求而发展。其中尤以水电开发所遇到的高边坡问题最为突出、最为典型，对这一时期我国岩石高边坡理论和实践发展的推动作用也最大。特别是"八五"国家重点科技攻关对高边坡稳定和处理技术进行了专项研究，该项研究结合天生桥、漫湾、李家峡等水电站高边坡，进行了控制爆破技术及减震措施、预应力锚固设施快速施工及群锚机理、开挖和加固合理程序，以及高边坡监测和反馈技术等方面的室内及现场大规模试验研究，形成了岩质高边坡开挖及加固成套技术，保证了复杂工程地质条件下高边坡开挖的稳定性。

20世纪80年代由于计算技术的发展，岩质高边坡的稳定性评价已由定性评价发展到了定量评价，数值解及数值模拟被广泛采用，尤其是有限单元法（FEM）、边界单元法（BEM）、离散单元法（DEM）和有限差分法（FDM）等方法在滑坡研究领域得到了普遍应用，离散单元法被运用于对滑坡变形破坏机制的研究。同时，我国在水利、矿山、铁路、地矿等部门专门对滑坡和边坡稳定性设列专题进行攻关，针对不同地质模式提出了一些相应的稳定性计算方法，数值和物理模拟手段引入边坡研究中，人们借助上述数值方法及地质力学模型实验等再现边坡破坏的全过程。利用统计热力学理论、灰色系统理论、数量化理论、概率论及数理统计等，探索了边坡稳定性的预测预报方法。

（3）20世纪90年代以来，人类活动范围迅速增长，人工边坡的规模和高度不断增大，边坡稳定问题越来越突出，为此，人们对工程边坡的勘察、设计、评价、监测和加固越来越重视。

国家专门立项，开展了工程边坡稳定性及其加固配套技术的研究。同时随着混沌动力学、分形理论、协同学、突变论、耗散结构理论、神经网络、重整化群理论等理论的发展，人们对滑坡的认识进入了非线性阶段。通过一些新的学科和理论的引入与交叉，逐步形成了一些新的边坡稳定性分析方法，在边坡稳定性分析与评价中推动了稳定性研究的发展。

边坡加固的技术途径主要有减少滑坡力或消除下滑因素，增加滑坡阻滑力或增加阻滑因素等。边坡加固工程措施可归纳为以下几种：削坡减重、加载反压、排水降渗和支挡加固。边坡的支挡加固方法很多，如抗滑桩、挡墙、锚杆和锚索等，其中由于锚杆、锚索能体现出主动支护的概念，因此得到了广泛的重视。

我国针对岩体开挖扰动区的形成机制研究始于20世纪90年代初，这些研究主要结合三峡、小湾、溪洛渡和锦屏一级等水电站高陡边坡工程实践，已在裂隙岩体卸荷破坏机制和力学特性、考虑卸荷效应的高陡边坡稳定与变形计算方法、爆破损伤模型和爆破松动机制等方面取得进展。但由于赋存环境、原有坡体结构和开挖卸荷、爆破作用过程的复杂性，大量学者引用对处理复杂问题比较有效的非线性科学理论来研究边坡的安全预警问题，提出了多个滑坡预测模型，其中最具代表性的有：协同预报模型、尖点突变和灰色尖点突变预测模型、BP神经网络预测模型等。

1.3　边坡治理原则

组成边坡的岩土体本身就是可以利用和依靠的资源，是天然建筑材料。但是组成边坡的土体一般自身强度不高，即使岩体也由于结构面的切割而呈现不均质和各向异性，客观条件十分复杂。因此，要在这类岩土体上形成工程边坡，必须适应当地的岩土条件，充分利用岩土体自身的承载能力，通过各种有效手段，使这些不均质的岩体或土体成为较完整的结构。由于现代施工技术的发展，电子计算机的广泛应用，以及先进施工机具、试验和监测仪器的不断完善，使人们有条件对复杂的岩土工程问题，进行研究、分析和工程处理。为了有效治理工程边坡，必须善于充分利用这些手段。

工程边坡治理，应充分认识边坡、尽力保护边坡、有效而适时地治理边坡和全过程监测边坡；应充分考虑它们之间的有机联系，使各项工作之间紧密结合，达到最佳边坡治理效果。

1.3.1 认识边坡

认识边坡主要包括以下几个方面：

（1）地质学方面，有区域地质、工程地质、水文地质、地应力水平、地质构造等。

（2）岩土室内及室外试验、岩体及土体参数的确定，对主要岩土参数应进行特别详细的分析研究。

（3）在力学分析方面，应建立符合客观实际条件的物理模型，选用适合特定条件的数学模型，在重要参数方面，可进行敏感度分析，要充分考虑主要软弱结构面的影响，并取得定性的力学动态趋势和定量的力学分析成果，岩体稳定性评价必须定性与定量相结合。

认识边坡涉及专业较多，如地质学、力学、工程学等，深入研究各专业之间的内在联系，既要有机结合、相互渗透，又要掌握重点，才能充分认识边坡。

1.3.2 保护边坡

保护边坡应贯穿工程边坡治理的全过程，并尽力保护和利用边坡。随着人们对边坡稳定研究的深化和发展，以及对自然环境保护理念的贯彻落实，保护边坡越来越受到高度重视。

（1）保护自然边坡。保护植被，防止地下水文地质条件恶化；对自然边坡松动岩块、卸荷裂隙进行清撬、防护、锚固。

（2）避开和降低高陡工程边坡，合理设计工程边坡。工程建设不可能完全避开高边坡，在此条件下，合理设计是保护边坡稳定的前提；合理设计边坡应以地质条件和力学分析为依据，同时应特别注意软弱结构的处理和保护。

（3）在开挖施工中，应选择各种先进的机具和爆破器材，选择合理的开挖程序和施工工艺，采用有效的爆破方式，保证边坡基础卸荷破坏的有效控制和岩体合理利用，减少对岩体的扰动，保证边坡的开挖体型控制。

1.3.3 治理边坡

（1）边坡治理。应在充分认识边坡和尽力保护边坡的前提下进行，以地质结构、变形破坏模式为基础，根据边坡特点，对具体治理措施逐个分析研究，制定具有针对性边坡治理设计与施工方案。

（2）边坡治理措施主要有减载、固脚、固坡、护坡、截排水等，边坡治理通常为各种防治措施的综合应用。

1）减载。减载是挖除边坡表层土体和风化、卸荷、软弱破碎带等不良地质岩体，减少下滑力和放缓坡角，以增加边坡的稳定性，并满足工程建筑物对其基础的要求。

2）固脚。许多边坡是由于坡脚软弱，变形过大，而引起整个边坡失稳，在这种情况下，固脚是最有效的措施。主要措施包括挡土墙、抗滑桩、锚索等。

3）固坡。固坡主要采用锚固技术，在边坡防治中，锚固技术的应用应该在边坡总体稳定的条件下，作为一种补偿措施。边坡加固措施主要包括喷锚加固、预应力锚固、抗剪洞及锚固洞加固、灌浆加固、软岩置换等。

4）护坡。护坡是保护边坡表面，并防止气候、水等外在因素的渗透破坏。边坡主要防护措施包括喷混凝土支护、块石框架护坡、主动防护网及生物措施护坡等。

5）截排水。地下水活动是边坡稳定控制中的重要因素，因为地下水可以恶化软弱结构面，并可形成渗透压力，有95％以上的边坡事故与地表及地下水的作用直接相关，其中相当部分发生在雨季，直接起因是由于雨水入渗在边坡内形成暂态渗流荷载增量。在地表应采取封闭、截流，以减少下渗水量；并采取排水孔、排水洞对地下水进行疏排。

（3）根据边坡变形破坏模式与破坏程度，对边坡加固的机制和有效性做出评判，采用锚索、灌浆等加固施工的成套新材料、新设备和新工艺，以适应高陡边坡在复杂地质条件下的加固需求，保证边坡的安全稳定。

1.3.4　监测边坡

由于边坡变形破坏的复杂性、随机性和不确定性，人们对边坡的监测给予了高度重视。边坡监测已成为掌握边坡动态、确保工程安全、了解失稳机理和开展边坡稳定性预警预报的重要手段。

（1）应对边坡进行全过程监测，有条件最好在工程边坡实施之前，预先建立监测系统全过程监测边坡。

（2）对边坡施工过程中的内部和外部变形、应力等变化趋势做出预测，并对可能引起的失稳等灾害进行预警，提出相应的稳定控制处理方案，确保工程安全。

（3）在复杂边界条件下，考虑安全、进度等因素，建立边坡信息化施工体系，确定边坡整体处理方案。

从认识边坡、保护边坡、治理边坡和监测边坡的角度出发，根据水电工程高陡边坡施工特点，围绕边坡的安全、高效和环保治理等问题，建立以"弱扰强固、时空协同、预警预控、综合治理、环境友好"为核心的高陡边坡治理施工技术体系。

1.4　边坡关键施工技术

以开挖和加固为切入点，遵循"弱扰强固、时空协同"的技术原则，采用成型、振动、变形、能耗等控制技术，减少对岩体的损伤与扰动；通过提升和发展锚固、灌浆、置换等施工技术，实现快速有效地改善与修补基岩的力学性能，保证边坡稳定的目的；通过对工序的系统规划，采用动态监测、预警预控等方法，调控开挖与加固的时空间距，化解工序间的干扰与制约，调和边坡稳定与施工进度的矛盾。工程边坡开挖支护主要控制技术框图详见图1-3。

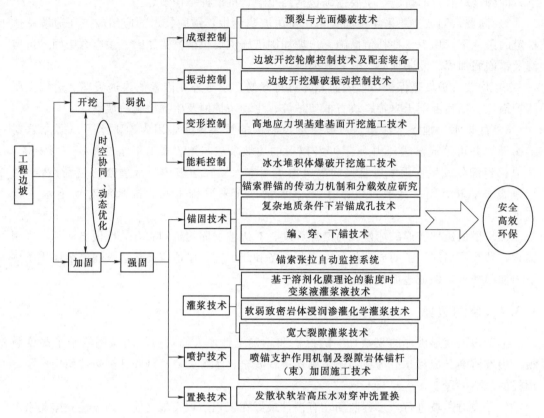

图 1-3 工程边坡开挖支护主要控制技术框图

1.4.1 开挖控制技术

采用合理的开挖方法,可有效控制边坡稳定。岩石开挖的方法有多种,而爆破是岩质边坡开挖最重要的施工方式,合理设计爆破参数能够有力保障施工开挖面的质量。目前岩石爆破技术有光面爆破、预裂爆破、微差爆破、定向控制爆破等开挖控制爆破技术。

1. 开挖爆破振动控制技术

(1) 结合边坡开挖爆破振动频谱和能量特性的研究,根据大量振动监测数据的统计分析,综合爆破试验和边坡变形监测数据分析,提出了爆破振动按照控制和校核两个标准控制的原则,探索形成了实际工程爆破振动控制的指标。

1) 研究预裂爆破成缝及对边坡的保护和减振情况,对比测试预裂爆破前后的声波及质点振动衰减规律,以确定最优的预裂爆破参数,提高减振率。

2) 通过预裂、深孔爆破试验,确定钻爆参数、装药结构、起爆方式和起爆网络,除满足边坡及坝基开挖轮廓控制、边坡稳定和振动控制外,还应控制开挖石渣料的块度,以满足工程填筑料需求和方便出渣。

3) 研究不同爆破条件、地形和地质条件下的爆破振动衰减规律,以制定相应的高陡边坡开挖控制技术,使爆破施工更具针对性。

4）研究爆破对高边坡、锚杆（束）、锚索、混凝土、临近构筑物及大坝建基面的影响，以确定合理的爆破安全控制标准。

（2）研究确定了"减小台阶高度、内外分区爆破、分部控制"的边坡开挖爆破振动控制技术，结合振动特性和边坡开挖爆破振动安全控制阈值的分析，提出了控制单响药量和控制单次爆破规模的双控制振动控制理念和措施。

（3）分析预裂爆破对边坡保留岩体影响的各项因素，合理选取爆破振动控制值，采用专用的小直径、低爆速药卷及改进装药结构等项技术，按照爆破安全准则，既能达到减震而保持边坡稳定，又能保持一定开挖规模而加快进度。

2．高地应力坝基建基面开挖施工技术

针对深切河谷高地应力边坡开挖卸荷松弛，出现"葱皮"、"板裂"、差异回弹、蠕滑和岩爆等破坏等问题。通过数值计算和现场试验，对比分析"先挖后锚"和"先锚后挖"两种开挖方式下的岩体变形、锚杆应力和松弛卸荷范围，揭示了高地应力边坡开挖岩体卸荷松弛特征，采用了"预留保护层、先锚后挖、水平预裂"的新工艺，有效地减少了高地应力区卸荷松弛对坝基岩体质量的影响。在最高应力集中量级达 $40\sim50\text{MPa}$ 的条件下，高地应力区段坝基的开挖质量受控，岩体卸荷松弛应力小，卸荷回弹变形控制效果显著。

为了改善和降低河床坡脚部位应力集中，也可采用"反弧形开挖技术"。

3．开挖轮廓控制技术及配套装备

（1）钻孔质量是保证开挖质量的基本条件。改造设计和制造预裂孔专用钻机，研制限位板、扶正器、电子量角器等辅助装置，采用"单机单架"或"加密样架"，克服钻机摆动、飘钻等问题，提高爆破孔钻孔精度。

（2）试验研究了爆破控制技术，采取精准设计和精确装药的精细化控制爆破技术措施，提高了边坡轮廓控制爆破的质量水平。

1.4.2　支护加固技术

锚固技术主要围绕两个方面进行：一是从锚固体加固的效果出发研究作用机制；二是从锚固体与周围接触介质相互作用的角度出发研究锚固载荷传递机制。锚固作用是充分利用锚固岩体的自身抗剪强度，通过锚固体将拉力传递至结构体，以此保持结构体的自身稳定。

1．锚索群锚的传力机制和分载效应

（1）通过现场测试、室内模型试验及数值仿真等方法，研究了高承载力压力分散型锚索在复杂地质条件下，荷载传递机制及剪应力沿锚固段分布特征及规律。

（2）在强卸荷、倾倒拉裂变形岩体条件下，建立了锚索物理模拟与数值模拟分析方法；在大量试验基础上，获得了锚索地质力学物理模型试验的岩体和锚索模拟材料；根据单锚、双锚和群锚等物理和数值模拟试验，分析锚索的应力影响范围和相邻锚索间的应力叠加状况，为边坡整体锚固设计、施工和长期安全性能评估提供了依据。

（3）根据群锚效应理论和试验研究成果表明：破碎岩体中，主应力方向锚索的应力影响范围比较小，而且相邻锚索间应力无叠加，群锚效应不明显，在锚索施工中，应借助框格梁的辅助作用，才能发挥对边坡加固的群锚效应。

2. 复杂地质条件下岩锚成孔技术

针对强风化、强卸荷岩体和崩塌堆积体中,锚索施工造孔难、穿索难、漏浆量大,成孔精度控制难等问题。崩塌堆积体中采用组合螺旋钻跟管钻机,强风化、强卸荷岩体中采用多功能全液压履带式钻机紧跟开挖面与轻型锚固钻机在施工排架上施工相结合的设备配置形式,制定"中等钻压、慢转速、平稳风压"的钻进工艺,并应用黏度时变浆液孔道固壁灌浆、土工布包裹锚索止浆技术,在钻进中采用扶正器、导正加强肋及反吹装置及时纠偏,有效地解决了复杂地质条件下锚索造孔难题,提高了成孔质量。

3. 下索张拉控制技术

根据不同吨位锚索钢绞线根数、承载板及隔离架等与锚孔孔径的匹配关系,对锚索结构形式、承载板规格、隔离架规格及形状等进行优化设计,使锚索束体结构更为紧凑、合理。研制专用的自动化下索设备,实现锚索快速安装。应用"预应力锚索张拉自动监控系统",实现锚索张拉自动化、数据记录与处理自动化和群锚张拉。

4. 基于溶剂化膜理论的黏度时变浆液灌浆技术

(1)针对卸荷拉裂、风化松弛造成的岩体架空松散、裂缝开度大等复杂地层岩土体,由于灌浆加固效果差、裂缝封堵困难、浆液凝结时间长、材料损耗严重,提出了水泥水化-外加剂离子交换模型,构建了水泥-外掺剂环境的水化、硬化模型,引用晶核生成、晶体生长、晶体沉积等化学动力学理论。

(2)通过大量试验,确定出合理的黏度时变性灌浆材料配合比方案,研发了系列水泥基黏度时变性灌浆材料,解决了速凝灌(注)浆材料早期强度高、后期强度低的问题。

5. 软弱致密岩体浸润渗灌化学灌浆技术

针对孔隙率低、孔隙细小、可灌性差,要求大幅提高灌后性能的软弱致密岩体,可采用初始黏度小,可操作时间长的浆材,长历时、低速率、充分浸泡的灌浆工艺对软弱致密岩体进行化学灌浆。化学灌浆新理念的提出和新材料的研发,改进了传统的环氧化学灌浆工艺,取消了预灌丙酮的施工工序,采用闭浆和浆液置换等方法,取得了良好效果。

6. 宽大裂隙灌浆技术

针对破碎岩体、崩积坡体、堆积体等存在大量空腔和宽大、贯通裂隙发育的坡体,存在浆液扩散范围大、水泥灌浆耗量大等难题。采用黏度时变浆液和单一稳定性浓浆控制灌浆技术和适用于宽大贯通裂隙灌浆的自密实砂浆,可以有效控制浆液扩散范围和灌浆材料耗量。

7. 发散状软岩高压水对穿冲洗置换技术

对于边坡内不规则分布软弱岩体,采用常规处理方法难以达到设计效果,可用高压水对软弱破碎带进行对穿冲洗置换。

(1)采用计算机模拟技术,评估高压冲洗对软弱岩体的影响程度,拟定高压对穿冲洗施工孔排距、冲洗水压力、风压力、提升及旋转速度等工艺参数,再通过现场试验确定适宜的施工参数。

(2)对钻孔钻具进行组合设计及适应性改进,以利于钻孔排渣,提高断层破碎带的钻孔精度。

(3)利用红外视频成像技术,对冲洗空腔及混凝土浇筑进行了观测,为施工提供了参考依据。利用对穿钻孔、采用两管法高压风水旋转往复式联合冲洗工艺，分区、分序冲除断层内软弱岩体，进行自密实高流态混凝土回填和灌浆。

1.4.3　安全预警预控技术

工程边坡从本质上来说是一个破坏山体原有力学平衡而又用支挡加固工程重建力学平衡的过程。随着边坡的开挖，边坡岩体要产生变形和应力重分布，如果设置的支挡措施不能使边坡的变形收敛，边坡就要产生破坏。因而，适应边坡赋存环境及施工全过程的安全评价与灾害预警问题，已经成为水电工程建设中的必要环节和热点问题。

（1）建立考虑动态卸荷和渐进破裂过程的高陡边坡开挖监测预测方法和时空全域安全评价体系，提高高陡边坡施工安全稳定风险辨识水平。根据开挖工程边坡地质条件和边界条件在不同部位的差异性，按照数值仿真预分析成果，制定工程施工的总体施工预案；随着开挖施工的进展，根据施工中揭露的地质信息和相关监测数据，复核岩体质量和计算参数，进行跟踪反馈分析计算，动态调整优化施工方案，建立边坡稳定性控制开挖分级支护措施。结合监测资料的分析和反馈，提出了边坡变形预测方法和分级预警指标及工程技术措施。

（2）基于计算机三维建模技术、虚拟现实技术、数据库技术、计算机网络技术等现代信息技术，开发了"水电工程边坡施工信息三维可视化动态管理系统（SlopeMIS^{3D}）"软件。创建边坡开挖与加固时空间距的动态协调方法和稳定性量化控制指标，实现边坡施工过程的三维动态模拟、施工过程的信息化和可视化、施工阶段形象面貌的三维可视化信息查询和分析、施工信息查询和监测预报预警。动态跟踪揭示边坡地质条件的变化；为设计人员优化支护方案提供真实的建基面边界条件和直观的三维地质条件解析；为边坡施工期变形监测提供了更加高效的监测和预警分析平台，依托该系统进而可为信息化施工的安全监测快速反馈提供决策支持。

动态监测方法和系统的研究在现在和今后的水电工程边坡中的意义会越来越明显，因为随着水电建设项目逐渐向高山峡谷和高海拔地区发展，工程边坡的地质条件会越来越复杂，边坡的开挖高度也逐渐增加，各种软弱结构面、节理裂隙、地应力条件等会随着边坡开挖施工的进行发生变化，瞬时或者间隔的监测将无法满足工程的需要，也很难起到安全控制的作用。因而需要建立现场动态监测系统，边坡施工动态监测与预警预报技术，主要从动态监测方法与系统、边坡稳定预测方法和边坡开挖分级预警三个方面，解决边坡施工的稳定控制问题，全面细致地保证边坡施工安全高效地进行。

施 工 规 划

工程边坡施工规划，需要依据边坡所处的地质环境、工程建设条件、工程特点等，从宏观上对工程边坡施工进行统筹规划、合理布局。由于工程边坡施工程序、施工方法和施工条件的复杂多样，同时存在边坡稳定和施工进度控制难题，需要充分运用先进的科学技术，创造良好施工条件，改善施工环境，提高施工技术水平，以满足工程边坡施工安全、质量、进度及文明施工等方面的要求。因此，对工程边坡施工全过程采取全面、科学、合理的施工规划越来越重要，其不仅会对后续边坡处理带来根本性的影响，还会对整个工程建设的经济和施工进度方面造成重大影响。

2.1 施工规划原则

工程边坡施工规划应遵循以下主要原则：

（1）根据工程安全等级、边坡环境、工程地质和水文地质等条件，结合类似边坡工程施工技术和管理水平，合理规划边坡开挖施工。应采取自上而下的施工程序和合理的开挖步骤，做好开挖与支护的时空协同，减少对边坡的扰动，保证边坡支挡防护可靠；同时，应避免二次削坡，以保证开挖质量和施工安全。

（2）从施工进度、技术经济和现场施工条件等方面，协调施工布置、施工程序和工期要求；从系统管理的角度，精心筹划、安排，减少对后续工作的影响。施工进度规划应与主体工程和导截流施工规划相协调，并综合考虑支护空间、爆破梯段和出渣通道等因素，平衡、协调、控制开挖支护程序和施工节奏。

（3）施工方案应因地制宜、方便施工，并根据现场施工的地质条件、设备配置等制定合理的施工程序和进度；开挖方式应根据工程边坡高度、坡度、纵向长度、岩土体性质、土石调配和开挖机械等因素确定；应尽量防止自然条件对施工的不利影响，减少或避免施工干扰，实现平行或流水作业，做到连续、均衡施工。

（4）采用先进施工设备和钻爆工艺，充分发挥施工机械的生产能力，以提高施工效率和保证开挖质量；要特别注意设备选型配套、运输线路规划、挖填同步施工、料物及土石调配平衡等环节。

（5）工程边坡与自然条件的关系极为密切，施工过程中应全面考虑气象、水文、地质、地形条件及其动态变化，包括可能发生的自然灾害以及由于施工影响而造成的危害；对开挖后不稳定或欠稳定的边坡，应根据边坡的地质特征和可能发生破坏等情况，采取分段跳槽、及时喷锚支护加固的施工方法，以维护岩体完整性和边坡稳定性。

（6）全过程贯穿信息化动态施工的思想，加强工程边坡安全监测和工程地质工作，建立迅速、准确的信息采集和分析反馈系统，及时调整和优化施工方案。

（7）做好坡内、坡外的有效截排水规划，及时采取有效的措施降低边坡地下水，提高岩体结构的强度；并采取措施保护工程边坡，主要有防、截、排水系统和锚索、锚杆及喷混凝土支护等措施。

（8）充分考虑环境保护的要求，贯彻"预防为主、保护优先、开发与环保并重"的原则，做好施工区的环境保护及水土保持工作。

2.2　施工布置规划

根据工程边坡的施工特点、施工环境、工程条件等，充分体现"以人为本，施工布局与自然环境和谐统一"的理念，科学、合理进行施工布置。工程边坡的施工布置要求如下：

（1）根据可利用的施工场地条件，重点复核和落实渣场、营地及重要施工辅助设施的布置；施工辅助设施和施工道路均布置在划定的施工场地内，并在符合环保水保、度汛要求和安全的前提下，充分利用渣料形成施工场地，统一规划，合理布局。

（2）施工辅助设施的规模按施工高峰强度的需要进行规划，力求布置紧凑合理、有利生产、方便使用、管理集中、调度灵活、节约用地及安全可靠；同时，应采取有效措施保证施工辅助设施和人员安全。

（3）布置上综合考虑施工程序、施工强度、施工交通、施工安全等因素，避开开挖爆破影响，力求连续均衡施工，以降低施工成本。

（4）开挖作业面的布置，应结合现场地形、地质条件，满足钻爆、挖掘、运输及支护设备等施工机械的正常运转，以发挥机械效率，保证施工质量。

（5）临时施工道路以现有的主干道路为依托进行布置，结合边坡开挖分层适当布置岔线，组成各作业区的出渣回路，并合理规划存弃渣场。

（6）施工辅助设施按要求配置环保水保设施及消防设施，满足安全生产、文明施工要求；同时，应避免对公众利益的损害。

2.2.1　施工道路及运输

1. 规划原则

工程边坡施工道路及运输规划应遵循如下主要原则：

（1）施工道路应满足开挖高峰期运输车辆及其他机械通行的要求，尽量缩短运输距离，保证运输方便、运输安全和经济合理性，开挖料应直接运输至存弃渣场，应避免或减少二次倒运。

（2）应考虑边坡地形地质条件和环保要求，根据人员通行和材料、渣料等运输需要，因地制宜布置施工道路，并与其他建筑物施工道路布置相协调；同时结合永久交通线和边坡开挖分层适当布置岔线，动态布置开挖分层分区间相互联系道路；出渣道路应考虑后续工序的要求，不得占用建筑物部位，尽量避免与其他公路平面交叉。

（3）开挖料运输方式和施工道路形式（如边坡挖填道路、隧洞、桥涵等）应根据地形、地物、环境、运距、运量等因素进行选择。

（4）施工道路的标准应根据开挖规模、强度、主要行驶车辆型号和施工条件等综合确定。应对施工道路边坡进行安全防护，并做好道路排水设施。

（5）随着开挖工程施工形象的变化，施工部位的不同，施工道路的布置应跟随变化，并与之相适应。

（6）对于高陡边坡开挖施工，可根据开挖边坡坡度情况因地制宜布置施工道路至开挖工作面。

1）自然边坡大于60°时，可考虑布置隧洞至边坡一定高度，再修建明线道路至工作面。

2）自然边坡在45°～60°时，可根据开挖高度、施工环境、地形特点，采用隧洞与明线道路相结合，或修建明线道路至工作面。

3）自然边坡小于45°时，可尽可能根据地形修建明线道路，且与边坡附近隧洞或明线道路相结合。

2．施工道路布置方式

对于边坡开挖施工道路布置，需要考虑其功用和施工道路承载的作用，主要包括人员、设备和材料进入工作面和开挖出渣。根据边坡施工不同阶段的边界条件和运输需求，施工道路布置应与施工进度相协调。

（1）上部边坡开挖及环境边坡治理，多为山脊、悬崖，岩体裂隙发育、风化严重，且工作面地势较高，施工道路难以到达。由于边坡施工材料需求量大，运输强度和难度大，应因地制宜选择不同的运输方式或多种运输方式组合。

1）可修建简易道路让履带设备自行至可能达到的边坡最大高度，尽可能创造大型开挖机械进行边坡施工条件。

2）可修建简易施工便道，施工便道主要由人行坡道、钢爬梯和局部钢栈桥等组成，由人工将材料和小型施工设备搬运到边坡施工工作面，如图2-1所示。

图2-1　人行施工便道图

3）可架设缆索将机具和材料吊入，如图 2-2 所示；也可以架设"滑道＋卷扬机牵引"来满足运输施工材料和机具，如图 2-3 所示。

图 2-2　边坡缆索及道路布置图

图 2-3　滑道结构图

（2）中下部边坡开挖，利用小型施工机具进行上部边坡开挖后，需要大型施工机具进入施工作业面，施工道路布置主要有以下几种方式：

1）对于不具备基坑和集渣平台出渣条件的边坡，采取明线道路与隧洞相结合的布置方案，明线道路修建可采取半挖半填和架设桥梁。施工道路也可根据需要布置在工程边坡开挖区内，开挖区内道路利用斜坡道连接上下平台随机布置，并随着开挖进程逐步向下挖除。

2）截流后，可采用"推渣下江、河床装渣"或集渣平台方式出渣，借助反铲修建便道，使大型钻孔和挖装设备进入工作面或坡内隧洞进入工作面。区间内的开挖临时道路主要行走履带式设备，可在边坡内侧预留道路以连接相邻开挖分区。基坑开挖道路布置应结合开挖分区、出渣要求分阶段动态布置，并充分考虑坝基施工对道路的要求。

3）临时栈桥、通道主要用于拱肩槽开挖与支护过程中人员进入施工区，水平钢栈桥与边坡垂直钢爬梯相互连通形成坡面立体交通路网。

3. 施工道路管理与维护

（1）道路维护和管理的主要内容主要有运行期的洒水、照明、通风、路面保洁、边沟清理、路肩维护、边坡清理、道路绿化带养护及路面修补等。

（2）配置足够的维护车辆、设备及人员，对维护道路进行及时的洒水降尘、清扫，排水沟清理，冬季道路除冰、除雪、除霜等工作，以及附属绿化管理维护等。

2.2.2　施工辅助设施

1. 规划原则

（1）以边坡开挖施工为核心，施工辅助设施应不影响开挖施工进展，要有利生产、方便生活。生活区与施工区既要相对分开，又不宜距离较远，对于往返时间较长的高陡边坡，在保证安全的条件下，可在边坡施工附近适当位置修建临时生活设施。

（2）应布置在施工期间不被占用、不被水淹、不被塌方影响的安全地带。

（3）按有关要求配置足够可靠的环保设施及消防设施，满足防火、防雷、防风和安全文明环保等方面的要求。

（4）施工辅助设施的规模和容量，在满足施工要求的前提下应节约用地，做到布置合理、便于管理、结构安全、整齐美观、运行经济。

（5）现场施工指挥中心应布置在临近开挖区的适中位置，内外交通方便，利于现场管理。

（6）合理规划用风、用水、用电及通信，满足高峰强度施工需要；开挖设备、机具及材料应有适当的备用量，以保证持续施工。

2. 运行维护要求

（1）建立营地管理制度，规范营地的管理，设置门卫及保卫，维护项目部人员安全，创造良好的生活环境。

（2）定期专人检查维修水处理及供水设施、供电及通信设施、消防设施等，铺设安装的管道、管件、阀件等。

（3）做好卫生防疫工作，安排专人配备专业设备对营地环境卫生进行必要的清理和维护。

（4）做好场内排水或引水工作，加强汛期巡视，做好防雨防洪措施。

（5）生活区实施绿化，定期洒水维护。

（6）设置安全、文明、环保等宣传牌。

2.2.3　存弃渣场

（1）渣场应按先近后远、先高后低的原则进行选择，尽量选用易于修建出渣道路的山沟、谷地、荒滩等地区作为渣场，必要时可设置挡渣墙或挡渣坝。

（2）弃渣场不得占用永久建筑物和施工场地，避免二次倒运。不得在靠近大坝和厂房下游河道弃渣，以免抬高水位，影响河势流态、机组出力和建筑物安全；渣场应尽量不占农田或少占农田，并充分利用弃渣造田或开拓施工场地，减少对环境的破坏。

（3）渣场平面布置除考虑堆渣容量外，还需考虑推土机平整渣场和自卸汽车运转要求，渣场内道路尽可能形成环线，并配备照明灯具以满足夜间弃渣需要。卸渣点应设反向坡，防止雨水冲刷和保证卸车安全，卸渣平台边缘设安全挡坎，卸车调车带应避开交通干线。

（4）根据每天堆渣的工程量，配置相应施工设备，并合理规划堆渣区、待平整区、已平整区，保证有序堆渣作业，并配备洒水车在弃渣区进行洒水降尘。

（5）用作堆存可利用渣料的场地，应进行场地清理和平整，对开挖料应进行利用料与弃渣料的规划，分类堆放，保证能顺利取用渣料；应及时对渣场坡面进行修整，保持自身边坡稳定。

（6）渣场堆渣边坡应力求稳定，堆渣的自然坡角以各种岩体的堆渣安息角为准，弃渣的堆置高度和分层堆置的台阶高度，按石渣岩性、弃渣场地形和底部地基条件，出渣道路布置以及渣场综合利用要求确定。

（7）在弃渣场表面及周边提前修建截、排水沟及防护设施，以防止雨季对弃渣区进行冲刷，从而造成水土流失和对河水的二次污染。

（8）渣场运行维护管理的主要工作内容：渣场内道路修建及维护、堆渣区域的规划及堆渣的堆集堆存、渣场的临时防护及排水设施的修建维护、堆渣量的计算等工作。

2.3　开挖施工规划

工程边坡开挖通常时间跨度大，新形成的开挖面与边坡结构面在空间上相互影响显著，易导致岩体发生结构上的变化，影响边坡的稳定性。在做好开挖支护时空协调、信息化动态治理和保证边坡稳定的基础上，从技术经济和现场施工条件等方面，协调建筑物布置要求、支护工作量与施工进度等之间的关系，并考虑永久与临时的结合，以及支护空间、爆破梯段、出渣通道和土石平衡等因素，科学、合理做好开挖施工规划。

工程边坡开挖施工应遵循以下基本要求：

（1）边坡开挖前应将施工区域内的地表明流引排至开口线外，并完善地表开口线外的排水系统；施工中对坡面渗水应采取集中引排和封闭等措施；地下排水系统宜在边坡相应部位开挖施工前完成。

（2）开挖前应清理边坡开口线外影响范围坡面的危石，对表面岩石破碎且易掉块区域进行喷混凝土封闭，并设置防护栏（墙）、防护网等安全防护设施。

（3）边坡开挖原则上应采用"先坡肩、后坡面、再坡脚"自上而下分层分区开挖的施工程序。

（4）边坡开挖过程中应及时对边坡进行支护，支护应自上而下分层分区依序进行。开挖下降高度应与边坡支护进度相协调，遵循"边开挖、边支护"的原则。

（5）边坡开口线、台阶和洞口等部位，应采取"先锁口、后开挖"的顺序施工。

（6）对于复杂地质边坡可能引起滑动、倾倒或溃屈的部位，应根据施工过程中揭露的地质情况调整开挖施工方案及支护加固措施。施工中应采取超前锚杆（束、桩）等支护措施进行预加固，并采取控制爆破技术进行开挖施工。

2.3.1　施工程序

边坡的施工程序和手段复杂多样，由于设备、技术的更新和进步，开挖施工的周期越来越短，为满足施工总进度控制及快速开挖与支护要求，采取合理的施工程序越来越重要。

2.3.1.1　施工程序规划原则

（1）根据施工条件、建筑物布置、导流方式和工程特点等具体情况，选择合理的施工程序，可充分发挥施工机械的生产能力，减少施工干扰，有利于保证岩体完整性和边坡稳定性。

（2）制定切实可行的施工总体方案和施工程序，积极采用"四新"技术及其配套的先进施工工艺，保证施工方案的科学性、先进性。在确保安全的前提下，可采用"平面多工序、立体多层次"的施工方法。

（3）以合同总工期、控制工期和施工质量安全要求等为基础，分期、分阶段、分重点部位安排好开挖程序，并充分考虑边坡开挖施工的连续性和后续工程施工的要求，以满足各工序的合理搭接、协调平衡。

（4）统筹规划，科学组织，做好人力、物力和时空的综合平衡，实现有序、均衡施工；采取绘制车间图分析的方法，进行开挖工作面规划和资源配置。

2.3.1.2　开挖总体施工程序

首先进行环境边坡施工，再进行边坡开挖支护施工。在边坡每层每区开挖后，应及时对设计开挖面进行支护，以保证开挖边坡稳定。

1. 边坡开挖施工程序

边坡开挖施工程序见图2-4。

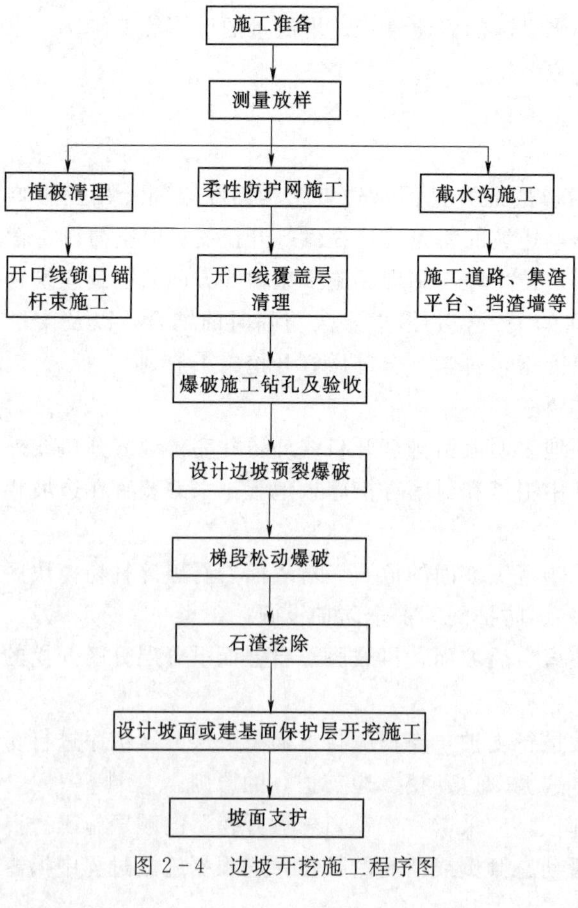

（1）开挖施工总体计划应与施工布置相协调，并按自上而下、自外而内的原则进行施工。

（2）在岩石边坡开挖之前，按施工图先将开口线上的锁口锚杆束施工完成。各层均先进行土方的开挖，形成临空面后再进行石方开挖，最后进行建基面的开挖施工。在分层基础上再进行分区，依次分层、

图2-4　边坡开挖施工程序图

分区开挖，要保证钻孔、爆破、挖装等工序的连续作业。

（3）规划好开挖与支护的协同作业，形成有序下降和流水作业的条件，保证边坡开挖整体进度的协调性。

（4）在相应部位边坡开挖前，宜优先完成锚固洞、抗剪洞的施工，并完成距坝体建基面山体侧不少于15m范围内洞室的衬砌、灌浆；同时，洞室的提前形成可作为施工通道。

2. 边坡支护施工程序

边坡支护施工程序见图2-5。

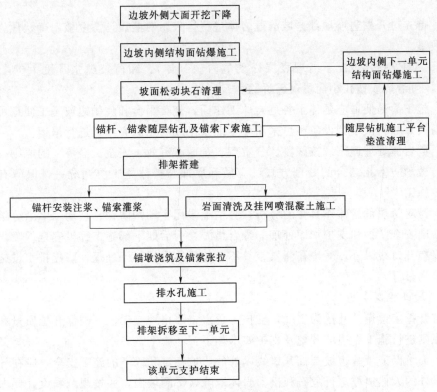

图2-5 边坡支护施工程序图

（1）边坡支护遵循自上而下、分层分区跟进开挖面施工的原则，上层支护应保证下层开挖安全顺利进行，并满足边坡稳定和限制卸荷松弛的要求，对高地应力建基面可采用"先锚后挖"的施工程序。

（2）在按设计要求进行系统支护前，视边坡具体情况，对稳定条件较差的部位及时采取随机支护，随机支护以锚杆束、锚杆等浅层支护为主。

（3）在支护层边坡开挖完成后，立即进行锚杆、锚索钻孔和下索施工，锚索钻孔、下索和锚杆应穿插施工，并同时进行上方支护层边坡排架的搭设。

（4）锚索后序工作及剩余锚索（难成孔的锚索）、喷护混凝土施工、排水孔等支护工作可在施工排架上进行。喷护混凝土挂钢筋网及喷混凝土施工，可在该部位随机锚杆或系统锚杆施工后及时进行。

一个开挖分层的施工程序为：外侧区块钻孔、爆破→出渣（溜渣）→上层喷锚支护完成、锚索施工中→临近建基面分区钻孔、爆破→出渣（溜渣）→开挖坡面随机支护→搭设排架、该层坡面系统支护、上层锚索完成注浆、该层锚索施工→下一循环。

2.3.2　施工方案

2.3.2.1　开挖施工策划

1. 危岩体处理

危岩体处理制约下部边坡开挖施工，并对下部施工形成较大的安全风险。危岩体处理要求如下：

（1）首先对开挖边坡顶部区域的危岩体进行排查，对照设计图复核、确认危岩体处理范围和数量。

（2）集中安排自上而下清理表层松动危岩块（体）。卸荷裂隙张开度大的个别危岩块（体），可清撬或钻孔小药量爆破拆除。

（3）施工简易便道应延伸至各危岩体工作面，施工平台和陡峭边坡施工便道可采用脚手排架搭设。材料及小型设备也可采用小型缆索吊或利用已有缆机进行吊运。

（4）危岩体处理遵循"按区段、分重点、全面、有效、安全、经济"的原则，采取主动防治与被动防治相结合的处理方式，应做到局部与整体施工协调统一，保障有序、安全、高效施工。

（5）针对每块危岩体作具体的分析，分情况采用主动网防护、被动网多道分级阻拦及设置拦渣墙安全防护和支护加固处理等综合措施，为后期下部施工提供安全保障。

（6）在开口线以外，对出露断层带等不良地质体进行封闭处理，修建排水设施，设森林防火隔离带等。

2. 边坡开挖及支护

边坡开挖应遵循"开挖为主线，支护为重点，严格控制爆破，确保开挖质量和施工安全"的原则进行施工。边坡开挖及支护要求如下：

（1）为了保证坝基边坡开挖开口线以外的边坡稳定和以下的施工安全，应在开挖前对开口线以外的天然边坡进行危石和松动岩体清除，平顺坡面，并按规范和设计要求的支护措施进行支护处理。

（2）根据开挖实际情况，采取其他处理措施如浆砌石挡护、柔性防护网等。坡顶防、截、排水系统应在边坡开挖之前完成。

（3）在岩石边坡开挖之前，应先将开口线上的锁口锚杆施工完。在边坡下挖过程中，应采取控制爆破措施以减小对上部紧邻已形成台阶的影响。

（4）采用"自上而下、平面分区、立面分层"的开挖方式，可在每个开挖层形成多个工作面，开挖与支护作业面分区段平行流水施工。边坡分层分区示意图见图2—6。

（5）为保证支护的及时有效性，岩体较厚的部位可先行将最外侧边坡"瘦身"爆破开挖，再进行结构段区域开挖，以减少单次的开挖量和出渣量，提高循环效率。

（6）高度较大的边坡，应分梯段开挖，梯段（或分层）的高度应根据爆破方式、施工机械性能及开挖分区等因素确定。

（7）根据爆破试验成果和现场施工经验，结合地质条件动态调整爆破参数，保证爆破

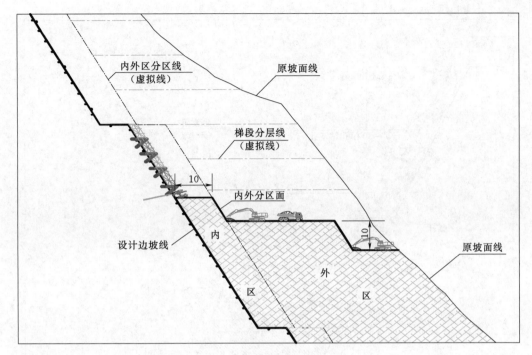

图2-6　边坡分层分区示意图（单位：m）

控制效果；严格按国家爆破安全规程实施爆破作业，加强各相应影响面之间的协调与配合，确保爆破作业安全。

（8）边坡轮廓面的开挖，可采用预裂、光面爆破等控制爆破技术，采取孔间微差爆破、孔内微差爆破、钻防震孔或减震孔等措施，减少爆破对基岩的扰动，保证建基面的完整性、均匀性、平顺性和体型要求。

（9）钻孔、爆破、推渣、出渣、支护等各施工工序应紧密结合，加强现场施工组织，抓关键工序，工序之间应做到无间衔接。

（10）对高地应力区段，可采取"先锚后挖"或"反弧形"开挖技术，以降低卸荷影响深度和回弹量。

（11）采用"一次预裂，一次爆破，分层出渣，速喷封闭，随层支护，系统跟进"原则进行开挖支护施工。开挖进度要兼顾支护进度，支护在分层开挖过程中逐层及时进行，快速进行浅层支护与坡面封闭，以保证下层开挖施工安全；同时，利用开挖预留平台或堆渣平台，施钻锚索孔和下索。边坡开挖与支护协同示意图见图2-7。

（12）开挖边坡的支护应在分层开挖过程中逐层进行，上层边坡的支护应保证下一层开挖的安全，下层的开挖应不影响上层已完成的支护。在已形成的开挖边坡未按设计要求支护加固前，不得进行下层的爆破作业。

（13）在进行系统支护前，应视边坡具体情况，对稳定条件较差的部位及时采取随机支护，随机支护以锚杆束、锚杆等浅层支护为主。系统支护中挂网喷混凝土、锚杆、锚杆束支护与开挖工作面的高差不应大于一个梯段高度。

（14）深层支护对开挖进度的影响大，应做好开挖与支护的时空协同，保证深层支护

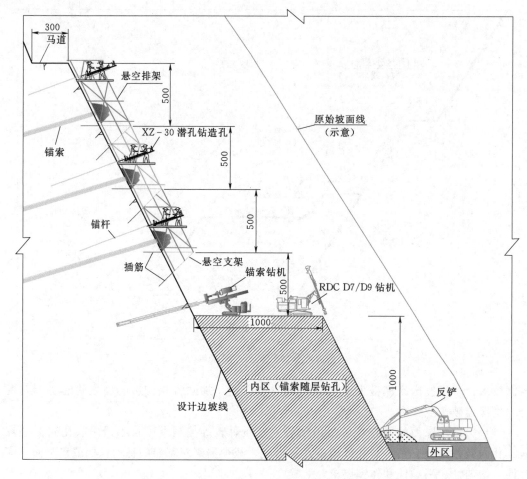

图 2-7　边坡开挖与支护协同示意图（单位：cm）

快速施工和紧跟开挖作业面，预应力锚索支护及工作面滞后开挖工作面一般不宜大于30m，在有可靠实时监测预警和边坡稳定分析的基础上，可分部位、分施工时机合理调整开挖与支护时空间距。

（15）对于边坡易风化破碎或不稳定的岩体，要先完成断层等地质缺陷处理，才能进行下一层的开挖。对于边坡地质缺陷，需进行置换处理的，一经揭露立即分段开挖，及时封闭，尽快置换回填。

（16）对建基面、地质条件复杂或大断面洞室等部位宜采用先边坡开挖，后进行洞挖的方式开挖，进洞前先进行洞口锁口支护，洞口段（两倍洞径范围）应采用短进尺、弱爆破等控制爆破措施。

采用先洞挖后进行边坡开挖时，开挖前完成距建基面靠山体侧不少于15m范围内洞室的衬砌及回填灌浆，根据监测结果，确定开挖和支护措施，并在洞内进行辐射状的预裂衔接孔施工，衔接预裂爆破宜先于边坡梯段爆破进行，临洞边坡梯段开挖时，应调整爆破参数，避免破坏已成洞室。

（17）合理布置施工道路和配置资源，满足高强度开挖、运输和支护要求。

（18）施工过程中注意保护清理区域附近的天然植被，避免因施工不当造成清理区域附近林业和天然植被资源的毁坏，以及对环境保护工作造成的不良后果。

3. 边坡稳定控制

工程边坡大多为风化、卸荷岩体，岩体松弛破碎，断层、挤压破碎带及节理裂隙发育，受多组结构面组合控制作用，边坡稳定控制问题突出。宜建立自动化和数据实时传递监测系统，加强边坡施工期安全监测，实时掌握边坡开挖期间应力、应变变化情况，分析支护结构和参数的合理性、及时性，以及边坡支护与开挖时空距离的合理性。及时调整开挖爆破规模、下降速度、支护参数。快速支护封闭边坡，对保证边坡的整体稳定至关重要。

2.3.2.2　开挖施工工艺流程

1. 土方开挖施工工艺

土方开挖施工工艺流程见图 2-8。

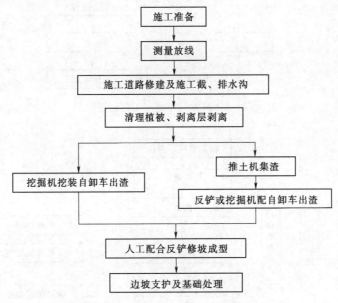

图 2-8　土方开挖施工工艺流程图

2. 石方开挖施工工艺

（1）石方开挖施工工艺流程。石方开挖施工工艺流程见图 2-9。

（2）预裂爆破施工工艺流程。预裂爆破施工工艺流程见图 2-10。

3. 边坡支护施工工艺

（1）边坡支护工艺流程。

1）湿喷混凝土工艺流程。湿喷混凝土施工工艺流程见图 2-11。

2）锚杆（束）施工工艺流程。锚杆（束）施工工艺流程见图 2-12。

锚杆施工工艺程序见图 2-13。

先注浆后插锚杆施工工艺流程见图 2-14。

先插锚杆后注浆施工工艺流程见图 2-15。

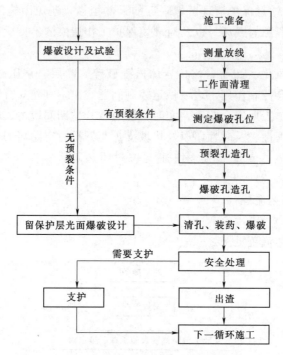

图 2-9　石方开挖施工工艺流程图

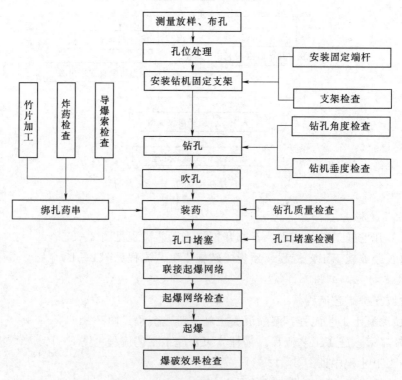

图 2-10　预裂爆破施工工艺流程图

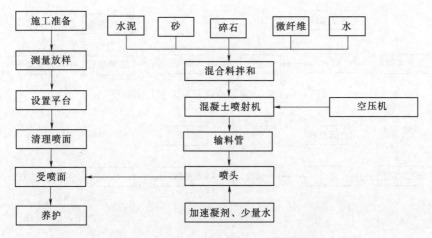

图 2-11 湿喷混凝土施工工艺流程图

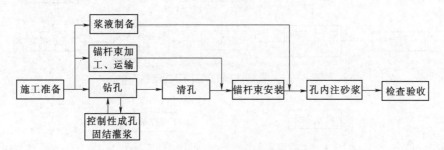

图 2-12 锚杆（束）施工工艺流程图

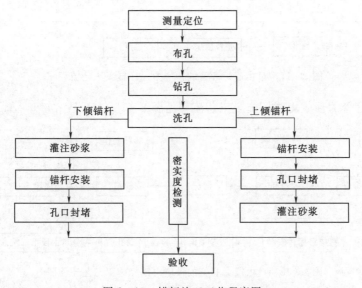

图 2-13 锚杆施工工艺程序图

自钻式锚杆施工工艺流程见图 2-16。

自由段带套管的预应力锚杆施工工艺流程见图 2-17。

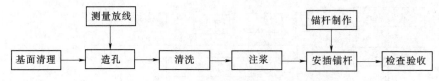

图 2-14 先注浆后插锚杆施工工艺流程图

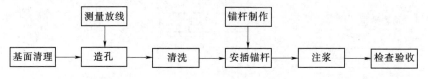

图 2-15 先插锚杆后注浆施工工艺流程图

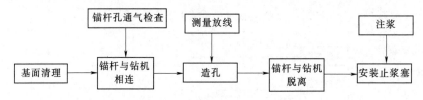

图 2-16 自钻式锚杆施工工艺流程图

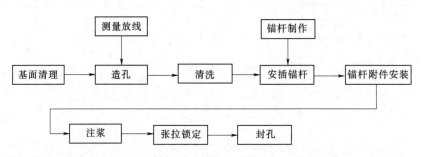

图 2-17 自由段带套管的预应力锚杆施工工艺流程图

自由段无套管的预应力锚杆施工工艺流程见图 2-18。

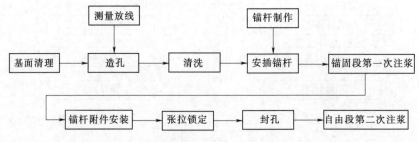

图 2-18 自由段无套管的预应力锚杆施工工艺流程图

自钻式预应力锚杆施工工艺流程见图 2-19。

3）预应力锚索施工工艺流程。预应力锚索分为有黏结型、无黏结压力分散型锚索两种类型，其施工工艺见图 2-20。

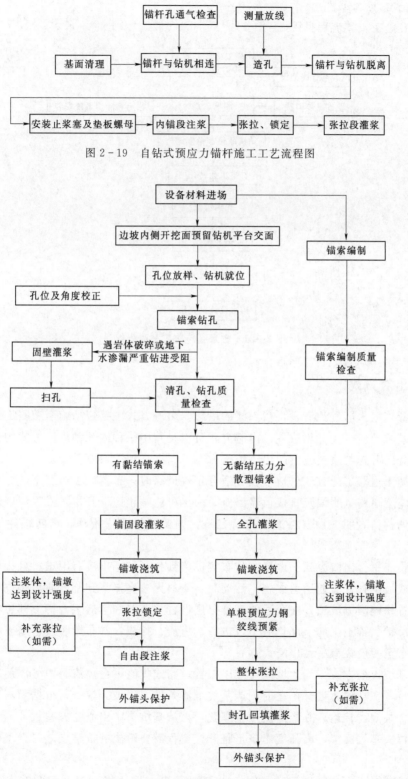

图 2-19　自钻式预应力锚杆施工工艺流程图

图 2-20　预应力锚索施工工艺流程图

4. 排水孔施工工艺

排水孔施工工艺流程见图 2-21。

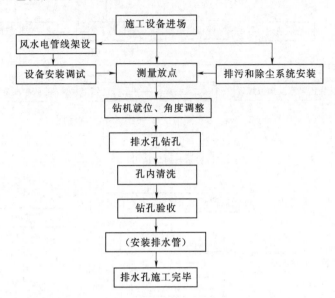

图 2-21 排水孔施工工艺流程图

2.3.3 出渣方式

边坡开挖应采取避免渣料直接入江的措施。出渣方式主要包括施工道路出渣、集渣平台出渣、基坑出渣、竖井出渣等，出渣方式可以是其中一种或几种出渣方式的组合，并尽可能形成分区开挖与渣料分流的出渣施工方案，以提高施工效率。

（1）施工道路出渣方式。地形较缓适合布置道路时，布置施工道路至各分层开挖工作面，通过施工道路（明线）直接运输出渣。为尽可能防止边坡开挖石渣下江，可在边坡临江（河）侧预留岩埂或设置挡渣墙进行挡渣，内侧开挖采用松动、定向缓冲等控制爆破措施。

（2）集渣平台出渣方式。地形较陡布置道路到各开挖层出渣有困难，且边坡下部河床未截流，或坡下存在交通通道或施工活动时，渣料无法直接下到基坑或坡脚进行出渣，应在适当位置修建溜渣坡道，在合适的高度分层设置挡渣墙和集渣平台，上部各梯段的开挖石渣采用反铲、推土机向下部集渣平台扒渣、甩渣、推渣，并布置明线道路或明线道路与隧洞相结合至相应集渣平台出渣。

（3）基坑出渣方式。当边坡高陡难以布置道路或集渣平台出渣时，可提前实施导流建筑物并截流，在坝肩边坡开挖之前创造基坑堆渣条件，边坡开挖渣料根据距离远近可分别采用推送、翻渣、转运，并经溜渣槽至基坑，再从基坑集中出渣的方案。

如何解决基坑面窄，高强度出渣，是开挖工程需要解决的重难点之一。主要采取以下措施：

1）溜渣对装渣和基坑道路影响大，出渣效率低，溜渣堆高安全问题突出。为解决该问题可采用"定点定时分区溜渣，基坑设拦渣防护墙"措施，除边坡外侧约15m范围就近溜渣外，内侧开挖料可错开基坑出渣区定点溜渣，以延长基坑出渣时间。边坡外侧可采用抛掷台阶爆破技术，以减少翻渣工作量。

2）为便于河床能集中出渣，避免多次翻渣，减少扬尘，并根据边坡地形特点，利用沟槽设置必要的溜渣槽，并对各溜渣槽的溜渣范围进行清撬，以保证溜渣平顺。尽量减少推渣滞留在坡面，避免形成基坑作业的安全隐患，见图2-22。

图2-22　开挖溜渣点布置示意图

（4）竖井出渣方式。当自然边坡坡度在60°以上，不具备施工道路布置和集渣平台设置，也不具备基坑出渣条件时，可考虑竖井出渣方式。

在边坡较低高程部位修建隧洞至边坡内部，采用竖井与下部隧洞连通，出渣时利用地形，辅以机械扒渣的方式从竖井溜渣。当采用此种出渣方式时，尤其要注意竖井断面和开挖渣料块度，以防堵井事故发生。

2.3.4　土石调配平衡

1. 调配平衡原则

开挖料宜直接利用，减少中转，以提高利用率和施工效率。调配平衡原则如下：

（1）针对不同地质条件的岩性，规划开采适合于不同技术要求的填筑料；同时，优化爆破参数设计，使级配尽可能满足坝料要求，减少弃渣。

（2）开挖工期安排、填筑进度和对料源开挖要求应尽可能相协调，在满足关键施工进度和边坡开挖工期的条件下，结合工程填筑工期要求，尽量将开挖料直接运输到填筑区，降低中转堆存量。

（3）在充分利用开挖料直接运输至填筑区的基础上，要发挥存料场的调峰作用，合理确定存料场回采规模，以满足填筑施工强度要求。

（4）不能直接运输至填筑区的可利用料，应充分考虑开挖与填筑区运距的合理性、经济性，集中堆存，统一调配；选择合理的调配方向、运输路线，使开挖机械和运输车辆的性能得到充分发挥。

2. 合理利用开挖料

（1）开挖前，首先对开挖区的植被、覆盖层等无用料层进行充分剥离处理，避免造成对有用料的污染。

（2）根据开挖揭露的地质情况结合现场爆破试验采用适宜的爆破参数，并不断加强爆破效果检测和优化爆破孔网参数，确保爆破块度和有用料质量。

（3）可利用渣料应按施工总布置规划场地进行堆存，存渣场运行管理遵循应先挡后存的原则，确保利用料顺利进入存渣场，减少已进入存渣场堆存的有用料流失。

（4）加强运输车辆管理。运输开挖利用料的车辆挂牌标识，按要求有序集中堆存，以确保利用料堆存质量，方便回采。

（5）利用料回采采用"立采"方式，避免利用料在回采过程中发生分离，从而提高回采料利用率。

2.3.5 施工进度与设备配置

1. 施工进度

（1）按照"统筹兼顾、科学规划、合理衔接、协调推进、均衡施工"的原则，合理地安排开挖施工程序及施工进度，确保开挖施工节点工期与边坡工程工期的协调、受控；同时，部分控制性节点目标的安排应适当提前。

（2）根据边坡工程规模、地质条件、施工环境、工程特点、工程重难点、施工管理水平、施工机械化水平、施工力量、类似工程施工中的经验和合同控制性工期要求，采用适中的施工强度指标，合理安排施工进度，并对不可预见因素留有一定余地。

（3）根据工程边坡开挖与支护施工的逻辑关系，对影响总工期的关键项目进行分析研究，抓住重点，确定施工关键线路，组织配套的机械化施工作业，提高施工生产效率，加快工程施工进度。

（4）进度编制应充分考虑开挖与支护施工的相互干扰，尽可能采取机械化施工手段，综合考虑先进机械设备的性能和效率，优化各种资源的配置，统筹协调，合理安排工期，确保施工安全。

（5）施工进度应以多级计划管理模式，充分应用现代信息化技术，通过合理资源调配、优化分析、信息反馈、实时调度等手段，对计划实行全过程有效控制，保证开挖施工各工序流水作业、合理衔接，做到连续均衡生产和文明施工。

（6）在施工环境较差的高原地区施工时，应充分考虑资源的降效和保障问题。

2. 设备配置

（1）开挖与支护设备应遵循"配套合理、运行可靠、通用性强、维修方便、高效经济、节能环保"的原则进行配置，同时应充分利用社会资源。

（2）根据自然条件、现场作业条件、工程规模、施工进度、工作面数量、试验成果及可能选取的设备机具等因素进行开挖与支护设备选型配置，并参考类似工程的施工经验和有关机械手册选用性能稳定、质量好、效率高的设备。

（3）对选用的设备，要从供货渠道、产品质量、操作技术、维修保养、售后服务和环保性能等方面进行综合评价，确保技术可靠、经济适用。

（4）边坡开挖过程中各工序所采用的设备，要注重相互间的配合，能充分发挥其生产效率，保证开挖与支护进度相协调；同时，按照设备完好率、利用率、实际生产效率，以及施工环境、施工条件等工程具体情况，综合分析确定设备数量。

（5）应按照机械化联合作业方式，根据主要机械设备生产能力和性能进行选择设备，使其相互匹配，合理组合；应首先确定开挖施工中起主导、控制作用的设备，然后根据主导设备确定配套设备、辅助设备，且其生产能力应略大于主导设备。

（6）设备性能和参数应与施工条件、施工方案和工艺流程相符合，与开挖边坡的地形和地质条件相适应，且能满足开挖施工强度和质量的要求。

2.3.6 试验与科研

1. 施工试验

每个工程的施工环境、施工条件、施工特点均有差异，为了保证施工方法的适应性、针对性、有效性，应现场模拟相同或具有代表性的施工条件，进行生产性专项试验，提前发现问题，提前采取应对措施，以保证工程顺利实施。主要专项试验如下：

（1）施工试验首先应编制试验大纲，在施工前选择类似工程边坡条件的场地进行现场试验，确定合理开挖与支护施工工艺，优化资源配置、工艺流程和施工参数，并利用试验成果指导施工。

（2）开挖前进行爆破试验，重点对爆破振动、边坡成型等控制爆破技术进行现场测控、评定，以确定合理的钻爆参数，主要包括钻孔孔径与间距、装药量与装药结构、起爆网络与方式等。通过实际监测，掌握爆破质点振动衰减规律，控制爆破规模，降低爆破振动效应，以确保爆区周围被保护建筑物安全稳定；通过试验，掌握预裂、光爆、深孔梯段爆破开挖施工工艺，制定适宜、有效、科学的保护层开挖方案，为坝基及边坡开挖提供技术支撑。

（3）进行锚杆注浆密实度试验，选取与现场锚杆的直径和长度、锚杆孔径和倾斜度相同的锚杆和塑料管，采用与现场注浆相同的材料和配合比拌制砂浆，并按现场施工相同的注浆工艺进行注浆，养护后剖管检查其密实度。

（4）进行预应力锚索施工现场试验，验证设计参数、检验施工工艺、确定合理钻孔参数和测试张拉锁定后应力衰变规律，提供超张拉或补偿张拉依据。

（5）素混凝土、纤维混凝土等喷混凝土配合比设计，试验和检验配合比、拌和工艺，并进行现场喷混凝土试验及大板试件取样试验，检测内容主要包括黏结强度、纤维分布、含量和均匀性，以及现场喷射时的回弹量；同时对喷射混凝土的力学性能、配合比和施工工艺等做进一步的验证和分析。

（6）通过试验确定合理的施工程序、施工工艺、适宜的灌浆材料和最优的浆液配合比；提供相关技术参数，如布孔方式、灌浆深度、孔排距、灌浆压力及检测效果。

2. 技术研究

提前对工程重难点进行分析、研究，梳理出影响工程施工的关键问题，针对存在的问题进行科学试验研究，找到有效解决问题的方法，以指导施工，并在工程应用中完善、改进和发展。水电工程高陡边坡主要技术研究包括：岩体安全高效开挖智能化爆破关键技术研究、坝基开挖爆破振动控制及成型控制技术研究、边坡稳定预警预控技术研究、边坡快速支护技术研究等。

2.3.7 施工组织与管理

对工程边坡施工各环节进行梳理、预判、策划，针对工程特点、难点、关键点及存在风险，提出相应管理重点及应对措施。通过策划（P）、实施（D）、检查（C）、处理（A）的 PDCA 循环，实现一体化管理，以降低成本、提高效率，保证工程顺利实施。

2.3.7.1 项目部组织机构

按照现代项目法施工管理原则，组建结构合理、精干高效，具有类似工程经验的项目经理部。项目经理部为矩阵式组织结构，形成分工负责、相互配合、密切协作的项目管理机制，由项目经理部及各职能部门对各作业层进行管理、指导和监督，保证整个管理指挥系统政令畅通、高效运转。

优秀的项目经理部包括优秀的项目经理、强有力的项目领导班子、具有丰富经验的施工管理人员和职工队伍，其中项目经理的宏观控制能力和管理水平又是项目管理的核心。实行项目经理负责制，带领项目经理部代表法人全面履约，并负责工程的技术、经济、计划、组织、协调和控制，保证整个工程项目的实施处于有效管控之中。

工程项目施工前，对劳动力分专业、分工种进行技能和安全质量知识培训，以提高劳动者的劳动技能和安全质量意识，满足各专业施工对劳动技能的要求，提高工作效率，提高工作质量。

2.3.7.2 项目管理目标

1. 工程安全目标

（1）建立、健全安全管理体系，完善安全生产条件，确保实现人员、设备及工程安全的目标。

（2）安全措施落实，杜绝责任性的较大人身伤亡事故，实现人身死亡事故"零目标"。

2. 工程质量目标

（1）确保单元工程合格率 100%，优良率 85% 以上。有效控制质量通病，杜绝较大及以上质量事故，不留质量隐患。

（2）实现客户质量满意度目标。

（3）实现合同要求的获奖目标。

3. 工程进度目标

（1）编制总进度计划及年、季、周进度计划，明确关键节点工期控制等进度目标。

（2）抓住工程施工的重点、难点、关键点，加强边坡施工各工序的协作配合，统筹兼顾，组织好开挖与支护施工；优化施工方案，制定切实有效的工期保障措施，合理安排好施工程序；强化配套的机械化作业，提高设备利用率和施工进度保证率。

4. 成本管理目标

（1）目标成本：单位下达的目标成本控制、管理目标。

（2）动态成本：减少设计变更、计划不周、管理不善等造成返工的控制目标。

（3）措施成本：优化施工方案，改进施工工艺，减少浪费、节约成本目标。

5. 技术管理目标

（1）施工图纸齐全、相互配合程度等控制目标。

（2）新材料、新设备、新技术、新工艺应用目标。

（3）专项试验及科研目标。

（4）风险识别及技术事故控制目标。

6. 环保水保目标

（1）废水、废气、噪声、粉尘控制，满足国家、地方及合同要求等目标。

（2）保护和改善生活环境与生态环境，保障人群健康，防治污染和其他公害，减少固体废弃物对环境影响，对固体废弃物实现分类收集、分类处理等目标。

（3）创建绿色环保工程、精品工程目标。

7. 文明施工目标

（1）工程现场整洁、有序管理目标。做到施工程序化、文明区域责任化、作业行为规范化、环境和谐化、卫生整洁化、着装统一化。

（2）安全文明施工获奖目标。

2.3.7.3　施工准备

施工规划、策划等施工准备工作，是工程顺利实施的必要条件。施工准备工作要贯穿在整个施工过程，根据施工顺序的先后，有计划、有步骤、分阶段进行。按准备工作的性质，大致归纳为五个方面：

1. 技术准备

（1）编制技术工作计划，组织施工图设计技术交底及图纸会审。

（2）熟悉并充分理解合同、工期、技术、设计要求等有关资料。

（3）搜集当地的自然条件资料，深入实地摸清施工现场情况；借鉴国内外类似工程先进施工经验，积极采用安全可靠、技术先进、经济合理的新技术、新工艺、新材料和新设备。

（4）规范工程承包、分包秩序，确保工程施工进度、质量、安全受控。

（5）编制施工规划、策划，进行分部工程、单元工程划分，编制总体、分部、专项施工组织设计，编制施工进度计划及单项施工措施，对重要的或地质条件复杂的高边坡应编制相应的监测方案。

1）依据相关设计文件、施工图纸、工程总体规划、现场施工条件、施工环境及技术要求制定边坡开挖施工技术方案。边坡开挖施工技术方案包括：施工总体布置、施工道路布置、边坡开挖施工方法和拦渣集渣措施、安全防护、施工进度及质量等保证措施等。

2）依据开挖设计体型、设计工程量、施工道路布置、节点工期要求、施工技术要求等因素确定施工机械类型、开挖分区大小、梯段高度、施工顺序和施工方法。

3）依据设计技术文件对建筑物边坡或非建筑物边坡安全稳定、开挖基础质点震速及岩石声波的要求进行分析、论证，初拟爆破参数，施工前在相似地质条件下通过爆破试验对爆破参数进行优化。

4）依据合同总工期和节点工期要求把施工计划分解到年、季和月，以此确定开挖强度。

（6）各项试验、检验和重难点技术研究。

2. 施工现场准备

（1）建立测量控制网，并对开挖范围内的原始边坡进行测量。

（2）搞好"三通一平"（路通、电通、水通、平整场地）。

（3）修建施工辅助设施，满足边坡施工需要；油库、爆破器材库的位置应符合有关规定。

3. 物资准备

（1）依据施工技术方案、施工计划、开挖规模及开挖强度确定各施工阶段主要工程材料和设备配置计划，包括材料、设备的种类、数量和货源安排，确定施工机械设备种类、型号、数量及进场时间。

（2）依据施工技术方案、施工计划、开挖规模及开挖强度确定各施工阶段周转材料和机具的准备计划。

（3）对已有的机械机具做好维修工作，对尚缺的机械机具要立即订购、租赁或制作。

4. 施工队伍准备

（1）健全、充实、调整施工组织机构。

（2）调配、安排劳动班子组合。

（3）依据施工技术方案、施工计划、施工强度和配备的施工设备类型及数量确定人力资源投入及进场时间。

（4）编制施工人员进场计划，对相关施工人员进行安全、质量、技术和环境保护等方面的培训，并进行技术、安全交底。

5. 资金准备

根据施工进度计划编制资金使用计划。

2.3.7.4 工程管理

建立健全项目事前、事中、事后的全过程监督机制，推进精益化管理。运用现代的管理知识、信息化的管理手段、先进的施工技术和技术创新，对开挖施工全过程进行管理和控制，以保证施工安全、施工质量、施工进度和降低施工成本。

1. 施工安全控制

（1）建立健全安全生产保证体系，制定安全生产管理规章制度和奖惩制度，实施安全过程控制。

（2）对施工人员进行工前安全培训教育，并持证上岗；每个分项工程开始应进行案例技术交底，定期召开安全例会和安全检查，并对安全问题进行整改和落实。

（3）遵守安全操作规程，设备在使用前进行全面检查，施工过程中操作人员必须做好自身的安全防护。

（4）边坡施工脚手架和作业施工平台应按设计要求搭设牢固，在临空面侧设置防护栏、安全网和警示标志，并按设计要求控制施工荷载和运行维护，确保安全施工。

（5）设置专职安全检查人员，随时检查安全隐患，发现问题及时解决；组织安全检查小组，开展监督检查施工各环节各个施工点的安全检查活动，认真检查安全整改项目的落实与报告制度。

（6）采用合格的爆破器材，与地方政府相关管理部门相协调，加强火工材料的安全、有效管理，保证爆破材料在运输、储存、使用等环节中安全可靠，防止流失。火工产品的领用、回收，应指定专人按制度要求进行管理。

（7）由专业炮工按照爆破设计组织实施钻孔、装药、联网和施爆。采用控制爆破技术，保证安全质点振动速度在规定范围之内，避免对开挖边坡和其他临近建筑造成损坏影响。

（8）爆破时，有关施工机械设备及人员必须迅速撤至爆破警戒范围以外，对附近的建筑物及不能撤走的施工机械设备采取安全防护措施。建立安全警戒、警报系统，严格按躲炮安全范围进行警戒，确保人员安全。

（9）应采取措施减少或降低飞石、冲击波、地震波、粉尘、噪声和有害气体对人员、设施、周边建筑及环境的不利影响。

（10）做好边坡稳定的临时安全监测。施工过程中，若发现边坡出现不稳定迹象时，或边坡监测出现异常时，要及时采取有效措施保护边坡稳定和启动应急机制。

2．施工质量控制

（1）按 ISO 9001 质量标准建立质量控制体系，建立完善的质量检查制度，加强全过程、全面的施工质量控制。

（2）按照开挖施工技术措施组织施工，对施工材料和各施工工序的质量进行控制。采用先进仪器进行施工测量，确保获得测量成果准确性和可靠性。

（3）对施工人员进行专业培训和交底，提高施工人员技术水平和操作能力。

（4）施工前做好开挖施工措施和爆破设计，并在地质条件相近部位进行开挖爆破试验，获得适合的钻爆参数。

（5）开挖过程中坚持"一炮一设计、一炮一分析、一炮一总结"制度，并根据开挖效果及地质条件进行动态优化调整。

（6）在边坡开挖过程中采用控制爆破技术，控制爆破单响药量，减小爆破振动，控制边坡超欠挖。

（7）对喷混凝土材料、配合比、拌制、喷射工艺、喷混凝土厚度等进行控制。

（8）采用测量仪对锚孔孔位进行放样，控制锚孔方向、孔径、孔深及孔位偏差，按试验配合比进行锚孔注浆，并保证注浆的饱满度。锚索张拉工艺和锁定吨位应符合设计要求。

3．施工工期控制

（1）根据合同文件要求，结合现场实际情况，编制切实可行的施工技术方案、进度计划和保证措施。

（2）根据开挖施工进度安排，在开工前组织调配资源（人员、材料、物资设备等）进场，尽早形成现场配套设施，确保项目顺利实施。

（3）根据现场施工条件，合理规划并提前形成开挖施工道路，适应运输设备通行及车流量要求，确保出渣道路通畅，为边坡大规模、高强度开挖施工创造条件。

（4）根据边坡开挖施工程序，理顺各工序的逻辑关系，合理安排开挖、浅层支护、深层支护（预应力锚索）及地质缺陷处理等工序的进度，避免各工序之间相互影响。

（5）应用先进信息化管理系统，采用先进、合适的开挖支护设备和技术手段，以提高施工效率。

（6）统筹兼顾、科学管理、精心组织、精细施工，抓好各工序协调衔接，对关键线路采取有效对策，确保各阶段节点进度目标如期实现。

4．施工成本控制

（1）建立全员全过程成本控制体系，对成本控制加以规范、倡导或约束，保证开挖施工按照有利于降低成本、有利于进行成本控制的方式进行。

（2）应用现代信息管理技术，对施工资源及施工过程进行计划性、可预见性和适用适时性管理，充分合理利用资源，提高施工效率。

（3）提高管理和作业人员对从事工作的熟练程度，充分发挥员工的积极性、主动性和创造性，及时处理和解决问题，提高工作效率。

（4）在边坡开挖施工中大力采用"四新"技术，针对施工难题展开科技攻关，通过运用新技术和技术创新，保证施工质量和安全，提高施工效率，降低施工成本。

（5）实行成本预算、核算全员全过程动态管理，开源与节流、责权利相结合，从源头上节约成本，从施工过程中控制成本。

5．施工合同管理

（1）合同是项目组织的纽带，应按合同管理程序进行，清楚了解合同条款内容，明确甲、乙双方的责、权、利，保证所有合同要求都能有计划地逐步实现。

（2）合同的控制过程：主要为合同监督、合同跟踪、合同诊断和合同变更管理，通过以上几方面的过程控制，落实所有的合同要求。

（3）实行合同信息化管理，真实反映现场实际情况，实时进行管理、决策。

6．绿色施工管理

（1）施工过程中力求在保证质量、安全等基本要求的前提下，通过科学管理和技术进步，最大限度地节约资源与减少对环境负面影响的施工活动，实现四节一环保（节能、节地、节水、节材和环境保护）的绿色施工。

（2）绿色施工管理主要包括组织管理、规划管理、实施管理、评价管理和人员安全与健康管理5个方面。

7．数字化管理

为了在进行大坝开挖爆破时，尽量少损伤建基面岩体，采用信息化手段对爆破设计、爆破施工、爆破监测、爆破控制和爆破评价进行管理和控制，实现爆破作业流程的信息化、数字化管理，确保工作各个流程有序落实，达到爆破振动监控和管理的实时化和自动化。系统基本功能见图 2-23。

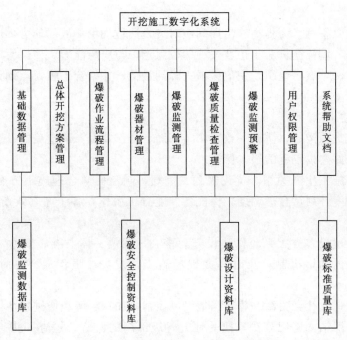

图 2-23 系统基本功能结构图

2.3.7.5 风险管理

工程风险主要有自然风险、社会风险、经济风险和技术风险，就施工阶段而言，施工安全、质量控制和施工进度是施工期面临的三大风险。施工阶段的风险重在监测、重在控制，应从风险识别、分析、评估、决策和控制各个环节进行动态管理。施工中从以下几方面进行管控：

（1）风险管理与安全、质量和进度管理同步进行，保证安全、质量、进度的协调统一。施工过程中，遵守现行国家、行业和工程所在地有关法律、法规、政策规定和工程建设标准有关安全生产管理的规定，落实设计提出的各项风险防范措施，加强风险控制。

（2）工程边坡开挖应以安全风险为主，要加强现场地质工作和安全监测分析，做好预警预控；加强支护，做到开挖与支护时空协同。根据揭示的地质条件，动态调整边坡加固设计，保证实施方案的适应性和针对性，保证施工安全和质量。

（3）质量和安全是保障进度的前提。采取合理的施工技术方案、合理的进度计划、合理的资源配置和标准化的施工管理，实现有序、优质、高效施工，确保按期或提前完成控制性节点目标。

（4）风险管理横向到边、纵向到位。

1）根据风险源的不同、风险等级的不同，由不同级别的部门制定不同的风险管理方案，落实到位。

2）在制定风险管理方案时，覆盖整个合同段的所有内容，同时包括分包商风险控制的要求和管理制度。

3）施工过程中，根据现场实际情况，深入识别各种风险因素，及时进行风险工程分级调整。

（5）风险应急管理。为提高施工期间应对突发边坡失稳事故的能力，应明确各级应急岗位人员的职责，增强全员对于边坡失稳的应急意识与应急能力，使广大职工熟知处理边坡失稳事故的方法，有序组织，使危害损失降到最低，并结合工程特点制订安全应急管理预案。

2.3.7.6　施工协调

理顺关系、加强沟通、协调一致、团结互助、合作共赢，营造美好、文明、和谐施工环境，是又快又好建设工程的根本保证。

（1）协调好施工生产关系。优先规划、策划，制定科学合理施工方案，合理配置资源，合理安排进度计划，合理调度，保证各专业分工协作，各工序有效衔接、协调配合，减少施工干扰。

（2）协调好建设各方关系。以建设方为核心，四位一体，凝心聚力，构建互信、互学、互助、共进的和谐机制，及时掌握现场施工情况，加强沟通，实时采取有效应对措施。

（3）协调好地方社会关系。尊重当地民风民情，加深了解和增进感情，关心人民群众利益，搞好民族团结。遵纪守法，接受地方各级部门的监督、检查和指导，建立沟通机制，预警预控，互相支持。

2.4　高效协同施工规划

为保证边坡高效施工，应创造多工作面，使开挖与支护实现平行或流水作业；选择合理的出渣方式，改善高陡边坡开挖出渣条件；同时应采用先进技术，特别是提高边坡的快速支护施工能力。为保证边坡稳定，开挖后应随层支护，并及时发挥支护的作用，通过边坡安全监测，确保开挖与支护的时空协同。

2.4.1　施工总进度与导截流进度的协同

水电工程边坡一般为高陡边坡，作为水工建筑的基础，边坡开挖施工处于关键线路上，因普遍存在工程地质、施工环境等不确定因素，工期往往难以控制。同时由于边坡高陡，开挖出渣困难，一般采取推渣下基坑出渣，边坡主体开挖需安排在截流形成基坑后进行，因此边坡开挖施工进度要与工程总体进度相协调，提前安排导流建筑物（导流洞）施工。

2.4.1.1　截流前边坡开挖存在的问题

若在截流前进行坝肩边坡开挖，从地形、工期、安全、环保等方面考虑，主要存在以下问题：

（1）工程边坡陡峻，开挖施工道路布置困难，难以布置有效的拦、集渣平台。即使采用道路出渣或集渣平台出渣方式，将影响出渣效率，且重车长距离下坡安全风险大，不利于大规模开挖，难以满足施工强度和工期要求。

（2）若布置隧洞出渣道路，施工难度、工程量及工程投资增大，且需要占用更长的直线工期；同时因河床两岸山体内布置有地下工程或边坡较高等原因，也难以布置多层出渣隧洞。

（3）由于边坡高陡，开挖渣料下河难以避免。渣料下河造成水土流失及壅高河水位等环保问题，汛期还将造成防洪度汛安全问题。

2.4.1.2　协调处理方案

为避免截流前进行边坡开挖带来的上述问题，围绕工程建设总体进度目标，对工程导截流及边坡开挖施工组织进行深入研究，从施工总规划入手，合理安排边坡工程和导截流工程施工顺序。

统筹合理安排筹建期工作与部分临时工程施工，提前进行导截流工程施工，为高陡边坡开挖创造基坑出渣条件；如截流条件不具备时，可采用河道提前分流、围堰分期实施、临时子堰挡水度汛等方案。从时间和空间上协调好工程建设，有效保护环境，保证施工安全。

2.4.1.3　实施应用效果

在锦屏一级、小湾、杨房沟、溪洛渡、大岗山等工程的高陡边坡开挖中，均采用先截流后开挖边坡，在基坑中出渣的施工方案，实施应用效果表明：

（1）加快了出渣速度，快速创造了支护工作面，从而加快了边坡开挖进度。

（2）节省了施工道路建设，缩短了出渣运距，节约了工程建设投资。

（3）在高陡边坡布置出渣道路，路窄坡陡弯急，道路运输交通安全隐患多、安全风险大；而采用基坑出渣方案，道路宽阔平顺，交通条件得到了根本性的改善，有效降低了交通安全风险。

（4）边坡开挖渣料堆积分流后的基坑内，不会造成水土流失和环境污染。

2.4.2　开挖与支护时空间距控制

决定开挖与支护时空间距离的因素包括两个方面：一是支护（特别是边坡锚固）的快速施工能力；二是在保证边坡稳定条件下支护的允许滞后时间。

2.4.2.1　开挖与支护的关系

正确协调开挖与支护的关系，保证边坡施工期的稳定，是边坡开挖施工的重点。

（1）在边坡施工过程中，开挖与支护是相互配合与协作、相互干扰与制约的关系，施工规划与组织、预警预控、开挖与支护时空上的协同优化，是保证边坡稳定安全和优质高效施工的关键。

（2）严格控制开挖梯段高度、支护与开挖面高差、建基面与边坡内洞室间的开挖先后顺序等，以边坡支护进度控制边坡开挖进度。

（3）施工中动态协调开挖与支护的关系。根据监测成果反馈分析，对影响边坡稳定的可能破坏模式区域，适时进行与"整体、局部、重点部位"相协调的"多层次分级、多形式组合"高边坡支护方案。

（4）每层靠近轮廓线预留 10m 左右爆破缓冲区，可作为锚固施工平台，锚索钻孔基本完成后，跟进搭设排架进行支护后续作业，待锚索孔注浆强度达到 70％设计强度后，方可进行预留爆破缓冲区的开挖。缓冲区爆破后先清理坡面，锚固钻机蹬渣钻孔，出渣及排架搭设跟进，同时锚索安装、注浆与喷锚支护同步进行。

2.4.2.2　边坡稳定与开挖支护协同

在施工过程中，对边坡稳定进行预先分析、预先控制，并进行持续跟踪监测反馈，实时掌握边坡稳定状况。了解边坡可能的变形失稳模式，对控制边坡整体稳定和局部稳定的关键结构面予以识别，确定开挖与支护的关系，及时进行边坡支护加固处理，保障边坡安全稳定。

（1）根据边坡揭示的地质情况，及时对边坡开挖与支护进行优化设计，应避免重复调整，相应的开挖与支护施工应及时跟进，保证边坡处治方案有效、可靠。

（2）通过对上层边坡的及时支护，在保证边坡稳定的前提下，方可进行下层边坡的开挖；一般边坡开挖与支护的间距约为 15m，在某一层面开挖完成时，其上层支护施工也应该完成。

（3）当边坡地质条件相对复杂，岩体卸荷松弛强烈，锚索支护设计布置紧密时，浅层支护（锚杆、喷混凝土等）与开挖工作面高差应不大于一个开挖梯段高度；深层支护（如预应力锚索）滞后开挖工作面不宜大于 30m，实际开挖与支护间距应根据边坡稳定分析和现场监测确定。

（4）做好边坡排水设施，及时进行边坡马道和地质缺陷部位封闭，防止地表水下渗后对边坡稳定造成不良影响。

（5）在边坡开挖过程中，根据开挖揭示的边界条件及监测反馈信息，确定支护时机和分期、分区支护方案，并根据监测反馈信息，决策是否停止开挖，以便继续完成上层支护或加强上层支护，直到工程边坡处于稳定状态。

2.4.3　快速加固施工技术

2.4.3.1　快速支护条件

1. 工作面与作业平台

（1）快速形成支护工作面。开挖分层分区，要为快速形成支护工作面创造条件，可考虑预留岩石平台或利用堆渣平台进行随层支护。

（2）快速搭设高边坡脚手架及作业平台。

1）边坡支护除预留岩石平台或蹬渣作业外，大部分施工采用搭设排架进行施工作业，充分利用边坡马道，采用能够快速安装、拆除且承载能力强的脚手架体系，是加快支护进度的重要环节。对于两级马道间距过高，也可充分利用边坡锚杆固定脚手架，自上而下搭设悬挑排架，形成支护工作平台，以加快支护进度。

2）在时间上采取分期支护，前期无排架快速支护，及时跟进开挖工作面。边坡开挖成型后，及时采用湿喷台车对边坡实施素喷混凝土封闭，并采用锚杆台车快速进行边坡三排锁腰系统锚杆加固施工，防止边坡面长时间暴露后卸荷松弛，前期支护随着开挖工作面下降，及时跟进实施。后期整体式排架结构快速提吊周转，确保边坡深层支护快速进行。

2. 分层分区流水作业

（1）根据开挖边坡和开挖区域特性，以及开挖、支护工程量和支护参数，结合边坡稳定性评价，合理确定分层分区，并通过预留岩石平台或利用堆渣平台等方式，实现开挖与支护平行或流水作业。

（2）动态协调开挖与支护的关系，采用"内侧控制开挖、大面提前下挖"的施工程序，利用边坡内侧岩体创造锚固施工平台，加快支护（特别是锚索）的施工进度，使开挖与支护进度达到协调平衡。

2.4.3.2 快速锚固施工技术

根据施工经验，浅层支护在多投入人、材、机的情况下，随层施工基本可满足施工进度要求，而同一工作面，锚索施工所需时间远大于浅层支护时间。因此，实现支护工程的快速施工，预应力锚索施工是关键。

有黏结锚索较无黏结型锚索所需施工时间较长。以40m长的有黏结型锚索为例，在常规条件下单根锚索理论施工时间分析见表2-1。

表2-1　　　　　　　　　　有黏结型锚索主要工序施工时间表

锚索类型	主要工序	所需时间/h	备　注
有黏结型预应力锚索	施工准备	6	测量放点、人材机就位等
	钻孔、清孔及验收	6	履带式工程钻机
	下锚及锚段注浆	2	正常注浆，无超灌情况
	锚墩浇筑及待强	174	注浆体及锚墩混凝土待强按7d计
	张拉锁定	1	单根预紧及整体张拉
	应力损失监测	48	监测锁定值是否下降到设计值的90%以下
	补偿张拉	1	如需要
	自由端注浆及外锚头保护	2	
	外锚头拆模	72	
	总计	312	13d

注　本表所计施工时间仅为理论时间，未包括后期搭设排架等辅助时间以及特殊情况处理时间。

根据锦屏一级、杨房沟水电站等类似工程的施工经验，完成一级马道（30m）的各类支护时间约需一个月。

针对复杂的地质条件，锚索、锚杆成孔困难，孔斜控制难度大，应着力解决破碎岩体锚固成孔难题。选择或改进锚固设备，研究应用新型锚固材料，以及先进施工工艺和施工自动化系统，是加快锚固施工的关键。

1. 快速钻孔施工机具

选择或改进合适的锚固施工机具是实现快速钻孔施工的关键。要从定位、导向、快速钻进成孔、精度控制等方面着手，研制或改进施工机具。

（1）根据岩石特性、钻孔参数等选择合适的钻孔机具，要求结构简单、操作简便、施工效率高。钻具、钻杆及风压等应合理配套，钻进能力与排渣能力相协调，尽量采用与钻具直径级差小的钻杆，以提高排渣效率来提高成孔速度。

（2）为有效清除孔内岩屑，可在钻具尾部安装钻孔反吹与研碎装置，可解决复杂地质条件锚索施工成孔难题，提高了锚索施工进度，保证了锚索成孔质量。

（3）在锚索钻孔中采用开孔定位导向装置、扶正装置及快速封孔装置等施工机具，可保障开孔的精度，及时进行有压固结灌浆，利用快速封孔器进行锚索孔道灌浆，可确保下道工序的及时进行。

2. 快速锚固施工新材料

（1）根据边坡岩石及岩体结构特性，采用新型的固壁灌浆材料，减小成孔难度，提高成孔效率。锚索钻孔遇到破碎地层，常发生漏风、掉块、卡钻等事故，可采用黏度时变性浆液材料进行灌浆、嵌缝、堵漏和固壁，以解决成孔难题。

（2）注浆体及锚墩混凝土待强时间占用单根锚索施工的直线工期，通过掺加外加剂，优化配合比，或在设计基础上提高注浆体及锚墩混凝土提高一个强度等级，可有效减少待强时间，达到快速施工目的。

3. 快速锚固施工工艺

（1）应根据地质条件和现场试验确定合理的钻进参数，破碎岩体锚固钻孔施工一般应符合"中等钻压、慢转速、平稳风压"的操作要求。

（2）有效清除孔内岩屑。

（3）采取相应的预控措施。着重控制好前20m孔深段的偏斜，并根据孔深情况及时进行纠偏。

（4）钻进过程中若发生掉块、塌孔、卡钻而无法继续钻进，可采用普通水泥浆液进行有压灌浆；钻孔过程中若遇到漏风严重，并探明存在较大漏失通道时，则采用黏度时变性浆液材料进行灌浆嵌缝、堵漏和固壁。

4. 施工自动化系统

施工自动化系统的应用，可加快施工进度，提高施工量测精度。如预应力锚索张拉自动监控系统可实现群锚张拉，以及张拉自动化、处理自动化、数据记录等，以保证张拉施工质量，从而加快施工进度。

3

开 挖 控 制 施 工 技 术

高山峡谷地带边坡高陡，由于地形、地质条件等因素的影响，开挖区呈条带状分布，场地狭窄，施工道路布置困难，各施工工序间相互干扰大。为了减小各工序之间的相互干扰，提高机械的使用效率，同时也是加快施工进度的需要，爆破规模不断增大，大区微差爆破技术也得到了广泛的应用。目前，预裂、光面、微差爆破是边坡开挖中普遍采用的控制爆破手段。

水电工程边坡不仅要满足作为工程边坡的稳定要求，很多情况下还要满足作为大坝或其他建筑物基础的力学性能、有限变形以及体型要求。在我国西部地区深切河谷条件下进行边坡开挖施工，存在爆破规模大、边坡高陡、地应力水平高、岩体卸荷强烈等特点，爆破振动对于高陡边坡的动力稳定性影响问题日益显得突出，不恰当开挖爆破会对边坡的稳定造成较大影响，甚至造成巨大的灾难。因此，开挖过程中要采取合理的施工方法和控制爆破技术措施，保证边坡坡面和建基面的轮廓控制要求，控制高地应力条件下的建基面卸荷回弹，减少爆破对基岩的扰动。

3.1 开挖分层分区

工程边坡应在分层的基础上进行分区，依次分层、分区开挖。边坡开挖采用"自上而下立面分层、自外而内及顺河方向平面分区"分台阶、分作业面的方式，形成以坝肩（槽）区为核心的开挖与支护多层次平行或流水作业。

边坡开挖分层，对于局部开挖层较薄、大型设备难以到达的边坡部位，采用手风钻钻爆时，按手风钻钻孔深度分层；对于采用深孔梯段爆破的部位，一般分层高度应根据上下相邻两马道之间高度、工程地质条件和施工设备等因素确定；建基面可预留保护层。

边坡开挖分区，应根据开挖范围、设计开挖轮廓、集渣平台布置、出渣方式、运输条件、锚固支护能力和施工机械特性等条件进行合理分区，以满足钻爆、出渣与锚固支护的协调施工。

3.1.1 分层分区

根据地质条件、结构特点、施工顺序、进度要求合理确定开挖分层高度、分区范围以及保护层或爆破缓冲区宽度，分部位采用不同的爆破方法。

边坡开挖分层分区应遵循以下基本要求：

（1）在保证质量和安全的前提下，合理进行边坡开挖分层、分区。开挖分层高度和分区范围，要方便钻爆、出渣和渣料运输分流，并为快速支护创造条件。对边坡不良地质部位要重点关注，一是在分区上要尽量相对独立；二是要以支护为重中之重，优化控制爆破方案，加强施工监测，确保边坡安全稳定。

（2）两层马道间的边坡可分为几个开挖层，一个分层为一个开挖梯段，开挖梯段高度一般5～15m，且不宜大于15m。开挖分层高度一般与爆破规模、岩石特点、边坡体型及坡度、钻孔设备的性能、周边环境等因素有关。

1）如马道高差30m，可分为2层或3层或4层；马道高差20m，可分为2层或4层；马道高差15m，可分为1层或2层或3层。远离建基面的区块可增大开挖分层厚度，可为内侧开挖分层厚度的2倍，但不宜大于15m。

2）特殊部位的浅孔爆破和边坡马道部位及平台基础预留的保护层，可根据具体要求进行分层。采用手风钻造垂直密孔、弱装药方法开挖施工。钻孔时孔底超深20cm，装药时采用柔性垫层（如空气垫层）堵塞，以减弱对孔底保留岩体的爆破破坏影响。

（3）开挖分区应按爆破规模、边坡稳定性、岩石特性、开挖梯段高度、开挖强度、周边环境等因素确定，在边坡下挖过程中，可分区块形成多个平行或流水作业面。开挖分区应随开挖层面面积的变化而进行相应调整。

1）为保证开挖钻爆、出渣、支护等工序流水作业，控制爆破规模，将每个开挖梯段分为多个区块进行先后爆破开挖。大面梯段爆破时，每层分区垂直河流方向宽度20m左右，顺河方向长度60m左右。当垂直河流方向超过30m时，应先进行边坡外侧"瘦身"区开挖。

2）每个开挖分层内的开挖分区应由外向内，梯次施工，平行下降，或外侧超前一个开挖梯段高度。当各区块施工道路相互联系时，同一开挖梯段宜同步下挖，若有的区块需要为其他区块创造出渣条件，可超前开挖，但相邻区段的高度不宜大于一个开挖梯段高度。

3）当各区块施工道路相互独立自成体系时，可按独立分区形成不同层次多个流水作业区，实现渣料运输分流，保证连续均衡生产，加快边坡施工进度。

（4）对于拱坝坝肩槽建基面开挖要求高的边坡，临近建基面存在三面预裂，要一次爆破成型，为确保坝基开挖成型质量，应减少爆破震动对建基面的影响。

1）靠近建基面轮廓线设置缓冲爆破区，其作用类似保护层，密孔、小药量、小梯段爆破，轮廓线采用预裂或光面爆破；缓冲区与大面之间采用施工预裂。缓冲爆破区同时为边坡支护提供施工平台。

2）要严格控制建基面爆破块规模，开挖爆破块厚度和高度控制在10m左右，即1～2排主爆孔、1排缓冲孔和1排预裂孔的爆破规模。

3）当相邻建基面由陡变缓时，预裂孔不应深入设计轮廓线内，且应预留不小于50cm的安全距离；当相邻建基面由缓变陡时，预裂孔按上段边坡轮廓布置。

4）随着工作面下挖，拱坝坝肩槽宽度加大，逐渐减小梯段开挖高度，减小开挖爆破规模；拱坝坝肩槽及上下游边坡采用"预裂超欠平衡法"，解决钻孔对坡度变化的适应性问题。

（5）河床部位建基面开挖分区，采取先在中部开先锋槽，然后向两侧或上下游分区进行水平预裂开挖。

3.1.2 工程实例

3.1.2.1 锦屏一级水电站

锦屏一级水电站左岸坝肩边坡开挖过程中，根据边坡开挖布置，将左岸边坡分为3个大区：Ⅰ区、Ⅱ区、Ⅲ区。3个区开挖支护相互独立，但是又相互连通。边坡开挖分区图见图3-1和图3-2，坝顶以下各高程分区图见图3-3。

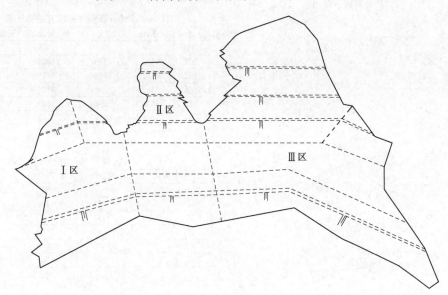

图3-1 锦屏一级水电站拱坝左岸1885m以上边坡开挖分区图

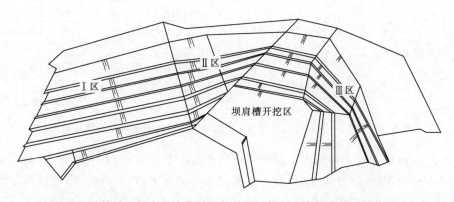

图3-2 锦屏一级水电站拱坝左岸1720～1885m高程边坡开挖分区图

3.1.2.2 溪洛渡水电站

溪洛渡水电站水垫塘边坡、坝肩及缆机基础下游边坡，相邻两马道间高度为20m，采用一次预裂，两次深孔爆破完成该层钻爆；即预裂孔从上一马道至下一马道一次钻爆到位，爆破孔按10m一层分两次钻爆，以减小爆破振动规模。其他部位岩石边坡开挖，根据设计体型及台阶高度要求，为了保证开挖爆破质量及施工进度，后经设计优化，设计台

1873m 高程分区图

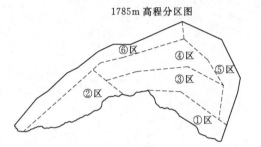

1873~1867m 高程坝肩槽开挖分区表

分区号	面积/m²	工程量/m³	爆破孔长/m	预裂孔长/m
①区	3111	18896	3446	
②区	2122	12889	2350	
③区	2924	17760	3238	
④区	2913	17693	3226	
⑤区	2536	15403	2809	1425
⑥区	3208	19485	3553	2221

1785m 高程分区图

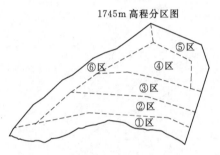

1785~1780m 高程坝肩槽开挖分区表

分区号	面积/m²	工程量/m³	爆破孔长/m	预裂孔长/m
①区	1788	9096	1981	
②区	2942	14967	3259	
③区	2921	14860	3236	
④区	3389	17241	3754	
⑤区	2462	12525	2727	1593
⑥区	3224	16401	3571	2118

1745m 高程分区图

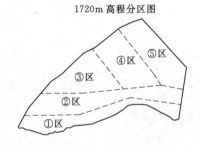

1745~1740m 高程坝肩槽开挖分区表

分区号	面积/m²	工程量/m³	爆破孔长/m	预裂孔长/m
①区	1839	9249	2037	
②区	2682	13488	2971	
③区	2634	13247	2918	
④区	2905	14610	3218	
⑤区	2676	13458	2964	1635
⑥区	2708	13619	3000	1837

1720m 高程分区图

1720~1710m 高程坝肩槽开挖分区表

分区号	面积/m²	工程量/m³	爆破孔长/m	预裂孔长/m
①区	1220	12069	1352	
②区	1780	17602	1971	
③区	1748	17287	1936	
④区	1928	19066	2135	1200
⑤区	1776	17563	1967	1435

图 3-3 锦屏一级水电站坝肩边坡坝顶以下边坡各高程典型分区示意图

阶高度由 20m 改为 15m，即当上下相邻两马道之间高度为 15m 时，按深孔梯段爆破梯段高度为 15m 进行控制。采用一次预裂，一次深孔爆破完成该层开挖，即预裂孔与爆破孔开孔与终孔高程相同。主要采用深孔预裂梯段爆破、非电毫秒微差起爆网络技术，开挖坡面采用预裂爆破一次成型。采用 CM351 潜孔钻机和液压钻机进行造孔，以保证深孔梯段爆破质量。每层马道上预留 2m 保护层，用液压钻打水平预裂孔和爆破孔爆除。

3.1.2.3 拉西瓦水电站

拉西瓦水电站坝基高保护层开挖过程中，采用毫秒微差爆破、周边预裂的方法。保护层分 7 个区（开槽区、A 区、B 区、C 区、D 区及左、右岸斜坡区），按两个阶段进行开挖（图 3-4）：第一阶段，首先进行掏槽区的开挖，该区设在坝基中部，共有 3 个小区，宽约 10m，由中部分别向左右岸方向扩槽。第二阶段，进行左右岸斜坡区、A 区、B 区、C 区、D 区的保护层开挖及断层处理等。A 区、B 区、C 区和 D 区的开挖预裂孔水平布置，爆破孔垂直布置，开挖时上下游同时推进，以加快施工进度。每区保护层开挖后立即进行系统锚固。坝基建基面锚固在开挖后 1～3d 内完成，上下游边坡锚固在 3～5d 内完成。

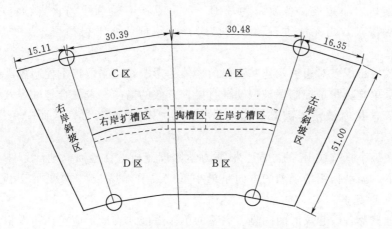

图 3-4 坝基保护层开挖平面示意图（单位：m）

3.1.3 经验总结

（1）合理的开挖分层分区，是综合分析自然条件、施工条件和施工要求的结果，对实现开挖与支护的协调、渣料分流、均衡生产、层次分明的流水作业和保证边坡安全稳定起着至关重要的作用。

（2）靠近坡面一侧为谨慎开挖区，爆破炮孔类型包括预裂孔、主爆孔和缓冲孔。对于类似拱坝拱肩槽建基面开挖要求更为严格的边坡，临近建基面的三面预裂块爆孔排数控制在 4～5 排，即爆块厚度不宜大于 15m。

（3）边坡外侧为正常开挖区，但仍需进行爆破规模的控制。爆区长度一般为 50～70m，一般按 10t 左右的总装药量、2 万 m^3 左右的爆破方量来控制，同时兼顾钻爆及推装运设备能满负荷循环运转、出渣道路少受影响等因素。

（4）分区与爆破规模的协调控制，通过锦屏一级、小湾等水电站工程实践，一次爆破规模 3.0 万～4.0 万 m^3 也可以做到，但爆破网路相对复杂，需专业人员设计、联网，准备时间较长，安全风险相对增加，爆破效果不稳定。同时国内生产的大段别非电毫秒雷管误差大，爆破最大单响不易控制，容易对边坡造成损坏。

（5）设计规范设计的边坡台阶高度一般为 30m，在实际施工中，至少分两次开挖，根据大量的边坡开挖施工经验，超过 15m 的梯段高度开挖效果不理想。建议设计在 30m 台阶中间设置 2m 宽马道，以便于快速搭设 15m 一层的支护施工排架和保证施工安全。

3.2 开挖面轮廓控制

水电工程边坡相对于其他行业边坡工程而言，最大的特点是很多情况下边坡开挖后形成的轮廓面要作为水工建筑物的基础，对边坡开挖轮廓控制质量提出了很高的要求，一方面要满足复杂体型要求，而另一方面要尽量减小保留岩体的损伤。高拱坝对坝基变形敏感、抗力要求高，要有足够的承载力、均一性和抗渗性。

为了保证开挖后基岩的完整性和开挖面的平整度，减少对未开挖边坡和邻近建筑物的破坏及影响，岩质边坡、各建筑物基础、马道等所有轮廓线的垂直、斜坡和水平面均应采用预裂爆破，当无法进行预裂爆破时，必须预留水平保护层，保护层采用水平光面爆破。

为避免或减小爆破对边坡及建基面保留岩体的影响，可采取以下控制爆破措施：

（1）降低单响药量是控制爆破振动最直接、有效的措施。选取合理的爆破参数，采用孔间微差爆破、孔内微差爆破等措施，最大限度控制单响药量，从而避免爆破振动的危害。

（2）改变最小抵抗线 W 的方向。根据力学原理分析，在地质、地形条件及爆破参数相同的条件下，振动作用最强烈的方向是最小抵抗线 W 的后方，两侧面较小。所以最好采用斜线或 V 形起爆方案。

（3）合理选择各段起爆时间间隔。完整的单段爆破地震波形应包括初震相、主震相和余震相。主震相周期一般为 $50\sim100\mathrm{ms}$。为避免后一段爆破产生的地震波与前一段地震波相叠加而加强，两段起爆时间间隔 Δt 应有所控制，宜使 $\Delta t \geqslant 100\mathrm{ms}$。

（4）采用预裂爆破或光面爆破。在地质、地形及爆破参数相同的条件下，振动作用最强烈的方向是最小抵抗线的后方，应采用预裂爆破或光面爆破、钻防震孔或减震孔等控制爆破技术，阻隔、分散和减弱爆破振动强度。根据其他工程经验，预裂缝降振率可达到 $10\%\sim30\%$，因此，预裂爆破可有效控制爆破振动强度。通过采取预裂爆破控制技术、严格控制单响药量，可有效保证工程边坡开挖轮廓面的成形控制，减少对坡面岩体的损伤。

（5）开挖减振孔或沟槽。在爆源与保护对象之间开挖减振孔或沟槽可以降低爆破振动强度，但减振孔或沟槽应有一定规模且有一定深度。一般情况下减振孔降振率可达到 $5\%\sim10\%$。

（6）采用孔内微差爆破。当孔深很大，单孔装药量大于最大段药量时，可采用孔内微差与孔外微差结合的爆破方法，也可采用"半台阶"爆破法，爆破振动强度可有效地下降。

（7）使用多段别高精度毫秒导爆管。微差分段爆破时，一般情况应跳段使用导爆管雷管，而且多数情况下为两孔一段或单孔单段起爆，这样每次爆破要求使用的导爆管雷管段别多，总间隔时间长，故应采用高精度毫秒导爆管雷管，以满足降震爆破的需要。

3.2.1 控制标准和要求

开挖轮廓面上残留爆破孔痕迹应均匀分布，残留爆破孔壁面不应有明显爆破裂隙。边坡开挖轮廓的质量检查和控制项目包括坡面坡度、不平整度、半孔率及保留岩体爆破影响深度检测等。

（1）边坡开挖工程质量检查项目和标准见表 3-1，大型水电站边坡轮廓控制爆破的要求见表 3-2。

表 3 - 1　　　　　　　　　　　　　边坡开挖工程质量检查项目和标准

项类	检查项目		质量标准
主控项目	1. 开挖坡面		稳定无松动岩块，对不良地质应按设计要求进行处理
	2. 平均坡度		不陡于设计坡度
	3. 保护层开挖		浅孔、密孔、少量药、控制爆破
一般项目	1. 坡脚标高		±20cm
	2. 不平整度		15cm
	3. 半孔率	完整的岩体	＞85%
		较完整的岩体	＞60%
		破碎的岩体	＞20%

表 3 - 2　　　　　　　　大型水电站预裂爆破、光面爆破要求达到的效果一览表

序号	项目	炮孔痕迹保存率		
		节理裂隙不发育的 Ⅱ 级岩体	节理裂隙较发育和发育的 Ⅲ 级岩体	节理裂隙极发育的 Ⅳ 级岩体
1	锦屏一级水电站	应达到90%以上	应达到80%以上	应达到50%～10%
2	小湾水电站	应达到80%以上	应达到80%～50%	应达到50%～10%
3	溪洛渡水电站	应达到80%以上	应达到80%～50%	应达到50%～10%
4	DL/T 5389	应达到85%以上	应达到60%以上	应达到20%以上

（2）基础开挖轮廓应符合设计开口线、坡比、水平尺寸、高程和控制点坐标的要求，严格控制开挖面平整度。超、欠挖不应超过表 3 - 3 中规定限差。

表 3 - 3　　　　　　　　　　　　　　　超、欠挖指标表

分类		项　　目	允许偏差/cm		不平整度/cm
			欠挖	超挖	
1	两岸拱端建基面	无结构配筋要求及预埋件	10	20	15
		有结构配筋要求及预埋件	0	20	15
2		上下游边坡	35	35	15

注　1. 超、欠挖系采用超欠平衡开挖后调整轮廓线与实测开挖轮廓线之间的差值，以及未采用超欠平衡进行开挖部位的设计轮廓线与实测开挖轮廓线之间的差值。
　　2. 不平整度系指相邻两炮孔间岩面的相对差值。
　　3. 本表所列的超、欠挖及平整度的质量标准系指不良地质缺陷以外的部位。
　　4. 表中所列允许偏差值系指个别欠挖的突出部位（面积不大于 0.5m² ）的平均值和局部超挖的凹陷部位（面积不大于 0.5m² ）的平均值。

（3）高边坡爆破质点安全振动速度控制标准一般为：微风化岩体 15～20cm/s；弱风化岩体 10～15cm/s；强风化岩体 10cm/s；不良地质破碎带等敏感部位 5cm/s。具体应根据工程自身特点确定。

爆破对高边坡、锚杆、锚杆束、锚索、混凝土、喷混凝土、灌浆及相邻构筑物有影响，应采取控制爆破，见表 3 - 4。

项　目	龄　期			
	0～3d	3～7d	7～28d	＞28d
混凝土	1.5～2.0	2.0～5.0	5.0～7.0	＜10.0
坝基灌浆和坝体接缝灌浆	3d 内不能受振		1.5	2～2.5
锚索、锚杆	1	1.5	5～7	
不良地质破碎带等敏感部位	5（距爆破梯段顶面 10m 处）			
岩体-拱坝建基面	10（距爆破梯段顶面 10m 处）			
岩体-拱肩槽上下游边坡	15（距爆破梯段顶面 10m 处）			

注　1. 表中质点振动速度未标明对应距离的，均为爆破区药量分布的几何中心至观测点或防护目标 10m 时的控制值。

　　2. 在现场爆破试验未取得正式结论之前，以本表标准控制。试验结果出来后，以试验成果为准。

开挖爆破时，决定爆破振动强度的因素很多，但主要是药量和爆心距。用于测算爆破振动强度的公式很多，差异也很大，但目前我国大多采用 M. A. 萨道夫斯基的振动最大速度经验公式预测爆破振动强度：

$$V = K(Q^{1/3}/R)^{\alpha} \qquad (3-1)$$

式中：V 为爆破质点振动最大速度，cm/s；K 为与岩石特性、场地、爆破方式等有关的系数；Q 为单响最大药量，kg；R 为测点到爆心的距离，m；α 为衰减系数。

（4）对保留岩体爆破影响以爆前、爆后声波衰减进行控制，要求距建基面 1m 深部位的岩体爆前、爆后波速的衰减率不大于 10%。

（5）建基面应无倒坡、无松动岩块。

3.2.2　坡面轮廓控制

谨慎开挖区爆破炮孔类型包括预裂孔、主爆孔和缓冲孔，其中预裂爆破是重点所在。为使开挖面符合设计开挖线，保持开挖后基岩的完整性和开挖面的平整度，应采用预裂爆破技术，对于不适宜采用预裂爆破的部位，应预留保护层。必须紧贴轮廓面精准实施预裂孔造孔，采用最优的爆破参数（孔径、孔距、线装药密度等），使相邻预裂孔同时起爆，每个孔产生的应力波相互叠加，形成垂直炮孔连线方向的拉应力，当拉应力大于岩石抗拉强度时，形成拉裂缝，接着在爆生气体的气楔作用下，炮孔之间裂缝继续延伸扩大，形成全部贯通边坡开挖轮廓面，以保证边坡轮廓控制质量。

采取措施尽量减小爆破对基岩的扰动和爆破松动范围。梯段爆破采用宽孔距、小抵抗线、微差松动爆破，区别对待；若基岩完整性较好时，预裂孔前 2 排孔作为缓冲孔；基岩完整性较差时预留缓冲爆破区，浅孔松动光面爆破；针对岩性分部位及时调整爆破参数。

开挖爆破的主要工序为：爆破设计及审批→清面→爆破区钻孔平台找平、样架→开钻前验收→测量放线→布孔→对钻孔作业人员进行技术交底→钻孔→清孔→钻孔保护→钻孔质量检查、验收→钻孔合格→爆破申请→进行爆破前的技术交底→装药→网络连接→网络检查→起爆→安全检查→出渣→爆破效果分析→优化钻爆参数→下一循环。

3.2.2.1　工作面清理

（1）为便于钻机布孔、钻孔及人员操作方便，上钻平台 2m 范围采取人工或机械找平，清除表面积水、虚渣和松动岩石，露出岩面，便于钻孔设备就位，以保证钻孔施工质量。

（2）工作面不平整度要求不大于 80cm，钻孔孔口周边 50cm 要求人工扒渣至基岩。预裂孔钻孔部位起伏差不大于 $20cm/m^2$，缓冲孔、爆破孔、施工预裂孔大面起伏差不大于 $50cm/m^2$ 为宜。

3.2.2.2　量测控制

爆破设计完成后，必须严格按设计要求进行布孔放样、造孔，这是实施精细爆破的首要条件，其中测量放样是一个关键的环节。

（1）工作面清理完成后，按设计图纸要求放出开挖的轮廓范围及开口线、开挖坡度，并做好明显标志。

（2）按照开挖爆破设计的预裂孔参数逐孔编号放样。放样内容包括：孔位、孔口高程、孔斜、方位角、孔深等参数，其孔位点和孔向点偏差不得大于 1.0cm 为宜。每孔标注准确、清晰，并提供测量资料给作业队。

3.2.2.3　钻孔控制

预裂孔钻孔应选用稳定性较好的钻机，保证钻孔角度和坡度能够严格按照爆破设计进行。钻杆的刚度应适合预裂孔钻孔的要求，并与钻机的压力相适应，不应使用弯曲、变形的钻杆用于预裂孔的钻孔。爆破孔造孔一般选择液压式凿岩机或潜孔钻机。潜孔钻机相对于液压钻机其钻进速度相对较慢，不易发生"飘钻"，易于保证钻孔精度，适合用于预裂孔、缓冲孔造孔；而其他孔（爆破孔、施工预裂孔）造孔精度要求相对较低，适合用钻孔速度快的液压钻机。

钻孔必须按"对位准、方向正、角度精"三要点安装架设钻机，以控制钻孔精度。

在设计的边坡轮廓面上设置超欠平衡的小平台，选用合适的钻机架设（样架导向）在小平台上造孔，以使钻机紧贴在轮廓面上实施预裂孔造孔。

1. 钻机稳定控制

目前边坡预裂爆破最常使用的为 QZJ100B 潜孔钻，由于 QZJ100B 钻机自身因素造成钻进过程中钻机不稳定、易摆动，特别是钻机开孔时，摆动幅度较大，不利于精度控制。

为实现边坡开挖精细轮廓控制，对进行设备的改造，在钻机两侧各加焊两根 $\phi48mm$ 的钢管，钢管与样架的立杆牢固连接，可消除钻进过程中钻机摆动幅度大的问题。

2. 增加限位板

QZJ100B 钻机自带的限位器距离孔位点在 1.0m 以上，钻机开孔时冲击器易偏离孔位点。在 QZJ100B 钻机底部加焊限位板，保证开孔时钻头无偏移，并且可有效地防止"飘钻"现象的发生。

3. 钻杆直径选择

常规 QZJ100B 潜孔钻机钻杆直径为 45mm，在开挖坡度较缓时，该钻杆在钻孔过程中易出现挠性变形，造成"飘钻"，导致孔底超挖现象严重，也对建基面造成爆破损伤。

因此，可考虑采用直径为 60mm 的钻杆，或增加钻杆刚度，防止钻杆在岩石中发生的挠性变形。

4. 加装扶正器

由于 QZJ100B 钻机钻孔直径为 89mm，在钻进过程中，钻杆摆动，遇不良地质夹层时容易"漂钻"，可增加钻杆扶正器防漂。

增加扶正器方法：冲击器与第一根钻杆过后增加一个扶正器，以后每隔 3 根钻杆增加一个扶正器贴近孔径，发挥扶正作用。

5. 钻机样架

样架采用钢管按照设计钻孔角度架设，为保证样架刚度，避免钻机钻进过程中发生摆动从而影响钻孔精度，样架横杆一般按照三层布置，斜杆密度根据布孔间距设计，后部支撑杆应牢固嵌固于地面或后边坡上。根据测量放样，在样架横杆上用胶带或细绳标示出每个预裂孔的位置。钻机样架搭设见图 3-5。

图 3-5　钻机样架搭设图

对于类似拱坝坝肩槽这一特殊的边坡轮廓面，因其建基面为扭曲面，且为渐变坡，每个预裂孔倾角、方位角、孔深均不一样。针对拱坝建基面特点，钻孔施工时只能采取单孔单机钻孔，要求每台钻机单独固定，工程施工中一般采取打设插筋、钢管加扣件固定钻机作为样架导向，见图 3-6。

6. 钻孔参数控制

（1）钻孔质量标准。

1）孔位偏差：预裂孔孔位偏差不大于 5‰孔距，且不超过 ±3cm；缓冲孔、施工预裂孔孔位偏差不宜大于 10cm；爆破孔孔位偏差不宜大于 20cm。

2）倾角、方位及孔深偏差：预裂孔钻孔倾角和方位偏差不宜大于 1°，孔深偏差不宜大于 5cm；缓冲孔和施工预裂孔钻孔倾角和方位偏差不宜大于 1.5°，孔深偏差不宜大于 20cm；爆破孔倾角和方位偏差不宜大于 2°，孔深偏差不宜大于 20cm。

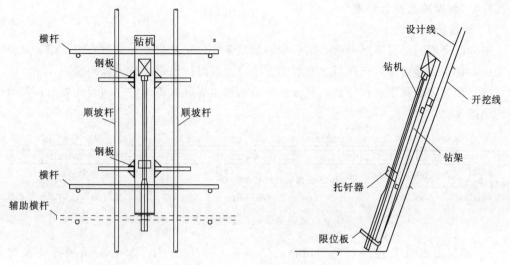

图 3-6 钻机样架平面图

针对精度控制要求较高的拱肩槽边坡开挖，专门设计制作了半径为 400mm 的量角器或电子量角器，精度可提高到 0.1°。

（2）钻孔过程控制。

1）钻孔人员严格按测量放样钻孔参数进行施工，钻孔施工按钻机定位、量测钻孔角度、钻孔、检查、孔口保护、记录钻孔深度顺序进行。

2）为保证钻机钻孔方位角及倾角符合爆破设计要求，利用吊线垂和孔位平面投影线所在平面即可对钻机定位；但为确保钻孔倾角准确，则需进行技术革新。

3）对于预裂孔造孔，钻机定位后，用吊线锤确定钻孔方位角，用高精度量角器测量钻杆角度，开孔 3m 范围内，采用低风压、慢进尺行进，并在钻进 0.2m、0.5m、1m、3m 时，对倾角和方位进行校核，并校准角度，调整钻杆方向再固定钻具。钻进 3m 后，再加大风压，正常钻进。同时，在钻孔过程中随时检查、及时纠正，直至终孔。

4）预裂爆破分层高度一般为上下相邻两马道之间高度。当马道高差较大，需要分层预裂时，需要考虑设置钻机平台错台钻孔，根据 QZJ100B 潜孔自身的空间要求，钻机错台不小于 40cm，因此，边坡坡面预裂孔爆破设计时采取孔口欠 20cm、孔底超 20cm 的方法，在实施过程中还要根据实际超挖情况酌情调整设计超欠幅度。

拱坝基础是一个扭曲面，而不是一个简单的斜面，扭曲面的预裂孔不仅不在同一平面内，而且不是相互平行的，所以扭曲面与平面的预裂在爆破参数上也是有差异的，钻孔控制难度更大，需要每个预裂孔进行钻孔设计，造孔参数主要包括孔位、孔径、孔距、孔深、孔向和孔倾角等。

5）每钻完一孔后，用高风压吹净孔内积渣及岩粉，卸下钻杆，量测实际孔深并记录，并做好孔口封闭保护，尤其是有外来水的情况，更要封闭紧密，并在孔口插竹片标识孔号，以便于装药找孔。一个孔的工作做完后才能进行下一孔的施工。

为了保证钻孔精度，可研制一台专用开挖预裂孔精准钻孔设备，或施工单位可与设备生产厂家一起对原设备进行改进。

3.2.2.4　坡面轮廓控制爆破

1. 轮廓控制爆破技术

根据已完成的工程实际经验，结合地形地质条件、钻孔机械、爆破要求及爆破规模进行类比，是预裂爆破参数选择行之有效的方法，但最终应根据爆破试验确定。

（1）预裂爆破孔距、孔径、装药量及装药结构由爆破试验确定。预裂孔装药量及装药结构见图 3-7。

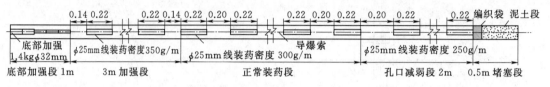

图 3-7　预裂孔装药量及装药结构示意图（单位：m）

1) 预裂爆破孔孔径一般为 90mm，且不宜大于 110mm，建基面预裂孔孔径可为 76mm；保护层开挖，其爆破孔孔径不宜大于 50mm。

2) 预裂孔距为孔径的 8~10 倍，一般开孔孔距控制在 70~75cm，孔底距控制在 80~85cm，上下游边坡取 80cm，建基面预裂孔间距可为 60~70cm。

3) 边坡相邻两层马道之间的坡面可一次预裂到位，大于 20m 时，可分两次或多次进行预裂；建基面预裂孔孔深根据坝基轮廓和开挖面计算确定。

4) 预裂孔底部采用 $\phi32$mm 药卷，中上部采用 $\phi25$mm 药卷，线装药密度一般取 280~350g/m。线装药密度可根据地质情况，可参照式（3-2）计算：

$$Q = 0.042 R_b^{0.5} a^{0.67} \tag{3-2}$$

式中：Q 为线装药密度，g/m；R_b 为岩石单轴抗压强度；a 为孔距，m。

5) 预裂孔底部装药量以不留岩埂和无爆破裂纹为准，底部加强段长约为预裂孔深的 10%（1.0~2.0m），可采用 $2 \times \phi32$mm~$1 \times \phi32$mm 药卷分段装药，线装药密度加强 2~3 倍（1.0~2.0kg/m），以解决"根底"问题；上部减弱段长 1.0~3.0m，线装药密度约为中部正常装药段的一半；堵塞长度 0.5~1.5m。

（2）预裂爆破采用不耦合装药，不耦合系数范围 2~5；炸药一般采用抗水乳化炸药，最大单响药量不大于 50kg，前部主爆破孔最大单响药量不大于 55kg。拱坝坝基面预裂孔最大单响药量一般不大于 20kg，具体应通过试验确定。

（3）预裂范围应超出相应梯段爆破区 5~10m，预裂缝宽度不宜小于 5mm，同时预裂缝不能超深到水平建基面的下部。预裂爆破后，对预裂缝经检查合格后方可进行开挖区的梯段爆破，如预裂缝不理想，达不到爆破试验成果要求时，则调整开挖区的梯段爆破参数。

（4）边坡分区爆破时，为保证爆破块与块之间分界边沿岩石完整，需在区段边界采用施工预裂爆破。

施工预裂爆破参数参考值：孔距 1.5~2.0m；线装药密度 0.5~1.0kg/m，$\phi50$mm 或 $\phi60$mm 药卷孔底连续装药，中上部间隔装药，导爆索起爆，堵塞长度 1.5m。

（5）紧邻设计边坡的 2~3 排梯段炮孔作为缓冲炮孔，其孔距、排距和每孔装药量，应较前排梯段炮孔减少 $1/3\sim1/2$。缓冲孔能减小前部主爆破对预裂面的损伤。

当缓冲孔至预裂面的距离 W_1 为 2.5m 时，预裂面底部存在部分"贴膏药"现象；当 W_1 为 1.2m 时，预裂面孔口部位存在拉裂现象。通过生产性试验，表明采用 $\phi90mm$ 孔径和 W_1 为 1.5～2.0m 缓冲孔爆破设计，采用直径为 60～70mm 药卷，线装药密度 3.0kg/m，在强风化、弱风化和微风化岩体中能获得较好的预裂面效果。与前排主爆孔排距 2.0m。

（6）梯段爆破孔孔径一般为 110mm，间排距一般为 3.5m×3m，约每间隔 6 排主爆孔可布置 1 排加强孔，孔距 2.0～2.5m。主爆破孔采用直径为 70～80mm 药卷，主爆破孔单耗为 0.4～0.6kg/m³，具体依据岩性而确定。梯段爆破最大一段起爆药量通过试验确定，并满足工程要求的有关质点振动速度控制标准，一般梯段爆破要求：距建基面 30m 以外单响药量不大于 100kg，30～15m 不大于 75kg，15m 以内不大于 25kg。

（7）爆破网路通常采用塑料导爆管毫秒微差起爆网路，实现孔、排间微差顺序起爆，避免引起爆破振动叠加，并保证传爆可靠。当不能实现以上要求时，可采取分区爆破、预裂孔提前起爆、加强堵塞、孔口网络防护、孔内连续装药保证殉爆距离、孔内导爆索传爆等措施。

1）孔间时差一般为 25～50ms（ms2 段、ms3 段延时雷管）；排间时差约 110ms（ms5 段延时雷管）；当排间延时雷管采用 ms5 段时，孔内应采用 ms15 段以下雷管。

2）预裂炮孔和梯段炮孔若在同一爆破网路中起爆，预裂炮孔先于相邻梯段炮孔起爆的时间，且不宜小于 75ms，以充分形成预裂缝，并起到减振效果。

3）合理的孔、排间微差爆破间隔时间应保证先爆孔不破坏后爆孔的起爆网路，同时为后爆孔形成良好的自由面。孔间延时应小于排间延时，同时孔间较小时差可以形成共同向前作用，提高破岩及抛掷效率。

4）采取孔内相同高段位雷管延时、孔外低段位雷管接力的微差爆破网络，能实现均匀的分段时差，避免最大单响超过设计要求。

5）涉及类似拱肩槽部位的三面预裂爆破，可采用中部起爆的宽 V 形非电爆破网路。

（8）地质缺陷置换明挖，周边采用预裂爆破，根据开挖范围和开挖高差大小，确定梯段高度，一般情况下应采用浅孔梯段爆破，预裂孔单响药量不大于 20kg，爆破孔单响药量不大于 30kg。

（9）在开挖面靠近马道或平台设计高程时，各级马道及平台预留 1.5～2m 的保护层，保护层采用液压钻水平造孔，进行水平预裂爆破。保护层的预裂爆破需在保护层上留 3m 以上爆渣，待保护层起爆后一起开挖；在马道的外侧，分别设置马道护栏，以免发生危石坠落造成下部施工人员受伤的隐患或险情。

（10）采用先期预裂，光面爆破开挖保护层时，光爆孔前的爆破孔一般不多于两排，在前沿清理结束后施爆。

2. 预裂爆破实例

溪洛渡水电站坝肩开挖工程中，根据拱肩槽高边坡每次爆破后的检测结果，不断优化预裂爆破参数，其预裂爆破参数见表 3-5 和表 3-6。尽管Ⅲ₂类、Ⅳ类岩体作为地质缺陷二次开挖处理，但在揭露时同样采取精细爆破技术。

表 3-5 拱肩槽高边坡开挖预裂爆破参数

岩体类别	高程/m	钻机	孔径/mm	间距/m	线装药密度/(g/m)	堵塞长度/m
Ⅳ				0.7～0.75	280～300	1.0～2.0
Ⅲ₂	<610	QZJ 100B	90	0.7～0.75	290～310	1.0～2.0
Ⅲ₁				0.75～0.8	300～320	1.0～1.5
Ⅱ				0.8～0.85	330～360	1.0～1.5

表 3-6 拱坝上、下游边坡开挖预裂爆破参数

岩体类别	高程/m	钻机	孔径/mm	间距/m	线装药密度/(g/m)	堵塞长度/m
Ⅳ～Ⅲ₂	<610	CM351	105	0.7～0.8	280～320	1.5～2.5
Ⅲ₁～Ⅱ				0.8～1.0	330～380	1.0～1.5

3.2.3 河床建基面轮廓控制

建基面岩体在爆破开挖过程中，既要确保成型效果好，也要保证保留岩体不出现大的裂隙，严格控制爆破损伤和开挖后的卸荷松弛。河床建基面保护层开挖问题的提出，源于水工建筑物对其建基面的特殊要求。对于重要水工建筑物，要求其必须建在坚硬、完整的基岩上，其建基面应具有足够的承载能力和良好的稳定性、防渗性。因此，应采取控制爆破技术，防止产生大量爆破裂隙。对于建基面开挖，一般有预留保护层分层开挖，水平预裂爆破或水平光面爆破等方法。无保护层开挖是今后研究方向和发展趋势。

3.2.3.1 水平预裂爆破开挖技术

1. 施工方法

（1）紧邻水平建基面的爆破通过试验验证，可采用有岩体保护层的一次爆破法。

1）水平预裂爆破＋水平孔台阶爆破法或水平预裂爆破＋上部竖直浅孔台阶爆破。

2）岩石较软或较坚硬，选用水平光面爆破＋水平孔台阶爆破法施工。

3）孔底加柔性或复合垫层的台阶爆破法施工。垫层段可以缓冲炸药爆炸产生的冲击波和高温、高压气体对水平建基面岩体的作用。柔性材料可用锯末、发泡材料等作成，空气也能起到缓冲作用。如果爆破孔内有水、柔性材料被水浸泡，或空气垫层段被水充填，垫层则起不到应有的缓冲作用，因此，要将爆破孔内的水清除，垫层段长度由试验确定。

（2）紧邻水平建基面的岩体保护层厚度由现场爆破试验确定，在没有试验数据的情况下，保护层厚度不得小于上一层梯段爆破的药卷直径的 35 倍，且不小于 3m。

2. 钻具改进

建基面开挖两个关键问题是平整度和岩体损伤控制，要解决这两个问题，必须提高水平钻孔精度和优化爆破参数角度，以提高建基面开挖效率和质量。

（1）气腿钻柔性导向滑道：针对建基面保护层开挖，设计并采用气腿钻增加柔性滑道起到减震导向作用，在工程中取得了很好的效果。

1）水平预裂采用手风钻机施工时；钻机开口线比设计线抬高 5cm，钻杆角度向下 1.5°倾角。设计开口与孔底部高差为 12cm，通过试验分析得出手风钻施工时钻杆向下偏，

用回归数据分析得出在 4.5m 位置向下掉钻为 3cm；因此每循环开口高程达到 15cm。

2）手风钻钻机施工时底部增设柔性滑道（木板或竹夹板）起到导向减震作用，防止钻孔过程中钻杆上下、左右起伏不定，造成炮孔不成型而引起的超欠挖值控制较大。

3）用木板或竹跳板导向减震主要控制超欠挖值在设计范围值内，并抬起设计开挖高程 5cm 开钻用 1.5°下倾角造孔。

4）钻孔进尺采取齿续状形式向前推进施工。

（2）潜孔钻机改进：潜孔钻水平预裂施工时，架钻部位需进行超挖才能满足开钻要求，钻杆中心离地面有一定距离，若保护层开挖面较大，每进行一次水平预裂施工时都对架钻部位进行超挖，则后期混凝土回填量过大。

针对常用的 70D 潜孔钻进行了改进，70D 钻机的底盘与钻杆之间距离为 30cm，因此水平面开孔时必须开挖一段 30cm 的平面齿槽摆放 70D 钻机，如在大规模建基面开挖中需使用潜孔钻机，且对建基面平整度要求高，就必须解决钻机钻杆与地面的高差问题。为此对 70D 潜孔钻机进行改进，将 70D 钻机底盘结构进行改装，由整体结构底盘支架改为采用四角调节架固定架，调节架调节地面与钻机的高差为 15～5cm。改制后的 70D 潜孔钻钻杆中心离地面的距离为 10cm。

3. 水平预裂爆破

建基面水平预裂爆破设计与坡面预裂爆破基本一致，且需注意以下几点：

（1）建基面保护层采用水平预裂，一般同时设置垂直孔来破碎岩石，控制垂直孔径和孔底深度，就是为防止水平预裂后建基面在垂直孔爆破后被破坏。

临近建基面最后一个梯段的爆破孔（垂直孔）孔底距设计开挖线（即水平预裂孔）不得小于保护层的厚度，孔径不宜大于 90mm，并且在孔底装填锯末减震。

（2）水平预裂一般按钻爆程序分区段、分块进行，分次爆破的界面须进行施工预裂割离，以防相邻爆区建基面岩体和设计边坡轮廓的损坏。

（3）建基面保护层采用水平预裂时，垂直孔炮孔孔径不宜大于 50mm，孔底距建基面不宜小于 50cm；水平预裂一次不能全部完成时，宜在端部设置空孔限裂措施。

（4）水平预裂一次不能全部完成时，宜在两端各预裂一孔不装药，作为导向孔。

（5）水平预裂控制最大一段起爆药量小于 50kg。

建基面开挖水平预裂爆破主要参数可参见表 3-7、表 3-8。

表 3-7　　　　　　　　水平预裂（8m 循环进尺）爆破参数表

钻孔设备	钻孔直径/mm	抬起厚度/m	钻孔深度/m	孔距/cm	药卷直径/mm	线密度/(g/m)	单孔药量/kg	最大单响药量/kg	装药间距/cm	堵塞长度/cm
潜孔钻	76	2.0	8.0	80	32	340	2.8	50	35	80

表 3-8　　　　　　　　水平预裂（4.5m 循环进尺）爆破参数表

钻孔设备	钻孔直径/mm	抬起厚度/m	钻孔深度/m	孔距/cm	药卷直径/mm	线密度/(g/m)	单孔药量/kg	最大单响药量/kg	装药间距/cm	堵塞长度/cm
手风钻	42	2.0	4.5	60	25	320	1.2	50	35	50

3.2.3.2 水平光面爆破开挖技术

1. 施工方法

预留保护层分层开挖的目的在于保护保留基岩的质量，虽对保证质量有好处，却延迟了保护层开挖的速度。保护层分层开挖应按如下程序进行：

（1）第一层。只能钻至距水平建基面1.5m，含有设置第二层保护层的意义。如保护层厚4m，首先只能进行2.5m孔深的小台阶爆破。当保护层只有1.5m或更小时，则不存在本层的开挖。若保护层略大于1.5m（略大的部分不得大于50cm），可与第二层一起开挖，并遵守第二层的规定。

（2）第二层。对节理不发育、较发育、发育和坚硬、中等坚硬的岩体，深孔深度只能为1m，对节理裂隙极发育和软弱的岩体，孔深为0.8m，规定不大于60°的钻孔角度是为了减小对保留岩体的破坏力。单孔爆破可用火雷管起爆，最好用台阶爆破孔间微差有序爆破法，采取一孔一响的网络系统。

（3）第三层。对节理裂隙不发育、较发育、发育和坚硬、中等坚硬的岩体中，不再留撬层，炮孔可钻至建基面。节理裂隙极发育和软弱岩体留0.2m撬挖层。

以上三层开挖钻孔直径均应小于40mm。

2. 水平光面爆破

基础面先采用施工预裂预留保护层、再采用手风钻自上而下逐层光爆剥挖施工，水平建基面保护层采用大孔径垂直主爆孔加手风钻水平光爆孔开挖技术方案。

建基面可预留5m厚保护层，然后分两层进行开挖，分层高度分别为3m和2m。基坑中部抽槽部分底部保护层采用手风钻垂直孔孔底加柔性垫层方案施工。

（1）上部3m保护层开挖可采用CM-351钻机造孔施工，为尽量减弱垂直爆破孔对建基面的振动破坏影响，确保保护层开挖施工质量，根据保护层开挖爆破试验成果，施工中对钻孔参数和爆破参数进行了严格控制。主要控制措施如下：

1）垂直爆破孔孔底增加20cm高空气垫层（装药时采用竹片绑扎，将炸药抬高20cm）。

2）控制爆破孔装药直径，尽量按照"密炮孔、小药卷、少药量"原则施工，现场采用3ϕ32mm（相当于ϕ55mm药卷）绑扎装药，单孔装药量控制在3.0kg左右。

3）施工中严格控制主爆孔最大段起爆单响药量在15kg以内。

建基面保护层上层开挖主要爆破参数可参见表3-9。

表3-9　　　　　　　　　　建基面保护层上层开挖主要爆破参数表

钻孔机械	孔径/mm	孔深/m	孔距/m	排距/m	药卷直径/mm	单孔药量/kg	炸药单耗/(kg/m³)	起爆方式
CM-351	105	3.0	2.5	2.0	3ϕ32	5.6	0.38	排差

（2）下层建基面开挖预留的2m保护层开挖以坝基中部抽槽开挖为临空面，同时展开两个开挖工作面分别向左、右岸两端推进。

1）建基面采用水平光面爆破开挖，每循环推进3.0m。水平光爆孔利用手风钻造孔。

2）为确保坝基开挖施工质量，结合爆破试验推荐参数，并根据现场地质条件优化和调整。大坝建基面水平光爆法开挖主要爆破参数可参见表3-10。

表 3-10 大坝建基面水平光爆法开挖主要爆破参数表

钻孔类型	孔径/mm	孔深/m	孔距/m	排距/m	药卷直径/mm	线装药密度/(g/m)	单孔药量/(kg/m³)	起爆方式
水平主爆孔	42	3.0	1.5	—	32	1000	1.7	排差
水平光爆孔	42	3.0	0.5	—	32/2	200～300	0.5	排差

3.2.4 马道轮廓控制

马道基础面保护层预留厚度3m，内侧边坡预裂同上梯段预裂一次至马道底部，预留保护层采取水平光面爆破爆除。

（1）光爆孔及主爆孔在下层梯段爆破完成后，掌子面出渣高程低于马道设计高程30～50cm时，即可造马道保护层水平光爆孔和水平或垂直主爆孔。爆破完成后，人工配合反铲将石渣扒除，反铲扒渣注意保护马道边角。

（2）水平光爆孔及主爆孔采用YT-28手风钻造孔，孔径均为42mm，光爆孔孔距50cm，主爆孔间距1.5m，排距1.0m，第一排主爆孔与光爆孔排距0.8m。主爆孔及光爆孔均采用2号岩石乳化炸药，药卷直径分别为32mm和25mm，导爆索引爆，ms5段、ms2段非电雷管延时，电雷管起爆。

（3）光爆孔炮孔深度2.8m，采用柱状分段不耦合装药，黏土或炮泥堵孔，堵塞长度0.6m，线装药密度280～300g/m；主爆孔炮孔深度2.8m，采用连续装药，黏土或炮泥堵孔，堵塞长度0.7m，岩石爆破单耗药量可参照0.45～0.55kg/m³进行控制，所有爆破参数应通过爆破试验确定。保护层开挖爆破单向药量控制在50kg以内。马道保护层炮孔布置剖面图及爆破网路见图3-8。

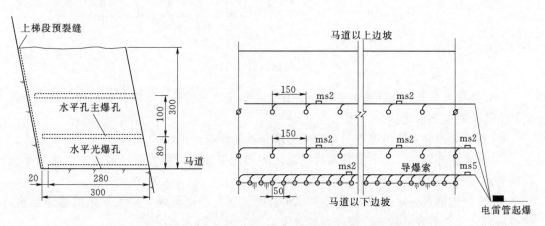

图 3-8 马道保护层炮孔布置剖面图及爆破网路图（单位：cm）

3.2.5 爆破控制常见问题处理

3.2.5.1 前沿临空面处理

抵抗线是深孔梯段爆破的重要参数之一，过大的抵抗线往往造成台阶底部不能完全破碎而留坎，有效的爆破高度达不到设计高程，当前沿不能完全破碎，会造成爆破石渣向后挤压，爆破后冲作用强，对永久边坡产生较大的爆破振动，如果频繁的爆破振动，将对边坡的稳定产生很大的影响；过小的抵抗线容易形成飞石，造成一定的安全隐患。如果前沿临空面处理不好，造成前沿抵抗线太厚并且不均匀。

深孔梯段爆破前沿临空面的处理是保证梯段爆破质量的关键。主要措施如下：

（1）把前沿的风化物和堆渣清除。如果前沿部位为强风化、全风化、堆积体时，必须要清理干净，否则造成前沿部位造孔不易成孔和前沿抵抗线太厚。采用反铲进行挖除，露出完整岩石，对于不均匀的部位可用小钻进行爆破，使之坡面较平顺均匀。清出爆区四周轮廓，有利于钻机进行钻孔作业。

（2）调整爆破区前沿孔的造孔参数。根据前沿临空面的地形轮廓对前沿孔从孔深、孔间距、孔排距、孔倾角、方向进行调整。孔深比设计孔深超深 1.0～1.5m；孔距为设计孔距的 2/3；孔排距为设计排距的 1/2；梅花形布置；孔倾角与方位应与临空面边坡保持平行。如果临空面自然坡度比设计造孔角度小时，可布置 2～3 排孔进行加密，倾角由缓到陡逐渐过渡至设计角度，如图 3-9 所示。

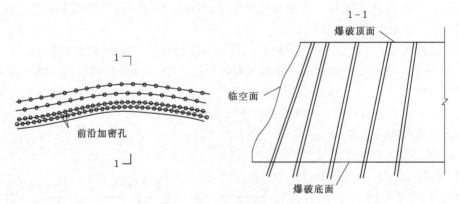

图 3-9　爆破区前沿的处理

（3）调整前沿孔的装药参数和网络参数。主要是增大前沿孔的单孔药量和一次起爆药量。主要采取以下措施：

1）在孔内没有水的情况下，可以采用耦合散装炸药。

2）如果底部较厚，而上部较薄时可采用底部药量加强，装大直径药卷，上部用小直径药卷。

3）可使前沿孔一次起爆药量增大，前沿同排多孔一次起爆，加大前沿的爆破能量，使前沿岩体完全有效的破碎，保证爆破效果。

3.2.5.2 相邻爆区分界面处理

两相邻爆区的处理也是梯段爆破中常见问题，如果处理不好将直接影响爆破质量，因为先爆区对后爆区岩体产生破坏，造成后爆区在交界处理无法进行造孔或成孔率低，致使底部留下岩坎和产生大块，需在二次进行处理，降低机械效率，影响施工进度，加大施工成本。主要采取以下措施：

（1）爆破区分界部位的处理。在相邻两爆区打一排施工预裂孔，施工预裂孔的孔距为1.5m，按预裂孔装药结构进行装药，线密度为600～800g/m。施工预裂先于爆破孔起爆，在相邻两爆区中间形成一预裂缝，使后爆区的岩体得到保护。

（2）预裂面分界部位的处理。因为在预裂面处往往先爆区会破坏后爆区，造成交界部位的岩体破坏而无法成孔。为了保证该部位的两相邻预裂面的完整连续；可采取预裂孔向后爆区延伸3m，在预裂孔的端部预留2个导向孔空孔，使后爆区预裂缝在相邻部位先形成，这样做法既保证了后爆区岩体的完整，不影响造孔质量，使两相邻爆区之间不留岩坎，又保证了两相邻爆破区的预裂面的连续完整和开挖壁面的质量，使交界部位预裂面一次形成，如图3-10所示。

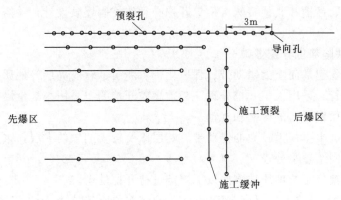

图3-10　两相邻爆破区处理

3.2.5.3　爆区上下底面的处理及控制

（1）良好爆破质量的爆破效果应该是爆破底面是一个平整的底面；但是在实际施工过程中由于施工控制和地质等因素，造孔质量较差，成孔率不高，孔深达不到设计孔深、利用率低等问题。后期要进行二次爆破，影响进度，增加施工成本。因此，对爆破上、下底面的控制是非常关键的。

（2）爆区上底面处理对开挖爆破后序作业至关重要。一个良好平整的上钻工作平台对开挖爆破作业来说，是非常重要的，其将直接影响到后序作业的质量。如果上钻平台虚渣太厚或平整度差，将对钻机的行走、稳定、就位、造孔等产生一系列的问题。影响到造孔质量、成孔率，最后直接影响爆破效果。如果处理不好将造成恶性循环，对于留下的岩坎或局部不平整可用手风钻或液压钻机进行二次解爆。清面可利用推土机、反铲配合人工进行。

（3）爆区上、下底面的控制主要采用技术措施和施工管理。第一，要根据地质地形条件选择合理的爆破参数作为技术保障，这是前提条件。没有合理的参数，所有的工作是空的。第二，加强现场的施工管理，加大施工的过程控制，制定切实可行的控制措施。主要是控制造孔的质量和精度，控制孔底在同一设计高程，每一孔的孔底抵抗线均匀，严格控制每一孔的造孔参数。这是保证爆破底面平整的关键。

3.2.5.4 沟槽爆破

（1）沟槽爆破采用小孔径炮孔进行分层爆破开挖，并遵循先中间后两边的 V 形起爆方式，形成台阶爆破临空面，再向两侧扩挖。周边爆破必须采用光面或预裂爆破。

（2）对于宽度小于 4m 的沟槽，炮孔直径小于 50mm，炮孔深度不大于 1.5m。沟槽两侧不宜同时爆破开挖；如果要求两侧的预裂爆破同时起爆，那么其中一侧的预裂爆破至少滞后 100ms。

（3）沟槽开挖爆破首先沿槽壁进行预裂爆破，然后采用中、小直径药卷和毫秒延期雷管进行分层爆破。

具体要求：对于较窄沟槽（宽度在 4m 以内），采用手持式凿岩机钻孔爆破，最大一段起爆药量不得大于 50kg；对于较宽沟槽（宽度大于 4m）可使用直径为 70～55mm 药卷进行爆破，尽量采用浅孔台阶爆破。

（4）对廊道、齿槽和其他特殊沟槽等开挖必须作控制爆破设计，并需通过爆破试验调整爆破参数。

3.2.5.5 地质缺陷部位开挖爆破

混凝土建筑物建基面上的错动带、强风化带、断层、软弱夹层等地质缺陷的处理在基础开挖完成后进行，采用人工开挖处理；必须爆破开挖的，采用小药量爆破进行开挖，减少对开挖线以外保留岩体的影响和扰动。

（1）对开挖区出露规模较大的错动带、断层以及较大的软弱夹层，采用开挖置换混凝土处理，并加密固结灌浆处理。

（2）其他规模较小的地质缺陷按以下规定进行开挖处理。

1）结构面以及影响带总厚度小于 20cm，出露部位直接喷 10cm 厚 C25 混凝土对其进行封闭，并对其加密固结灌浆处理；

2）结构面以及影响带总厚度为 20～50cm 时，槽挖置换回填处理，开挖置换深度一般为 1.0～1.5m，并对其加密固结灌浆处理。

（3）对于横穿建筑物基础的错动带、强风化带、断层或软弱夹层等地质缺陷，沿其走向延伸扩挖，延伸至建筑物以外的长度一般不小于 2～3 倍扩挖深度。

（4）地质缺陷置换明挖，周边采用预裂爆破，根据开挖范围和开挖高差大小，确定梯段高度，一般情况下应采用浅孔梯段爆破，预裂孔单响药量不大于 20kg，爆破孔单响药量不大于 30kg。

（5）处理地质缺陷所形成的坑槽清除浮渣黄泥，并冲洗干净，排除渍水，对规模较大且开挖坡较陡的地质缺陷，其开挖面上埋设锚筋回填混凝土，回填混凝土的强度等级与相应建筑物基础部位的混凝土强度等级相同，回填混凝土浇筑完成后须进行冲毛或凿毛处理，以利于与结构混凝土的结合。

3.2.5.6 特殊部位附近的爆破

（1）在新浇筑混凝土、新灌浆区、新预应力锚固区、新喷锚支护区和已建建筑物、已埋设备附近进行爆破，以及有特殊要求部位的爆破作业，应进行专门的爆破方案设计和现场试验确定。

（2）若爆破监测表明，爆破作业可能对开挖部位的边坡和基础、灌浆、喷混凝土或混凝土浇筑不利时，应改变其爆破参数，以防损坏。

（3）新浇混凝土基础面的质点振动速度不得大于安全值。安全质点振动速度按照有关规定执行。若装药量控制到爆破的最低需用量，新浇筑大体积混凝土基础面的质点振动速度仍大于安全值，采取有效减震措施，或暂停爆破作业。

（4）在新预应力锚固区、新锚喷（或喷浆）支护区等部位附近进行爆破，必须通过试验证明可行且其安全质点振动速度满足规定的要求。

（5）在已灌浆部位附近需要进行基岩爆破时，必须进行爆破振动衰减测试，以其基础的质点振动速度为控制标准，并在爆破前后对灌浆区进行检查，必要时进行补强。

（6）在设计边坡、隧洞等附近进行爆破，其基础面或沿洞、井壁上的质点振动速度不得大于安全值。安全质点振动速度应由现场爆破试验确定。

（7）在特殊部位（如陡高边坡及锚喷支护区等）附近的爆破，必须进行专门爆破设计，同时必须进行跟踪爆破监测，监测成果应及时整理回馈，以指导爆破设计与施工。

3.2.5.7　爆破噪声及冲击波的控制

（1）尽量提高炸药的爆炸能量的利用率，减少形成空气冲击波的能量，从而最大限度地降低空气冲击波的强度。

（2）合理确定爆破参数，选择合理的微差网络和微差间隔时间，保证岩石能充分松动。

（3）保证堵塞长度和堵塞质量，以防止高压气体从炮孔中冲出，避免因采用过小的堵塞长度，而产生冲天炮。

（4）杜绝裸露药包爆破。

3.2.6　坡面及坝基保护

（1）在开挖区开口线以外设置截、排水边沟，防止雨水漫流冲刷开挖工作面。

（2）加强爆破控制，减少爆破对岩石边坡的扰动；对开挖边坡及时进行支护。

（3）对爆破有害效应（振动、空气冲击波和飞石等）进行控制，并采取必要的防护措施，以免危及机械设备、其他建筑物和人身安全。

（4）清除整个建基面范围内局部存在的浅表部明显张开的松动、变位、软弱岩块和表面呈薄片状以及尖角状突出的岩体。

（5）清基处理原则上应采用非爆破开挖方式，以机械、人工撬挖为主，局部浅孔小炮加以清除。撬挖清理设备主要采用如冲击锤、风镐、反铲等。

（6）为了保证大坝建基面开挖后岩层的完整性，需从建基面验收的组织、验收、保护和覆盖各个环节采取有效措施，保护层开挖后尽早覆盖坝体混凝土，减少建基面暴露时间。

（7）加强开挖边坡监测。

3.3　爆破振动控制技术

在水电工程边坡施工中，一般都有百米以上的高边坡开挖，爆破则是完成土石方开挖最有效方法。随着水利水电事业的快速发展，爆破技术取得了很大进步，解决了一系列工程施工难题。目前正在针对地形地质条件、爆破块度要求、爆破振动控制等，进行岩石爆破参数试验研究，这将进一步推进工程爆破技术发展。

在做好精确钻孔、预裂和光面爆破技术控制，按设计边坡开挖轮廓形成平顺边坡的基础上，还应采用缓冲孔爆破、微差爆破技术，控制单响最大药量，尽量减小爆破振动的有害影响，以保证边坡稳定和周围环境安全。随着新型爆破振动测试仪器的应用，为更高水平的爆破测量和监测创造了条件。

3.3.1 边坡动力稳定安全判据及控制标准的影响因素

影响岩质高边坡开挖爆破动力稳定安全判据及控制标准的因素比较复杂，归纳起来主要有两个方面：

（1）边坡特性，包括边坡岩体地质条件、边坡加固措施及边坡开挖施工程序和方法等。

（2）爆源特性，包括爆源形式、钻孔参数、爆源与边坡的相对距离等。

3.3.1.1 边坡特性

1. 边坡岩体地质条件及物理力学特性

（1）爆破地震波在岩体中传播时，其传播途径受岩体地质构造所控制。在断层、节理、裂隙、软弱带比较发育的岩体中，一方面，地震波入射后，遇到层面将同时发生透射和反射，反射波的拉伸作用会在岩体中形成拉应力，使原有裂隙进一步张开，并可能导致新裂隙的产生，加速岩体的破坏，同时，频繁的爆破振动作用也会削弱这些软弱结构面的力学指标，降低潜在滑坡体的稳定性；另一方面，断层、节理、裂隙、破碎带等对爆破地震波起到了幅值衰减及高频滤波作用，对爆破振动的破坏效应可以起到降低作用。软弱结构面的倾向也极大地影响着边坡的动力稳定性，由于顺层结构面控制的边坡岩体存在潜在的滑动空间，因此其稳定性较反倾结构面控制的边坡岩体的稳定性要差。

（2）岩体种类、软硬程度、风化程度及岩体的物理力学指标如密度、弹模、泊松比等也影响着爆破振动的传播与衰减规律，是影响边坡爆破振动安全标准的重要因素。岩石介质的波阻抗特性不但反映了岩石的软硬和完整性程度，同时也反映了爆破振动波在岩体中能量传播的高低。对于物理力学指标好的岩体，其抵抗破坏能力较强，其控制标准可以定高，反之降低。

2. 边坡的尺度

不同尺度的边坡对爆破动力的响应是不同的。由于爆破振动具有频率高、强度衰减快、持续时间短的特点，边坡体各部位受到的地震强度差别较大，振动相位差和振动强度分布的不一致性，将使边坡整体的动力反应减小。边坡体的尺度越大，边坡体所受的振动强度、相位等差别越大，边坡整体的动力反应则越小。因此，边坡尺度对控制标准具有一定的影响。

3. 边坡的加固处理措施

岩质边坡经喷锚支护、锚筋桩或预应力锚索等措施加固处理后，其抵抗破坏的能力有不同程度的增强。爆破对其破坏作用有两个方面的内容，其一是对加固处理措施的破坏作用，其二是对边坡整体安全稳定的破坏作用，爆破安全控制标准制定应考虑以上两方面的因素。

4. 边坡开挖与锚固的施工时序

开挖爆破与锚固施工顺序对边坡的安全稳定有较大影响，当采用边挖边锚施工顺序时，在合理的时间内进行开挖边坡的锚固，是保证开挖边坡安全稳定，避免大规模塌方的重要措施之一。

3.3.1.2 爆源特性

爆源特性包括爆破规模、爆心距、爆破类型、孔眼参数（钻孔爆破）、装药结构等。不同的爆源特性产生不同的爆破振动荷载特性（振幅、频率、振动历时、波长），对边坡岩体的应力场分布及破坏效应均不相同，影响爆破安全控制标准。

1. 爆破规模

对规模较大的爆破，由于爆破压力作用时间相对较长，振动频率较低，波形较长，对边坡的破坏影响较大；对于小药量爆破，其爆破作用时间相对较短，爆破作用频率较高，波长较短，对边坡的破坏效应较低。

2. 爆破类型

不同类型的爆破引发的爆破振动也有较大的差别。比如，微差爆破引起的振动比齐发爆破具有幅值小、频率高、持续时间短等特点；在梯段爆破中，分析爆破地震波的主频，发现在相同的爆心距范围内，预裂爆破诱发的地震波的主频明显高于主爆，这是由于预裂爆破是在夹制作用很大情况下的爆破；另外，据多个水利水电工程在相同的可比条件下，某一装药量的预裂爆破引起振动的强度相当于 $3\sim4$ 倍台阶爆破装药量引起的振动强度。在爆心距相同条件下，预裂爆破的振动速度大于崩岩爆破的振动速度。

3. 钻孔参数（钻孔爆破）

实测资料表明，当比例药量 $(\rho = Q^{1/3}/R)$ 一定时深孔台阶爆破产生的振动效应最强，而浅孔爆破产生的振动效应要小。另外，在同样的爆破条件下，爆破振动强度是随孔径的增大而增大的。频谱特性方面，爆破时采用的钻孔直径越小，其激发的爆破地震波的主频越高。在衰减规律方面，大孔径爆破时的场地常数大于小孔径爆破时的场地常数，而衰减指数反而较小孔径爆破时的衰减指数小，这说明小孔径爆破时质点振动速度的衰减速率较大孔径爆破时快。

4. 装药结构

装药结构也对爆破振动特性有着重要影响，比如耦合装药较不耦合装药爆破振动频率相对较高。另外，在边坡开挖采用硐室爆破时，实测资料表明，不同的药室型式，不同埋置深度，爆破振动参数的衰减规律不同，集中药包爆破时，质点振速与药量的立方根成正比；延长药包爆破时，质点振速与药量的平方根成正比。

5. 爆源与边坡的距离

爆破对距爆源不同距离的边坡作用是不相同的，随着距离的增加，爆破作用减弱。在爆破近区，岩坡主要受爆破冲击波及应力波作用，在爆破远区，边坡岩体受爆破地震波作用。爆破冲击波压力，作用时间短，影响范围小，对岩体产生破碎作用，形成岩体破碎圈。冲击波很快衰减为应力波，应力波峰值仍较大，在一定范围内对岩体产生破裂，对边坡造成不同程度的破坏影响。随着距离的增加，应力波衰减为地震波，对边坡产生振动破坏影响。爆源与边坡的距离不同，爆破作用在边坡岩体中产生的动应力分布不同，对边坡的破坏方式及破坏效应不同，影响爆破安全控制标准。

3.3.1.3　其他因素

工程重要程度、爆破频率、爆破网路及爆破延时、控制爆破技术措施等均对边坡开挖爆破安全控制标准有一定的影响。

（1）对于临时性及永久性边坡，其控制标准应区别对待，重要的永久性边坡工程，应留有较大的安全裕度。

（2）频繁爆破会使边坡岩体抵抗破坏能力降低，累积永久变形导致岩体的稳定性丧失，产生破坏。

（3）合理的爆破网路及爆破延时可以减少爆破地震波的叠加，降低爆破地震强度。

（4）预裂爆破及缓冲爆破对降低地震波强度，保护边坡具有很大作用。

3.3.2　边坡动力稳定安全判据的选取

边坡爆破振动安全控制一直是工程爆破技术研究的一个重要课题。由于影响因素复杂，至今尚未从理论上及实际应用中彻底解决这一问题，还没有一个反映主要因素的通用性较强的全面综合的控制标准。通常是通过大量的现场爆破试验及工程实践经验，确定地震波在岩体中的传播规律及振动强度，分析边坡的动力稳定性，提出相应的技术安全措施和安全控制判据，同时根据爆破监测结果对爆破技术措施提供反馈信息，科学地指导施工。

我国现行的国标《爆破安全规程》（GB 6722—2014）及有关的行业技术规范都没有对高边坡开挖的安全判据和标准做出明确规定。国内外爆破界较多使用的安全判据主要有两种形式，其一是质点峰值振速判据，其二则是边坡稳定安全系数两种判据。选择何种安全判据需根据具体工程而定。

针对李家峡工程边坡开挖，相关研究建议以开挖边坡爆破动力稳定安全系数为边坡稳定的安全判据，以爆破振动速度为岩体损伤的安全判据，并结合爆破分区最大允许单响药量，用上述三方面控制开挖爆破的影响，对于大型工程高陡边坡开挖的质量控制和稳定控制具有重要的意义。这种爆破振动安全控制判据综合了前述两种判据，更为全面。

爆破振动对于边坡稳定性的影响，通常来说是局部性的，因爆破引起边坡整体失稳的现象较为少见，因此动力稳定安全系数判据一般仅适用于有明显潜在滑出弱面的边坡稳定性分析中；虽然使用该判据可以直观地看出边坡的安全裕度，但是在计算中一些边界条件的假设、地质参数的选取以及对爆破振动的简化等，使其精度和可靠性受到一定的影响。

质点峰值振速判据相对来说应用得极为普遍。通过现场实测爆破振动资料，结合边坡爆破振动速度安全标准来判断边坡稳定性。应用该判据存在的困难是，对于不同的工程地质条件、爆源特性、边坡体尺度及加固条件等，评价边坡稳定与否的安全标准各有不同，需针对具体工程，参照已有工程类似经验或根据爆破试验来确定振速标准。

国内外许多专家学者对爆破振动作用下岩石边坡质点振速的安全阈值进行过研究。我国由矿冶系统提出的边坡安全振动速度，见表 3-11，该标准不适合应用于水利水电工程中的高边坡动力稳定控制。因为矿冶系统的高边坡通常为临时性边坡，而水利水电工程边坡大多为永久性边坡，保持其在施工期和运行期的长久稳定是十分重要的。

表 3 - 11　　　　　　　　　　　边坡稳定允许爆破质点振速

边坡情况	边坡稳定系数 K	允许振速/(cm/s)
稳定的边坡地段	>1.2	35～42
较稳定的边坡地段	>1.08～1.0	28～35
不稳定的边坡地段	<0.8	22～28

此外，结合不同的工程条件，很多学者提出了适用于对应工程的边坡开挖爆破振动速度安全阈值标准。如，清江隔河岩工程边坡安全振速为：Ⅰ类边坡（右岸及厂房进出口边坡）$V<22$cm/s；Ⅱ类边坡（左右岸及升船机边坡）$V<28$cm/s；Ⅲ类边坡（船闸引航道边坡）$V<35$cm/s。

武汉水利电力大学对三峡临时船闸与升船机、通航建筑物下游航道、永久船闸等部位的岩石爆破开挖进行了长达四年的振动跟踪监测工作，积累了大量的爆破振动成果数据。通过对获得的爆破振动成果资料的分析和总结，提出了一些爆破振动控制标准：对临时船闸和升船机南北两侧山体的岩质高边坡，根据边坡岩体的完整性及裂隙发育程度不同，在其基础部位采用的爆破振动控制安全标准为：在爆心距为 10～15m 范围内，质点峰值振动速度为 10～15cm/s；对临时船闸和升船机中隔墩直立墙，通过现场观测试验，确定的爆破振动控制安全标准为：当在升船机部位进行岩石爆破时，临时船闸侧中隔墩直立墙顶部边缘的质点峰值振动速度为 6～8cm/s；对永久船闸岩石高边坡及其中隔墩直立墙，其基础部位采用的爆破振动控制安全标准为：在爆心距为 10～15m 范围内，质点峰值振动速度控制在 10cm/s 以内。三峡船闸边坡与升船机中隔墩的爆破安全判据，是经生产性试验后制定的，经过近一年的爆破开挖，取得了良好的经济效益和社会效益，并确保了中隔墩在爆破施工过程中的安全与稳定。

国外方面，很多学者根据爆破振动造成岩体损伤的调查研究成果，提出了基于损伤概念的爆破振动速度安全阈值标准。U. 兰格福尔斯提出，当质点振速达 30.5cm/s 时，岩石崩落，当质点振速达到 61cm/s 时，岩石碎裂；L. L. 奥里阿德提出当振速小于 5.1～10.2cm/s 时，边坡安全，当振速大于 61cm/s 时，大量岩石损坏；苏联 B. H. 库特乌佐夫等认为，当振速小于 20cm/s 时，岩石没有破坏，当振速在 20～50cm/s 之间时，原有裂隙少量发展，局部被过去爆破削弱的岩石有滚落，振速在 50～100cm/s 之间时，原有裂隙和浮石有强烈发展，伴随小块石塌落，在构造裂隙充填较弱处出现裂缝，台阶边坡沿着构造裂隙破坏；Bauer 和 Calder、Mojitabai 和 Beattie 建议的爆破损伤质点峰值振动速度判据分别见表 3 - 12、表 3 - 13，Savely 也提出了爆破损伤质点峰值振动速度判据。Holmberb 和 Persson 认为硬基岩的质点峰值振动速度安全上限为 70～100cm/s；他们在施工现场，开展系列试验并量测爆破振动速度场及相应的实际爆破损伤范围，由此可确定不同爆破质点峰值振动速度值对应的爆破损伤影响程度，从而制定出爆破损伤的经验判据，并以此来控制边坡轮廓爆破设计；卢文波和 Hustrulid W 也采用此方法验证了三峡工程高边坡爆破开挖设计方案。

表 3-12　　　　　　　　　　　　　　Bauer 和 Calder 建议判据

质点峰值振动速度/(cm/s)	岩体损伤效果
<25	完整岩石不会致裂
25~63.5	产生轻微的拉伸层裂
63.5~254	严重的拉伸裂缝及一些径向裂缝产生
>254	岩体完全破碎

表 3-13　　　　　　　　　　　　　Mojitabai 和 Beattie 建议判据

岩石类型	单轴压缩强度/MPa	RQD/%	质点峰值振动速度/(cm/s)		
			轻微损伤区	中等损伤区	严重损伤区
软片麻岩	14~30	20	$13 \leq v < 15.5$	$15.5 \leq v < 35.5$	$v \geq 35.5$
硬片麻岩	49	50	$23 \leq v < 35$	$35 \leq v < 60$	$v \geq 60$
Shultze 花岗岩	30~55	40	$31 \leq v < 47$	$47 \leq v < 170$	$v \geq 170$
斑晶花岗岩	30~85	40	$44 \leq v < 77.5$	$77.5 \leq v < 124$	$v \geq 124$

　　由矿冶系统的研究成果、隔河岩、三峡等工程的爆破振速安全阈值以及表 3-12、表 3-13 中岩石爆破损伤的质点峰值振动速度临界值可知，边坡爆破质点峰值振动速度经验判据都是基于现场观测试验确定的，具有较大的不确定性。岩石边坡爆破振速的安全阈值主要受到边坡的岩体性能、边坡的重要性影响，对重要的、岩体性能较差的边坡，安全阈值较低，反之较高，而且安全阈值变化范围较大。

3.3.3　爆破振动特性

　　爆破地震波是一种离散振动信号，结合锦屏一级、大岗山、长河坝、立洲水电站坝肩边坡等工程，开展了大量的现场爆破振动监测，借助 Matlab 编制的振动信号分析程序，对边坡开挖爆破振动频谱、能量分布等特征进行了分析、统计，以全面了解岩质边坡开挖爆破振动的特性，为边坡开挖爆破振动安全判据选取以及爆破振动影响控制提供依据。

3.3.3.1　爆破振动峰值振速主振频率特征

　　对大岗山右岸边坡工程开挖爆破监测各场次的最大峰值振速对应的主振频率进行了统计，并绘制了直方图和散点图，见图 3-11。边坡开挖爆破振动峰值振速主振频率集中 20~60Hz 频段，在三个方向中均占 55% 以上，竖直向达到 95.1%，平均主振频率分布在 30~50Hz。

　　按不同爆源形式对主振频率做进一步分析，统计结果见图 3-12。

　　分析可知：

　　（1）梯段爆破主振频率普遍在大于 20Hz，且 20~60Hz 占 65% 以上，尤其是竖直向这个区间频率占 100%；大岗山边坡梯段爆破采用大孔径（90mm）、缓冲孔和主爆孔内连续装药的形式，预裂孔深大都在 15m 左右，振动频率构成较为复杂。

　　（2）预裂爆破主振频率仍主要集中在 20~60Hz 内，但 60~80Hz 的成分在三种爆源形式中比重最大，水平径向达到 40%，这是由于预裂爆破受一定的夹制作用影响，振动频率较高。预裂爆破为梯段爆破前进行的施工预裂或者边坡结构预裂，孔径 90mm，间隔

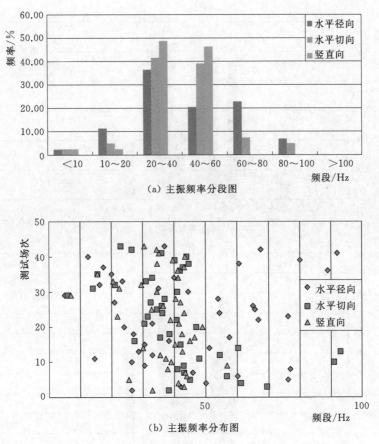

(a) 主振频率分段图

(b) 主振频率分布图

图 3-11　边坡开挖爆破峰值振速主振频率统计（大岗山坝肩边坡）

装药，故预裂爆破振动频率分布较为简单、集中。

（3）边坡外侧梯段爆破主振频率也主要集中在 20～60Hz 范围，但低频成分有显著的增加，尤其是水平径向 0～20Hz 比例达到 26.3%，三个方向小于 10Hz 的频率比例均有 5%～6%。大岗山边坡外侧梯段爆破采用液压钻钻竖直孔，孔深 4～15m，单响药量大，爆破方量大，总装药量大，大多数距已成型边坡较远。

（4）预裂爆破比边坡外侧梯段爆破的主振频率要高，说明主振频率随着爆源与测点的距离的增加有减小的趋势；另外由于梯段爆破存在临空面，而预裂爆破属于岩体成型爆破的一种方式。

（5）根据大岗山坝肩边坡开挖爆破振动峰值振速主振频率的分析可知，露天边坡开挖主振频率主要集中在 20～60Hz。预裂爆破相比边坡外侧梯段爆破频率要高，说明深孔、临空面少的露天爆破振动频率偏向高频发展，而浅孔、爆破方量大、单响药量更大的露天爆破振动频率偏向低频；随着爆心距的增加，主振频率有偏向低频的趋势。

3.3.3.2　边坡开挖爆破振动频谱特征

选取长河坝、大岗山、立洲水电站坝肩边坡开挖典型场次梯段爆破监测数据，运用基于 Matlab 平台开发的多用途爆破振动分析处理程序，开展边坡开挖爆破振动频谱特征分析。

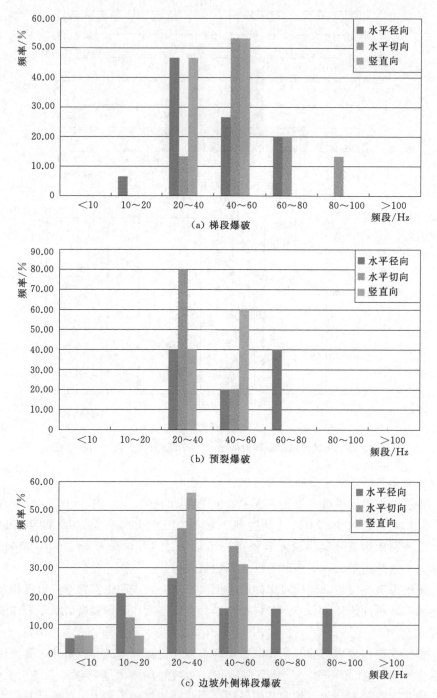

图 3-12　边坡开挖爆破不同爆源峰值振速主振频率统计（大岗山坝肩边坡）

针对边坡开挖梯段爆破振动速度-主频统计分析可知：

（1）从典型场次的爆破振动功率谱可以看出，大部分测点爆破振动的功率谱图上突峰明显，这说明爆破振动频率构成是非常集中的，基本集中在主振频率附近。

（2）边坡开挖爆破规模大，则主振频率分布较为丰富，反之则比较集中，例如大岗山右岸坝肩边坡，在 2010 年 4 月 24 日的爆破总装药量达到 1895kg，相应的频带分布从 30～80Hz 都有分布，6 月 17 日和 26 日的爆破开挖总装药量为 438kg，主振频率就比较集中，在 40～50Hz 内。立洲水电站坝肩边坡梯段爆破试验爆破总装药量 255kg，主振频率比较集中，在 40～60Hz 内，这同大岗山水电站梯段爆破总装药量相当情况下的主振频率分布基本相一致。

（3）梯段爆破水平径向主振频率随距离的增加，有向低频移动的趋势，最近的测点主振频率达到 77Hz，随着测点远离爆源，主振频率降至 59.5Hz 和 30.5Hz，主振频率分布频带范围较广，但平均主振频率仍集中在 40～50Hz 频段，为 42.3Hz。

（4）梯段爆破水平切向和竖直向随距离的增加，主振频率向低频移动的趋势不明显，主振频率分布频带范围非常集中，三个方向的主振频率基本集中在 40～50Hz 频段以内。

3.3.3.3　边坡开挖爆破振动的能量分布特征

1. 基于功率谱的爆破地震能量分析方法

质量为 Δm、振动速度为 $v(t)$ 的质点，在 t 时刻的爆破振动能量可以表示为

$$E = \frac{1}{2} \Delta m v^2(t) \tag{3-3}$$

爆破振动能量同振动速度的平方成正比，在振动达到峰值振速时刻的振动能量也就达到了最大，目前我国规范也把峰值振速作为爆破安全控制的重要标准。

考虑爆破振动历程 $t_1 \sim t_2$ 时间段时，其间的能量为

$$E_d = \frac{1}{2} \Delta m \int_{t_1}^{t_2} v^2(t) \, \mathrm{d}t \tag{3-4}$$

整个爆破时间历程内的能量可以表示为

$$E_T = \frac{1}{2} \Delta m \int_0^T v^2(t) \, \mathrm{d}t \tag{3-5}$$

对于爆破实测的离散时间序列，可表示为

$$E_T = \frac{1}{2} \Delta m \left(\sum_{m=1}^{N} v_m^2 \right) \Delta t = \frac{1}{2} \Delta m \left[\sum_{m=i}^{j} v_m^2 + \left(\sum_{m=1}^{i} v_m^2 + \sum_{m=j}^{N} v_m^2 \right) \right] \Delta t \tag{3-6}$$

式中：N 为采样点数；i 和 j 分别为爆破振动的起始和终止点。因为分析时使用的数据一般包含首尾的无振动时间序列，所以式（3-6）右边项 $\sum\limits_{m=1}^{i} v_m^2 + \sum\limits_{m=j}^{N} v_m^2$ 中的 v_m 等于零。因此，上式也可写作

$$E_T = \frac{1}{2} \Delta m \left(\sum_{m=1}^{N} v_m^2 \right) \Delta t = \frac{1}{2} \Delta m \left(\sum_{m=i}^{j} v_m^2 \right) \Delta t \tag{3-7}$$

前面提到，虽然功率谱并不是指物理意义上的功率，但是却反映了不同频率分量的贡献。功率谱的横坐标是经 Fourier 变换后的简谐波的频率，单位为 Hz，幅值为分解后的简谐波的振幅的平方乘以波的持续时间 T；以速度波为例，纵坐标的量纲为 $\left(\dfrac{L}{T}\right)^2 T$。根据式（3-6）和式（3-7），如果质点质量为单位质量 1，则可写为

$$E_T = \frac{1}{2} \int_0^T v^2(t) \, \mathrm{d}t \tag{3-8}$$

$$E_T = \frac{1}{2}\Big(\sum_{m=1}^{N} v_m^2\Big)\Delta t = \frac{1}{2}\Big[\sum_{m=i}^{j} v_m^2 + \Big(\sum_{m=1}^{i} v_m^2 + \sum_{m=j}^{N} v_m^2\Big)\Big]\Delta t \qquad (3-9)$$

可以看出，功率谱中纵坐标的数字还是各个频率对爆破总能量贡献的表征，而爆破总能量的表征则是频率从 1 到 Nyquist 频率的功率谱幅值的叠加。用不同频率的功率谱幅值和总能量相比，比值即是该频率占总能量的百分比，相应的也可求出某一频段占总能量的百分比。

2. 边坡开挖爆破振动能量-频率分布特征

根据上述推导和论证，编制了基于功率谱的爆破地震能量分析程序模块（BEA），对大岗山和立洲水电站坝肩边坡梯段爆破的实测振动信号进行了分析，并在分析中考虑了水平径向、水平切向、竖直向三个方向上的能量-频段分布情况。能量-频段分布统计见表 3-14、图 3-13 和表 3-15。

表 3-14　　　　大岗山水电站梯段爆破地震波不同方向能量-频段分布统计

爆源类型	振速方向	能量-频段百分比平均值			
		0~10Hz	10~50Hz	50~100Hz	>100Hz
梯段爆破	水平径向	7.0%	38.9%	36.8%	17.3%
	水平切向	3.7%	75.9%	18.3%	2.1%
	竖直向	2.9%	75.3%	19.9%	1.8%
	平均	3.6%	73.6%	20.0%	2.8%

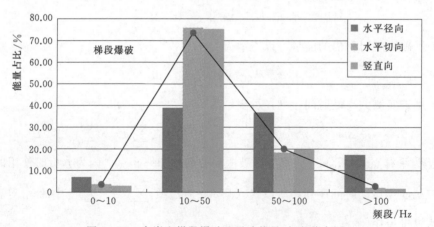

图 3-13　大岗山梯段爆破地震波能量-频段分布图

表 3-15　　　　立洲水电站边坡梯段爆破地震波不同方向能量-频段分布统计

爆源类型	振速方向	能量-频段百分比平均值			
		0~10Hz	10~50Hz	50~100Hz	>100Hz
梯段爆破	水平径向	9.46%	78.30%	9.42%	2.83%
	水平切向	7.06%	69.39%	19.63%	3.91%
	竖直向	0.72%	64.51%	31.42%	3.35%
	平均	6.00%	71.81%	18.96%	3.22%

综上分析可知：

（1）从各方向爆破振动能量分布特征看，大岗山坝肩边坡开挖中，10～50Hz 频段的能量占 73.6%，是主要能量构成，其次是 50～100Hz 占 20.0%，低频小于 10Hz 的部分占 3.6%，大于 100Hz 的能量最小。

（2）在木里河立洲水电站边坡梯段爆破能量分布特征同大岗山右岸坝肩边坡开挖梯段爆破能量分布特征非常相似。但立洲水电站该场次边坡梯段爆破单段一次起爆，所以能量分布频段比较集中，10～50Hz 频段的能量最低占 64.51%，最高占 78.3%，是主要能量构成，其次是 50～100Hz，低频小于 10Hz 的部分均在 10.0% 以下，大于 100Hz 的能量比例最小，占 3% 左右。

3.3.4　爆破振动安全振速控制标准

在小湾水电站坝肩边坡开挖过程中，根据爆破振动监测，结合边坡岩体松弛和安全监测资料的综合分析，对边坡开挖爆破振动安全振速控制标准开展了相关研究。

3.3.4.1　监控点布置的问题

（1）作为振动速度安全控制标准的测点布置在爆区正后冲方向的上一马道上。

（2）马道坡脚（马道与上部边坡相交处）约束稍大于坡口（马道边沿 1m 处）。因此，同次爆破的振速峰值有小的区别，如 2003 年 7 月 21 日坡口处 1 号测点 $V\perp =11.2$cm/s、$V/\!/=6.12$cm/s、$V-=5.59$cm/s；坡脚处 2 号测点 $V\perp =8.29$cm/s、$V/\!/=5.61$cm/s、$V-=6.05$cm/s。坡口处峰值振速稍大。

（3）前期马道施工中未采用预留保护层及水平光爆的开挖方式，测点布置在松动岩块上时，部分监测振动失真（表现为频率衰减特性失常）。

（4）位于坡脚处的测点难于布设在基岩上，马道上松渣较多，特别是上部喷锚施工期间，坡脚处基渣厚达 1m，应于每次监测前进行大量清渣找点工作。

（5）监测点布置于爆区同高程坡脚处，即爆破近区。仪器被砸坏的可能性较大，易超出拾振器工作频带，方式易干扰振动监测波形等。

3.3.4.2　爆破监测及宏观调查的结论

爆破振动对边坡稳定的影响主要表现为结构面的错动、张开等现象，因此，边坡声波测试孔主要布置于岩体结构面两侧，对比结构面浅部与深部的声波波速，以判断一定振动条件下是否引起破坏及其影响深度。

（1）2003 年 5 月 24 日前，1315m 高程以上高边坡开挖爆破质点振动值大多在 10cm/s 以内，边坡未发生局部垮塌破坏。声波测试结果表明，对紧邻边坡的破坏主要发生在开挖卸荷松弛层内（爆破前深度为 0.6～1.0m），爆破对边坡松弛层以外的进一步破坏影响深度为 0.2～0.4m，且松弛层内部声波波速进一步降低（10% 以上），即松动程度有所增加。

（2）2003 年 5 月 24 日后，由于开挖爆破排数的进一步增加，预裂爆破往往在爆破区后 7 排内起爆，引起爆破振动激烈加剧，监控点振速经常性在 20cm/s 以上。声波测试结果表明，边坡上同类岩体松弛深度达到 0.8～1.2m，爆后松弛深度增加 0.2m，松弛层内部声波波速进一步降低，爆破对松弛层扩大和进一步破坏的影响应引起高度重视。

（3）不同坡比及台阶高度的边坡，爆区上部马道上的测点最大振速有一定的区别。台阶高度较小及边坡较陡时的振速有增加趋势，但其频率总体在 $10\sim50\,\mathrm{Hz}$ 范围（中低频），并未增高，认为其对边坡的振动危害特性没有本质的区别。

（4）由于边坡高度及坡比的变化并不能说明最大振动量值必然会成倍增加。如 2003 年 5 月 30 日至 7 月 12 日连续 5 次爆破产生大于 $20\,\mathrm{cm/s}$ 以上的较大振动，但均有 $2\sim5$ 排靠近边坡的主爆孔在预裂爆破完成后起爆，但波形中该部位较少引起超过 $10\,\mathrm{cm/s}$ 的连续性振动峰值。当爆破区排数较少时，预裂爆破前约有 10 排提前起爆，也较少产生超过 $10\,\mathrm{cm/s}$ 的连续性振动峰值，对于同一的排间时差及孔间时差，不能认为连续性较大峰值是因为不可预计的雷管随机误差引起的随机重段造成。实际施工中由于局部缺孔也可造成预裂前、后排连续的单个较大峰值。因此，认为由于爆破排数增加时预裂爆破与爆区中部至后排主爆孔爆破振动叠加应是产生较大振动的主要原因，且二者间距越近，振动叠加的量值及概率越大。这是施工中可以克服的问题，不能成为要求降低振动控制标准的理由。

（5）2003 年 5 月 30 日前的各次振动波形中也能反映以上规律，即预裂时段的振动较大，因预裂在中部排数时起爆，振动波形基本上呈现两头小、中间大的特征。仅因爆破排数较少，前排自由面较好或挤压夹制作用较小时主爆孔爆破振动量值本身较小，即使与预裂爆破叠加也不致产生超过允许标准的较大振动峰值。

（6）较大爆破振动及重复振动对高边坡破坏特征主要表现在岩体沿不同深度薄弱结构面松动后的抗振能力降低。右岸爆破引起的高程 $1350\sim1335\,\mathrm{m}$ 台阶的两次垮塌，均在较大爆破振动后的短时间内发生，且是跨台阶垮塌。

根据以上分析认为，边坡开挖爆破振速出现连续多次达到 20cm 以上时，可能对边坡稳定造成影响，而通过采取必要的技术措施，现有施工水平可以满足 $V\leqslant10\sim15\,\mathrm{cm/s}$ 的振速控制要求。

目前对于边坡开挖爆破振动安全控制，一般设计文件均规定爆破振动速度安全允许值按 $10\,\mathrm{cm/s}$ 控制，实际控制按照水平距离 10m 或上一马道处为参考。

3.3.4.3　工程应用实例

综合上述分析，建议边坡开挖爆破振动控制标准按照 10cm/s 控制，按照 15cm/s 校核的选取方法，实际按照边坡上一马道坡脚处进行控制。进一步对大岗山、长河坝、立洲、锦屏一级等水电站坝肩边坡多达数百场次的爆破振动测试数据的统计分析表明，大量场次的爆破峰值振速均超过了 10cm/s，而边坡并没有发生垮塌、掉块等破坏现象。

（1）小湾坝肩高边坡安全振速控制标准。根据小湾工程高边坡特点，建议高边坡开挖爆破振动控制标准如下：

Ⅰ级、Ⅱ级岩体：$15\sim20\,\mathrm{cm/s}$

Ⅲ级岩体：$10\sim15\,\mathrm{cm/s}$

Ⅳ级、Ⅴ级岩体：$10\,\mathrm{cm/s}$

在小湾右岸高边坡施工中，锚索及喷锚支护施工滞后开挖一般在 2 个马道以上，监测成果表明，第 3 马道处质点振速范围一般为 $1.0\sim6.5\,\mathrm{cm/s}$，极个别达到 $20\,\mathrm{cm/s}$，各部位锚索监测数据均未发现锚索应力产生明显变化，喷混凝土声波监测也未发现爆破前后喷层中波速的明显变化，表面亦未发现裂纹。说明爆破对相隔 30m 以上的锚索及喷锚支护施工影响不大。为安全计，小湾工程仍然按《水电水利工程施工技术规范》（DL/T 5135—2013）中混凝土或预应力锚索（含锚杆）的允许爆破质点振速标准执行。

（2）大岗山水电站边坡开挖爆破振动控制标准。结合现场爆破监测实测数据、现场岩石条件以及爆破后现场宏观观察结果，在初期建议大岗山水电站坝顶以上边坡质点振动速度安全允许值按 15cm 进行控制，20cm/s 进行校核。后续结合大岗山水电站坝顶以上边坡岩石条件以及爆破后现场宏观观察结果，并根据爆破振动特性和动力稳定分析结果，为确保边坡的安全稳定，建议坝肩边坡开挖爆破振动速度安全允许值调整为 10cm/s，校核标准也调整为 15cm/s，现场按照上一梯级马道处振动测值进行控制。

（3）立洲水电站大坝坝肩边坡开挖爆破振动安全控制标准。结合现场爆破试验实测数据、现场地形地质条件以及爆破后现场宏观观察结果，立洲水电站拱肩槽开挖爆破振动速度安全允许值按 10cm/s 控制，15cm/s 校核，实际控制按照水平距离 10m（即爆源后冲向坝肩边坡水平距离 10m、垂直高差 25m）处为参考。

针对堆积体和拉裂体等潜在不稳定边坡，应根据爆破试验、爆破安全监测等成果综合分析，提出不同类型边坡的爆破振动安全控制标准，并在工程应用中根据工程地质和安全监测分析的边坡稳定状况不断优化调整，获得适应于不同类型和不同稳定状况下的边坡爆破振动控制标准。

3.3.5　不同类型边坡开挖的爆破振动控制

3.3.5.1　高陡岩质边坡开挖爆破振动控制

锦屏一级左岸边坡开挖过程中，根据爆破试验和爆破振动监测成果，利用考虑高程的爆破振动衰减规律进行回归计算，得到边坡开挖不同距离、不同高差的最大允许单响药量，并据此确定了边坡不同地质和稳定状况部位的爆破振动控制措施和方案，见表 3-16。针对边坡稳定性较差的问题，采取了"减小台阶高度、内外分区爆破、分部控制"的方案，既从最大程度上减小了爆破振动的影响，又保证了开挖施工进度。根据爆破振动监测成果，锦屏左岸边坡开挖爆破振动控制是成功的，见图 3-14。

表 3-16　　　　　锦屏一级左岸边坡不同部位爆破振动控制措施和方案

部　位	地质和稳定状况	爆破振动控制措施和方案
1885m 高程以上	岩石风化程度较高，岩体破碎，边坡稳定性差	减小分层高度，内外分区爆破，外侧分层高度 7.5m/层；马道间预裂高度 10m，内侧预留 10m 宽边坡分 2～3 次开挖
1885～1735m 高程坝肩边坡	岩石卸荷强烈，多条断层（滑出面）出露，边坡稳定性较差	梯段高度分为 7.5m 和 15m 两类；距建基面 30m 范围内的台阶爆破梯段高度为 7.5m，最大单响药量 100kg；距建基面 30m 范围外的台阶爆破梯段高度为 15m，最大单响药量 300kg
1735m 高程以下坝肩边坡	岩性主要为大理岩段，边坡稳定性较好	边坡预裂 15m，梯段 15m 的开挖方法，梯段爆破最大单响药量 90kg，预裂孔最大单响药量 25kg
拱肩槽边坡		边坡预裂 10m，梯段 15m 开挖方法，预裂孔最大单响药量 25kg

3.3.5.2　拉裂松动体边坡开挖爆破振动控制

1. 紫坪铺水电站边坡开挖爆破震动控制技术

根据技术要求，对爆破引起的震动离爆破点 30m 处质点峰值速度应不超过 10cm/s，

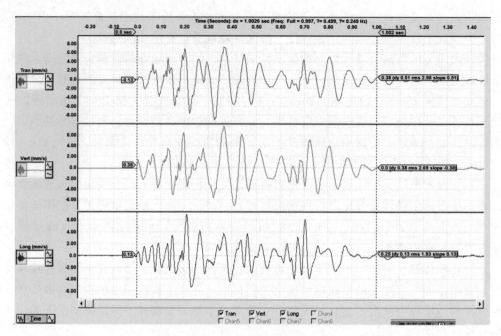

图 3-14　锦屏一级左岸边坡开挖爆破实测典型振动波形

或离爆破点 60m 处不应超过 5cm/s。根据此要求，对明挖爆破进行了相关爆破设计及开挖分层分块分区开挖设计。根据对质点峰值的实际观测，设计明挖及洞挖单响药量控制在 15kg，设计开挖分层高度 5.0m（充分满足支护要求），爆破炸药总量控制在 100kg，即最大开挖量控制在 400m³ 以内。

同时，在明挖过程中，在进行正向边坡预裂爆破时，边坡变形增量最大。而进行梯段爆破时，边坡变形量不大。所以，在开挖过程中，对明挖进行分块分区爆破开挖，尤其要对预裂爆破面积进行严格控制。根据对边坡的变形分析及施工条件的限制，采取各区顺序开挖的方式，尤其是预裂孔爆破。开挖分层高度控制在 5.0m 左右，其主要有两个方面：①受爆破炸药总量限制，最大开挖量受限，无法进行大面积深孔梯段爆破；②分层高度必须满足边开挖、边支护的要求。

2. 黄金坪水电站溢洪道高边坡开挖爆破震动控制技术

黄金坪水电站位于大渡河上游河段，大坝为沥青混凝土心墙堆石坝，最大坝高 85.5m。溢洪道布置在大渡河左岸，边坡坡高陡峻，最大坡高近 400m，坡度 70°左右。溢洪道高边坡及左岸坝肩最大开挖顶 1644m 高程，开挖底 1421m 高程，边坡最大开挖高度 223m。坝顶 1481.5m 高程以上永久开挖坡比为 1：0.5，1481.5m 高程以下开挖坡比为 1：0.3。溢洪道高边坡开挖工程的平面布置见图 3-15。

根据地质勘查和勘探揭示，溢洪道高边坡岩性以晋宁澄江期斜长花岗岩、石英闪长岩为主，并穿插有花岗闪长—角闪斜长岩脉混染岩，一般呈焊融式接触。由于受大渡河及叫吉沟的切割，溢洪道边坡表部岩体卸荷松弛强烈，绝大部分裂缝张开，个别张开达 20cm，以Ⅳ级岩体为主，浅表层松动破碎岩体水平深度 0～50m，其自稳能力差，开挖过程中易出现塌方。开挖过程中发现边坡开口线上方约 1647m 高程以上自然边坡出现明显的变形、

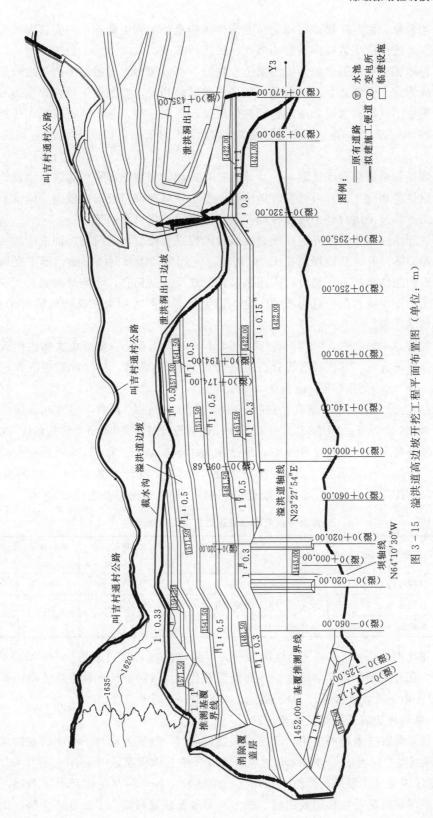

图 3-15　溢洪道高边坡开挖工程平面布置图（单位：m）

开裂等松动现象，而开挖爆破可能会引起岩体结构松弛、强度降低，并促进裂隙的进一步产生和发展，进而产生边坡滚石影响当地村民出行安全。

为确保施工期溢洪道边坡开挖的安全、快速、高效进行，开展溢洪道高边坡开挖爆破安全监测成为重点。鉴此，该工程采用现场爆破试验和振动监测等手段，根据边坡实际地质条件和现场测试振动情况，确定合理的爆破振动控制标准，并根据爆破振动传播规律核算最大允许单响药量，作为边坡开挖爆破参数设计的依据，以确保溢洪道高边坡安全稳定。

通过现场爆破振动跟踪监测，统计分析爆破振动实测数据，得到爆破振动规律及振动对边坡稳定性的影响，这样可以及时向设计、施工及监理部门反馈爆破振动的信息，从而为调整施工方案及采用合理的爆破振动控制措施提供直接可靠的依据。

高边坡开挖过程中采用光面或预裂爆破技术控制石质边坡的成型，即沿边坡面布设一排光面或预裂爆破孔，孔距控制在 1.0m 以内，利用毫秒微差网络引爆，形成光滑平整的边坡。当遇到边坡局部不平整时，采用风镐凿除或手风钻钻孔，小药量爆破后人工撬挖修整。在施工过程中应时刻注意边坡的安全、稳定状态，同时加大实施边坡临时排水措施，以保证边坡的稳定。

以左坝肩溢 0+30～溢 0+80m，高程 1551.5～1541.5m 一典型场次梯段爆破为例介绍开挖控制爆破方案。该次爆破设计石方爆破量约为 9325m³，根据岩石情况炸药的单耗为 0.46kg/m³，计算总装药量 Q 约为 4.3t。

爆破钻孔采用 QJZ100B 潜孔钻造孔，孔径 D 为 90mm。其中，缓冲孔及爆破孔孔间距均为 4.0m，共 78 孔，孔深 10.3～11.9m，边坡设计坡度 1∶0.5，钻孔角度 63.4°，爆破孔单孔装药量为 52.8kg，4 孔一响，设计最大单响药量 Q_1 为 264kg；预裂孔共 56 孔，孔深为 10.3～11.9m，孔距 0.9m，设计坡比 1∶0.5，设计倾角 63.4°，线装药密度为 0.3kg/m，单孔药量 3.3kg。爆破参数见表 3-17。典型开挖爆破炮孔布置见图 3-16。

表 3-17　　　黄金坪水电站溢洪道边坡典型爆破参数

钻孔设备	类别	孔径/mm	孔距/m	孔排距/cm	药径/mm	单孔药量/kg	单响药量/kg	总装药量/kg
QJZ100B	缓冲孔	90	4.0	主缓 3.0	70	52.8	264	686
	预裂孔	90	0.9	预缓 2.0	32	3.3	56	185
	爆破孔	90	4.0	3.0	70	52.8	264	3431

预裂孔孔内采用 ϕ32mm 药卷连续装药，导爆索连接，孔内采用 ms1～ms13 段毫秒非电雷管，孔外采用导爆索连接；缓冲孔及爆破孔采用 ϕ70mm 药卷连续装药，孔内采用 ms15 同段非电雷管，孔外采用导爆索连接，非电 ms3 毫秒雷管延时。

3.3.5.3 堆积体边坡开挖爆破振动控制

大区微差爆破技术得到应用，开挖爆破规模增大，爆破振动对于高陡边坡的动力稳定性影响问题日益显得突出。小湾水电站坝肩边坡开挖总体高度近 700m，坡比 1∶1.2～1∶0.2。开挖区表层风化及卸荷严重，开挖区场地狭长，各工序存在相互干扰问题，必须严格控制开挖爆破对高边坡稳定及锚喷、锚索和混凝土质量可能产生的破坏影响。由于开挖

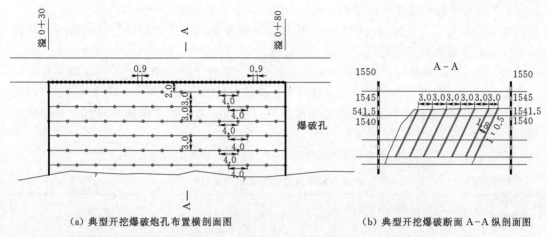

（a）典型开挖爆破炮孔布置横剖面图　　　　　　（b）典型开挖爆破断面 A-A 纵剖面图

图 3-16　黄金坪水电站溢洪道边坡典型开挖爆破炮孔布置示意图（单位：m）

爆破的规模和强度较大，两岸同时施工的月开挖强度约 60 万 m^3。开挖区山体坡度近 40°，约每 100m 高度仅能布置 1 条施工道路。为提高开挖进度，应加大推土机作业长度，尽量减少反铲翻渣次数，深孔梯段爆破规模不断扩大，达到一次爆破约 5 万 m^3，爆破排数 24 排。边坡开挖爆破规模的增大使边坡的爆破振动动力稳定和岩体损伤成为关注的焦点问题。

小湾水电站边坡开挖爆破振动控制主要采用预裂爆破技术，开挖过程中除严格控制单响药量外，对单次爆破规模也进行了限制，相关技术措施和要点如下：

（1）小湾水电站坝肩开挖中后期，随着开挖高程的下降，爆破区宽度达到 50m、长度 100m 以上，台阶高度 15m，可以实现一次爆破，爆破方量超过 5 万 m^3、装药量 30000kg、爆破排数 24 排以上。同时爆破振动较大，上一马道坡脚处振动速度超过 25.4cm/s，并使边坡出现沿顺坡高倾角岩体结构面的垮塌，如右岸 1350m 高程 A 区。随着爆破排数的增加，后排夹制作用增大、岩体松动作用减弱。因此，现场爆破试验小组曾规定，一次爆破方量不得超过 2 万 m^3。

（2）根据预裂减振一般要求，预裂爆破时保留岩体一侧的最小厚度应大于预裂孔深的 1.5 倍，其目的是限制未经预裂隔振的主爆孔较大振动对边坡产生破坏影响。根据以上要求，当预裂孔深 15m 时，预留的最后一次爆破区宽度应不小于 22m。

根据本项目实测主爆孔振动衰减规律，当以上一马道坡脚处最大振动速度不超过 10cm/s 控制时，预留的最后一次爆破区宽度不小于 16m。

（3）边坡前最后一次爆破中，应使预裂爆破提前最先起爆的主爆孔 100ms 以上起爆。当排间采用 ms5 段雷管接力连续时，孔内最大可采用 ms15 段雷管，其延时时间约为 880ms，即使接力爆破网络中预裂爆破与前排缓冲孔接力雷管为较小延时的 ms2 段时，最多可传播 7 排，方可实现孔外网络基本传播完成同时预裂爆破提前起爆。因此，排距 2.5m 时约为 17.5m，排距 2m 时约为 14m。考虑到预裂爆破可以与主爆孔前排同时起爆，二者即使振动叠加的振动峰值仍可控制在 10cm/s 以内。因此，认为预留的最后一次爆破区宽度可不大于 20m（7～8 排）。

（4）预裂爆破前爆破区长度及宽度较大时，预裂及后排爆破的夹制约束作用较大，爆破振动相应加大，一次振动时间较长，爆破松动效果减弱，其对边坡壁面的破坏影响增大。因此，不宜提倡宽度超过 8 排以上的爆破。

（5）较大规模爆破仅可用于在没有出渣道路时发挥推土机清渣效率，当现场可布置临时出渣道路的情况下，仍应坚持采用常规约 6 排的深孔梯段爆破方式，同时考虑到可现场装车出渣，炮孔间排距可适当加大，爆破块度可适当放宽，炸药单耗可降低，开挖成本降低。

综合以上所述，边坡开挖爆破振动控制指标经验值可参见表 3-18。

表 3-18   边坡开挖爆破振动控制指标经验值

边坡类型	岩体工程地质情况	爆破振动控制建议值/（cm/s）	应 用 工 程	备 注
岩质边坡	微风化	15~20	小湾、锦屏一级、大岗山、长河坝泄洪洞边坡、溪洛渡、杨房沟等水电站边坡	按照开挖爆破区上一台阶马道的峰值质点振动速度进行控制
	弱风化	10~15		
	强风化	10		
变形体边坡	边坡出现明显松动变形	2.0	长河坝坝肩边坡、黄金坪溢洪道边坡	按照松动体部位的峰值质点振动速度进行控制
堆积体边坡	冰水堆积体	5.0	梨园进水口边坡	按照坡脚处峰值振速控制

3.3.6 爆破振动控制新技术

目前，通过专项试验、理论分析与数值计算，基于普通工业炸药和 PVC 管材，在国内外首次研究成功的椭圆双极性线性聚能药柱设计新颖、结构简单，形成了良好的聚能效应，在实际工程爆破应用中取得成果。双聚能预裂与光面综合爆破技术在小湾、溪洛渡、构皮滩、彭水、鲁地拉、龙开口、铅厂、南水北调、武都引水等大中型水利水电工程建设中推广应用，取得了良好的效果。与现行的预裂与光面爆破技术相比，可减少钻孔量和装药量 50%，有效降低了爆破影响，提高了爆破质量。

另外，有的施工单位与科研院校正在进行"硬岩基础复合消能爆破技术"研究，已经取得阶段成果，该技术可实现建基面水平保护层与梯段爆破同步进行的目标，以提高效率，在省去预留保护层的同时达到保护建基面的目的。同时，可应用数码电子雷管，以实现单孔单响，减小爆破震动。

3.4 块度控制与渣料利用

在边坡开挖过程中通过爆破试验和直爆开采料取样分析，科学调整和优化爆破孔网参数、单耗、起爆方式及施工工艺等，可取得符合工程技术要求的坝体填筑或混凝土骨料加工等有用料，不仅可以节省工程材料，还可以产生巨大的经济和社会效益。同时在边坡开挖爆破中，控制渣料块度，符合有利于翻渣、溜渣、出渣的要求，以提高出渣效率。在糯扎渡水电站溢洪道边坡开挖过程中，为使开挖料满足堆石坝填筑料的粒径和级配要求，开展了相关的理论、试验研究。

3.4.1　爆破粒径控制原理

3.4.1.1　破碎效果的影响因素分析

影响岩体爆破块度和级配的主要因素包括：

（1）地质条件：地质条件是影响爆破效果的首要因素。随着爆破作用指数 n 的不同，则主要影响爆破效果的因素也不同。对于 n 值小的松动爆破，距爆心一定距离以外的岩体是沿原有的裂隙面裂开的，裂隙的发育程度是影响爆破块度大小的主要因素。而对 n 值较大的抛掷爆破，爆破破碎圈范围较大，会使更多的岩块断裂出新鲜面，此时爆破块度除受到节理裂隙发育程度的影响外，还受岩石力学强度的影响。

（2）炸药性能与岩性的匹配效果：炸药在岩体中爆破时所释放出的能量，是通过爆炸应力波和爆轰气体膨胀压力的方式传递给岩石，使岩石破碎的。但是，真正用于破碎岩石的能量只占炸药释出能量的极小部分。

冲击波的初始峰波压力即岩石的初始压力，其值的大小取决于此解析表达式：

$$P_r = \frac{2\,\rho_r\,C_{Lr}}{\rho_e D + \rho_r\,C_{Lr}} \times P_e \qquad (3-10)$$

式中：P_r 为岩体中冲击波的初始波峰压力，MPa；ρ_r 为岩石密度，kg/m^3；C_{Lr} 为岩石中纵波传播速度，m/s；ρ_e 为炸药密度，kg/m^3；D 为炸药的爆速，m/s；P_e 为炸药的爆轰压力，MPa。

（3）微差间隔时间：按应力波相互叠加的原则，运用波克罗弗斯基公式：

$$t = \frac{\sqrt{a^2 + 4w^2}}{C_P} \qquad (3-11)$$

可估算微差时间。

式中：t 为微差时间，s；a 为炮孔间距，m；w 为最小抵抗线，m；C_P 为应力波传播速度，m/s。

微差爆破前后排爆破间隔时间不够，前排孔爆起的岩石不能为后排形成足够的空间，致使后排爆起的岩石得不到足够的运动速度，不能使岩块充分碰撞破碎，形成底部硬坎，并波及后续各排底部抬高。采用合适的微差间隔时间，使岩石充分破碎，获得了较好的爆破效果。

（4）装药结构：根据岩体爆破破岩机理，大块主要产生在药包远区和上部坍塌。大块区布置集中辅助药包，完全耦合装药，只起岩石破碎作用；后排条形药包，耦合装药，同时起到破岩和抛掷的作用，并且保护边坡稳定，两种药包微差起爆，进一步减小大块率。

从理论上讲，当装药量和抵抗线一定时，大块主要集中在从爆源向自由面产生的裂缝和从自由面向爆源产生裂缝的交汇处。此处爆破气体迅速释放，产生大块，此处是布置辅助药包的最佳地点。根据工程经验公式为

$$W_{辅} = W_{主} - K' R_0 \qquad (3-12)$$

式中：$W_{辅}$ 为前排辅助药包抵抗线，m；$W_{主}$ 为后排主药包抵抗线，m；R_0 为药包半径，

m；K' 为经验系数，取 $K'=15\sim20$。

3.4.1.2 破碎岩石的块度分布区域分析

岩石爆破后产生的细颗粒主要来源于粉碎区。岩石条件不变时，细颗粒产量主要与炸药威力和猛度、药室直径以及装药耦合系数有关。因此开采堆石级配料时，对于较硬的岩石应选用威力和猛度较大的炸药，并采用耦合装药。爆破石料中大块多产生于台阶坡面角部和坎部。中等尺寸的岩块主要产生于破裂区，根据破裂区裂隙内密外疏、碎块内小外大的分布特点。可以通过减小抵抗线来降低平均块度。天然节理裂隙往往对爆破块度起很大作用。

3.4.1.3 爆破块度分布估算

岩体爆破块度的研究内容主要包括两个方面：①从理论上分析岩体的爆破机制，建立爆破过程与爆破块度之间的联系，预测爆破块度分布；②确定爆破块度的有效计算方法，对所获取到的爆堆块度组成信息进行简便、迅速且准确的处理与计算，为爆破设计提供参考数据。

破碎岩块在几何形状和块度方面都具有统计自相似性。从分形的角度描述岩体破碎过程。大量的研究证明岩石的爆破破碎是由入射应力波、反射应力波和爆破气体联合作用引起的。作为定量考虑天然节理裂隙对岩体爆破块度的影响的计算公式为

近区 $$p(B)=\sum_{j=1}^{i}V_j(e_j)/\sum_{i=1}^{n}V_i(e_i) \qquad (3-13)$$

中区 $$p(A)=p_0 \quad (d_j<d_i) \qquad (3-14)$$

远区 $$p(B/A)=p(BA)/p(A) \qquad (3-15)$$

式中：e_i 为不同能量密度；d_i 为不同块度尺寸；$V_i(e_i)$ 为不同能量密度等级岩石的体积分布；$p(B)$ 为均质体理论计算尺寸 $d_j<d_i$ 的筛下积累率；$p(A)$、p_0 为天然块度 $d_j<d_i$ 的筛下积累率；$p(BA)$ 为均质体理论计算块度尺寸与天然块度尺寸都满足 $d_j<d_i$ 的筛下积累率；$p(B/A)$ 为条件概率组合块度尺寸 $d_j<d_i$ 的筛下积累率。

3.4.2 级配控制原则

3.4.2.1 料物规划利用原则

以糯扎渡溢洪道工程为例，开挖渣料利用原则如下。

1. 土方开挖渣料

土方渣料用于工程永久和临时工程的植草层填筑及场地平整等。

2. 石方明挖渣料

（1）明挖强风化花岗岩岩层、弱风化及以下 2m 岩层均可作为坝体填筑Ⅱ区有用料。

（2）明挖弱风化及以下的花岗岩岩层（不含溢洪道泄槽段）可作为加工混凝土骨料有用料。

（3）溢洪道泄槽段明挖弱风化及以下的花岗岩岩层可作为坝体填筑Ⅱ区有用料。

（4）宽度大于 5m 的断层破碎带及厚度大于 2m 的泥岩条带的开采料均不作为可用料。

（5）其余的作为弃渣。

3.4.2.2　无用料的剥离措施

由于树根、夹层和溶蚀裂隙充填物等无用料是相对无规则的掺杂在有用料中，处理起来比较困难，若处理不当，这部分料将严重影响产成品的质量。在开挖过程中，将充分利用多年来多个类似系统运行管理中积累的成功经验和教训，采取如下成熟的综合措施，严格处理，确保产成品的质量。

（1）安排足够数量和责任心强的管理操作人员到现场严格把关。

（2）制订严格的奖惩制度。

（3）制订严格的技术操作措施，认真进行现场技术交底和检查落实。

（4）钻爆前首先进行地质情况调查，摸清地质情况后再进行爆破设计，分区控制，先爆破清除无用料，再钻爆开采有用料，最大限度地减少有无用料的混杂。

（5）将所有清除、捡除的无用料及时弃于弃渣场。

3.4.2.3　有用料开采保证措施

（1）根据地层岩性和地质构造对开挖面进行详细的规划分区，首先进行覆盖层及全风化层的剥离，再进行有用料的开挖。

（2）宽度大于5m的断层破碎带及厚度大于2m的泥岩条带开采料不作为有用料。

（3）制定合理的装运和堆渣措施，以提高渣料的利用率，确保本工程能充分利用开挖的有用渣料。

（4）从开挖施工程序上进行严格的控制，在每个梯段施工时，首先进行顶部覆盖层和强风化层的剥离开挖，接着进行外侧无用层的钻爆和出渣，最后进行该开挖层的有用料开挖，以避免有用料在工作面被混杂和污染。

（5）设计边坡面和中部有用料梯段开挖采用预裂和微差挤压爆破施工技术，精心制定爆破设计。施工中严格按照经过实验确定的爆破参数进行钻孔、装药、联线和起爆，以保证有用料的粒径和级配满足大坝填料要求。

（6）对所有运输车辆进行统一编制，采用不同颜色区分有用料和无用料的运输车辆，并在车辆醒目位置悬挂提示牌。

（7）运输过程中派专人指挥车辆的调度，优先保证有用料的运输。

（8）有用料在存料场有序堆放，采取必要措施避免料物的二次污染，并设置警示牌。

（9）开挖过程中通过采用先进的开挖方案和严格的管理措施来获取更多的有用料。

3.4.2.4　有用料的粒径控制

根据技术条款的要求，开挖爆破要制定合理的爆破方案，以保证可用料的粒径，控制最大粒径不超过80cm，便于作为坝体填筑料源及混凝土骨料加工料源。

3.4.3　块度控制爆破方案

3.4.3.1　深孔梯段挤压爆破

挤压爆破又称留渣挤压爆破，是在露天梯段爆破中，利用预留渣堆对爆区的挤压约束作用，控制爆堆的前冲距离，运用得当可以改善爆破质量。

露天采矿或采石的深孔爆破，过去常用清渣爆破，这是台阶下出渣和台阶上钻孔爆破的常有矛盾。而采用挤压爆破，使爆破和铲装的顺序作业变为平行作业，工作效率提高，工作面扩大，可实现不拆道爆破，且钻车可沿原爆堆体上下运行，给施工道路的布置带来方便。

与清渣爆破相比，挤压爆破漏斗范围内的岩石受到前方留渣的阻挡，不能在爆破作用下自由运动，从而增加了岩块间的挤压碰撞，并延缓了爆炸生成的高压气体向大气的逸出时间，提高了炸药能量利用率。

深孔梯段挤压爆破的优点如下：

（1）增加破碎岩块的相互碰撞和挤压补充破碎，提高了爆炸能量的利用率，增加了破碎岩石的有效能量，可提高质量，大块率低，与齐发爆破比较，大块率可降低20%～50%，岩体块度均匀，可以获得一定块度、级配渣料要求。

（2）钻孔、爆破和出渣不相互制约，减少钻机移动行走时间，凿岩爆破和挖装可以各自形成一个独立的施工作业区，形成流水作业，提高工作效率。

（3）爆堆规整，对运输线路影响小，减少了运输设备的停滞时间。

（4）减少岩石的抛掷运动和空气冲击波的能量损失，减少飞石量，使等量的爆破由"一爆两采"变为"一爆一采"，不存在补偿空间限制，一次爆破面积大，数目多。

深孔梯段挤压爆破炮孔布置图见图3-17。挤压爆破需适当增加单位耗药量，施工阶段一般根据经验增加装药10%～20%，单耗随之增加。

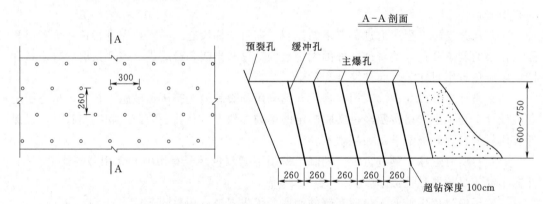

图3-17　深孔梯段挤压爆破炮孔布置图（单位：cm）

3.4.3.2　宽孔距小抵抗线爆破

宽孔距小抵抗线微差爆破，其出发点是立足现有的施工设备、施工条件和技术条件，通过改变孔网参数、起爆方式和装药结构等技术措施，来提高炸药能量的利用率，从而达到降低爆破后的大块率、减少二次爆破数量、提高爆破块度的均匀度指标以及降低爆破器材的消耗量和降低爆破成本的目的。宽孔距小抵抗线微差挤压爆破技术使爆破质量得到改善的主要原因在于：

（1）增大了单孔临空界面，充分利用界面反射波的作用，减小了应力波在传播中的能量损失，可以充分利用反射波。

（2）能有效地利用前排孔爆破时新产生的裂隙来破碎岩石。因裂隙多所爆岩石的块度小而均匀。

（3）加大孔距，减小排距，改变孔网参数，实际上是排孔爆破变为近似于多自由面的单孔爆破。

（4）宽孔距小抵抗线爆破技术利用等阻爆破原理，充分利用炸药的能量，提高了炸药的利用率。

宽孔距小抵抗线爆破炮孔布置见图 3-18。

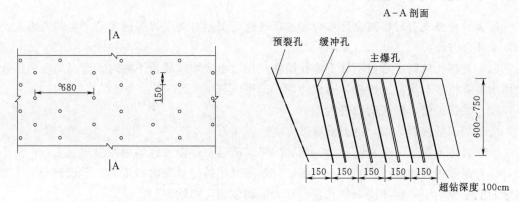

图 3-18　宽孔距小抵抗线爆破炮孔布置图（单位：cm）

调整炮孔间距 $a=6\mathrm{m}$，炮孔排距 $b=1.5\mathrm{m}$；实际施工过程中根据爆破试验对宽孔距小抵抗线爆破施工的炮孔间排距进行调整。

此种方法的优点有：爆破岩石块度均匀，比常规爆破可减少大块，减少残留根底，降低炸药单耗，起爆网络易布置，后冲影响少。

综合比较上述两种块度控制爆破方案，从施工的经济角度考虑，施工中优先采用"宽孔距小抵抗线爆破"的爆破方案，以取得符合级配要求的有用料。

3.5　爆破飞石控制

爆破飞石是指在爆破作业过程中从爆破点抛掷到空中或沿地面抛掷的杂物、泥土、砂石等物质。爆破飞石的危害主要体现在人员伤亡、建筑物损坏、机器设备破损等方面，而其中的人员伤亡是爆破飞石的最大危害。统计资料表明，在我国由于爆破飞石造成的人员伤亡、建筑物损坏事故已经占整个爆破事故的 $15\%\sim20\%$，而日本事故率高达 30%，根据我国矿山事故的统计，露天爆破飞石伤人事故占整个爆破事故的 27%。因此，了解爆破飞石的危害，研究爆破飞石的产生原因，有针对性地开展爆破飞石的预防和干预措施，对防止爆破事故的发生、保障人们的生命财产安全具有十分重要的意义。

3.5.1　爆破飞石的表现形式

爆破飞石主要有抛射和抛掷两种形式。抛射飞石多与被爆破介质结构中存在着弱面及爆生裂隙有关，由于炸药在岩体中爆破产生的高压、高速气体遇到裂隙、断层、节理、岩缝等软弱面时产生突然卸载，爆生气体携带由于爆轰波遇弱面反射产生层裂效应而破碎的岩块及弱面中本身就存在的岩块高速地抛射而形成；而抛掷飞石则主要与抵抗不足或装药过量而产生的爆炸剩余能量有关。抛射飞石的速度往往比较高，抛射距离也较远，影响范围大，对爆破安全的影响也很大。

3.5.2 爆破飞石产生的原因

过多的爆破飞石与爆破设计不合理和爆破施工误差有关系，爆破飞石产生的原因主要有以下几个方面：

（1）装药孔口堵塞质量不好。炮孔堵塞长度过小或堵塞质量不好时，高温高压的爆炸气体中夹有很多石块冲出炮孔，形成冲炮，产生飞石。

（2）装药过量，爆破荷载过大。

（3）局部抵抗线太小，也会沿着该方向产生飞石。

（4）岩体不均匀，遇有断层、软弱夹层等弱面时，爆轰气体集中冲出产生飞石。

（5）爆破剩余能量产生的飞石。爆破时炸药爆炸的能量除将指定的介质破碎外，还有多余的能量作用于某些碎块上使其获得较大的动能而飞向远方。

（6）爆破时，鼓包运动过程中获得较大初速度的一些"物质"也会形成飞石。

（7）爆破器材的影响，爆破器材选择的是否合理会直接影响爆破飞石的产生。如导爆索起爆系统产生爆破飞石的概率比其他起爆系统大。

（8）其他偶然因素产生的飞石。

从本质上讲，爆破飞石是由于爆炸应力波、爆生气体的作用或两者的联合作用而产生的。

3.5.3 爆破飞石的影响因素

影响爆破飞石的因素如下：

（1）装药量。在其他条件相当的情况下，很显然装药量越大，爆破飞石就越多，飞石飞行距离就越远。但是如果装药量不够，则又达不到爆破效果。因此，一定要根据爆破实际情况，合理确定装药量。

（2）地形。在比较平坦的地区，由于场地宽广，临空面少，飞石会向四周飞散；而在山区和倾斜坡面的地方，飞石容易朝最小抵抗线的方向飞散。

（3）爆破介质。爆破介质对爆破飞石的影响主要体现在介质的容重，当爆破介质为泥岩、页岩、风化岩等容重较小的介质时，炸药能量容易被介质吸收，能量损耗大，波动也减少到最大限度，此时可以用于克服惯性运动的炸药能量就减少，因此，出现的飞石少，距离也较近。当爆破介质为花岗岩、石英砂岩、石灰岩等容重较大的介质时，介质吸收炸药能量的能力较小，降低波动能量的作用也小，可以用于克服惯性运动的炸药能量就相应较多，所以产生飞石多，距离远。

（4）最小抵抗线和爆破指数。根据苏联计算爆破飞石距离的经验公式，W 和 n 值越大，爆破飞石的距离也就越大。其中，n 值的影响为二次方的关系。

（5）风速和风向。风速和风向对爆破飞石的影响是很明显的，风速大且顺风时，飞石距离远，反之，距离近。当风速很大时，飞石距离甚至可以增加 1 倍。

3.5.4　爆破飞石的控制措施

爆破飞石的控制包括尽可能地减少飞石的产生和对已产生的飞石进行必要的防护。

3.5.4.1　减少飞石产生的措施

1. 严格控制装药量

装药量是影响爆破飞石的主要因素之一。除正确确定最小抵抗线外，爆破作用指数 n 的选择是控制飞石产生的关键。根据文献，爆破作用指数 n 的选择见表 3-19。

表 3-19　　　　　　　　　　药包性质与爆破作用指数 n 的关系

药包性质	n	药包性质	n
内部作用药包	≤0.2	加强松动	≤0.44～0.46
最大内部作用药包	0.125～0.2	减弱抛掷药包	≤0.64～1.0
减弱松动药包	0.2～0.44	标准抛掷药包	1.0
正常松动药包	0.44	加强抛掷药包	>1.0

在一些情况下，要求严格控制飞石的距离，采用深孔松动控制爆破方法时，每个炮孔的装药量应该按接近内部作用药包计算，这样可以使爆破后的岩体松动而不飞散。采用洞室松动控制爆破方法时，可以选取爆破作用指数为 0.5 左右。

装药前注意检查，对不符合设计方案的实际爆破参数要采取补救措施，修改装药量以控制飞石现象的发生，特别是前排孔的抵抗线过小时。

2. 小孔径分散装药或不耦合装药

实践证明，大孔径爆破比小孔径爆破更容易产生飞石，如果采用耦合装药，因为单位孔长装药量与孔径二次方成正比，当岩体断层多，有孔位误差时，会造成高密度的集中装药，爆破抛掷效应将会更加显著。

3. 调整局部装药结构

因地形限制，或者是钻孔施工中的误差造成局部抵抗线过小，或者是遇到断层、夹层等弱面时，装药应当适当调整，适当减少相应部位的装药量。

4. 提高炮孔堵塞质量

炮孔堵塞必须要有一定的长度，一般取 1 倍最小抵抗线，最短不得小于最小抵抗线的 0.7 倍。堵塞太长会导致表面岩石不易破碎，容易形成大块飞石。堵塞材料可用砂，岩粉组成的炮泥，堵塞时要边堵边捣，堵塞要密实、连续，堵塞材料中应避免夹杂碎石；不能将炮孔堵塞到孔口再捣固。对于露天洞室爆破和定向爆破更是要注意炮孔堵塞质量。

5. 合理确定起爆顺序和间隔时间

对于大面积的爆破，采用"万炮齐鸣"的方式，存在着爆破的岩石破碎度不好、爆破振动大和爆破飞石多等问题。如果进行微差爆破，则可以在一定程度上有所避免。起爆间隔时间设计不合理也会产生飞石，所有炮孔的延迟时间应足以使爆下的岩石移动一定距离而不至于堆积在爆区前面。否则，会造成岩石堆积，后排爆下的岩石和堆积的岩石碰撞也会产生飞石。一般来说，在爆破振动安全允许的条件下，每个药包或每组药包，应以隔段或跳段来安排起爆顺序。

6. 严格控制爆法抛掷方向

实施爆破作业时利用此特点通过安排自由面方向、梯段起爆顺序、起爆网络结构等方法，对爆破飞石进行有效控制。

3.5.4.2 防护措施

为防止爆破飞石影响周边相邻部位的施工，可采取以下防护措施。

1. 设立警戒区

根据飞石经验公式可估算飞石距离：

$$RF \leqslant 40d/2.54 \tag{3-16}$$

式中：RF 为飞石的飞散距离，m；d 为深孔直径，cm。

根据《爆破安全规程》（GB 6722—2014）的规定，爆破时个别飞石对人员的安全距离：露天深孔爆破不小于 200m，露天浅孔爆破 200m（未形成台阶工作面时不小于 300m）。

以爆区为中心设立警戒区，在此区域内不得有非工作人员，工作人员因工作需要不能撤离或无法撤离时，要修建坚固可靠、能抵御飞石冲击的避炮棚。

2. 爆区覆盖

对爆区的覆盖可以防止飞石的飞散。覆盖材料要求强度高、重量大，韧性好，能相互连接成厚大的整体，并能被牢固的固定。具体来说可用如橡胶防护垫、铁丝网、用环索连接的圆木、工业毡垫、帆布、草垫子等。

边坡治理施工技术

　　边坡治理是一项技术复杂、施工难度大的边坡稳定控制和灾害防治工程，随着大型水电工程项目的日益增多，边坡治理在工程中占有极其重要的地位。如何科学地解决复杂地质条件下的边坡治理问题，对于确定合理的边坡开挖范围、保护和利用边坡有着举足轻重的作用。除影响边坡稳定的内在原因外，引起边坡失稳的外部原因主要有两个方面：一方面是由于受外界因素影响，破坏了边坡原有的平衡状态，使边坡产生滑动，如边坡上缘加荷、边坡下部开挖等；另一方面是由于外界因素影响降低边坡土体或滑动面的抗剪强度参数使边坡失稳，边坡岩体在地下水作用下，不但产生水压力，而且会降低边坡的 c、φ 值。边坡治理主要表现为边坡的加固处理，加固处理是保证工程边坡稳定与安全的关键，主要的加固方法包括"锚、喷、灌、换、护、排"等工程措施。

　　以锦屏一级水电站坝肩边坡为例，该工程左、右两岸地质条件严重不对称，而使两岸山体变形不对称，这对电站大坝正常运行可能造成直接威胁，因此对裂隙发育、地质条件差的左岸边坡，必须采取合理的工程处理措施，尽量满足拱坝工程受力条件。针对存在于工程边坡岩体中的大量深部裂缝、裂隙卸荷松弛带和其他软弱带等地质缺陷，对边坡加固处理施工技术提出了很高的要求：多达约 6000 束大吨位、深孔预应力锚索处于强卸荷、裂隙发育岩体中，如何保证不良地质条件下如此大规模锚索的成孔和有效锚固，对锚固施工技术提出了挑战；同时对边坡内部大规模的软弱岩体置换和灌浆加固也是一个技术难度很大的问题，更是一个工程安全问题。只有通过技术创新，克服上述技术难题，才能满足左岸岩体作为高拱坝坝肩抗力体的可用性要求，才能使水电工程边坡产生从"如何挖除掉"到"如何保护利用"质的飞跃。

　　近年来，国内锦屏一级、小湾、梨园、大岗山、长河坝等水电站都进行了坝基地质缺陷加固处理，其中以锦屏一级电站边坡治理最为复杂、全面，也最具有代表性。本章将以锦屏一级电站左岸边坡及坝基加固处理为主，结合其他工程典型实例，论述高陡边坡治理的主要施工技术。

4.1　工程边坡地质环境

　　西部地区大多水电工程具有边坡高陡、地质复杂的典型工程环境。锦屏一级水电站坝址处于雅砻江深切所形成的相对高差 2000～3000m 的锦屏山脉，属于典型的高山峡谷地貌，山高坡陡，V 形河谷。坝址边坡相对高差超过 1500m，坡度多在 50°～90°，各类物理地质现象十分发育。见图 4-1。

图 4-1 坝区地形地貌图

坝基主要地质缺陷归纳为软弱结构面、卸荷松弛岩体两大类。软弱结构面由左岸坝基 f_2、f_5、f_8 断层、煌斑岩脉（X）和右岸坝基 f_{13}、f_{14}、f_{18} 断层等软弱结构面构成，见图 4-2；卸荷松弛岩体分布在左岸坝基中上部，主要为受深卸荷影响的 $Ⅲ_2$、Ⅳ～Ⅴ 类岩体。

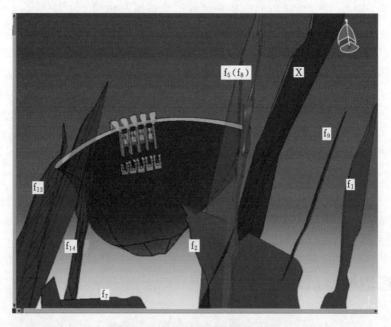

图 4-2 坝区软弱结构面分布图

上述地质缺陷对拱坝的体形选择、坝体受力形态、拱座的抗滑和变形稳定，以及基础的渗流控制等，均会产生不利影响。根据拱坝安全稳定要求，必须对坝基存在的重大地质缺陷进行有效的加固处理。

4.1.1　坝址区工程地质特征

4.1.1.1　地质结构

坝址区两岸边坡岩体内断层、节理裂隙、层间挤压错动带、煌斑岩脉（X）等不良构造结构面发育，具有地应力高、岩体卸荷强烈、地质条件复杂等特点。地质结构见图4-3、图4-4。

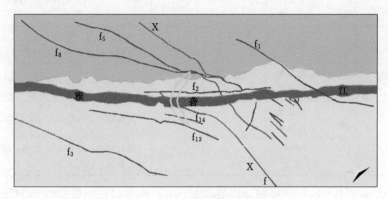

图4-3　坝区工程地质平面图

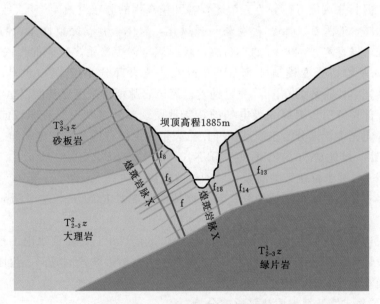

图4-4　坝区地形地质剖面图

坝址区分布有多条断层，断层破碎带宽度较大，一般5～10m，局部20～30m，主要由角砾岩、碎裂岩、糜棱岩、碳化的泥质片状岩及断层泥等组成，可见大量碳化现象和镜面、擦痕，普遍强风化，呈散体结构，且多为 V_1 级岩体。主要构造及软弱结构面特征见表4-1。

表 4-1　　　　　　　　　　　　　　主要构造及软弱结构面特征

岸别	编号	产　状	工程部位	破碎带宽度/m	长度/m	主要地质特征
左岸	f_5	N35°~45°E/SE∠65°~75°	坝基及抗力体	2.0~8.0	>1800	主要由构造角砾岩及片状岩组成，片状局部碳化，局部见黑色断层泥
	f_8	N30°~40°E/SE∠70°~80°	坝基	1.0~2.0	>1400	由糜棱岩、角砾岩组成，局部泥化、软化
	f_2	N10°~30°E/NW∠30°~50°	坝基及抗力体	8~10	>1000	由4~5条层间错动带组成，带内发育片状岩、碎裂岩、糜棱岩
	X	N50°~75°E/SE∠60°~75°	抗力体	2~3	>1000	煌斑岩脉风化强烈，遇水软化，1680m 高程以上拉裂松弛
右岸	f_{13}	N50°~65°E/SE∠60°~80°	坝基及抗力体	1.0~2.0	>1000	由角砾岩、糜棱岩组成，见断层泥
	f_{14}	N50°~70°E/SE∠65°~85°	坝基及抗力体	0.5~1.0	500~700	由角砾岩、糜棱岩组成，见断层泥
	f_{18}	N75°E/SE∠75°	河床坝基	2~3	>1000	由片状岩、糜棱岩、大理岩透镜体组成，局部有软化、泥化现象

Ⅳ₂级岩体主要为 f_5、f_8 断层带及煌斑岩脉（X）两侧的松弛破碎岩体和深部裂缝发育的松弛岩带，主要呈五条带状分布，局部零星发育于Ⅲ₁、Ⅲ₂级岩体中，分布于建基面以里一定范围。据其分布位置，分为五个区，各开挖高程的分布见图 4-5。

煌斑岩脉厚一般为 2~4m，普遍弱~强风化，岩体松弛，完整性差，与上下盘岩体多为断层接触，发育宽 5~20cm 的小断层，且两侧岩体为松弛、破碎的Ⅳ₂级岩体。煌斑岩脉（Ⅳ₂级）平均钻孔变模值 4.75GPa；声波波速大部分小于 2500m/s，所占比例为85.7%，岩体完整性系数为 0.12，完整性差。煌斑岩脉埋于垫座建基面以里 25~40m。

左岸"深部裂缝"是锦屏一级电站的特殊地质现象。多利用原有顺坡向节理裂隙拉开，多数新鲜无充填，部分沿小断层拉开，拉裂带内保留有构造岩。对深部裂缝产状进行统计分析表明，其优势方向有两组：① N40°~70°E/SE∠50°~75°；② N0°~30°E/SE∠50°~65°。与整个枢纽区的断裂、节理裂隙优势方向基本一致。一般在原有小断层基础上发育，多有数十厘米的下错位移。其延伸长度通常大于 100m。左岸深部裂缝平面分布见图 4-6。

左岸坝头边坡开挖高度为 540m，总开挖量为 550 万 m³，是目前水电工程开挖高度最大、开挖规模最大、稳定条件最差的边坡工程之一。左岸边坡开挖成型、边坡支护情况和高拱坝建基面及地质软弱结构面分布见图 4-7。

4.1.1.2　边坡稳定性及坝地质缺陷影响分析

1. 边坡稳定影响分析

锦屏一级水电站坝址区边坡高陡、岩体结构复杂，通过边坡稳定性分析，坝址区岸坡整体基本稳定、局部潜在不稳定，需进行系统的喷锚支护处理。左岸边坡上部岩体以砂板岩为主，岩体倾倒变形、滑移导致拉裂严重，由煌斑岩脉（X）、f_{42-9} 断层以及卸荷裂隙构成的滑移面，边坡稳定系数降至 1.129。随着边坡的开挖，开挖面与结构面交切，在假定

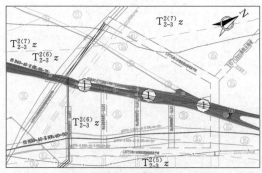

（a）1670m 高程 IV_2 级岩体分区示意图

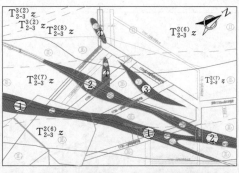

（b）1730m 高程 IV_2 级岩体分区示意图

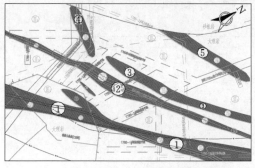

（c）1785m 高程 IV_2 级岩体分区示意图

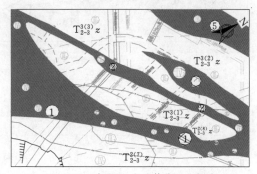

（d）1829m 高程 IV_2 级岩体分区示意图

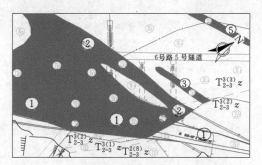

（e）1885m 高程 IV_2 级岩体分区示意图

图 4-5　左岸抗力体各高程 IV_2 级岩体分区示意图

裂隙干燥不充水的情况下，边坡稳定系数只有 1.055，表明开挖导致楔体的稳定系数降低。因此，要提高边坡稳定系数，保证工程边坡安全，必须增加岩体锚固力。

2. 坝基地质缺陷影响分析

由以上分析可知，左岸抗力体发育 f_5 断层、f_2 断层、煌斑岩脉（X）等软弱结构面（岩带）和深裂缝发育部位的 IV_2 级岩体，分布范围较广，其工程地质性状差，岩体变模低，抗变形能力亦差。其结果为：减弱了对拱坝的约束，对大坝对称性产生不利影响，造成左右岸坝基（肩）产生不均匀变形。坝基（肩）局部出现塑性区，在 f_5、f_8 断层，煌斑岩脉等附近变化较大，影响了拱坝、梁的载荷分配。由于结构面的切割和软弱破碎岩体的局部分布，岩体强度变低，在坝肩岩体中应力超过强度的部位，岩体强度失效。

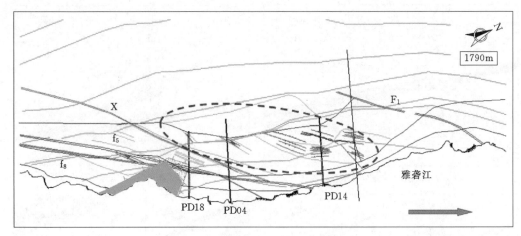

岸别		强卸荷深度/m	弱卸荷深度/m	深卸荷深度/m
右岸		5～10	20～40	
左岸	大理岩	10～20	50～70	150～200
	砂板岩	50～90	100～160	200～300

图4-6　左岸深部裂缝平面分布图

图4-7　左岸边坡形象及地质缺陷分布图

所以，为了使坝肩（基）岩体满足特高拱坝对建基岩体在强度、变形和抗渗等方面的要求，确保高拱坝安全正常的运营，必须对左岸抗力体范围内的地质缺陷采取综合的加固处理措施。

为提高坝基及抗力体的承载能力与抗渗能力，采取的处理方法：

（1）常规处理：坝基固结灌浆、坝基帷幕灌浆、坝基及抗力体排水孔等。

（2）特殊处理：大范围采取化学灌浆、水泥-化学复合灌浆、地下洞井混凝土框格置换并结合加密固结灌浆、混凝土垫座置换、开挖刻槽置换、高压冲洗置换等方法进行全面系统地处理。

4.1.2 边坡稳定性控制加固方案

边坡加固与稳定控制方案可分为：山体加固、工程岩体加固及岩块加固 3 个层次。

（1）对于山体加固，首先是保护边坡，减少扰动；其次是采用预应力锚索与锚固洞、抗剪洞、抗剪（滑）桩等相结合的综合治理措施。

（2）对于工程岩体一般采用预应力锚索、锚杆束等进行加固。

（3）对于随机岩块则采用系统锚杆喷锚支护进行加固。

因此，岩质边坡治理应以预防边坡产生大量松动，提高边坡岩体完整性为主。即以减少扰动和系统喷锚支护为主，对不稳定岩体采用预应力锚索或框格梁预应力锚索进行锚固，同时辅以排水。

左岸边坡抗力体基础处理主要措施及工程量：混凝土垫座 56 万 m^3、置换网格洞 655m、抗剪传力洞 427m、固结灌浆 73 万 m、帷幕灌浆 35 万 m、回填混凝土 9.7 万 m^3、坝基及抗力体排水孔 65 万 m。

4.1.3 坝基地质缺陷加固处理方案

左岸抗力体及坝肩地质条件复杂，与右岸地质条件相差较大，为确保能承受住拱坝的巨大推力，需保证左右岸抗力体承载能力相当，避免拱坝因不均匀变形而出现工程安全问题。

根据拱坝安全稳定和坝基承载力的要求，必须对坝基存在的重大地质缺陷进行有效的加固处理。其加固处理原则如下：

（1）加固拱坝坝基内存在的软弱结构面和卸荷松弛岩体，提高坝基岩体的整体性和均一性、强度和刚度，保证坝基变形、抗滑稳定。

（2）采取渗控措施，降低渗透压力，改善渗流场，以利于拱座稳定。

（3）合理设计拱肩槽边坡开挖形式和支护措施，降低边坡高度，减少拱肩槽开挖深度；采取控制爆破措施，减少对开挖坡面的扰动。

（4）处理措施具有足够的耐久性，避免高压水长期作用的危害。

根据上述原则，对左岸坝基存在的地质缺陷分别采取了混凝土垫座、抗剪传力洞、浅表刻槽置换、深部洞井网格和高压对穿冲洗置换、固结灌浆等综合工程处理措施。

4.1.3.1 左岸中上部建基面卸荷松弛岩体加固处理方案

1800m 高程以上建基面为卸荷拉裂的 IV_2 级和 III_2 级岩体（砂板岩）；f_5 断层破碎带出

露最低高程为1750m，因此在1730m高程以上设置混凝土垫座，同时，在垫座基础下1829m、1785m和1730m高程设置3层5条抗剪（传力）洞，降低岩体应力水平，提高坝基抗变形能力。1730m高程以上近拱端部位的f_5断层已被挖除，1730m高程以下的f_5断层仍然对坝基变形和抗滑稳定有影响，因此在1730m、1670m高程设置2层混凝土置换平洞，其间设置4条混凝土置换斜井。煌斑岩脉离坝肩较近，厚度较大，且性状较差，对坝基变形和应力分布不利。因此，在左岸1829m、1785m、1730m高程设置3层混凝土置换平洞。同时在坝基应力较高的1785～1730m高程之间设置3条置换斜井。见图4-8。

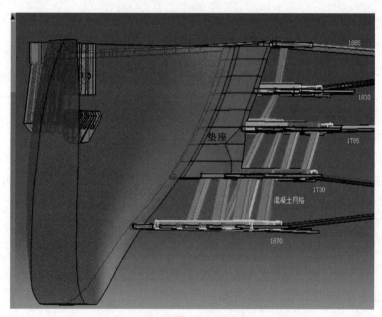

图4-8 左岸混凝土垫座及传力洞示意图

4.1.3.2 左岸抗力体固结灌浆处理方案

左岸抗力体主要由卸荷松弛岩体组成，岩体质量差，变形模量低，对拱坝变形稳定不利，须进行固结灌浆。灌浆处理范围：坝基1650m高程至坝顶1885m高程；经过分析，平面范围，顺河向宽度1820m高程以上取拱端厚度的3倍；1820～1670m高程间取拱端厚度的2.5倍；1670m高程以下取拱端厚度的1.5倍。横河向深度超过煌斑岩脉影响带5～10m。左岸抗力体1730m高程固结灌浆范围见图4-9。

4.1.3.3 左岸f_2断层加固处理方案

f_2断层出露于左岸1670～1680m高程建基面，由4～5条层间挤压错动带组成，带内发育片状岩、碎裂岩、糜棱岩，性状差，位于拱坝主要受力区，对大坝应力分布、抗滑稳定和渗透稳定均不利。主要处理措施：建基面刻槽置换、高压水冲洗置换、水泥-化学复合灌浆和防渗线水泥-化学复合灌浆，见图4-10、图4-11。

根据坝基工程地质特性，针对软弱低渗透地层、断层破碎带等不良地质的建基面，通常采用水泥（湿磨细水泥）灌浆进行加固处理，当难以达到设计要求时，分别采用

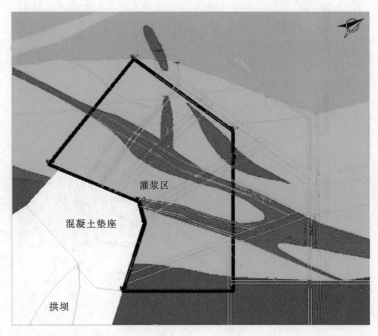

图 4 - 9　左岸抗力体 1730m 高程固结灌浆范围

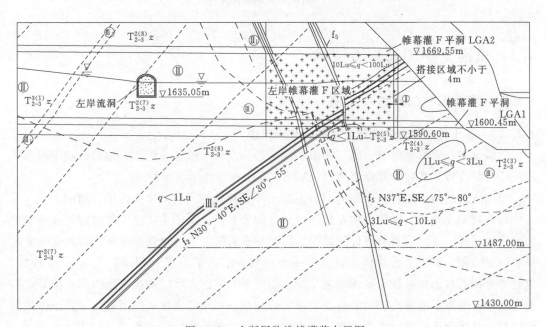

图 4 - 10　f_2 断层防渗线灌浆布置图

水泥-化学复合灌浆、化学灌浆和高压水对穿冲洗等方式进行加固处理。通过现场固结灌浆试验，试验区岩体的力学指标和渗透性能均得到了改善，整体效果良好，达到了设计要求。

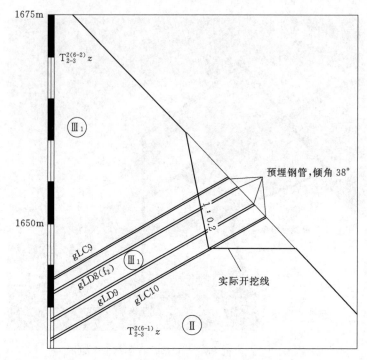

图 4-11 f_2 断层刻槽及冲洗置换图

4.2 喷锚支护加固施工技术

4.2.1 喷锚支护加固作用机制

4.2.1.1 基于传压原理的喷锚支护联合作用机理

喷锚支护技术以其经济、施工简单、结构轻巧及延性破坏等优点在边坡治理中得到了较为广泛的应用，该技术是新奥法（NATS）在工程边坡中的延伸。

喷锚支护结构由锚杆、钢筋网喷射混凝土面层和被锚固的岩体三者组合而成。

目前喷锚支护与岩土体的相互作用、轴力的分布、岩土体本构模型的选取等喷锚支护加固机制问题，并没有得到很好的解决，因此基于有限元的分析其准确性、有效性与实际仍有一定差距，极限平衡法仍为设计采用的主要方法。采用基于 Mohr-Coulomb 准则，建立通过提高岩土体参数来体现喷锚支护加固效果的方法，可以解决上述问题。但等效参数提高法仅考虑了喷锚支护拉力对边坡稳定的贡献，而未考虑加固作用对边坡岩土体强度的提高，其在边坡内部形成的骨架，对边坡整体性的增强作用也未考虑。

现提出一种考虑面板加固层对边坡安全系数提高的显示公式，并建立相应的计算模型，从理论上可以弥补等效参数提高法存在的缺陷。

喷锚支护中喷射的混凝土使边坡表层的松散岩体形成很强的黏结力，其力学性质完全不同于松散堆积体或者强风化岩体，其形成具有一定厚度和柔性的面板。由于锚杆的锚固段作用在面板之上，结合力等效和传压原理即锚固力可以由加固层面板的传力效应作用于覆盖的岩体上结构示意图如图4-12（a）所示。传压的过程如图4-12（b）所示，其传力效应随距离的函数大致呈开口向下的二次抛物线的形式，在两相邻的锚杆之间的区域形成传力的交汇区。

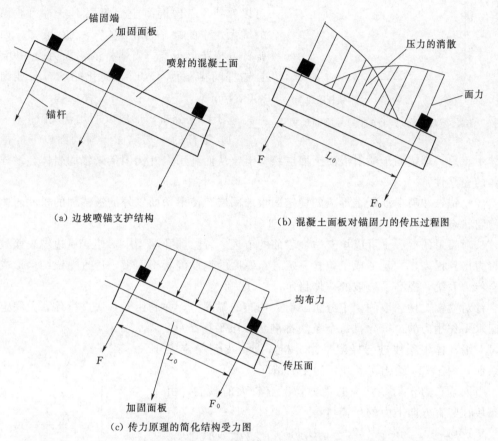

（a）边坡喷锚支护结构　　　　　　（b）混凝土面板对锚固力的传压过程图

（c）传力原理的简化结构受力图

图4-12　喷锚支护措施传压过程

锚杆的支护体系不仅仅给岩体施加一个约束力，也可以使岩体裂隙逐渐愈合。由图4-12（b）所示的传压板，结合数值分析计算发现，在面板各处被覆盖岩体承受的压力大致是相等。并且根据集中力与面力的转化关系，完全可以把复杂交汇面上不同受力的情况转化为图4-12（c）的模型，即把二者交汇的作用力转化为施加在一定厚度岩体上的均布力。对图4-12（c）的结构进行受力平衡分析，可知：

$$q_i = 2KF_0/L_0 \tag{4-1}$$

式中：q_i 为简化后的均布力；F_0 为锚固力；L_0 为两相邻锚杆之间的间距；K 为面板加固层的增大系数，当 $L_0 < 3m$ 时，受锚杆群锚效应的影响，K 取 0.95；当 $3m \leqslant L_0 \leqslant 6m$ 时，考虑混凝土面层的传压效应，K 取 1.05；当 $L_0 > 6m$ 时，由于锚杆间距过大，面层的传压效应可以不做考虑，K 取 1.00。

当单根锚杆的锚固力为600kN时，由式（4-1）可分析不同锚杆间距下等效均布力

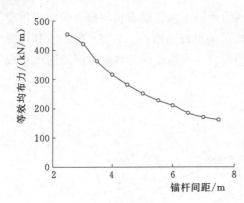

图 4-13　等效均布力与锚杆间距之间的关系

的大小如图 4-13 所示。

由图 4-13 可以看出，均布力与锚杆之间的间距呈负相关，随着锚固力的增大而提高，在此公式上适当地对均布力 q_i 的增大，这正好可以弥补未考虑混凝土面板层本身对边坡稳定的增大效应的缺陷。由式（4-1）可知，如果锚杆以梅花形布置，当锚杆的锚固力为 600kN，且锚杆间排距为 4m 时，简化的均布荷载则为 300kN/m。

基于以上分析，形成以下几点认识：

（1）锚杆的一端锚固于滑动面以下的稳定岩体中，另一端锚固于喷射混凝土面层结构上，从而利用内外锚固端来锚固岩体，增强了岩体的完整性。

（2）锚杆和喷射混凝土形成的稳定面板加固层，使滑动面以外的被锚固的松动岩体处于稳定状态。

（3）喷射的混凝土可以填充边坡表面的节理、裂隙和孔洞当中，使岩质边坡表面整体黏聚力得到提高，并且形成了包含一定岩石厚度的钢筋混凝土面板，通过喷锚结构形成的联合传力系统，提高了边坡的整体稳定。

针对喷锚支护边坡的稳定分析，引入均布的锚固力，并利用条分法进行计算。假定条块间水平作用力的位置，且每个条块都满足极限平衡条件，通过对滑动体中条块进行极限平衡分析，即可得到稳定安全系数，图 4-14 给出了条块 i 的受力情况。

引入均布力 q_i 对条块 i 的受力情况有较大的影响，由该条块在竖直方向上力的平衡可得

$$N_i\cos\alpha_i + T_i\sin\alpha_i - W_i - q_iL_i\cos\alpha_i = H_i - H_{i-1}$$

$$(4-2)$$

式中：N_i 为滑动面上的径向反力；T_i 为滑动面上的切向反力；α_i 为滑动面水平面的夹角；W_i 为条块的重力；L_i 为条块的垂直均布力长度；H_i 和 H_{i-1} 为条间切向力。

令 ΔH_i 为条间切向力的差值：

$$\Delta H_i = H_i - H_{i-1} \qquad (4-3)$$

则可得底滑面上的法向力为

$$N_i = (W_i + q_iL_i\cos\alpha_i + \Delta H_i - T_i\sin\alpha_i)/\cos\alpha \qquad (4-4)$$

由该条块在水平方向上力的平衡可得

$$N_i\sin\alpha_i - T_i\cos\alpha_i + q_iL_i\sin\alpha_i = E_i - E_{i-1} \qquad (4-5)$$

$$\Delta E_i = E_i - E_{i-1} \qquad (4-6)$$

式中：E_i 和 E_{i-1} 为条间水平向力。

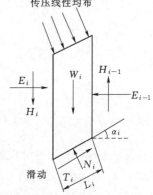

图 4-14　条块 i 受力情况

根据极限平衡原理可得边坡的安全系数计算公式如下：

$$F_s = \frac{\sum [c_i L_i + (W_i \cos\alpha_i + q_i L_i + \Delta E_i \sin\alpha_i) \tan\varphi_i]}{\sum (W_i + q_i L_i \cos\alpha_i) \sin\alpha_i} \tag{4-7}$$

式中：n 为条块的总数；c_i 为底滑面的黏聚力；φ_i 为底滑面的内摩擦角。

将式（4-4）代入式（4-7）可得

$$F_s = \frac{\sum [c_i L_i \cos\alpha_i + (W_i + q_i L_i \cos\alpha_i) \tan\varphi_i] \sec\alpha_i \Big/ \left(1 + \dfrac{\tan\varphi_i \tan\alpha_i}{F_s}\right)}{\sum (W_i + q_i L_i \cos\alpha_i) \sin\alpha_i} \tag{4-8}$$

由上面的公式可知：锚固力对边坡安全系数的提高主要通过提高滑动面上法向力 N_i 来实现，等效面力 q_i 对滑动面上法向力 N_i 的提高是非常明显的，通过这种等效处理，采用式（4-8）可以实现对喷锚支护边坡稳定安全系数的计算。

4.2.1.2　应用实例分析

采用所提出的计算模型，对长河坝中期导流洞出口边坡喷锚支护后的稳定性进行计算，其计算结果与传统方法结果进行比较，以验证该理论的合理性。

1. 实例工程概况

长河坝水电站中期导流洞出口边坡 1600m 高程以下地形较陡，坡度 65°～69°；1600m 高程以上地形相对较缓，坡度 37°～45°。出口部位岩性主要为晋宁-澄江期灰色中粒花岗岩，在边坡下部 1600m 高程以下出露有辉长岩。图 4-15 为长河坝中期导流洞出口边坡工程地质剖面。

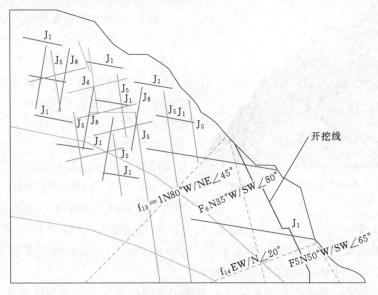

图 4-15　长河坝中期导流洞出口边坡工程地质剖面图

该边坡岩性主要为花岗岩，局部发育辉长、灰绿岩脉，岩体部分风化，岩体相对来说比较破碎，多呈镶嵌-块状结构。边坡断层裂隙比较发育，主要有 J_1、J_5、J_6、J_8、J_{11} 五组节理面，但由于埋深比较大，因此对边坡的整体稳定影响不大。岩体中还发育有 f_{13-1}、

f_{14}小断层和两条比较大的断层 F_5、F_6，断层破碎带以 Ⅳ 类岩体为主，该边坡的稳定性主要受结构面控制。

根据工程地质报告现场岩土体室内试验的成果，确定现场边坡岩体力学参数取值见表4-2。

表 4-2　　边坡岩体力学参数取值

岩体	容重 γ /(kN/m³)	黏聚力 c/MPa	摩擦系数 f
弱风化	26.5	1.5	1.3
中风化	26.5	1.3	1.2
强风化	26.0	0.5	1.0
裂隙	24.0	0.4	0.8
断层	23.0	0.1	0.4

2. 实例工程计算

由于边坡岩体破碎，浅层存在局部失稳块体和危岩体，为了确保导流洞运行过程的安全性，需对导流洞上部浅层岩体进行挖除处理。该边坡开挖之后潜在的危险滑动面，由于 F_6 的切割作用使边坡的整体性减弱，而小断层 f_{14} 及节理面 J_1 与边坡呈缓倾角，形成了受 F_6、f_{14}、J_1 等的软弱结构面控制的潜在滑动块体，因此存在边坡失稳的安全隐患。

（1）边坡开挖不支护。边坡开挖之后，如果不采取加固措施，潜在滑动块体的抗滑稳定安全系数计算结果如图 4-16 所示。

根据边坡极限平衡计算结果可知：边坡开挖未支护条件下的边坡稳定安全系数为 0.621，存在失稳的可能，需采取加固处理措施。考虑到该潜在滑动块体的稳定安全系数较低，故采用边开挖边支护的施工程序，确保该边坡的稳定性。

（2）边坡边开挖边支护。该边坡锚杆以梅花形布置且单根锚杆锚固力为 600kN，长 6m、9m 不等，间排距均为 4m。对该边坡锚固力进行等效面力计算，由式（4-1）可知，

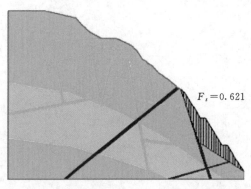

图 4-16　开挖未支护边坡的安全系数

$F_s = 0.621$

该工程锚杆间距介于 3～6m，故 K 取 1.05，即可得到等效后支护区域作用面力为 315kN/m。采用本文提出的面力等效方法和传统的集中力方法对该边坡喷锚支护过后的稳定性进行计算，计算结果如图 4-17 所示。

计算结果表明：采用面力等效法计算得到边坡的抗滑稳定安全系数为 1.285。当采用传统的算法时，即将锚固力考虑为集中力，计算得到边坡的抗滑稳定安全系数为 1.205，与面力等效法计算得到的边坡抗滑稳定安全系数存在约 6% 的差异。两者之间的差异较小，说明通过面力等效可以实现对喷锚支护边坡的稳定计算。

该喷锚支护边坡历经了"4·20"芦山地震的考验，震后边坡没有产生任何的松动变

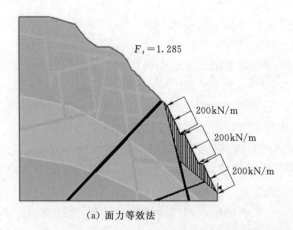
（a）面力等效法

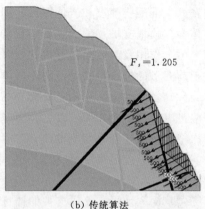
（b）传统算法

图 4-17 喷锚支护边坡稳定计算结果

形，也几乎没有边坡掉块现象发生。对其喷锚支护前后该边坡的表层岩芯取样发现：喷锚支护后的岩体完整性得到了提高，一方面是浆液进入岩石裂隙提高了岩石黏聚力，另一方面是盖板的传压作用使锚固各部位均受到了约束，喷锚支护措施有效地提高了边坡的稳定性。

通过对喷锚支护力学机理进行分析研究及工程实例可知，喷锚支护后边坡安全系数的提高，主要靠锚固力和面板加固层共同作用。通过对面板加固层的传压机理建立传压模型，并利用极限平衡原理对边坡进行稳定分析计算，从而得出了考虑喷锚联合作用的边坡稳定计算的显式公式。结合其表层岩芯取样，进一步验证了传压模型的合理性。

4.2.2 喷锚支护加固方式与特点

工程边坡常规系统支护主要用于浅层边坡加固，具体包括边坡喷锚支护、锚杆束支护、浅层锚索、框格梁、挡土墙、植被护坡等加固措施。

1. 喷锚支护加固方式

根据岩体的产状，将岩体按大类分为整体、块状、层状和软弱松散等几类。不同结构类型的岩体，开挖后力学形态的变化过程及其破坏机理各不相同，处理原则也有差别，其处理方法如下：

（1）对于整体状岩体，可以只喷上一薄层混凝土，防止岩体表面风化和消除表面凹凸不平以改善受力条件；仅在局部出现较大应力区时才加设锚杆。

（2）在块状岩体中，必须充分利用压应力作用下，岩块间的镶嵌和咬合产生的自承作用；喷锚支护能防止因个别危石崩落引起的坍塌。通过利用全空间赤平投影的方法，查找不稳定岩石在临空面出现的规律和位置，然后逐个验算在危石塌落时的力作用下锚杆或喷射混凝土的安全度。

（3）在层状岩体中，应及时采用锚杆、锚索加固边坡，防止沿层面产生顺层滑动。

（4）软弱岩体近似于连续介质中的弹塑性体，需采用置换、灌浆等加固措施。

2. 喷锚支护加固特点

喷锚支护加固是借高压喷射混凝土和打入岩层中的金属锚杆的联合作用加固岩层，是使锚杆、混凝土喷层和岩体形成共同作用的支护体系。可防止岩体松动、分离，增加岩体整体性。喷锚支护加固的主要特点有：

（1）作用及时。喷锚支护的及时性还体现在它紧跟施工作业面进行，从而限制开挖后支护前变形的进一步发展，防止岩体发生松弛。

（2）黏结性强。喷锚支护具有黏结性，主要是由于喷射混凝土与岩体之间的黏结强度一般可以保持在1.0MPa以上。两者不仅黏结紧密，而且可以通过黏结面上的黏结力和抗剪力把被节理裂隙等切割的隧道表面的岩体连接起来，使岩块之间保持咬合和镶嵌。此外，喷射混凝土还可以把将要荷载失稳的岩与周围稳定的岩体黏结为一体，防止岩石的滑落。

（3）深入性强。喷锚支护的锚杆可以嵌入岩体内部，调整岩体应力分布，进而提高岩体整体强度。

（4）柔性强。喷锚支护的柔性体现在喷射的混凝土喷层厚度一般都比较薄，多在5～10cm，凝结后可立即作用于岩体；另外锚杆自身也具有强大的承载能力，可以承受较大变形或同加固的岩体一起移动。

（5）灵活性好。喷锚支护的灵活性，主要指其支护类型、支护参数和施工步骤等的可变性。由于不同工程的岩体条件是不同且复杂的，传统支护方式往往无法做到随机应变。而喷锚支护则不同，其加固范围可以是局部也可以是整体，加固形式可以是单独使用锚杆或喷层，或采用喷锚联合支护。此外，还可以根据不同部位的加固需求的不同，选择不同的加固方式或补强加固。

喷锚支护的灵活性还表现为它既可以一次进行，也可以分多次进行。这样就可以满足塑性流变岩体对于支护结构要具有柔性的需要，用以调节支护柔性与抗力之间的平衡关系。

（6）密封性好。喷射混凝土的水泥含量较高而水灰比较低，抗渗性能较高，几乎无施工缝使得喷层间黏结较好，因此具有较高的密封性能。而且与普通混凝土相比，喷射混凝土不透水性更好，这样能防止岩体受到潮湿空气或地下水的侵蚀，以及由此产生的潮解和变质，维持了岩体原有的强度。喷射混凝土还可以阻止断层或节理间填充物的流失，维持节理间的摩擦力。此外，喷层还可以防止具有腐蚀性的化学气体入侵并可以提高岩体的抗冻性能。

（7）经济性好。喷锚支护速度快，劳动力省，具有良好的经济性。

4.2.3　喷混凝土及挂网施工

工程边坡喷射混凝土主要有素喷射混凝土（喷射纳米混凝土）、钢筋网（钢丝网、纤维等）喷射混凝土等。

在开挖坡面上搭设钢管脚手架并铺设马道板作为施工平台，采用喷射机喷射混凝土；或采用喷护台车站在边坡预留开挖堆渣平台喷射混凝土。开挖与支护流水作业，各施工工况穿插组合进行。

1. 施工准备

（1）对水泥、砂、石、速凝剂、水等进行质量检验，并通过室内和现场试验，选定喷射混凝土配合比，混凝土应有较好的黏结性。

（2）混凝土搅拌机、混凝土运输车、喷射机等使用前均应检修完好，就位前要进行试运转；各种管路及接头要保持良好。

（3）挂网喷射前对开挖面尺寸及挂网面进行认真检查，清除开挖面的浮石和堆积物，超挖过多的部位应先进行局部处理。

（4）在喷射前用高压风或水清洗受喷面，将开挖面的粉尘和杂物清理干净，以利于混凝土黏结。

（5）受喷面有较集中渗水时，应进行排水引流处理；无集中渗水时，根据岩面潮湿程度，适当调整水灰比。

（6）埋设喷层厚度检查标志，一般是在石缝处打铁钉，并记录其外露长度，以便控制喷层厚度。

2. 喷射施工

一般采用湿喷机进行喷混凝土。

（1）喷射混凝土作业分段分片区依次进行，喷射顺序自下而上。

（2）调节好风压：风压与喷射质量有密切的关系，过大的风压会造成喷射速度太高而加大回弹量，风压过小会使喷射力减弱，造成混凝土密实性差；喷射作业时应连续供料，并保持喷射机工作风压稳定。

（3）分层喷射的间隔时间：分层喷射，一般分 2～3 层喷射；分层喷射合理的时间间隔根据试验确定。分层喷射间隔时间不得太短，一般要求在初喷混凝土终结之后，再进行复喷；当间隔时间较长时，复喷前将初喷表面用风、水清洗干净，并先将凹陷处进一步找平。

（4）为保证喷射混凝土质量、减少回弹和降低粉尘，作业时还应注意以下事项：掌握好喷嘴与受喷面的距离和角度；喷嘴至岩面距离为 0.8～1.2m；喷嘴与受喷面基本垂直，且倾斜角不大于 10°。

（5）混凝土喷射采用螺旋形移动前进，也可采用 S 形往返移动前进；对于坡面局部不平整部位，先找平受喷面的凹处，再将喷头成螺旋形缓慢均匀移动，每圈压前面半圈，绕圈直径约 30cm，确保喷出的混凝土层面平顺光滑。

（6）养护：喷混凝土终凝 2h 后，喷水养护，养护时间一般部位应为 7d，重要部位为 14d；气温低于 +5℃时，不得喷水养护。

3. 挂网喷混凝土施工

（1）钢筋网在岩面初喷一层混凝土后，根据被支护岩体面上的实际起伏形状铺设；采用双层钢筋网时，第二层钢筋网在第一层钢筋网被混凝土覆盖后铺设。

（2）钢筋网与锚杆或锚钉头连接牢固，并尽可能多点连接，以减少喷混凝土时使钢筋网发生振动现象。锚钉的锚固深度不小于 20cm，以确保连接牢固、安全、可靠。

（3）钢筋网在施工现场预制点焊成网片，成品钢筋网在安设时，其搭设长度不小于 200mm。

（4）在开始喷射时，适当缩短喷头至受喷面的距离，并适当调整喷射角度，使钢筋网背面混凝土达到密实。

（5）喷射混凝土养护：喷射混凝土终凝 2h 后，及时进行喷水养护，养护时间不少于7d。冬季施工喷射作业区的气温不应低于＋5℃，混凝土强度低于设计强度 30％时，不得受冻。

4.2.4　锚杆与锚杆束施工

4.2.4.1　锚杆施工

锚杆钻孔前，对边坡进行安全处理，及时清除松动石块和碎石。避免在施工过程中坠落伤人。同时准备施工材料和钻孔、注浆机具设备；敷设通风和供水管路。边坡锚杆施工根据现场情况利用马道或搭设脚手架。脚手架分层高度一般不超过 2.0m，并铺设马道板；马道板两端用铅丝绑扎牢固，形成钻孔和灌注施工平台。

用于边坡支护加固的锚杆主要有：砂浆锚杆、自进式注浆锚杆、预应力锚杆等。

1. 砂浆锚杆施工

对于完整性较好的岩质边坡主要以普通砂浆锚杆进行加固。一般普通砂浆锚杆设计规格为 $\phi25\sim32mm$，施工深度为 4.5～9m 不等，间距×排距为 2m×2m～3m×3m。边坡主要以 6m 加固深度为主，普通砂浆锚杆主要对岩质边坡坡面进行系统加固和对边坡马道进行锁口加固等。其施工方法如下：

（1）锚杆在施工前，应进行砂浆配合比、注浆密实度等试验。

（2）施工中普遍采取先注浆后插筋的施工方法。施工工序为：造孔→清孔（压力风、水）→验孔→注浆→安插锚筋→注浆密实度检测。

（3）锚杆造孔：边坡锚杆钻孔可采用以锚杆台车为主，其他设备为辅的快速钻孔配置体系。锚杆深度小于 5m，可采用 YT－28 手风钻钻孔；孔深大于 5m，可采用 ROC D7(D9) 液压钻、或 XZ－30 潜孔钻造孔。钻孔施工要求如下：

1）按设计布置的锚孔位置和角度进行钻孔。孔位偏差不大于 100mm，孔深允许偏差为±50mm，方向偏差不大于 5°；系统锚杆的孔轴方向垂直于开挖面，局部加固锚杆的孔轴方向与可能滑动面的倾向相反，其与滑动面的交角大于 45°。

2）锚杆的钻孔孔径若采用"先注浆后安装锚杆"的程序施工，钻头直径大于锚杆直径 15mm 以上；若采用"先安装锚杆后注浆"的程序施工，钻头直径大于锚杆直径 25mm 以上；孔底注浆时，钻头直径比锚杆直径大 40mm 以上。

3）钻孔完成后用风、水联合清洗，将孔内松散岩粉粒和积水清除干净；如果不需要立即插入锚杆，孔口加盖或堵塞予以适当保护，在锚杆安装前对钻孔进行检查以确定是否需要重新清洗。

（4）锚杆的安装及注浆。

1）锚杆安装宜采用"先注浆后插杆"的程序进行，注浆管必须先插到孔底，然后退出 50～100mm，开始注浆，注浆管随砂浆的注入缓慢均速拔出，锚杆安装后孔内必须填满砂浆。锚杆插送方向要与孔向一致，插送过程中要适当旋转，锚杆速度也要缓慢均速插送。

2）若采用"先插杆后注浆"的程序进行，在插杆的同时，须安装注浆管；俯角小于 30°的锚杆还需安装排气管，并在注浆前对锚杆孔孔口进行封堵。深入孔底的注浆管或排气管的里端应距孔底 50～100mm；位于孔口的注浆管插入锚杆孔内的长度不宜小于

200mm。注浆管的内径可为 16～18mm，排气管的内径可为 6～8mm。注浆须待排气管出浆或不再排气时方可停止。对上仰的孔设有延伸到孔底的排气管，并从孔口灌注水泥浆直到排气管返浆为止；对于下倾的孔，注浆锚杆注浆管一定要插至孔底，然后回抽 3～5cm，送浆后拔浆管必须借浆压，缓缓退出，直至孔口溢出（管亦刚好自动退出）。

3）锚杆注浆采用 MeycoDeguna 锚杆注浆机或 MZ-30 锚杆注浆机；锚杆注浆后，在砂浆凝固前，不得敲击、碰撞和拉拔锚杆，锚杆砂浆结石 3d 强度应不低于 20MPa；注浆密实可采用声波物探方式进行检测。

2. 自进式注浆锚杆施工

对于断层带、蚀变带、崩塌坡积体、堆积体浅层等软弱破碎岩体，主要采用自进式中空注浆锚杆进行加固支护。因常规普通砂浆锚杆在以上地质边坡常遇塌孔、卡钻现象难以成孔，该锚杆因其良好的螺旋进钻性能，可以顺利钻进不良地质边坡成孔并钻进后不必退出钻杆、自行安插锚杆。

自进式中空注浆锚杆采取中空设计，杆体表面有连续全长螺旋波纹，集钻孔、注浆、锚固功能于一体。

浆液通过中空杆体从钻头的注浆孔喷出，不仅使锚孔注浆饱满，而且能使浆液在压力下渗入锚孔周岩体石的空隙中，达到固结岩体的作用，较好地解决了不良地层中塌孔、卡钻锚固困难的问题。自进式中空注浆锚杆具有自带钻头、锚杆体可利用连接套机械连接加长、可通过锚杆体中空孔道进行压力注浆、施工方便快捷的特点。一般锚杆设计规格为 ϕ32mm，施工长度 6～9m 不等，间排距为 2.5m×2m。

主要施工方法如下：

（1）6m 长自进式锚杆主要采用 YT-28 型手风钻进行施工；9m 长自进式锚杆主要采用 XZ-30 型锚杆钻机进行施工。

（2）施工工序：安装（钻头、锚杆、钻机连接套）→钻进→安装止浆塞→压力注浆→安装垫板及螺母并紧固→注浆密实度检测。

（3）自钻式锚杆安装前，应保持锚杆中孔和钻头的水路畅通，锚杆钻进至设计深度后，利用水和高压风洗孔，直至孔口返水或返气，方可将钻机和连接套卸下。

（4）杆体注浆宜采用纯水泥浆或 1∶1 的水泥砂浆，砂浆的砂子粒径不应大于 1.0mm；注浆采用 BW250/50 型注浆泵进行水泥净浆灌浆，注浆密实度采用声波物探方式进行检测，确保施工质量。

花管沿程扩散注浆型自进式锚杆的研制与应用：

在类似冰水堆积体的松散岩（土）质边坡施工过程中，现场试验表明，常规自进式锚杆注浆后仅端部有球状浆体，由于杆体无浆液包裹，锚杆的耐久性难以保证，受力状态也不及合格的砂浆锚杆，详见表 4-3 和图 4-18。

梨园水电站进水口边坡施工过程中，在借鉴传统破碎岩体支护工艺的基础上，对自进式锚杆进行改造，研发了适应类似冰水堆积体复杂地质条件的花管沿程扩散注浆型自进式锚杆。通过试验研究，证明采用花管式自进式锚杆是可行的，注浆时浆液沿杆壁孔口扩散，能够对杆体实现全程包裹，保证了锚杆的耐久性和力学性能的发挥。见图 4-19～图 4-22 和表 4-4。

表 4 - 3　　　　　　　　　常规自进式锚杆物探检测结果

检测类别	组号	长度/m	注浆方式	返浆情况	物探检测长度/m	注浆饱和度	质量等级
自进式锚杆	1	5.2	锚杆头孔口有压注浆	孔口不返浆	5.22	25.4	—
	2	5.2	锚杆头孔口有压注浆	孔口不返浆	5.14	31.1	—

图 4 - 18　常规自进式锚杆注浆开挖剖切验证图（仅端部有球状浆体）

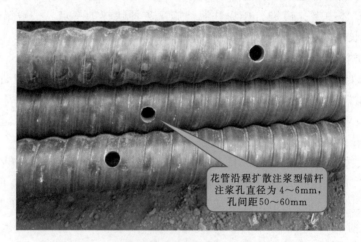

图 4 - 19　花管沿程扩散注浆型自进式锚杆结构

表 4 - 4　　　　　　　　　花管自进式锚杆物探检测结果

组号	长度/m	直径/mm	返浆情况	物探检测长度/m	注浆饱和度	质量等级
1	4	32	孔口返浆	3.95	91.6	优良
2	6	32	孔口不返浆	6	93.9	优良
5	5.5	28	孔口返浆	5.44	91.6	优良

据工艺试验，确定花管自进式锚杆杆壁应错开间隔呈梅花形布置，孔径应在 4～6mm，孔间距宜在 50～80cm，可防止孔口被堵后浆液扩散不充分。

图 4-20 花管自进式锚杆注浆施工

图 4-21 花管沿程扩散注浆型自进式锚杆注浆开挖剖切验证图 (浆液全程包裹)

花管沿程扩散注浆型自进式锚杆在梨园水电站进水口边坡中得到全面广泛的应用，应用该支护型式和工艺，成功解决了冰水堆积体边坡锚杆支护施工难题。

3. 预应力锚杆施工

针对高地应力场岩石边坡，在微风化和新鲜岩体中极易产生应力松弛现象，使建基面或边坡开挖后产生卸荷松弛塑性变形，导致岩体松弛、强度降低甚至破坏，对工程极为不利。为解决这一问题，利用预应力锚杆，对开挖部位岩石施加主动预应力进行加固，避免

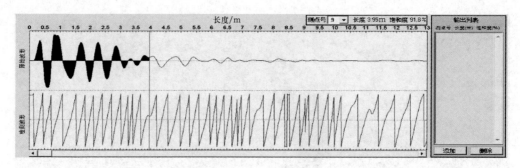

图4-22　花管自进式锚杆物探检测波形图（ϕ32mm，$L=4.0$m）

并限制岩体的卸荷松弛变形，以保证开挖关键部位的整体稳定。

（1）预应力锚杆采用端头锚固式，锚固可采用黏结式、胀壳式、楔缝式等。

（2）施工程序：施工准备→测量放线→钻孔→清孔→锚杆组装、安插→内锚段灌浆→孔口砂浆找平及钢垫板安装→张拉锁定→观测（抽样检查孔）→张拉段灌浆→封锚→外锚头保护。

（3）锚杆张拉。

1）锚杆张拉应进行原位试验，通过试验确定合理的张拉工艺。

2）采用穿心式千斤顶、拉伸机、扭力扳手等机具张拉，张拉过程中应保持锚杆轴向受力。

3）预应力锚杆正式张拉前，应取20％设计张拉荷载，对其预张拉1～2次，使其各部位接触紧密。

4）预应力锚杆正式张拉，应张拉至设计荷载的105％～110％，再按规定值进行锁定。

5）预应力锚杆锁定后48h内，若发现预应力损失大于锚杆设计值得10％时，应进行补偿张拉。

6）张拉锚杆拧紧螺帽的扭矩不应小于100N·m；托板安装后，应定期检查其紧固情况，如有松动，及时处理。

（4）注浆。

1）自由段带套管的预应力锚杆，锚固段长度和自由段长度内采取同步灌浆；自由段无套管的预应力锚杆，需二次注浆，第一次灌浆时，必须保证锚固段长度内灌满，浆液不得流入自由段，锚杆张拉锚固后，应对自由段进行第二次灌浆。

2）灌浆后，浆体强度未达到设计要求前，预应力锚杆不得受扰动；灌浆材料达到设计强度时，方可切除外露的预应力锚杆，切口位置至外锚具的距离不应小于100mm。

（5）胀壳式锚杆安装前，应将锚杆的各项组件临时加以固定，组装后应保证楔子在胀壳内顺利滑行。锚杆送入孔内要求的深度后，应立即拧紧杆体；楔缝式锚杆安装前，应将楔子和杯体组装后送至孔底，楔子不得偏斜，送入后应立即上好托板，拧紧螺帽。

4.2.4.2　锚杆束施工

对于节理裂隙发育，浅层破碎岩体岩质边坡进行加强加固支护，即主要对破碎岩体、浅层裂隙破碎带或岩体结构面进行加固。利用锚杆束良好的抗剪能力，锁定破碎岩体结构面，提高岩体整体抗剪能力及完整性。另外，对边坡开口线及开挖阶梯马道进行锁口加强锚固，避免边坡开口线区域及马道卸荷松弛破坏。一般锚杆束设计规格为 $3\phi32mm$，施工长度 9～12m 不等，间排距布置为 1.5m×1.5m 或 2m×2m。

1. 施工准备

锚杆束造孔前，先对边坡进行安全处理，及时清除松动石块和碎石，避免在施工过程中坠落伤人，确保安全施工；同时准备施工材料和钻孔、注浆机具设备。

2. 工艺要求

（1）锚杆束施工宜采用先插杆后注浆的施工工艺。

（2）应以锚杆束的外接圆的直径作为锚杆直径来选择钻孔直径。

（3）钢杆束应焊接牢固，并焊接对中环，对中环的外径可比孔径小 10mm 左右，一个锚杆束在孔内至少应有两个对中环。

（4）注浆管和排气管应牢固地固定在锚杆束体上并保持畅通，随锚杆束体一起插入孔内。

3. 施工工序

施工工序：造孔→清孔（压力风、水）→验孔→安插锚桩→封孔→有压注浆→注浆密实度检测。

4. 锚杆束钻孔

（1）钻孔施工方法。根据现场情况紧贴开挖边坡搭设脚手架及钻孔平台，可采用 XZ-30 钻机进行钻孔。锚杆束钻孔时，遇到地质情况较差而无法成孔时，进行控制性固结灌浆（自流、限流、间歇灌浆、加砂或速凝剂等），待凝后再进行扫孔。

（2）钻孔施工质量控制：按设计布置的孔向、孔位、孔深进行钻孔，孔位偏差不大于 100mm，孔深偏差不大于 50mm。钻孔倾角、方位角误差均应小于 2°，钻孔过程中，进行孔斜检测，对达不到孔斜设计要求的钻孔及时纠正或重新钻孔。

（3）钻孔完成后，将风管插入孔底清洗钻孔。

5. 锚杆束安装与注浆

（1）锚杆束组装：锚杆束由多根螺纹钢筋焊接组成。根据钢筋原材料长度（9m），钢筋下料为 4m、5m 和 3m、6m 两种，12m 长的锚杆束由 1 根（6m+6m＝12m）2 根（3m+4m+5m＝12m）的钢筋错开套接而成，中间再用连接套连接分节安装到位。

（2）锚杆束安装：按设计的不同孔深，在孔口采用钢筋连接套筒连接的方式加长以满足钢筋锚桩的长度要求。采用点焊的方式将三根钢筋牢固组合，点焊间距 2m，灌浆管采用 $\phi25mm$ PVC 管与锚杆束同时安装。由于开口线的场地限制，拟采用人工配合 2.0t 葫芦的吊装方式下束。

（3）锚杆束的注浆：注浆采用设计要求的水灰比的水泥砂浆，注浆压力 0.2～0.3MPa，注浆密实度采用声波物探方式进行检测。

（4）锚孔注浆后，在水泥浆凝固前不得敲击、碰撞锚杆束。

6. 工程实例

在类似裂隙发育岩体或相对松散的堆积体边坡中，采用锚杆束支护可以有效提高边坡岩体结构面抗剪能力，但在此类地质条件下施工时，由于岩体破碎，采用常规工艺进行造孔和注浆时，容易发生卡钻和注浆不饱满等问题，如图4-23所示。

图4-23　裂隙发育岩体排水孔和锚杆束常规造孔塌孔图

在梨园水电站进水口冰水堆积体边坡施工过程中，由于冰水堆积体具有表层硬壳、其下砂卵石胶结程度不一、厚度不均等地质特点，采用常规工艺造孔试验结果表明：孔径为90～110mm的孔成孔深度大多为1～3m，不能达到设计孔深在5m的要求。拟采用跟管造孔工艺，经进行现场系列施工试验，其结果表明：

（1）采用跟管造孔工艺能够很好地解决成孔难题，但注浆问题依然突出。

（2）采取"先拔管后注浆"的注浆工艺，虽然在一定程度上加快了施工进度，但是在拔管后注浆时，浆液无规律的四处渗透，难以保证锚杆束注浆密实度。

（3）采取"边拔管边注浆"的注浆工艺，先将套管注满浆液，然后在拔管的同时进行补注浆，满足了杆束注浆密实度的要求。

通过施工工艺试验，验证了跟管施工工艺在裂隙发育岩体中的适应性，并确定堆积体锚杆束采用"边拔管边注浆"跟管施工工艺，保证了施工质量，提高了施工效率。

锚杆束采用"边拔管边注浆"跟管施工见图4-24，施工效果见图4-25。

（a）锚杆束跟管钻孔　　　　　　　（b）跟管锚杆束下锚

图4-24（一）　裂隙发育岩体跟管锚杆束"边拔管边注浆"施工工艺

（c）"边拔管边注浆"

图 4 - 24（二）　裂隙发育岩体跟管锚杆束"边拔管边注浆"施工工艺

（a）"先拔管后注浆"

（b）"边拔管边注浆"

图 4 - 25　锚杆束注浆效果对比

4.3　预应力锚索施工技术

4.3.1　锚索加固机理机制及试验分析

边坡岩体需加固范围较深时，可采用深层预应力锚索加固，锚索是通过外端固定于坡面，另一端锚固在滑动面以内的稳定岩体中穿过边坡滑动面的预应力钢绞线，直接在滑面上产生抗滑阻力，增大抗滑摩擦阻力，使结构面处于压紧状态，以提高边坡岩体的整体性，从根本上改善岩体的力学性能，有效控制岩体的位移，促使其稳定，达到整治顺层滑坡及危岩体的目的。预应力岩体锚固主要特点如下：

（1）在边坡岩体开挖后，能快速提供支护抗力，有利于保护岩体的固有强度，阻止对岩体的进一步扰动，控制岩体变形的发展，提高施工过程的安全性。

（2）提高岩体软弱结构面、潜在滑移面的抗剪强度，能改造和利用岩体自身力学性能，并改善岩体的应力状态，使其向有利于稳定方向发展。

（3）预应力锚索的作用部位、方向、结构参数、密度和施工时机，可根据需要设定和调整，适用性强。

（4）预应力锚索体积小、结构简单、节省材料、受力明确，施工效率和经济效益高。

锦屏一级和小湾水电站坝肩边坡地质条件复杂，岩锚数量多，规模大，为保证锚固效果，探讨适合复杂地质情况的各种内锚固段形式，在工程建设过程中，分阶段开展了预应力锚索的结构型式、传力机制、极限承载力和群锚效应等的研究与应用。

4.3.1.1 预应力锚索结构型式

锚索分类按内锚固段受力状态分为：拉力型、压力型、荷载分散型。其中荷载分散型又分为拉力分散型、压力分散型、拉压分散型。

1. 拉力型锚索

拉力型锚索是目前国内外广泛采用的传统锚索型式，其内锚固段是采用纯水泥浆或水泥砂浆将锚固段部分的锚索体固结在被锚固体的稳定部位。拉力型锚索结构简单，施工方便，造价较低，但这种锚索内锚固段上部拉应力集中，并随着深度衰减存在无效锚固段。因此，在锚固段上部受集中拉应力浆体容易开裂，影响长期锚固效果。见图4-26。

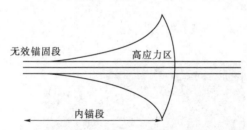

图4-26 拉力型锚索锚固应力分布示意图

2. 压力型锚索

压力型锚索的主要特点是钢绞线全长段都设置防腐隔离结构，在孔底位置加设承载体。压力型锚索的作用机理是张拉荷载由钢绞线直接传递至孔底承载体，由承载体施加在锚固段注浆体上的压力来平衡，同时该压力通过注浆体传递至其与孔壁地层之间的黏结应力，张拉荷载取决于注浆体的抗拉强度和注浆体与孔壁地层之间黏结强度两者中较小值。

3. 荷载分散型锚索

对应于普通拉力型锚索内锚固段应力集中的缺陷，对其内锚固段的结构形式进行改进，成为内锚固段荷载分散型锚索。荷载分散型锚索能将施加的预应力分散在整个锚固段上，这不仅使锚固段内应力值减小，还可使其应力沿锚固段分布更加均匀。其结构型式有以下几种。

（1）拉力分散型锚索。拉力分散型锚索的锚索体均采用无黏结钢绞线。将处于不同长度的无黏结钢绞线末端按一定长度剥除高密度聚乙烯（PE）套管，即变为黏结段，分三级制成锚固段，当浆体固结后，锚索预应力通过剥除段钢绞线与浆体的黏结力传递给被加固体，将预应力由原来普通拉力型锚索集中一个部位的拉应力分散到三个部位段，提供锚固力，改善了固结体的受力状态。

拉力分散型锚索结构简单，施工方便，可以把拉力型锚索内锚固段上部集中的拉应力较均匀地分散在整个锚固段，见图4-27。

（2）自由式拉压复合防腐型锚索。自由式拉压复合防腐型（单孔多锚头）锚索由：导向帽、单锚头、锚板、托板、拉杆、注浆管、高强低松弛钢绞线等组成，经研究采用的拉压复合型锚索体锚根段锚头结构分六级，分级间距0.6m，对应钢绞线数为2、2、2、2、2、2。

图4-27　拉力分散型锚索锚固应力分布示意图

自由式拉压复合防腐型（单孔多锚头）锚索由六级锚板将压应力分散到六个不同的段位上，改善了锚索底部压应力集中的不良状态，且最后一级压应力着力于通过一次性注浆形成的全孔连续固结体上，大大改善了固结体与孔壁长期受力的黏结力衰减，造成锚索预应力损失的不良状况；最后一级压板形成的拉应力通过锚板之间的连接拉杆传递到第一级锚板上形成部分拉力分散，因而在锚根段形成拉、压应力分散的作用，有效地改善了软弱地层锚固受力状态，起到长期锚固的作用，见图4-28。

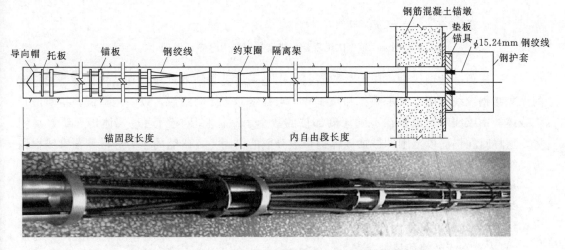

图4-28　自由式拉压复合防腐型预应力锚索结构示意图

拉压复合型锚索具有如下特点：

1）拉压复合型结构。拉压复合型结构，使锚固段应力分布基本趋于均匀，对复杂及软弱地层适应性强；可以有效减小锚索孔径（1000～6000kN锚索的孔径一般为100～200mm），满足工程需要，提高工效，节约成本。

2）单孔多锚头结构。该锚索为单孔多锚头结构，有三个及以上的锚头，每个锚头分别承载一定荷载，克服了传统锚索荷载作用在一个锚头上的不利现象，总锚固力沿锚固段长度进行分散分布。减少了单位面积上岩体应力，改善了应力集中的状况，对工程的长效锚固起到了重要作用。

自由式拉压复合防腐型（单孔多锚头）预应力锚索为单孔多锚头结构，锚头数目及组合结构可根据工程地质特性和锚索吨位大小进行选择。一般地 3000kN 级锚索钢绞线 19束，锚头为 5 组，第 1、2、3、4、5 组锚头对应钢绞线束数为 3、4、4、4、4；2000kN级锚索钢绞线 12 束，锚头为 4 组，第 1、2、3、4 组锚头对应钢绞线束数为 3、3、3、3；1500kN 级锚索钢绞线 9 束，锚头为 3 组，第 1、2、3 组锚头对应钢绞线束数为 3、3、3。

3）全程有效防腐。单锚头密封套组件与无黏结钢绞线 PE 套一起构成了阻水效果十分良好的防渗体系，使钢绞线免遭外界侵蚀，更好地解决锚索防腐问题。

（a）采用高强无黏结钢绞线，钢绞线用防腐油脂敷裹后用 PE 套包裹，使得锚索钢绞线不与 PE 套外的水泥结石直接接触，从而免遭处界侵蚀。

（b）为避免地下水从端头对钢绞线进行侵蚀，采取锚固段钢绞线端头密封措施。拉压复合型锚索内锚段受力均匀，但结构复杂制作安装烦琐，见图 4-29。

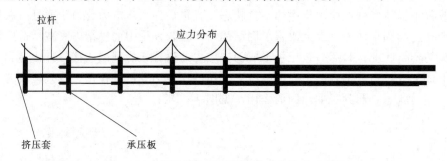

图 4-29　拉压复合型锚索锚固应力分布示意图

（3）压力分散型锚索。压力分散型锚索也是采用无黏结钢绞线，其结构是在不同长度的无黏结钢绞线末端套以承载板和挤压套，当锚索体浆体固结后，以一定荷载张拉对应于承载体的钢绞线时，设置在不同深度部位的数个承载体将压应力通过浆体传递给被加固体，这样对在锚固段范围的被加固体提供被分散的锚固力。研究的压力分散型锚索锚根段为二级压力分散，自由段为自由式锚索体结构。

从现场制作结构看，与拉压复合型索体结构类似。

与拉力型相比较有如下特点：

1）受力均匀可以提供可靠的锚固效果，适于承载力低的边坡。

2）不存在无效锚固段。

3）当边坡产生位移时有很好地适应变形能力。

4）同样内锚段长度能提供更大的锚固力。

压力分散型锚索锚固应力分布见图 4-30。

4.3.1.2　预应力锚索传力机制的试验和数值分析

1. 锚索应力应变分布和锚固力损失规律

（1）研究目的。小湾水电站坝肩边坡地层复杂，为保证锚固效果，探讨适合小湾电站复杂地质情况的各种内锚段形式，依托该工程，针对不同的内锚头结构型式锚索进行系统测试，主要包括普通拉力型锚索、拉力分散型锚索、拉压复合型锚索及压力分散型锚

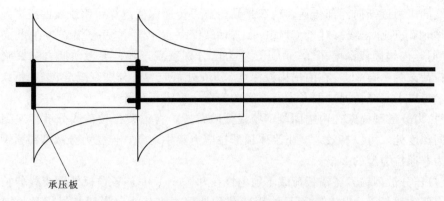

承压板

图 4-30　压力分散型锚索锚固应力分布示意图

索，每组三根，试验锚索设计吨位均按 1800kN 级进行，通过试验，力图了解不同类型锚索内锚段钢绞线的应力应变分布规律和锚索锁定荷载损失以及锚固力长期损失规律。

（2）试验布置和测试内容。测试锚索包括普通拉力型、拉力分散型、拉压复合型及压力分散型四种不同的内锚头结构型式，具体布置及测试内容如下：

第一组为拉力分散型锚索，测试数量 3 根，锚索编号为 C1476-13、C1476-14 和 C1476-15，内锚段总长度分别为 4.2m、5.1m、6m，分 3 个锚固点进行拉力分散，每个分散点选择 1 股钢绞线进行应力应变测试，同时，在 C1476-13、C1476-15 锚索上安装锚索测力计，进行锚索张拉观测及荷载长期受力观测。

第二组为普通拉力型，测试锚索数量为 3 根，锚索编号为 C1471-4、C1471-5 和 C1471-6，内锚固段长度均为 7.0m，每根锚索选择 2 股钢绞线进行内锚固段钢绞线应力应变测试，同时，在 C1471-4 锚索上安装锚索测力计，进行锚索张拉观测及荷载长期受力观测。

第三组为拉压复合型，测试锚索编号为 C1467-7，选择 8 股钢绞线，测点布置在锚板处钢绞线上，同时，安装锚索测力计，进行锚索张拉观测及荷载长期受力观测。

第四组为压力分散型，共测试 3 根，锚索编号为 C1467-1、C1467-2 和 C1467-3，测点布置在锚板处钢绞线上；对于 C1467-1 锚索，在锚板处选择 4 股钢绞线安装钢缆测力计，并安装锚索测力计，进行锚索张拉观测及荷载长期受力观测。

在拉压复合型和压力分散型锚索的锚板与浆体接触面处安装混凝土应变计，测试锚板对混凝土的压应变。

（3）试验成果及分析。

1）普通拉力型和拉力分散型统称为拉力型锚索，其受力特点是通过钢绞线与内锚固段浆体间的黏结力将锚索张拉荷载传递到浆体中，使内锚固段浆体受拉应力，拉应力随着锚固深度的增加而逐渐减小。成果表明，对普通拉力型锚索在内锚固段顶部浆体内形成拉应力集中，但随着锚固深度增加，钢绞线应力迅速减小，典型锚索测试表明，在距 PE 套 0.14m、0.45m、1.07m 和 2.55m 处，钢绞应力分别已迅速衰减到约 99.0%P、75.4%P、46%P 和零（P 为张拉荷载）。

2）普通拉力型内锚固段的应力测试成果表明，随着锚索张拉荷载的增加，内锚固段内钢绞线的应力逐渐向深部传递，荷载越高，应力传递深度越深；钢绞线的应力随着锚固深度的增加而迅速衰减；对于 C1471-5 和 C1471-6 普通拉力型锚索，在张拉荷载为 1600kN 时，内锚固深度在 2.5m 处，应力已分别衰减至零；参考前期岩锚试验成果资料，张拉荷载为 1800kN，在内锚固段深度 3.5m 处，应力已分别衰减至 9%，钢绞线锚固长度可参考以上衰减情况，并考虑有一定的安全余度进行设计。

3）拉力分散型锚索在内锚固段钢绞线分散布置，将锚索张拉荷载分散传递到内锚固段的不同深度处，可以有效地减小浆体顶部拉应力集中现象，但拉力分散型锚索钢绞线锚固深度为普通拉力型的 2 倍。

4）拉压分散型锚索各锚板荷载不均匀性在 0.89～1.08，各锚板处钢绞线伸长量几乎相等，表明各锚板受力均匀，而且锚固荷载后期损失也较小，说明其锚固是稳定、可靠的，另外，锚固段浆体承受压应变，与拉力型锚索内锚固段相比，该型式锚索具有更大的超载力；另外，在相同孔深和相同钢绞线长度的情况下，拉压复合型和压力分散型锚索自由段长度增加了，该锚索适应边坡岩体变形的能力更强。

5）关于内锚固段结构型式，试验进行了普通拉力型、拉力分散型、拉压复合型和压力分散型四种型式的试验。

（a）普通拉力型锚索为目前广泛采用的锚固型式，结构简单、施工张拉方便、成本低，自由段全黏结型式和无黏结型式均可采用，但内锚固段拉压力集中，对内锚固段岩石质量要求较高，适用于内锚固段地质条件较好的岩体中的预应力锚固。

（b）拉力分散型锚索使用 PE 套保护的无黏结钢绞线，内锚固段钢绞线的 PE 套在不同位置剥离，将张拉荷载分散传递到内锚固段的不同深度处，减少普通拉力型锚索内锚固段的应力集中现象，但内锚固段相应较长。

（c）拉压复合型和压力分散型锚索结构型式大致相同，采用承压板和挤压头，使内锚固段浆体承受压应力。这一受力特性，表现了拉压复合型和压力分散型锚索与普通拉力型和压力分散型锚索内锚固段受力有本质的不同。由于浆体受压应力，改变了内锚固段的受力条件可有效提高锚固效果。同时，对内锚固段岩石的质量要求相对较低，适应于内锚固段岩石较差部位的锚索施工。但也相应增大了内锚固段长度和锚固配件，加大了锚索成本。

综上所述，在内锚固段岩石较好的部位，可优先采用普通拉力型锚索；在内锚固段岩石较差的部位可考虑采用拉力分散型、拉压复合型或压力分散型锚索。

2. 预应力锚索传力机制的数值仿真

（1）计算模型。预应力锚索传力机制分析的数值计算模型示意图见图 4-31～图 4-34。

（2）计算参数。根据锦屏一级水电站左、右岸高边坡支护设计方案以及有关的勘察资料，锚索的锚固段长度取为 8m，锚索承载力设计值为 2000kN，单孔拉力分散型锚索和压力分散型锚索分别由 4 个单元锚索组成，每个单元锚索的锚固段长度为 2m，单元锚索的承载力为 500kN。

灌浆体弹性模量取为 $E_a=20\text{GPa}$，岩体的弹性模量为 E_r，以锦屏一级左岸边坡为研究对象，根据工程地质报告所提供的变形模量，该工程岩体的弹性模量 E_r 分布为

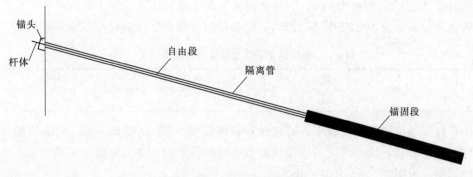

图 4 - 31　拉力集中型锚索

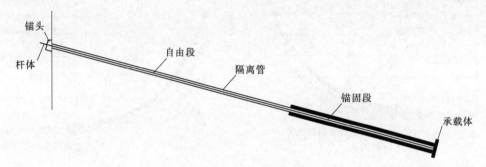

图 4 - 32　压力集中型锚索

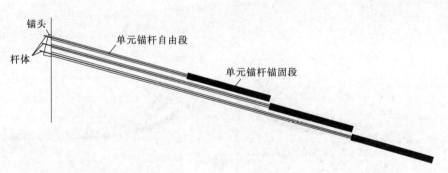

图 4 - 33　拉力分散型锚索

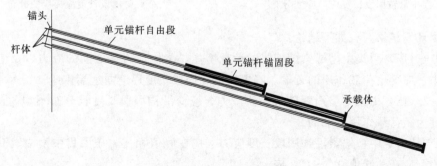

图 4 - 34　压力分散型锚索

$2\sim20\text{GPa}$，E_a/E_r 分布在 $1\sim10$，即岩体以软岩和中硬岩为主，为了分析岩体弹性模量对沿锚索锚固段黏结应力分布规律的影响，锚索锚固段周岩体体的弹性模量参数见表 $4-5$。

表 4-5　　　　　　　　　　锚索锚固段周岩体体弹性模量

参数	软岩	中硬岩	硬岩
E_a/E_r	10	1	0.1

（3）计算结果。计算过程中，首先针对岩体质量一定（$E_a/E_r=2$）的条件进行了锚固段应力应变分析，继而讨论了岩体物理力学特性对锚固段应力应变分布的影响。

计算结果见图 $4-35\sim$图 $4-40$。

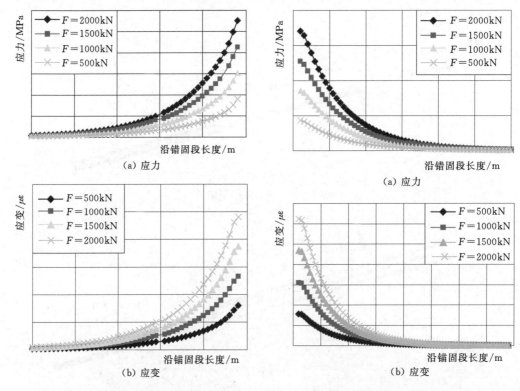

图 4-35　拉力集中型锚索不同荷载
大小沿锚固段长度应力应变分布

图 4-36　压力集中型锚索不同荷载
大小沿锚固段长度应力应变分布

根据计算结果，有如下结论：

1）拉（压）力集中型锚索随着锚索荷载增加，浆体与岩体之间的应力以及应变也增大，应力、应变由荷载作用的近端（峰值）沿锚固段长度逐渐向远端传递。

2）拉（压）力集中型锚索随着锚索应力、应变沿锚固段长度且分布不均匀，有效的影响长度为距荷载作用近端的 2m 左右。

3）与拉力集中型锚索沿锚固段长度应力、应变峰值相比，压力集中型锚索沿锚固段长度应力、应变的峰值 $0.5\sim0.8$ 倍。

4）采用由 4 个单元锚索组成的荷载分散型锚索，每个单元锚索承担相同的荷载，且

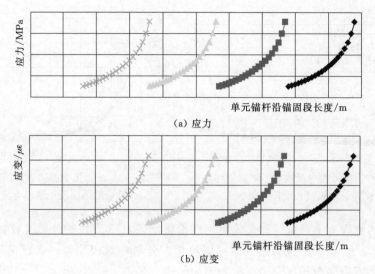

（a）应力

（b）应变

图 4-37　拉力分散型锚索（$F=2000\text{kN}$）沿锚固段长度应力应变分布

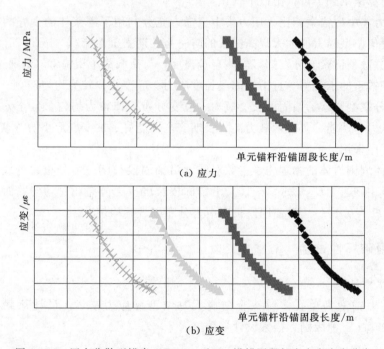

（a）应力

（b）应变

图 4-38　压力分散型锚索（$F=2000\text{kN}$）沿锚固段长度应力应变分布

单元锚索的锚固段长度相等（2m），在荷载作用时，每个单元锚索都发挥了较大的作用，沿锚固段长度应力、应变分布较均匀。

5）在相同荷载作用下（$F=2000\text{kN}$），荷载分散型锚索与荷载集中型锚索（普通锚索）相比，应力、应变峰值下降幅度为 3～4 倍。

6）在相同荷载作用下（$F=2000\text{kN}$），压力分散型锚索与拉力分散型锚索相比，应力、应变峰值有一定幅度的下降，为 0.5～0.8 倍。

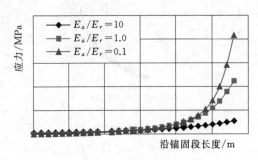

图 4-39　拉力集中型锚索不同岩体弹性
模量沿锚固段长度应力分布

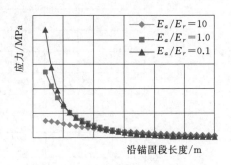

图 4-40　压力集中型锚索不同岩体弹性
模量沿锚固段长度应力分布

7）岩体的物理力学参数（弹性模量）对沿锚固段长度应力的分布有较大的影响。岩石越"软"（$E_a/E_r \geqslant 10$）应力沿锚索锚固段长度分布相对较均匀；岩石越硬（$E_a/E_r \leqslant 0.1$）应力沿锚索锚固段长度分布则极为不均匀。

从上述结算结果分析可得出以下认识：

1）与拉力集中型锚索相比，压力集中型锚索充分利用了灌浆体的良好的抗压力学性能，因此压力集中型锚索能大大提高锚索的防腐与长期安全性能。

2）荷载分散型锚索充分发挥了岩体自身强度，与荷载集中型锚索（普通锚索）相比，能大幅度提升锚索的承载力，且沿锚固段长度应力、应变规律较为均匀。

3）压力分散型锚索沿锚固段长度应力、应变分布规律较为均匀，且充分利用了灌浆体良好的抗压力学性能，具有承载力高、长期安全性能好、蠕变变形小的特点，尤其适于在永久性工程中采用。

4）灌浆体周围岩体的物理力学参数对锚索沿锚固段长度应力分布有较大影响，一般来讲，软岩至中硬岩（$E_a/E_r = 1 \sim 10$）沿锚固段长度应力分布相对均匀，而对于中硬岩至硬岩（$E_a/E_r = 0.1 \sim 1$）沿锚固段长度应力分布则较不均匀。

4.3.2　锚索破坏性试验

1. 试验锚索结构

试验预应力锚索为单孔多锚头全防腐无黏结型预应力锚索，设计荷载为 1000kN、2000kN、3000kN 三种级别。锚索设计参数见表 4-6。

表 4-6　　　　　　　　　　破坏性试验锚索设计参数统计表

序号	设计荷载/kN	孔深/m	孔径/mm	钢绞线根数	锚固注浆体设计强度/MPa	锚墩混凝土设计强度/MPa
1	1000	30	130	7	35(7d)	35(7d)
2	2000	30	165	12	35(7d)	35(7d)
3	3000	30	180	19	35(7d)	35(7d)

锚索采用的预应力筋为 15.24mm，强度为 1860MPa 的低松弛高强度无黏结钢绞线。试验前对钢绞线材质和力学性能进行检验，钢绞线的破断力达到 271.8kN。

锚索锚墩均为钢筋混凝土结构，采用一级配混凝土，强度为 C35（7d）。试验使用的锚具为 ESM15-7、ESM15-12 及 ESM15-19。采用的锚具均进行了预应力筋-锚具组装件静载试验。

2. 锚索张拉

实验使用 YDC240Q 型、YDC260Q 型千斤顶与油表对应进行单根钢绞线对称循环张拉，张拉油泵采用 ZB4-500S 型电动油泵。按照 0.25 倍、0.50 倍、0.75 倍、1.0 倍设计工作荷载 σ_{con} 分级加载至整束锚索达到超张拉力 1.1 倍 σ_{con}（采用 YDC240Q 型千斤顶）。然后再分组逐根按增量荷载 0.1 倍 σ_{con} 继续加载（采用 YDC260Q 型千斤顶），测读每级荷载伸长值，锚索逐步加载至钢绞线断裂或锚固段产生连续位移，停止该组张拉，进行下一组的张拉施工。

3. 试验成果

（1）锚索破坏类型及现象。试验锚索张拉在千斤顶的共三束，全部张拉断裂共计 38 根钢绞线，均属于预应力筋破断型破坏，锚固段滑移及承载体被压破碎而使锚索丧失承载能力的现象均未发生。

钢绞线断裂的基本现象：

破坏型锚索在极限状态时，锚索钢绞线在张拉过程中，没有显著征兆的情况下突然发生压力下降，而整根钢绞线随之断裂。锚索断裂位置一般在有夹片刻痕且刻痕较深的部位首先断丝，继而该钢绞线其他钢丝因钢绞线整体受力面积突然减小，在有刻痕的部位发生断裂，个别钢丝存在颈缩现象（塑性破坏）。从锚索单根钢绞线断裂后观察，1000kN、2000kN 及 3000kN 钢绞线断裂均符合上述断裂规律。

张拉过程中均无钢绞线滑移现象，充分说明锚索注浆体及锚墩强度能满足设计预期要求。

从钢绞线破坏的部位表明：锚索的薄弱环节存在于夹片与钢绞线夹持的刻痕之处，出现断丝后钢绞线突然断裂，需要加强对该处的保护与防护工作，建议锚索一次张拉至设计吨位，满足要求后直接封锚，减少因外锚长期暴露而受侵蚀带来的危害。

（2）锚索的安全系数。根据计算和成果分析，1000kN、2000kN 及 3000kN 级锚索整体平均安全系数分别为 1.87、1.64、1.74。

（3）材料强度使用系数。根据试验成果分析，材料强度使用系数均较高，1000kN、2000kN 及 3000kN 级锚索整体平均材料强度使用系数分别为 0.981、1.006、1.010。

（4）破坏性试验锚索拉伸曲线。从拉伸曲线可以看出，3000kN 级锚索第五组平均伸长值（0%～110%）δ_c 在理论伸长值伸长范围之内，当达到 120%δ_c 时，伸长值超出允许范围上限，（130%～150%）δ_c 伸长值在允许范围之内，160%δ_c 以上伸长值均大于允许范围；第四组平均伸长值（0%～170%）δ_c 均在允许范围之内；第三组平均伸长值（0%～120%）δ_c 均在理论伸长值伸长范围之内，（130%～150%）δ_c 低于允许范围最低限，（160%～170%）δ_c 均在理论伸长值伸长范围之内；第一、二组平均伸长值（0%～110%）δ_c 均在理论伸长值伸长范围之内，（120%～160%）δ_c 低于允许范围最低限，

170%δ_c时，伸长值急剧升高，远远大于允许范围最高线，初步判定该压力时钢绞线发生塑性变形。

2000kN级锚索第四、第三组平均伸长值（0%～150%）δ_c张拉范围内其伸长值均在允许范围之内，170%δ_c时，伸长值升高，大于允许范围最高线；第二组及第一组平均伸长值（0%～110%）δ_c均在理论伸长值伸长范围之内，（120%～130%）δ_c低于允许范围最低线，（140%～160%）δ_c均在理论伸长值伸长范围之内。

1000kN级锚索第三组平均伸长值（0%～170%）δ_c均在允许范围之内；第二组及第一组平均伸长值（0%～110%）δ_c均在理论伸长值伸长范围之内，（120%～170%）δ_c低于允许范围最低线。

从以上分析可以看出，较短锚索伸长值在（0%～110%）δ_c拉力下，钢绞线伸长值大多数在设计允许范围之内，仅有少部分钢绞线因受孔道内不顺直、孔道摩阻力等因素影响而发生偏离理论伸长值允许上下限范围。说明在超深岩锚施工中，锚索在孔道内不顺直、孔道摩阻力等因素影响，造成部分钢绞线伸长值在某个受力阶段偏离理论伸长值允可的上、下限范围要求，但锚固力能够达到设计要求。

(5) 锚索张拉力与锚固力对应关系。从1000kN级锚索破坏性试验分阶段张拉力对比图中可以看出，锚索锁定力均小于设计张拉力，锚索整体张拉至设计锚固力的110%时，实际锚固力仅为设计锚固力的93.1%，随着张拉力的逐渐增加，实际锚固力与设计锚固力的比值逐步降低。

从2000kN级锚索破坏性试验分阶段张拉力对比图中可以看出，锚索锁定力均小于设计张拉力，锚索整体张拉至设计锚固力的110%时，实际锚固力仅为设计锚固力的91.9%，随着张拉力的逐渐增加，实际锚固力与设计锚固力的比值变化不大。

锚索张拉力与锚固力对应关系见图4-41～图4-43。

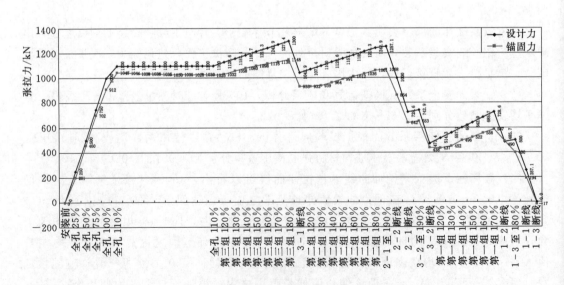

图4-41　1000kN级锚索破坏性试验分阶段张拉力对比图

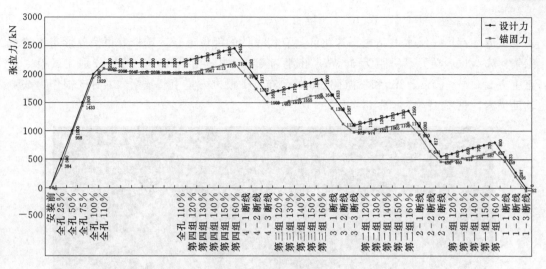

图 4 - 42   2000kN 级锚索破坏性试验分阶段张拉力对比图

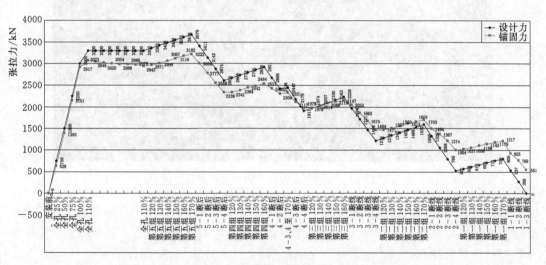

图 4 - 43   3000kN 级锚索破坏性试验分阶段张拉力对比图

4.3.3 锚索极限承载力和群锚效应的测试试验

4.3.3.1 锚索极限承载力试验

1. 试验目的

（1）验证压力分散型锚固结构对地层的适应性、锚固段承载体的受力分布，评价锚固结构的安全系数。

（2）测定沿锚固段全长灌浆体轴承力值（近似总剪应力）及其分布形态，以揭示不同类型锚索的受力特征及荷载传递规律。

（3）群锚效应研究，测试不同锚固间距的辅锚加载，对主锚承载力的影响。

（4）测试多股钢绞线在不同的张拉工艺方法下，锚索锁定荷载情况及各钢绞线的受力不均匀度，并研究其影响因素，以形成适用于强卸荷破碎岩体条件下的张拉工艺。

2. 试验布置

试验在锦屏一级水电站左岸雾化区具有代表性的部位进行，选择 5 根呈菱形布置的施工锚索作为试验单元，排距为 5.0m，孔距为 6.0m，钻孔下倾 8°。另外分别在试验主锚正上方 2.5m、上游侧 2m 和下游侧 3m 处各布置 1 根拉力集中型锚索，共计 3 根作为试验辅助锚索，见图 4-44、图 4-45。

图 4-44　试验锚索部位（图中方框部位所示）

锚索锚固力测试采用锚索测力计，内锚段荷载分布规律测试采用在钢绞线上安装应变计测量钢绞线的应变方法，再反求钢绞线的受力情况，锚索张拉过程中钢绞线和锚头位移采用游标卡尺直接在孔口进行量测，见表 4-7。

表 4-7　　　　　　　　　　　　　　试验锚索具体型式表

测试编号	锚索编号	锚固型式	钢绞线根数	拉力/kN	锚索长度/m	应变计测试	应变片测试	备注
FK1	LWH1880-11		14	2600	50	14支		
ZK1	LWH1880-12		12	2000	55			4支钢索计
FK3	LWH1880-13	压力分散	14	2600	55	4支×4段	2片×12/14根	
FK4	LWH1875-12		12	2000	55			
FK2	LWH1885-12		12	2000	55			
LK1	LWHSM-1	拉力集中	12	2000	50	6支	2片×6根	
LK2	LWHSM-2		12	2000	50			
LK3	LWHSM-3		12	2000	50			

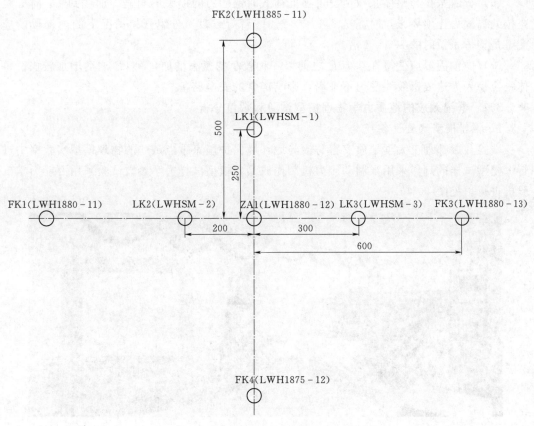

图 4-45　试验锚索布置示意图（单位：cm）

3. 试验结论

试验研究主要结论如下：

（1）通过对锚索的锚固段应力分布的测试，试验结果表明，压力分散型锚索可以很大程度的改善锚索的受力方式，对于 12 根钢绞线组成的锚索，当设计锚固力为 2000kN 时，距锚头 1m 处测出的应变量微小到几乎为零，而拉力集中型锚索的应变量变化明显区为 4m。

（2）针对孔半径 $a_1=0.08\text{m}$，$a_2=0.09\text{m}$，得出两种条件下的压力分散型锚索锚固段剪应力方程 $\tau_1=4.44P\times e^{-2.23z}$ 和 $\tau_2=3.5P\times e^{-1.98z}$，与实测成果有较好的匹配性。

（3）$\tau=2742.2\times z\times e^{-393.9z^2}$（单位：MPa），$N=166.7e^{-393.9z^2}$（单位：kN）分别表示拉力集中型锚索锚固段的剪应力和轴力的弹性方程，实测结果与采用钢绞线与灌浆体的极限黏结应力进行弹性理论计算值之间存在对应关系，剪应力波峰之后的黏结松动区的拉力有比较大的余量。

（4）在试验辅锚加载过程中，试验主锚索的锚固力变化小于 1%；主锚索内锚段第四段应变量最大，第二段应变量的变化速率最大。

（5）同时张拉 3 索拉力集中型锚索情况下，当张拉力为 0～400kN 时主锚锚固力递增，大于 400kN 后为递减。

（6）分组张拉与整体张拉情况下在低荷载时锚固力的损失不明显，加载到 $1P$ 时分组张拉的锚固力比整体张拉时高 $7.9\% \sim 9.2\%$；高荷载时，分组张拉情况下的内锚段的应变量是整体张拉时的 $1.5 \sim 2$ 倍。

（7）内锚固段应变量在 $0.75P$ 之前以一种较小的速率增加，在 $1P$ 之后增加较快。整体张拉易人为造成钢绞线受力不平衡，影响锚索的安全储备。

4.3.3.2 群锚效应的地质力学物理模型试验和数值分析

1. 物理模型试验设备

试验在成都理工大学地质灾害防治与地环境保护国家重点试验的物理模拟实验室中进行。模型试样的制作采用半制动压力机制作成型，模型试样力学参数试验采用万能力学试验机进行，见图 4-46。

图 4-46 三维地质力学模型

2. 试验模型

（1）模型材料。试验材料主要有重晶石粉、石英砂、铁粉、石膏、橡胶粉和水，按照一定的配比均匀混合后制作成型。相似材料配比试验是以正交试验为基础，分析各种材料掺量对试样力学性能的影响规律，再对试验配比不断调整以获取满足要求的材料配比。

图 4-47 组合体模型试样

（2）组合体模型。组合体模型试验设计为 $3 \times 3 \times 3$ 共 27 个小试块错位搭砌而成，其中每纵横组合中均有一试块被切开成两小试块，以满足错位搭砌的要求。组合体模型力学参数测试采用万能试验机进行，组合体试验模型见图 4-47，试验数据见表 4-8。

根据对比分析，模拟试验区岩体主要为 Ⅱ 类和 Ⅲ 类岩体，结合模拟区实际工程地质条件，采用 25 号配比试样进行 Ⅲ₂ 类岩体地区的模型堆砌，26 号配比试验进行 Ⅱ 类岩体地区的模型堆砌，34 号配比进行 Ⅲ₁ 类岩体地区的模型堆砌。

表4-8 组合体模型试验数据

试验编号	模型大小	重晶石粉/kg	石英砂/kg	石膏/kg	铁粉/kg	水/kg	橡胶粉/kg	弹性模量/GPa	强度/MPa
25	3×3×3	4.0	2.0	1.0	1.0	0.5	0.1	0.41	1.84
26	3×3×3	5.0	2.5	1.0	1.0	0.5	0.15	1.02	3.2
34	3×3×3	4.0	2.5	1.0	1.2	0.5	0.1	0.65	2.17

（3）锚索模型。锚索模拟材料综合考虑模型比例尺、模拟材料截面面积以及锚索力学参数等因素，采用 LL650 号 ϕ5mm 冷轧钢丝进行模拟，根据原型与模型力学指标每根锚索配制 3 根 ϕ5mm 钢丝，能较好模拟出实际锚索的受力情况。锚垫板采用 A3 锰钢加工的薄钢垫片进行模拟，钢垫片厚 6mm，直径为 26mm，在垫片直径为 18mm 的外环上均匀的钻有 3 个小孔，为备钢丝穿过形成钢丝束。

（4）试验模型制作。根据现场锚索设计，锚索长大多在 45～60m，锚索间距为 5m×6m，要达到模拟现场横河向 80m、顺河向 20m、高 20m 的范围。因此，将三维模型尺寸大小设计为 400cm×100cm×100cm。

单锚模拟试验时，模型大小长 4m、宽 1m、高 0.7m，锚索安装在第 4 排的中间位置，锚索孔预先部分小试块采用直径 18mm 的钻孔成型，在模型搭砌中将锚索穿过锚索孔对接组合而成。

群锚模拟试验中，地质模型体的制作与单锚类似。只是群锚模拟试验中水平方向锚索分三层安放，锚索横纵间距为 25cm×25cm，相当于原型中 5m×5m 的锚索间距。第一层锚索位于第 2 排小试块的表面，第二层锚索位于第 5 排小试块的表面，第三层锚索位于第 8 排小试块的表面；竖直方向上锚索的安放与水平方向类似。见图 4-48～图 4-51。

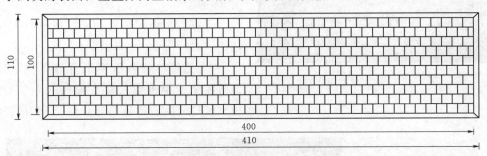

图4-48 群锚效应地质力学模型示意图（单位：cm）

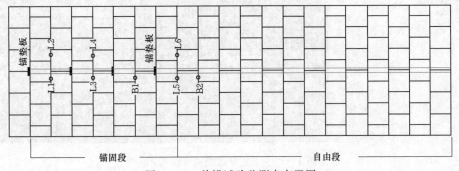

图4-49 单锚试验监测点布置图

L—应力设计；B—位移计

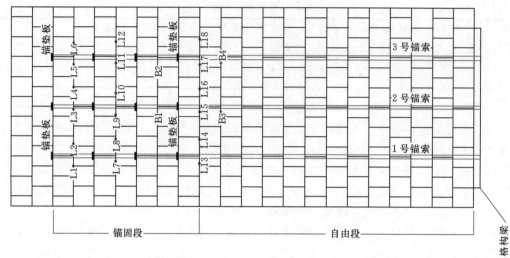

图 4-50 群锚试验监测点布置图

L—应力计；B—位移计

图 4-51 地质模型制作

3．群锚效应数值分析

（1）计算模型。采用 FLAC3D 对压力分散型锚索分别进行了单锚、双锚和群锚等数值模拟试验，数值分析模型见图 4-52～图 4-56。

（2）计算结果。根据数值模拟得到的单锚、双锚和群锚张拉后应力云图见图 4-57～图 4-60。

根据数值模拟分析，可以得出以下主要结论：

1）通过单锚数值模拟可以得出，压力分散型锚索锚固段长度在轴向上全部有效，锚索张拉时应力比较明显，但是应力的衰减

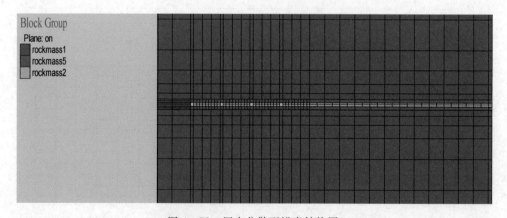

图 4-52 压力分散型锚索结构图

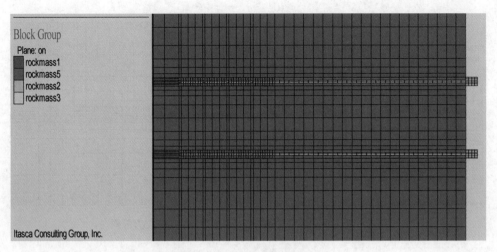

图 4-53　双锚模型结构组成

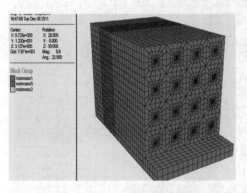

图 4-54　4×4 群锚模型块体组成

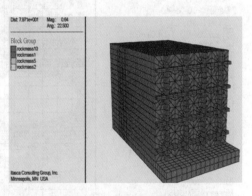

图 4-55　4×4 群锚模型块体组成

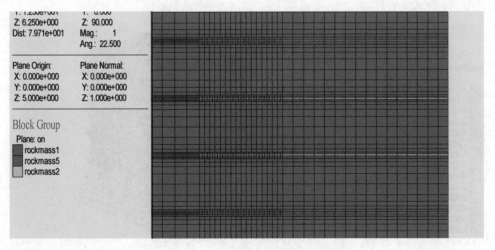

图 4-56　4×4 群锚模型块体组成剖面

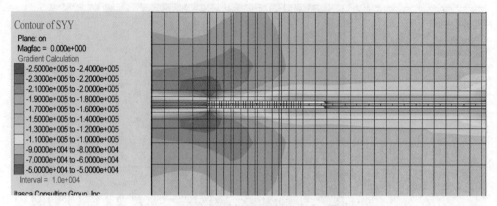

图 4-57　单锚张拉后浆液扩散范围外 σ_1 方向应力云图

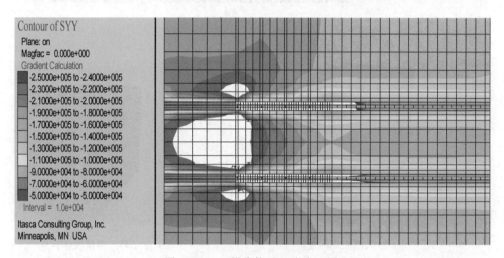

图 4-58　双锚张拉后 σ_1 方向云图

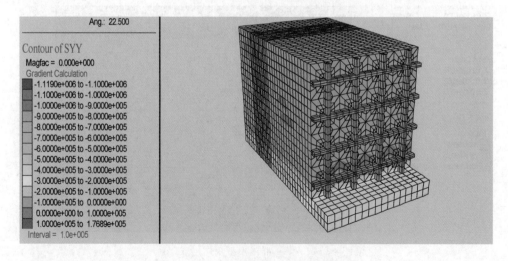

图 4-59　锚索张拉后 σ_1 方向应力云图

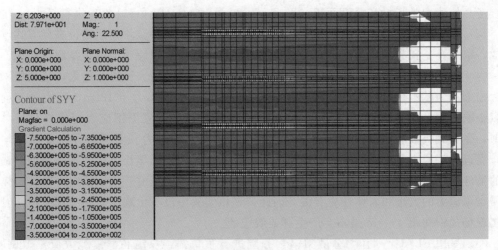

图 4-60　锚索张拉后 $Z=5m\sigma_1$ 方向应力云图

也是比较明显的，从 2.33×10^7 Pa 降至 5.0×10^5 Pa；浆液的扩散范围内（0.2m），应力从 1.5×10^6 Pa 降至 2.0×10^5 Pa，相邻锚固段之间应力虽有叠加但相互影响却很小；应力的传递范围为 1.5m，应力从 2.0×10^5 Pa 降至 0.8×10^5 Pa，其应力值与自重条件下产生的水平应力相当。

2）锚索的应力变化主要集中在孔内以及浆液的扩散区内，应力的递减很快，而在扩散区外部；岩体的应力比较小，接近岩体自重条件下产生的水平应力值；进一步对双锚锚索间岩体的应力进行分析发现，锚索的应力传递范围较大，然而应力值却很小；它们之间虽有叠加但影响非常小，接近岩体自重条件下产生的水平应力值。

3）通过模拟后的应力区间处理可以看出，间距为 5.0m 时，主应力方向锚索的应力影响范围比较小，而且相邻锚索间应力无叠加；锚固段内应力的传递与设置的分散锚固长度有关，呈串珠状分布，自由段应力存在部分应力过渡区，但均比较小。

4）通过对压力分散型锚索单锚、双锚和群锚的模拟及作用机理进行分析压力分散型锚索锚固段传递的为压应力，这对于岩体能起到较好的加固效果。同时，就格构梁对锚固形式所起的作用来看，主要是对坡表的岩体受力更为均匀，避免出现应力集中给岩体造成的破坏，而且最大限度地束缚了坡表松散块体的单独运动。

4. 试验结论

通过物理模拟试验和数值模拟等方法，对压力分散型锚索单锚和群锚的作用机理及加固效果的研究，得出以下结论和成果：

（1）物质模拟试验中选取了石英砂、重晶石粉、石膏、铁粉和橡胶粉等材料作为模型试验材料，各种材料按一定比例与水混合后在压力机高压力作用下成型，作为地质体结构模拟的基本块体。

（2）模型材料配比试验研究以正交试验为基础，对试验结果和各材料影响关系进行分析，不断对试验配比进行调整，共进行了 36 组配比试验。材料配比的确定以小试块物理力学指标按照相似系数与原型岩体进行对比分析，其中 25 号、26 号和 34 号配比与原型较为吻合，并以此三组配比进行了组合体试块模拟试验。锚索材料的模拟按照相似系数并综合考虑锚索力学指标和截面面积，采用 LL650 号 ϕ5mm 高强冷轧钢丝进行模拟。

（3）模型试验地质体的制作是参照组合体试块试验，将小试块按照错位搭砌方式堆砌而成，锚索孔是预先采用梅花钻对小试块进行成孔，在堆砌过程中通过对搭联结而成。

（4）单锚模型试验锚索周围应力的变化随着张拉荷载的增大而逐渐增大，达到极限荷载后锚索应力基本保持稳定；锚索应力影响范围有限，一般不大于 12cm，即实际工程中锚索影响范围一般小于 2.5m。群锚（3m×3m）模型试验锚索周围应力变化规律与单锚相似，受荷载级数和测点位置距离影响较明显；内锚固端轴力和剪应力分布及其不均匀性，靠近外端应力集中系数较大，说明锚索设计中增加内锚固端长度并非不是增加内锚固力的最佳途径；群锚效应反应最明显的就是靠近外锚固端的压缩效应，预应力改善岩体的性质与预应力的大小和岩体性质有关。因此，在该实验中没有出现应力集中现象，同时也证实现场锚索间距 4～6m 是不会产生群锚效应的。

（5）采用 FLAC^{3D} 对压力分散型锚索分别进行了单锚、双锚和群锚等数值模拟试验，结果表明锚索应力变化规律与物理模拟试验较吻合；锚索间距为 5.0m 时，主应力方向锚索的应力影响范围比较小，而且相邻锚索间应力无叠加；锚固段内应力的传递与设置的分散锚固长度有关，呈串珠状分布，自由段应力存在部分应力过渡区，但均比较小。

4.3.4　新型锚索结构设计与应用

针对锚索锚固段应力集中问题，通过对压力型、拉力型、压力分散型、拉压力分散型等型式的锚索分别进行试验研究，确定其技术经济指标及其可行性，确定不同地层适宜的锚索结构型式。并结合锚索破坏性试验和集中布置锚索测力计等试验研究，揭示预应力锚索的锚固机理和群锚效应。

（1）束体构配件设计及加工。根据设计单位对自由式单孔多锚头防腐型预应力锚索结构提供的施工蓝图，并结合设计施工技术要求及相关规范和试验结果，设计了锚索束体构配件细部施工图，如图 4-61 所示（以 3000kN 级锚索为例）。

（2）锚索束体制作与防护。钢绞线途中经多次转运。为避免 PE 套破损，增加钢绞线转运人数及在沿途增设 ϕ50mm 聚乙烯管，钢绞线从聚乙烯管中穿过。锚索在编制过程中，根据实际地形条件，搭设编锚平台，对钢管脚手架搭设的编锚操作平台，以焊接形式进行连接，避免扣件对钢绞线 PE 套的损害。同时减小隔离支架、束线环。根据现场实际情况，将预应力锚索编制采用的隔离支架、束线环间距均由 2.0m 调整为 1.5m，以有利于锚束体的顺直，减少索体与孔壁的摩擦。改进隔离架结构体型，即由方形改进成腰鼓形，便于索体顺利下索。

（3）束体安装。在锚索入孔安装前，加强锚索入孔前的孔道清理工作，采用钻杆或专用的吹孔返渣装置进行清孔，减少锚索被孔道中的积渣磨损。加强锚索安装通道的检查，保证安装通道没有坚硬铁件或钢管扣件阻隔，并在转弯部位采用加垫橡胶垫、钢管等物件，避免 PE 套受损。锚索入孔时避免半径小于 3m、大角度、剧烈弯曲。向孔内推送锚索时，送索人员口号一致、用力要匀，防止在推送过程中损伤锚索配件和钢绞线 PE 套，并不得使锚索体转动。通过上述措施，有力地避免了 PE 套管受损，增强了锚索的防腐性能。

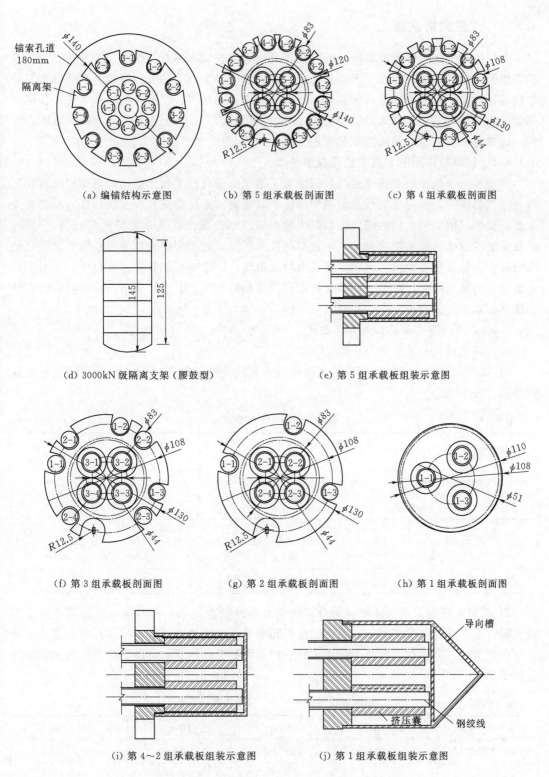

（a）编锚结构示意图 （b）第5组承载板剖面图 （c）第4组承载板剖面图

（d）3000kN级隔离支架（腰鼓型） （e）第5组承载板组装示意图

（f）第3组承载板剖面图 （g）第2组承载板剖面图 （h）第1组承载板剖面图

（i）第4~2组承载板组装示意图 （j）第1组承载板组装示意图

图4-61 3000kN自由式单孔多锚头防腐型预应力锚索构配件示意图

4.3.5 预应力锚索施工

为保证施工过程中边坡稳定，同时满足开挖与支护流水作业、快速施工的要求，边坡锚索施工遵循"紧跟开挖面、先马道上面一排、然后自上而下、立体穿插、平面分散"的原则进行；对于网格梁锚索，优先采用先造孔穿束后浇筑网格混凝土的施工方法。预应力锚索分为有黏结型、无黏结压力分散型锚索两种类型，主要包括造孔、下锚、灌浆、张拉、封锚等施工工序，其施工工艺流程见图 4－62。

4.3.5.1 破碎岩体预应力锚索成孔施工技术

高边坡由于地形地质条件复杂，锚索施工钻孔中遇到许多技术难题，诸如在卸荷拉裂缝与宽大裂隙中，如何解决钻孔漏风和排渣、软弱破碎断层带成孔、变质砂板岩互层及拉裂变形岩体纠偏防斜、锚索锚固段灌浆因地层破碎漏失量大无法正常结束等问题；另外，钻孔施工的成孔质量和精度也是一个重要的技术问题，比如岩层中如果存在软弱岩层，钻孔轴就会向软弱层面倾斜，出现 S 形或抛物线形轨迹，影响到成孔质量和精度。针对不同边坡的特殊地质条件，需要从机具及其配套设备和操作工艺上进行创新，采取具有针对性的施工技术和施工方法。

1. 破碎岩体锚索钻孔综合施工技术

（1）钻孔机具及参数选择控制。

1）钻机：主要选用轻型液压锚固钻机及多功能全液压履带式钻机。各类锚固钻机性能参数见表 4－9。

表 4－9　　　　　　　　各类锚固钻机性能参数表

钻机类型	产　地	最大扭矩 /(N·m)	最大提升力 /kN	给进力 /kN	钻机倾角 /(°)	适应钻孔深度/m	适应钻孔孔径/mm
KLEMM\Atlas	德国\瑞典	12000	80	50	−30～30	150	90～260
YG－80	无锡双帆	3500	45	30	0～3600	80～100	220～130
MGY－80	重探厂	3500	50	34	0～360	80～100	200～110
MG－70	长沙矿院	3900	36	24	−35～100	70	105～165
YXZ－90、70	成都哈迈	5800	65	45	0～360	45～120	150～260

2）钻杆：钻杆的选用主要从综合钻机能力和排碴能力上进行考虑。边坡锚索施工实践表明，选用粗径外平式钻杆，缩小钻杆与孔壁的环状间隙，有利于清孔排碴，尤其是遇到复杂地层时，可以有效地减少掉块卡钻、塌孔埋钻等孔内事故，达到防斜目的。钻杆的选用见表 4－10。

表 4－10　　　　　　　　钻杆规格与适用孔径、适配机型一览表

外平钻杆规格	ϕ73mm	ϕ89mm	ϕ114mm	ϕ130mm
适用钻孔直径/mm	110～130	110～165	140～180	165～180
适配钻机型号	MG－70\YXZ－70	YG－80\KLEMM\Atlas	YXZ－90\KLEMM\Atlas	YXZ－90\KLEMM\Atlas

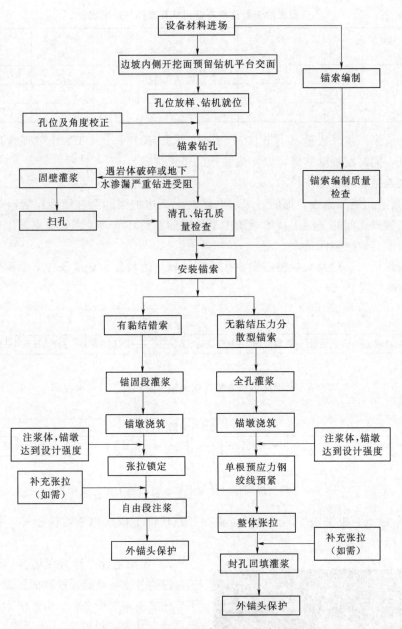

图 4-62 预应力锚索施工工艺流程图

3）冲击器及钻头：冲击器的选用应与空压机的功能相匹配，同时必须针对工程边坡岩石特性，通过相关适应性试验后再予以确定。通过锦屏左岸高边坡锚固工程施工试验与实践，确定了变质砂岩与板岩、大理岩中进行钻掘施工，必须采用中、高风压冲击器，同时使用无阀式潜孔锤（该类型冲击器耗风量小、结构简单、风压适用范围广），钻头则根据要求进行相应口径尺寸选定，见表 4-11。

4）空压机：空压机应根据钻孔设备的供风要求进行选择，针对复杂工程地质条件下深孔、大孔径岩锚钻孔施工，一般配置供风风量大于 $20\mathrm{m^3/min}$、风压大于 2MPa 的高风

表 4-11　　　　　　　　无阀式冲击器规格与适用钻孔直径的匹配表

型号	孔径 /mm	钻具外径 /mm	耗风量 /(m³/min)	工作风压 /MPa	冲击功 /J	冲击频率 /Hz	兼容钻头
TH122	130～150	122	20	1.2～2.2	50	5	COP54、DHD350
TH139	150～180	139	24	1.3～2.4	70	5	COP64、DHD360
TH150	168～220	150	25	1.4～2.5	85	4	COP84、DHD380

压空压机；或采用供风风量不小于 20m³/min、风压不小于 1.4MPa 中风压空压机进行群机并联供风，同时配置储气罐，以保障钻孔的正常进行。

（2）锚索钻孔综合施工技术。

1）锚索造孔施工流程。锦屏一级水电站左岸高边坡强卸荷、倾倒拉裂破碎岩体条件下，超长锚索成孔问题是施工技术难题中最关键的制约环节，关系到锚索施工能否正常和实现对高边坡有效地锚固治理。

通过锚索钻孔试验及大规模锚索钻孔施工经验，边坡复杂地质条件下锚索钻孔工艺流程见图 4-63、图 4-64。

图 4-63　全液压钻机紧跟开挖面锚索造孔施工工艺流程图

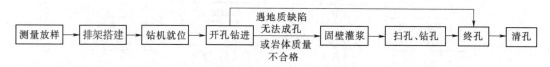

图 4-64　轻型锚固钻机排架上锚索造孔施工工艺流程图

2）测量放点：根据施工图纸坐标位置在开挖坡面上依次用全站仪放样，并作孔位标记和标出坐标、孔号。

图 4-65　钻孔方位角控制

3）排架搭建：针对现场具体情况，从人工开挖的各级马道沿开挖坡面搭设双层承重脚手架构成锚固工作平台。由于锚索钻孔在高空脚手架上作业，最好选用轻型液压锚固钻机，且相邻同时作业的钻机必须按一定的间距均匀分布，不可集中作业。为减小上下交叉作业带来的安全隐患，在钻孔操作平台临空面及上部，必须设置安全防护设施进行立体防护。

脚手架搭设完毕后，在脚手架上采用全站仪按钻孔设计角度放出锚索孔的后视点，锚索钻孔方位角按孔位、后视点连线控制，见图 4-65。

4）开孔定位导向装置安装。

（a）钻机就位并校正好钻孔角度后，将钻机固定牢固。开钻前，仔细检查钻机完好情况，并采用压缩空气清除钻杆内杂物，同时清除孔口周围的松动岩块。钻孔时，先采用较设计钻孔孔径大一级的钎头开孔。开始钻孔时，打开送气阀，冲击器向前给进，钎头顶住岩面，使冲击器冲击工作，此时不要使冲击器回转，否则无法稳住钻具，当冲击出一个凹形小坑稳住钻具时，再回转使冲击器进入正常工作。也可在设计孔位上先采用人工钻凿出与锚孔孔径相匹配的凹槽，以利于钻具定位及导向。

（b）当钻进至 $1.5 \sim 2.0 \text{m}$ 时，停止钻进，并起钻，镶铸带法兰盘的孔口管，孔口管管径需与设计钻孔孔径相匹配，孔口管镶铸完毕后必须仔细对镶铸精度进行检查。孔口管镶铸有如下优点：保护孔口；钻孔导向；可及时进行有压固壁灌浆，锚索束体安装完成后可及时进行锚索孔道灌浆。

5）钻孔纠偏。在复杂地质条件的锚索钻孔过程中，钻孔轴向沿软弱层面倾斜，钻孔轨迹呈 S 形或类抛物线形，设计要求锚索孔弯曲度不大于 2%，故采用常规钻进方式很难达到造孔精度要求。为此，主要方法是采用刚度大的粗径钻杆、钻具上加粗径扶正器和选择合理的钻进参数。

（a）钻杆的尺寸需与钻孔机具相匹配，根据设计钻孔孔径，主要选用了 $\phi 89 \text{mm}$、$\phi 114 \text{mm}$、$\phi 130 \text{mm}$ 等刚度较大的粗径钻杆。

（b）粗径扶正器的使用：粗径扶正器安装在潜孔锤尾部，具体尺寸根据钻孔孔径确定。必要时可在粗径扶正器上镶嵌刚粒，具有后扫切削探头石及孔内岩屑、岩石碎块作用。在复杂地层，特别是地层中存在宽大裂隙横穿钻孔时，若粗径扶正器长度过短，扶正器会掉入裂缝而失去作用，甚至影响钻具的给进和提升。解决办法为：加长粗径扶正器，但其长度不宜超过单根钻杆长度；增加粗径扶正器数量，每 5m 左右设置一个扶正器。施工中采用上述方法，可减小孔斜，且有利于通过裂缝。扶正器装置示意图及现场使用见图 4-66、图 4-67。

图 4-66　扶正器装置示意图

（c）选择合理的钻进参数：合理的钻进参数应根据工程地质条件和岩石特性来决定。经过若干组试验，得出工程边坡锚固钻孔施工一般应符合"中等钻压、慢转速、平稳风压"的操作要求，造孔进尺效率为 $3 \sim 5 \text{m/h}$，风压稳定在 $1.0 \sim 1.2 \text{MPa}$ 时，冲击频率为 18 次/s，转速为 $18 \sim 23 \text{r/min}$ 比较合理。钻压大小以孔内钻具的总重量为参考值，在钻进过程中应不断调整相关参数。

6）固壁灌浆。锚索钻孔遇到破碎地层，常发生漏风、掉块、卡钻等事故。由于开挖边坡无法采用跟管钻进，采用固壁灌浆是解决破碎地层锚索成孔问题有效方法之一。

（a）根据钻进情况，若钻孔时发生卡钻、掉块现象致使无法继续钻进，可判定为钻遇

图 4-67 钻孔过程中使用的扶正器

到细小裂隙或风化、破碎地层，一般选用纯水泥浆液进行有压灌浆，灌浆水灰比宜为1：1开灌，0.45：1～0.5：1结束。此时，可直接利用已镶铸的孔口管结合简易孔口封闭器进行灌浆。以循环式有压灌浆为例，退出钻杆后，往孔内下入进浆管、回浆管（一般采用脆性PVC管以方便扫孔），将法兰盘制作的简易孔口封闭器，用螺栓与孔口管上的法兰盘连接牢固（见图4-68），接上进、回浆管路，进行灌浆。采用此方法较常规有压灌浆减少封孔待凝时间为6～8h，可大大提高钻孔施工效率。同时，锚索束体安装完成后，可直接将快速封孔器采用螺栓与孔口管上的法兰盘连接牢固（见图4-69），直接进行锚索孔道灌浆，也可减少封孔待凝时间6～8h。

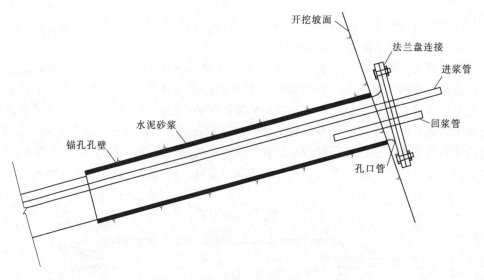

图 4-68 有压循环固壁灌浆示意图

（b）若钻孔时发生严重漏风现象致使无法继续钻进，可判定为钻遇到宽大裂隙，可选用水泥砂浆进行灌注。水泥砂浆越浓，对宽大裂隙处理效果越明显，但存在以下两个弊端：对注浆机的性能要求极高，极易堵塞注浆机及灌浆管路；水泥砂浆凝固时间不可控，扩散范围较远，部分孔段不易注浆结束；注浆量大，效率低。

（c）为增强浆材嵌堵渗漏通道、裂缝、裂隙的能力，提高浆材对破碎岩体的胶结效果及充填宽大裂隙的能力，缩短锚索孔固壁灌浆、扫孔时间，提高锚索钻孔效率。可选用膏状水泥浆液进行灌注。

2. 膏状可控浆液在复杂地层灌浆中的应用

锦屏一级水电站左岸边坡锚索钻孔过程中频繁出现卡钻、掉块、塌孔、漏风等现象，

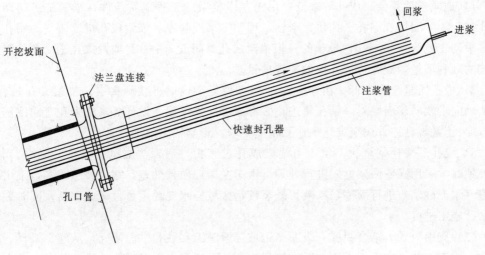

图 4-69　锚索孔道灌浆示意图

为增强浆材嵌堵渗漏通道、裂缝、裂隙的能力，提高浆材对破碎岩体的胶结效果，缩短锚索孔扫孔时间，提高锚索施工钻孔效率，在锚索成孔过程中进行了膏状可控浆液的应用。

　　在室内试验与现场应用，通过调整外加剂 1、外加剂 3 的加量，对浆液的可泵时间、初凝时间、终凝时间进行调控。根据现场注浆的需要配制不同可泵时间、初凝时间、终凝时间的水泥浆液，在满足了可泵送时间需要的同时，膏状可控浆液的稠化速度也比普通水泥浆液或砂浆变化快，能快速地对岩体进行处理，对锦屏一级水电站坝址区的深拉裂缝、卸荷破碎岩体灌浆取得了很好的效果，可节约水泥浆材 30%～40%，提高了钻孔效率。

　　同水灰比的膏状可控水泥浆液和普通水泥浆液相比，不仅从可泵时间、初凝时间、终凝时间处于更适宜的状态，而且从室内强度试验可以看出，膏状可控水泥浆液的强度更高，提高 20%～30%。图 4-70、图 4-71 显示了外加剂 1、3 组分对浆液性能的影响。

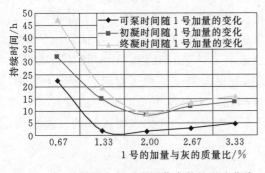

图 4-70　外加剂 1 号对水泥浆参数的影响曲线

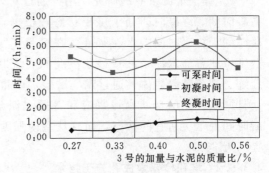

图 4-71　外加剂 3 号对水泥浆参数的影响曲线

3. 工程应用效果

（1）成孔难题。锦屏一级左岸边坡锚固工程分布有约 6000 束的预应力锚索，锚索布置密集，间距小，锚固对象多为危岩体、卸荷拉裂变形岩体、断层出露区不稳定滑块，并通过混凝土框格梁形成被覆式锚固体系。由于复杂的工程地质条件的影响，加之左岸分布众多的地下洞群，锚固施工中遇到了很多技术难题，特别是锚索钻孔施工，存在以下主要难题：

1）地质条件复杂、成孔效率低。由于左岸复杂的工程地质条件，锚索施工初期，在成孔过程中"漏风、塌孔、掉块、卡钻、埋钻"事故频繁，锚索成孔进度缓慢，钻孔成本高。平均工效为 5～8m/d，最长的一根锚索成孔时间近 3 个月。锚索成孔进度严重制约着边坡的顺利下挖，成为边坡开挖的关键项目。

2）成孔质量合格率低。由于左岸地质条件复杂，地层软硬夹层。锚索钻孔过程中，钻孔轴向沿软弱层面倾斜，钻孔轨迹呈 S 形或类抛物线形。设计要求锚索孔弯曲度不大于 2%，采用常规钻进方式很难达到造孔精度要求，影响锚索施工质量。

3）成孔灌浆耗浆量大。预应力锚索成孔过程中，遇到"漏风、塌孔、掉块、卡钻"等现象时，采用固壁灌浆方式进行处理。由于左岸地质条件差，宽大裂隙较多，采用水泥浆液（水泥砂浆）进行灌注，浆液扩散至较远区域。水泥耗浆量大、成本高；同时影响锚索钻孔施工进度。

（2）应用效果。结合锦屏一级左岸边坡锚索施工实践和试验研究，从施工机具、施工参数、施工工艺等方面，研究总结破碎岩体条件下超深水平锚索孔的成孔技术。重点针对造孔工艺和施工机具的配套及改进，合理施工参数的确定，以及跟管钻进工艺和锚索孔道固壁灌浆技术开展研究。取得了以下应用效果：

1）钻孔的开孔定位导向装置及快速封孔装置的成功应用。可保障开孔的精度，遇破碎地层时可及时进行有压固结灌浆，较采用常规有压灌浆减少封孔待凝时间 6～8h，大大加快了施工进度；同时锚索束体安装完成后，可直接利用快速封孔器进行锚索孔道灌浆，确保下道工序的及时进行。

2）不提钻反吹研碎及扶正装置的应用，可有效解决了复杂地质条件锚索施工成孔问题。锚索钻孔工效可由初期阶段 5～8m/d 提高至后期的 22～25m/d，大大提高了锚索施工进度；同时锚索成孔质量一次合格率由原来的 70.5% 提高至 96.1%，有效地提高了锚索成孔质量。

3）膏状水泥浆液的研究应用，通过对外加剂 1 号、3 号的加量不同，对可泵时间、初凝时间、终凝时间处于可控状态，根据现场注浆的需要可以配制不同可泵时间、初凝时间、终凝时间的水泥浆液；在满足了可泵送时间的需要的同时，膏状浆液的稠化速度也比普通水泥浆液或砂浆变化快，能快速地对岩体进行处理，针对坝址区的深拉裂缝、卸荷破碎岩体，通过现场试验，取得了很好的效果，节约了材料，提高了效率；而且同水灰比的膏状水泥浆液和普通水泥浆液相比，不仅从可泵时间、初凝时间、终凝时间处于更适宜的状态，而且从室内强度实验可以看出，膏状水泥浆液的强度更高，提高近 30%。

4.3.5.2 堆积体锚索成孔施工技术

岩石锚索多采用常规风动潜孔锤施工成孔的方法，由于堆积体地层岩体风化破碎、裂隙孔洞多，在钻进过程中频繁发生孔间、排间大范围长距离跑风、漏气和塌孔现象。鉴于堆积体锚索支护施工难度非常大，特别是堆积体锚索钻孔成孔难、下索难、灌浆难等施工难题，严重影响边坡支护和开挖工程的施工进度。为此，针对小湾水电站边坡堆积体锚索施工成孔难题进行了专题研究，主要内容包括岩石及堆积体锚索成孔技术；国内外堆积体锚固钻机的选择与改进、配套跟管钻具的研制与改进；堆积体、破碎岩体灌浆堵漏技术等。

1. 预应力锚索钻孔配套机具研究

(1) 堆积体锚索施工设备的选择与改进。

1) 锚固钻机的选择。在对国内外生产的锚固钻机进行充分的技术论证基础上，结合水电工程边坡高陡的特点，选择采用 YG-80 型全液压钻机。YG-80 型钻机组装型式为分体式，由主机、泵站和操纵台三部分组成。三部分之间依靠油管快速接头进行连接，简单可靠，这样操纵台可以远离孔口，远离钻进过程中孔内返回的岩粉和岩屑，对钻机移位、施工操作非常有利。钻机主机由动力头、桅杆、滑移油缸、变角油缸及底座等几部分组成。该钻机整体性能稳定、可靠、分体性好，搬运、安装迅速方便，可实现较远距离操纵。钻机基本性能见表 4-12。

表 4-12　　　　　　　　　　YG-80 型全液压钻机基本性能

钻孔深度	80m	钻孔直径	100～209mm
钻孔倾角度	0°～120°	电动机功率	30kW
钻机重量	1500kg	最大部件重量	200kg

2) 锚固钻机的改进。YG-80 型全液压钻机整体性能基本满足高边坡堆积体锚索孔施工需要，但在施工过程中也逐步暴露出一些薄弱环节。为此，对锚固钻机进行了相应改进：

(a) 钻机动力头变速箱小齿轮磨损严重，影响钻机扭矩有效传递。经过认真分析计算，在接触强度方面，原设计小齿轮材质 40Cr、大齿轮材质 45 号钢的选择上存在安全系数太低的问题。将材料选择为小齿轮 20CrMnTi、大齿轮 40Cr 的配对组合，有效解决了齿轮磨损太快的问题。

(b) 钻机主机部分桅杆配有滑移机构和机架。滑移机构行程为 500mm，通过滑移油缸的滑移可以增加动力头行程，机架部分装有变角油缸，通过变角油缸的伸缩可以改变桅杆倾角。这两部分在锚索施工中基本没有作用，反而增加了主机的重量和搬迁难度。为此，拆掉了主机的滑移机构和机架，简化了油路系统，减轻了主机重量，并在桅杆底部增加了同脚手架连接的机构，提高了钻机稳定性。

(2) 偏心跟管结构设计改进。

1) 跟管套管结构的设计改进。偏心跟管钻具的最大钻孔直径应与套管直径相协调。二者差值过小，将增大套管管壁与孔壁之间摩擦力，不利于跟进套管的跟进与拔出；二者差值过大，会造成锚索用材料及资源的浪费。根据施工实践经验总结，合理的跟管、套管配套直径见表 4-13。

表 4-13　　　　　　　　　　偏心跟管钻具部分参数表　　　　　　　　单位：mm

钻具型号	套管直径	套管靴通径	套管靴直径	直径差
ZDP146	146	120	152	6
ZDP168	168	138	178	10
ZDP194	194	165	204	10

　　套管靴由外螺纹改为内螺纹结构，增厚了管壁，结构也更合理；选用40Cr优质材料再经过调质和淬火热处理工艺，加长管靴长度，增加了冲击跟管台阶与套管连接螺纹的距离，减弱了冲击力对连接螺纹根部的影响，延长了管靴的使用寿命。

　　2）偏心钻具结构的设计与改进。

　　（a）偏心跟管钻具在结构设计上摒弃了传统的传动连接销结构，设计了定位传动块和定位传动槽结构来承担起跟管钻具定位和传递扭矩的作用。定位传动块设在偏心扩孔钻具上（见图4-72），定位传动槽设在导向定位器上（见图4-73）。

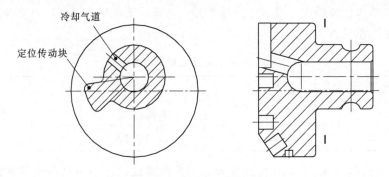

图4-72　偏心扩孔钻结构图

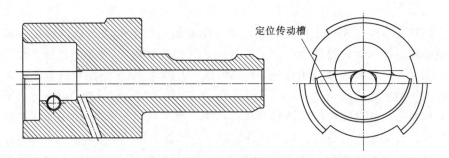

图4-73　导向定位器结构图

　　从图4-72、图4-73可以看出，定位传动块和定位传动槽的两受力边的延长线均通过同一偏心圆的中心，保证了偏心扩孔钻具在收拢和甩开到最大位置时，其上的定位传动块与导向定位器上的定位传动槽有良好的平面接触，改善了受力条件。另外，在定位传动块的旁边设有冷却气道，工作时压缩空气不断地由冲击器流向偏心跟管钻具中心孔，再经此冷却气道吹向扩孔钻头定位传动块与定位传动槽的接触面，使受力面得到充分冷却，有效降低了定位传动块与定位传动槽的磨损，保证了定位和扭矩传递。

　　（b）设计了专用弹性圆柱联接销，结构简单可靠，加工制造方便。将偏心扩孔钻和导向定位器相联接，利用高级弹簧钢的弹性，使联接销与导向定位器连接紧固，提高了联接结构的可靠性，避免了掉钻现象。

　　（c）偏心扩孔钻头选用35CrMo高强度材料，经调质、渗碳、淬火热处理工艺，耐磨性能和机械强度和传统钻头相比均有大大提高。

　　（d）对原悬挂式偏心钻具破碎刃的排布形式由梅花环状改进为扩散形，有利于排出孔底破碎岩屑，减少了孔底岩屑的重复破碎，提高了钻进效率；采用先进的冷压固齿工艺，提高了合金的镶嵌强度，延长了钻具使用寿命。

偏心跟管钻具由偏心扩孔钻、导向定位器、联接销和管靴组成，见图 4-74。结构简单实用，装拆十分方便。装配时，用手锤和铁棒将联接销打入到与导向定位器上的联接销孔口齐平，即可将偏心扩孔钻和导向定位器牢靠地联接在一起；将铁棒插入联接销孔小端，用手锤打出联接销，即可方便地拆卸钻具。

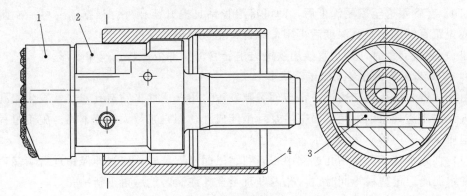

图 4-74　偏心跟管钻具结构图
1—偏心扩孔钻；2—导向定位器；3—联接销；4—管靴

2. 偏心跟管施工工艺

经过锚索施工实践，总结完善了偏心跟管钻进技术。主要施工要点如下：

（1）加接钻杆、套管时必须对其进行认真检查，不合格钻杆和套管不允许下孔，钻杆和套管丝扣下孔前必须涂抹丝扣油。

（2）偏心跟管钻具在施工前应逐一检查风动潜孔锤、偏心钻头、套管、套管靴等，风动潜孔锤应工作正常，并加注机油润滑，偏心钻头应能灵活张开和收拢，张开时偏心锤头应大于套管靴外径，连接销及锁紧机构应牢固，钻杆与潜孔锤和潜孔锤与偏心钻具的连接必须可靠，套管和套管靴无裂纹，凡有影响强度的缺陷不能使用。

（3）同径常规钎头先造孔 1m 左右，为跟管钻进提供定位和导向作用。

（4）开钻前，将偏心钻具组装好放入带有套管靴的套管内，让偏心锤头伸出套管靴，正转张开偏心锤头进行钻进。特别注意偏心跟管钻进时，在确认钻头到达孔底后，先回转，待正常后，再开风冲击钻进。

（5）钻进过程中，随着钻孔的延伸，加接钻杆必须将钻杆和套管一起上机，钻杆上扣时，必须将钻机的给进操作手柄放置"浮动"位置；对无"浮动"位置钻机的钻杆上扣时，必须将系统压力调低，避免损伤丝扣。

（6）每钻进 0.3～0.5m 应强风吹孔排粉一次，以保持孔内清洁。吹孔时，中心钻具的上提距离应严加控制（以能实现强风吹孔为限），禁止在钻进过程中向上起拔中心钻具或来回倒杆。

（7）钻进结束或需更换中心钻具时，先将孔底残渣吹尽，脱开中心钻具的回转动力，停止回转，缓慢提升中心钻具至偏心钻头后背与套管靴前端接触为止，用管子钳卡持钻杆，作逆时针方向回转，同时缓慢试提中心钻具，当中心钻具可顺利提升时，表明偏心钻头已顺利收拢，可按照常规方法提升中心钻具。

（8）有时会因孔底残留岩渣过多，偏心钻头回转部分被岩渣卡住而影响偏心钻头的收拢。当试提几次仍不能奏效时，应开动空压机重新对钻孔进行清理，并使用潜孔锤进行短时间工作，然后再进行试提，如此循环往复直至提出中心钻具。

（9）在跟进套管有困难的情况下，又要获得较大的有效孔径，可用比套管内径小3～4mm的合金或金刚石钻头回转切削通过套管靴，从而扩大有效孔径。

（10）套管跟进至需要深度后，即可将跟管钻具提升至孔外。根据需要可一次跟管到位，或先跟管钻进至需要深度后再用常规钎头钻进至设计深度。

（11）起拔套管时，禁止直接用铁锤敲击套管母扣部位，防止丝扣变形。

3. 锚固灌浆及孔内大裂隙堵漏技术

由于边坡岩体风化卸荷严重，节理裂隙发育。用普通冲击钻造孔，经常发生塌孔卡钻及漏气无法排渣现象，采用了固壁灌浆，虽能成孔，但吃浆量大，成本高。施工过程中应根据地质条件采用相应堵漏技术。

（1）加入水玻璃。在钻孔过程中一遇到跑风漏气现象时，应立即停钻进行堵漏，将水玻璃和水泥净通过塑料管同时注入孔内，直至全孔注满，然后再重新钻孔。

本方法适用于裂隙较小的岩体。

（2）孔内喷混凝土。采用混凝土喷射机和注浆泵同时向孔内喷灌的方法固壁堵漏，将注浆管与改造的喷射管绑牢，喷射时从孔底向孔口拔管，应根据实践经验控制拔管速度，使孔内填筑密实，又不至于卡死注射管。

本方法适用于裂隙较大的岩体，但拔管速度难以控制。

（3）复合堵漏剂堵漏。复合堵漏剂主要成分为聚醚多元醇、泡沫稳定剂、催化剂和多苯基多次甲基多异酸酯等。

堵漏前先通过孔内摄像判断裂隙位置及宽度，用棉布或其他布料做成布袋子与注浆管一起放置于孔内裂隙处。注浆管一端通至袋内，一端引出孔外。将堵漏剂与催化剂分别注入与之配套使用GLP-1型堵漏机的两个容器，使用高风压同时吹送两种液体于布袋内发生化学反应，堵漏剂膨胀挤入裂隙内凝固，30min后可移钻扫孔。

本方法能有效缩短堵漏时间，减少二次固壁耗浆量。但工艺难以掌握且成本高。

（4）塑料袋裹水泥球堵漏。在钻进过程中一旦发现较大裂隙时，立即停钻，用塑料袋包裹水泥球投入孔内，可用端部加了顶托钢板（钢板直径略小于钻孔直径）的钻杆向孔内推进挤压水泥球，利用孔底的顶托将水泥球挤入周边裂隙孔洞内。

本方法效果较好，但需在发现裂隙孔洞时立即停钻封堵。

（5）采用无黏结钢绞线并在自由段包裹土工布堵漏。在现场施工中发现岩石破碎各孔串风严重，堵漏固壁时浆液各孔互串。采用黏结锚索在送索完成后需进行内锚段、张拉段灌注。当同一区域已完成多处穿索，对某一根锚索进行灌浆时，浆液很可能会串入相邻孔内，影响内锚段水泥结石的整体性和张拉段的长度，使锚索失去其应有的作用。

采用无黏结锚索结构，钢绞线为外用PE套包裹、内用防腐油脂敷裹，不受串浆影响。可在全孔一次注浆后再进行锚索张拉，保证了注浆质量，简化了工序；同时可采用 $400g/m^2$ 长丝土工布包在内层防渗，采用细帆布包在外层抗磨，防止索体穿束过程中磨穿土工布导致堵漏失效，减少了灌浆量。包裹直径为孔径的 1.1～1.2 倍，包裹长度视裂隙分布情况定。

本方法能保证灌浆质量和控制灌浆量，且可操作性较强。

针对工程边坡破碎岩体、堆积体等特殊地层锚索孔施工，进行了不同地质边坡锚索孔造孔施工技术的研究，采取组合螺旋钻钻孔施工技术、偏心或同心跟管组合钻进钻孔施工技术，解决了岩质边坡破碎岩体、深厚堆积体的钻孔成孔施工技术难题。

4. 工程应用效果

针对小湾堆积体边坡块石间形成架空结构，孤石间为碎石、砂土结构为软弱夹层，结构松散，常规的钻孔施工工艺方法和锚孔护壁工艺方法难以成孔，制约边坡支护和开挖进度的情况。施工过程中，通过对施工设备的选择论证、设备的优化改进、偏心跟管钻具结构的设计与改进、总结跟管施工工艺及固孔护壁技术的研究与应用，取得了良好的效果。

4.3.5.3 编、穿、下锚

根据不同吨位锚索钢绞线根数、承载板及隔离架等与锚孔孔径的匹配关系，对锚索结构型式、承载板规格、隔离架规格及形状等进行优化设计，使锚索束体结构更为紧凑、合理、安全储备系数高，更有利于锚索的安装。施工中研发了一种通用于各种规格型号锚索的自动化下索设备，具有安装调试简单、操作方便、所需辅助人员较少等特点，提高了施工效率，见图 4-75。

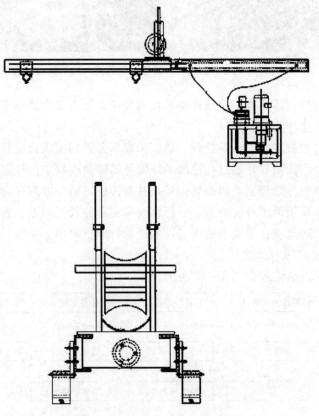

图 4-75 自动化下索设备设计图

4.3.5.4 预应力锚索张拉

1. 预应力锚索张拉自动监控系统

通过对张拉机具进行研究，开发研制单元锚索分组整体张拉的小型多孔千斤顶和自动施加张拉力、测量钢绞线伸长值的张拉自动监控仪，减少操作工人的劳动强度，提高了锚索张拉的效率和自动化程度。

（1）张拉自动控制及量测系统。张拉自动控制系统通过电机控制送油阀的开度实现对张拉力的控制；监测系统根据锚索施工规范或施工技术要求中规定的张拉加载速率、持续稳压时间、卸荷速率的要求，预设控制程序，并向电机驱动模块发出控制信号；控制模块根据信号控制电机转动的方向及速度达到控制油压的目的，并按预设的程序进行张拉，可以有效保障张拉质量。自动张拉既适应于锚索单根分组分级循环张拉，也适应于锚索整体分级张拉，见图4-76。

控制电机

图4-76 驱动电机通过预设程序代替人工控制张拉过程

采用高精度的压力传感器、位移传感器代替传统的压力表和游标卡尺，快速自动量测千斤顶顶压和钢绞线伸长值。

（2）张拉控制数据自动记录及处理。数据采集部分采用模块化设计，将电流信号转换为电压信号，滤去干扰信号，通过高速的AD转换器转换成数字信号，并将数字信号传输到中央处理器，由中央处理器发出控制信号，并对传感器信号处理存储；处理器按照钢绞线理论伸长值及千斤顶顶压对应关系，分析钢绞线实际伸长值偏差、施载大小及绘制张拉过程曲线，按施工规范或技术要求的图表，发送给打印机输出。

2. 自动监控系统张拉工艺

锚索自动张拉控制流程如图4-77所示。

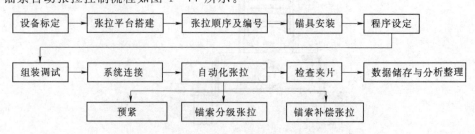

图4-77 锚索自动张拉控制流程图

（1）设备标定。张拉前先对拟投入使用的张拉千斤顶和压力表由具有检测资质的机构进行配套标定，并绘制出张拉力-压力表读数关系曲线。张拉设备和仪器标定间隔期控制在 6 个月内，超过标定期或遭强烈碰撞的设备和仪器，必须重新标定后方可投入使用。

（2）张拉平台搭建。一般选用脚手架、木板等进行搭建张拉操作平台，平台搭建尺寸必须满足锚索张拉施工需求且固定牢固，周边设置安全防护网。

（3）张拉顺序及编号。钢绞线的张拉顺序，应使结构及构件受力均匀、同步、不产生扭转，自由式单孔多锚头防腐型预应力锚索，由于各根钢绞线长度不等，必须采用单根张拉方式。并对钢绞线长度及编号进行标记，严格按编号顺序进行张拉。先张拉锚具中心部位钢绞线，然后张拉锚具周边部位钢绞线，按照间隔对称分序进行。

（4）锚具安装。锚具安装前，必须对钢绞线编号进行逐一清点，并按预先绘制的锚索张拉钢绞线对应关系图进行梳理，钢绞线不能交叉。同时将钢垫板表面的污物去除干净。锚具安装时，锚具与钢垫板之间不能有间隙。锚具安装位置与锚索孔道同轴，且各锚孔位置与各根钢绞线在孔内所处位置尽量一致。

有测力计的锚索，测力计与锚具同步安装，且均应与锚索孔道同轴。

（5）张拉程序设定。自动张拉监控系统的软件系统按锚固施工技术要求进行程序预设并输入输出记录报表参数。

（6）张拉设备组装调试。张拉系统按液压设备要求，连接好高压油泵和千斤顶，注意供、回油管不能接反，油管接口必须牢固密封。

（7）自动张拉监控系统连接。按照接口顺序把压力传感器、位移传感器的数据采集导线与系统主机连接，系统连接好后，接通电源试运行。启动油泵电机，当油泵回油管无气泡、排油正常后，操作控制阀使千斤顶空载往复运动，检查油路系统，不得有渗漏。

（8）自动化张拉。设备安装就绪后，启动自动张拉控制系统，发出张拉指令，开始供油张拉，在供油过程要缓缓加压，供油平稳。为了减小张拉过程的锚固力损失和摩擦应力损失，采用分组单根张拉。

1）张拉预紧：除设计有明确规定外，一般应采用先进行单根预应力钢绞线预紧，使锚索各股钢绞线应力均匀。预紧应力按 $0.2\sigma_{con}$ 控制。

2）锚索分级张拉程序为：由零逐级加载到设计张拉力，经稳压后锁定，即 $0 \rightarrow m_i\sigma_{con} \rightarrow m\sigma_{con}$（稳压 $10 \sim 20\text{min}$ 后锁定；m 为张拉系数，其值为 1.1；σ_{con} 为设计张拉力），张拉分级系数 m_i 为 0.25、0.5、0.75、1.00、1.10。

（a）张拉加载及卸载应缓慢平稳，加载速率每分钟不宜超过 $0.1\sigma_{con}$，卸载速率每分钟不宜超过 $0.2\sigma_{con}$。

（b）预应力锚索的张拉以控制应力为主，校核钢绞线伸长值，当张拉达到预设参数时，智能控制系统发出报警。

（c）对于地质条件复杂的岩层，一般采用间歇张拉方式。例：锚索初次张拉可按设计值的 90％进行控制，$1 \sim 2$ 周后再进行补偿张拉。

3）锚索补偿张拉：为减小钢绞线应力损失，锚索张拉完成后，一般均应进行锚索补偿张拉，补偿张拉在锚索张拉锁定后 1 周进行。补偿张拉在锁定值基础上一次张拉至超张拉荷载。

（9）夹片检查。锚索张拉锁定后，应对夹片进行仔细检查。张拉锁定后夹片错牙不应大于 2mm，否则应退锚重新张拉。

（10）数据储存及分析整理。锚索张拉完毕后，数据库对张拉施工数据进行自动收集、整理、分析，并结合锚索施工规范要求，可自动生成施工报表，实现施工报表规范化。

4.3.5.5　预应力锚索注浆和防腐技术

1. 锚索破坏原因分析

预应力锚索加固技术已广泛应用于各类建筑结构物加固、边坡治理、大型地下洞室及深基坑支护等工程。根据国际后张预应力协会（FIP）的 35 例锚索（杆）腐蚀破坏实例及我国近 30 年预应力锚索应用情况的调查分析，在高拉应力作用下，预应力筋会出现应力腐蚀而发生断裂。

通过对锚索腐蚀破坏进行统计分析，其破坏原因如下：

（1）锚固段问题主要原因是灌浆施工缺少压水检查和施工不当导致锚固段灌浆不足，锚固段钢绞线无浆体保护，裸露的钢胶线与地层中的含硫酸盐和氯化物直接接触被腐蚀。

（2）张拉段破坏形式有：地层运动造成拉筋超应力，使其产生裂纹；在有氯化物的情况下，水泥浆包裹不足或无水泥浆；由于耐久性差导致沥青包裹层破坏；保护材料选择不当，如化学材料中含有硝酸根离子和吸湿玛琋脂；所有拉筋在无保护情况下存放了很长时间。

（3）锚头主要是缺乏防腐措施或工作期间保护剂充填不完全或塌落。

从以上分析可知，锚索施工过程中的主要防腐问题是因各种原因导致的锚索注浆不足，无法牢固包裹锚索体形成有效地浆液体保护层，导致部分锚索体长期裸露与地层中各种有害物质接触，产生化学反应造成腐蚀而失效。

2. 堆积体及破碎岩体边坡锚索注浆存在的问题

由于工程边坡堆积体架空空洞串通、破碎岩体边坡卸荷裂隙发育，在锚索注浆过程中，空洞、裂隙等不良地质条件导致临近锚孔相互串浆，受地下裂隙水的影响降低浆液浓度，以及采用多次间歇注浆方式的影响，使锚索体不能被浆体完全包裹，在张拉荷载力的影响下，浆液结实体被破坏等因素，使锚索体钢绞线裸露，被地下有害物质腐蚀。同时，因破碎岩体裂隙发育、堆积体层块石架空空洞串通，而造成锚索注浆量大，大大增加工程施工成本的问题。因此，应采用适宜的锚索体结构型式和一次连续注浆工艺，使浆体层对锚索体实现完全包裹，解决锚索灌浆量过大和避免索体容易腐蚀的问题。

3. 破碎岩体锚索防腐及注浆工艺

通过锚索注浆试验对比分析，主要采用如下注浆方法：

（1）对张拉段的包裹采用与止浆包相同的材料，即包裹材料使用 400g/m² 长丝土工布及密质细帆布，包裹长度根据岩石情况，最长可作张拉段全段包裹。

（2）包裹直径为造孔孔径的 1.1～1.2 倍，土工布在内层，细帆布在外层起抗磨作用，用缝纫机缝制。

（3）锚索体隔离架采用 φ130mm 三管路隔离架，灌浆管路系统改设两根灌浆管。其中，一根直接插入锚索导向帽作为内锚段灌管，增设止浆包，在止浆包内将灌浆管割开成楔形口，对止浆包起充填浆液形成锚固段闭浆的作用；第二根管穿过止浆包置于止浆包前

10～15cm 处，在止浆包后部 1.0～1.5m 采用套接管连接，起到锚固段注浆时排气和返浆闭浆作用。

（4）在锚固段注浆结束后，拔出套接管作土工布包裹张拉段灌浆管，张拉灌浆时通过孔口边吹气边拔管来检查浆液所到位置。

经施工实践证明，采用土工布外加细帆布包裹锚索张拉段，在不改变锚索体隔离架直径的前提下，土工布将锚索体与岩石裂隙隔开，锚索体张拉段灌浆时，浆液在钢绞线与土工布之间形成了有效的浆体保护层，避免了浆液向破碎岩体裂隙的大量流失，降低了施工成本。

4.3.6　锚拉抗滑桩固坡

锚拉抗滑桩是将桩插入滑动面（带）以下的稳定地层中，利用稳定地层岩土和锚索（或锚杆、锚杆束等）的锚固作用，以平衡滑坡体推力，并增加拉力改善桩的受力状态和控制桩体位移，以稳定边坡的一种结构物。

锚索可以和各种形式的抗滑桩结合使用，可在桩身不同高度上设置多排锚索，以改善抗滑桩的受力条件。

4.3.6.1　抗滑桩施工

1. 抗滑桩施工工艺

抗滑桩施工工艺流程见图 4-78。

2. 施工技术要求

（1）抗滑桩施工在滑坡体排水系统全部完成后进行，且在旱季施工，应根据现场实际情况采取防止滑坡体滑坡继续恶化的措施。

（2）抗滑桩开孔前，应进行桩位测量放样，并应从桩中心位置向四周引测桩心控制点桩。当第一节桩井挖好安装护壁模板时，必须用桩心点来校正模板位置，并在第一节混凝土护壁上设十字控制点，每节护壁模板的安装必须用桩心点校正模板位置，检查护壁厚度。

（3）抗滑桩平台内侧（靠山侧）距每根桩约 1.5m 的位置布有 1 个抽排水孔（兼做抗滑桩施工先导孔），抽排孔钻孔采用 ϕ180mm 的钢花管跟管钻进，孔深与对应的抗滑桩孔深一致，施工期根据水位情况采用抽水泵将水抽排至排水沟。

（4）桩孔顶部段可采用人工或反铲

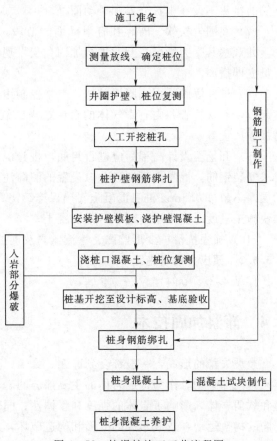

图 4-78　抗滑桩施工工艺流程图

开挖，孔口按要求设置锁口，并采用钢筋混凝土护壁。

（5）抗滑桩开挖从滑坡体两端向主轴方向开挖桩井，并隔桩分三序开挖，单桩开挖采用人工全断面自上而下分层开挖。开挖顺序见图4-79。

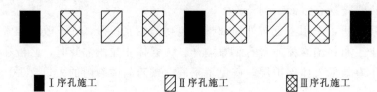

■Ⅰ序孔施工　　　　　Ⅱ序孔施工　　　　　Ⅲ序孔施工

图4-79　抗滑桩施工顺序图

施工中桩横截面的误差只能为正，不能为负，以保证主筋混凝土保护层的厚度。

（6）孔口以下分节开挖，每节开挖宜为1.0m（松软、渗水易坍塌变形地段应减小长度），挖一节立即现浇混凝土或支护一节护壁，当天挖完井段应当天浇筑或支护。

1）护壁混凝土紧贴围岩浇筑，浇筑前清除孔壁上的松动块石、浮土。

2）在滑动面处的护壁应予加强，承受推力较大的锁口和护壁应增加钢筋。

3）开挖在上一节护壁混凝土终凝后进行，护壁混凝土模板的支撑在浇筑24h后拆除。

4）围岩较松软、破碎或有水时，分节不宜过长，不在土石变化处和滑动面处分节；钢筋的接头不设在土石分界和滑动面处。

（7）在围岩松软、破碎和有滑动面的节段，在护壁内顺滑动方向用临时横撑加强支护，并观察其受力情况，及时进行加固。当发现横撑受力变形、破损而失效时，孔下施工人员立即撤离。

（8）桩井爆破采用浅眼爆破法，严格控制用药量。桩井较深时，禁止用导火索和导爆索起爆，经常检查井内有毒气体的含量，当二氧化碳浓度超过0.3%或发现有害气体时，增加通风设备。

（9）开挖至设计高程后应进行封底，桩身混凝土浇筑前将井底积水清理干净，按设计要求安装钢筋，混凝土可通过井口设置的溜筒注入井内，连续分层浇筑，分层振捣，振捣的层厚不超过0.5m。桩身混凝土要确保连续浇筑，一次成桩，当滑坡体有滑动迹象或需加快施工进度时，采用速凝、早强混凝土。

（10）加强抗滑桩变形监测、渗流监测及支护结构受力监测等。

4.3.6.2　预应力锚索施工

详见4.3.5节内容。

4.4　灌浆加固技术

边坡失稳的形成，一般都受到冻融、暴雨、人工扰动等外界激发作用，但最主要的原因来自内部结构。作为构成岩体的主要部分的岩石，其内部或多或少地存在一些空洞、裂缝和软弱岩体，影响了岩体的强度和整体性；同时，由于不同岩体在漫长的地质时期遇到不同的构造运动，造成永久的变形和构造破坏，形成褶皱、节理、断层、裂隙等一系列不连续面，而由于各种结构面的切割，岩体性质呈现明显的不均一性。结构面按不同的成因可分为沉积型、火成型、变质型、构造型、次生型等不同软弱结构面，规模大小不一，小的只有几毫米，大的达到几百千米，大大降低岩体的力学性能，并控制岩体的变形和破坏，在外界环境的刺激下，随时可能演化为大规模边坡失稳和滑坡形成，同时也降低了岩石基础的承载力，对工程安全构成巨大威胁。

灌浆技术是加固不良地质条件的重要措施，特别是作为建筑物基础的软弱低渗透地层、断层破碎带等。灌浆加固技术是用液压或气压把浆液注入边坡裂缝、孔隙或渗浸至软弱岩体，浆液与岩土体凝固胶结后以改善其力学性能，从而提高岩土体的强度、整体性，保证工程安全。

4.4.1 灌浆加固机理机制

对于松弛岩体或软弱岩体，主要通过固结灌浆的方式来提高其强度和模量。通过适当的压力，将水泥浆液或其他化学固化材料灌注到岩体裂隙、断层破碎带、软弱夹层等地质缺陷的孔隙中去，经过充填、压密、黏合和胶结作用等，形成承载骨架，提高缺陷岩体的物理力学性质，从而达到对缺陷体进行加固的目的。灌浆能有效改善岩体结构面力学特征及其组合关系，提高松弛岩体的整体强度和弹性模量，使其整体刚度增大，微细裂隙的良好胶结，使其端部应力集中被降低或消除，岩体屈服极限增大，抗压抗剪强度提高，从而有效减小岩体变形。

灌浆是通过给水泥浆液或化学浆液以一个较大的压力，将之灌入断层破碎带中，经过充填、压密、固化等作用过程，使破碎岩体互相黏结形成整体，成为基本承载骨架。灌浆加固主要是通过浆液的化学反应，形成胶凝材料，把破碎的岩体胶凝固结，同时形成的胶凝材料性质固定，遇水不发生化学反应，见图 4-80。

图 4-80 固结灌浆及取样

1. 水泥灌浆

水泥浆液中占主要成分的是硅酸三钙（$3CaO \cdot SiO_2$）、硅酸二钙（$2CaO \cdot SiO_2$），其占水泥中重量的 $70\% \sim 80\%$。$3CaO \cdot SiO_2$ 与水反应能生产水化硅酸钙（$xCaO \cdot SiO_2 \cdot H_2O$）和氢氧化钙 [$Ca(OH)_2$]；硅酸二钙（$2CaO \cdot SiO_2$）与水反应过程与硅酸三钙（$3CaO \cdot SiO_2$）类似，只是反应速度较慢，化学反应式见式（4-9）和式（4-10）。

$$3CaO \cdot SiO_2 + nH_2O \Longrightarrow xCaO \cdot SiO_2 \cdot yH_2O + (3-x)Ca(OH)_2 \quad (4-9)$$

$$2CaO \cdot SiO_2 + mH_2O \Longrightarrow xCaO \cdot SiO_2 \cdot yH_2O + (2-x)Ca(OH)_2 \quad (4-10)$$

水化硅酸钙呈胶质状态，几乎不溶于水，具有一定的胶凝性，与被灌岩体胶结在一起，其强度不断增加并转为稳定的凝固体，从而达到灌浆加固的目的。

由于水泥灌浆具有结石体强度高、材料来源广、价格低、运输与贮存方便，以及灌浆工艺比较简单等特点，迄今为止，水泥仍是灌浆工作中应用最广泛的基本灌浆材料。可是，因为它属于颗粒性材料，对某些细微裂缝、裂隙或孔隙的处理，有时不能达到满意的效果。另外，在某些有一定流速的漏水部位，灌入的水泥浆在凝结前很容易被水稀释或冲走，这些都使水泥灌浆的应用受到一定的限制。因此，无颗粒的快凝材料的研究，就必然会受到重视。为与类似颗粒性的水泥灌浆材料相区别，这类材料统称为化学灌浆材料。

2. 化学灌浆

化学灌浆由于粒子较小，能灌入水泥颗粒不能进入的微细裂缝，因而其致密性相对更好，能极大改善岩体破碎带的整体物理力学性能和抗渗性能，保工程质量，达到水泥灌浆所不能达到的效果。

3. 水泥-化学复合灌浆

水泥-化学复合灌浆吸纳了水泥灌浆和化学灌浆的优点，它先用颗粒状的水泥浆液充填软弱地层岩体中的较大孔隙，形成承载骨架，再利用溶液状的化学浆液经过浸润、渗透以及改性固化进入岩体中的微裂隙，从而将普通水泥灌浆价格低、结石强度高和化学灌浆超强的可灌性优点结合起来。

4. 水泥灌浆与化学灌浆的区别

水泥灌浆与化学灌浆不同点如下：

（1）灌浆材料不同。水泥灌浆所使用的浆材是由水泥和水拌制而成，属于粒状材料浆液；而化学灌浆所使用的浆材则是由化学材料制成，属于真溶液性浆液。

（2）充填机理不同。水泥灌浆主要是通过水泥颗粒的物理、化学作用来封闭裂隙；而化学灌浆则是通过灌入缝隙内浆液的化学反应，由液相转变为固相或凝胶状的方式来充填和封闭裂隙。

（3）压浆方式不同。水泥灌浆的浆液是稳定性较差的浆液，实际灌浆时一般采用循环式灌浆；而化学灌浆必须采用纯压式，因为在化学浆液中，一旦加入催化剂并被压入灌浆孔之后，就不允许重新返回浆桶。

（4）灌浆设备不同。水泥灌浆一般应用单泵，采用柱塞式泵较多。而化学灌浆在正常情况下，适宜于采用比例泵并应配以测量流量的装置；当浆液的胶凝时间较长时，才允许单泵和单液法灌注；当化学灌浆的规模很小，还可以应用更简单的压浆筒进行灌浆。

（5）控制标准不同。水泥灌浆所能达到的防渗标准一般为 $w = 0.01L/(\min \cdot m \cdot m)$，最高标准为 $w = 0.005L/(\min \cdot m \cdot m)$；而化学灌浆达到的标准比水泥灌浆可提高 $10 \sim 1000$ 倍。

4.4.2　水泥（湿磨细水泥）灌浆

针对大规模的软弱岩体灌浆加固问题，开展了水泥灌浆加固处理技术和工艺研究，围绕灌浆加固的机具、工艺和辅助灌浆系统等，重点解决以下问题：

（1）采用何种机具配置，以满足相应的施工技术参数以及达到提高灌浆质量、降低施工成本、提高工作效率的目的。

（2）如何保证大规模、高强度灌浆施工水泥制浆、输浆问题以及如何解决大规模、高强度钻孔、灌浆施工期水流控制问题。

（3）如何避免超深帷幕灌浆"铸钻"事故的发生以及保证钻孔施工过程中的孔斜并针对孔斜采用何种处理措施。

（4）如何保证高地应力下微细裂隙及弱透水地层的灌浆质量。

（5）如何对固结、帷幕灌浆质量进行系统检查。

4.4.2.1 水泥浆液基本性能试验研究

1. 普通水泥浆液基本性能

通过试验，普通水泥浆液具有如下基本物理性能：

（1）浆液比重：浆液比重随水灰比的减小而增大。

（2）流动性：随着水灰比减小，浆液表观黏度增大，流动性变差；3∶1浆液与2∶1浆液表观黏度相差不大，即流动性相差不多；1∶1是浆液基本性能尤其是浆液流动性变化的重要拐点，可以认为是浓浆、稀浆的分界线。

（3）析水率：水泥浆液一般可在2h内达到析水稳定；1∶1水泥浆液达到沉降稳定所需时间最长。

（4）凝结时间：浆液凝结时间随水灰比的减小而缩短，随水灰比增大而延长；1∶1、0.7∶1、0.5∶1三个比级浆液初终凝时间一般在6～9h，而3∶1、2∶1两个比级的浆液初终凝时间在9h以上；浆液一般可在初凝2h以内达到终凝状态。

（5）结石密度：常压下，水泥颗粒自然沉降所形成结石的密度随水灰比的减小而增大；当水灰比在0.5∶1～3∶1变化时，水泥结石密度在1.58～1.91g/cm^{3}变化。

2. 湿磨水泥浆液基本性能

通过试验，湿磨水泥浆液具有如下基本物理性能：

（1）浆液细度：细水泥采用42.5级普通硅酸盐水泥经过3次以上磨细后制成，颗粒粒径 $D_{max} \leqslant 40 \mu m$、$D_{50} = 8 \sim 12 \mu m$。

（2）浆液温度及比重：随着湿磨次数的增加，浆液的温度逐渐升高，湿磨3次，水泥浆液温度比原浆液温度升高4～6℃；随着湿磨次数的增加，浆液比重有减小趋势，但变化不大。

（3）浆液析水率：0.5∶1的浆材随着研磨次数的增加析水率逐渐减小，受磨3次的浆液析水率仅为1.02%，较普通水泥析水率降低幅度较大，稳定性明显增强。

（4）浆液马氏黏度：经湿磨后的水泥浆材黏度略有增加，但不影响浆材的可灌性。

（5）浆液凝结时间：普通水泥浆液湿磨后，其浆液凝结时间显著缩短，受磨1次、3次的0.5∶1浆材分别比普通水泥浆液初凝时间减少52min、96min。

（6）浆液抗压强度：湿磨细水泥浆液在湿磨时间不超过5min的情况下，抗压强度仅有小幅度减小。若湿磨时间超过5min，抗压强度会急剧下降。

较普通水泥浆液，湿磨细水泥浆液具有：①更好可灌性；②具有较好的析水稳定性；③28d抗压强度和抗渗强度更大。

湿磨细水泥浆液在锦屏一级水电站裂隙发育密而细的原状基岩地层、透水率小于1Lu的弱透水率地层、中间排帷幕灌浆及帷幕灌浆补强等方面进行了大规模应用，并取得了较好的效果。

4.4.2.2　灌浆施工机具和设备改进

1. 金刚石（复合片）牙轮钻头研究应用

根据地质条件的特点，分别在大理岩区、砂板岩区及深部绿片岩区布置了100多组试验孔，进行了金刚石（复合片）牙轮钻头适应性钻孔试验。同时进行了金刚石（复合片）牙轮钻头与其他类型钻头钻孔工效对比试验。

复合片组成及各部分特点：复合片主要有超硬层（合金片）和硬质合金胎体组成。超硬层以单晶金刚石颗粒与硬质合金粉按一定的比例混合，烧结复合而成，其作用是破碎岩石（即能切削又能磨削），具有较高的硬度和抗磨性能。胎体为单一的硬质合金，具有较高的强度和韧性，对超硬层起到支撑和保护作用，同时有利于复合片的镶嵌和焊接。回收胎体或合金片未损坏的复合片钻头，把取下的合金片按原来的角度重新镶嵌在胎体未损坏的钻头上（材料为氧气乙炔、铜条、硼砂）。

2. XL-50型旋喷钻机改进

XL-50型旋喷钻机只适用于平缓、开阔地层，无法在脚手架上作业。通过将XL-50型旋喷钻机动力头、大梁、油管等从旋喷钻机底盘上卸下，同时将YXZ-70型、YXZ-90型锚固钻机上的油泵、操作阀卸下，将XL-50型旋喷钻机油管与YXZ-70型、YXZ-90型锚固钻机上的油泵、操作阀重新连接组装；其次对XL-50型旋喷钻机上的动力头接手进行改进，使之能与ϕ50mm钻杆连接，组装成一种既能进行冲击回转钻进又能进行高压水冲洗的新型钻机。这一改进方案，既解决了钻孔、高压水冲洗两个不同工序需要不同设备施工的难题，节约了钻孔、冲洗移机时间，又解决了需搭建宽阔的施工操作平台的难题，加快了施工进度，大大节约了施工成本。XL-50型旋喷钻机改进前与改进后对比见图4-81、图4-82。

图4-81　改进前XL-50型旋喷钻机

图4-82　改进后的多功能旋喷钻机

3. 履带式多功能全液压钻机

履带式多功能全液压钻机分体模块设计，整套钻机分为远程操作部分、主机、泵站等三大独立部件组成，泵站提供动力源，主机实现钻机功能。其中泵站由主泵电机组、小泵电机组、水泵电机组、冷却器、油箱、电器柜等组成，泵站结构如图 4-83 所示。主机是钻机主要功能的实现者，其结构直接决定钻机整体性能。主机主要由履带底盘、支撑架、滑移架、推进架、动力回转机构、夹持卸扣机构、举升机构、变幅机构、液压电控操作系统等组成，主机结构如图 4-84 所示。

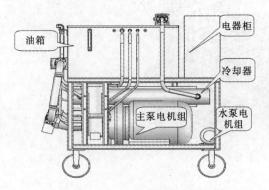
图 4-83　泵站结构示意图

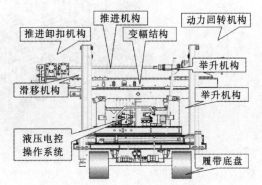
图 4-84　主机结构示意图

主要特点：

（1）分体模块设计，整套钻机分为远程操作部分、主机、泵站三大独立部件，便于拆装搬迁运输；主机由履带底盘带动，搬迁方便。

（2）传动系统由变量泵与变量马达配合，动力头转速范围广，且实现无级调速，可适用不同的钻探工艺。

（3）手动和电控配合操作，操作方便。

（4）液控升降机台，配合可变角推进架，可实现 6m 廊道内不同方位孔施工，钻机效率显著提高。

（5）前置夹持器和卸扣器，极大降低了工人劳动强度。

（6）长行程给进，防止岩心堵塞。

4. 钻机升降平台

升降平台是为了配合液压钻机在超过 6m 的廊道内施工的设备。该设备行走底座、液压操作、上层平台、导向固定柱组成，见图 4-85。

主要特点：

（1）平台由液压驱动装置带动，实现无轨运行。

（2）平台起始面离地低，履带钻机可自行开上平台。

（3）平台升降平稳，到位后不锁死机构。

5. 贯通式潜孔锤返循环钻具

通过理论研究、反循环钻头流场模拟、现场试验、实施效果对比，研究出的贯通式潜孔锤返循环钻具以及反循环钻机集尘技术：

（1）解决采用反循环钻进工艺时的粉尘污染问题，使空气污染标准达到轻度污染。

（2）在改进施工工艺的基础上，保证施工质量，降低施工成本，加快施工进度。现场使用见图 4-86。

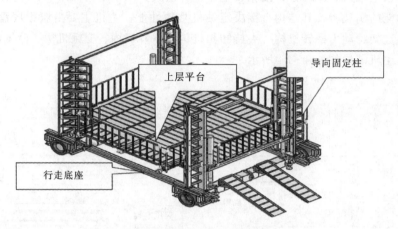

图 4 - 85　钻机平台示意图

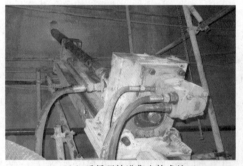

（a）反循环钻进集尘技术施工

（b）反循环钻进集尘技术粉尘收集袋

（c）效果对比图

图 4 - 86　贯通式潜孔锤反循环钻机现场使用图

4.4.2.3　灌浆塞改进

1. 改进型循环式机械塞

改进型循环式机械塞包括圆管形胶球塞（4 个）、传力支架（3 个）、挤压平衡板（8 块）、推力轴承（1 个）、加力螺帽（1 个）、固定螺帽（1 个）、三通（1 个）、进回浆管转换器（1 个），进浆管（1 根）、回浆管（1 根）。见图 4 - 87。

图 4-87 改进型循环塞结构图

2. 双栓塞

超深帷幕灌浆质量检查中，对双塞阻塞结构进行研究，并通过单塞阻塞与采用双塞阻塞进行对比试验，采用双塞阻塞压水试段，隔离效果良好，能够满足设计要求，见图 4-88、图 4-89。

图 4-88 双栓塞实物图

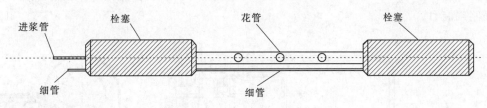

图 4-89 双栓塞连接图

4.4.2.4 辅助灌浆系统

深孔、浓浆、高压灌注时，容易发生"铸管"事故，即射浆管在孔中被水泥浆凝注，而无法拔出。这是孔口封闭灌浆法的一个大缺点，也是制约工程进展及影响灌浆质量的关键。防止这样事故的主要技术措施就是孔口封闭器具有在灌浆过程中能经常转动灌浆管（钻杆）而不降低灌浆压力性能及降低钻杆转动速度。

1. 改进型旋转式孔口封闭器

在常规孔口封闭器基础上，转换密封位置，将常规孔口封闭器恶劣的动态密封改为静态密封，通过加装轴承，改相对运动易磨损的表面到易处理的表面。同时将常规孔口封闭器人工无限制的密封压紧改为相对控制的预紧，提高钻杆回转的可靠性。这样大大延长密封套的使用寿命，减少辅助工作时间，对保证灌浆的连续性有了可靠的保证。常规孔口封闭器及改进型旋转式孔口封闭器结构见图 4-90、图 4-91。

2. 地质钻机低速回转机构

利用地质钻机原有液压系统、减速系统，卡盘系统，在不改变原有钻机结构和功能的前提下，增加一小传动箱，改为液压驱动，实现低速大扭矩的灌浆要求。原地质钻机上增加的构件见图 4-92，可将

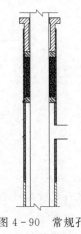

图 4-90 常规孔口封闭器

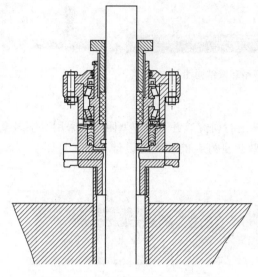

图4-91　改进型旋转式孔口封闭器

XY-2B地质钻机最低转速从现有的57r/min左右降低到20r/min或10r/min。

4.4.2.5　大规模、高强度、长距离制浆与供浆

锦屏一级水电站左岸灌浆施工部位多，灌浆量大，持续时间长，地下洞室埋深大，导致供浆范围广，供浆战线长，需要建立可靠的制浆供浆系统，保障本标钻孔灌浆工程的顺利进行。针对现场可布置条件、灌浆范围分布、灌浆工程总进度及用浆需求量、交通通道布置、浆液输送距离限制、隧洞开挖顺序、混凝土衬砌顺序等特点，结合常规制浆站效率低下、人力资源投入较大、制浆质量和配合比精度不高、占地面积大、扬尘及噪声难以控制等因素，在高程1885m平台建立了4500t级智能化环保型集中制浆，以保证制浆能力。

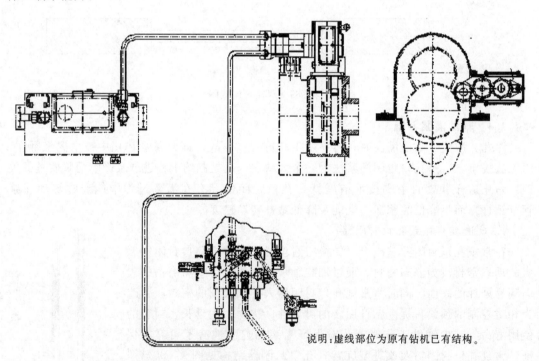

说明：虚线部位为原有钻机已有结构。

图4-92　地质钻机低速回转机构增加构件示意图

自动化集中制浆系统工艺流程如下：

水泥储存仓→螺旋输送机送灰→称量系统限量→加水及投灰入高速搅拌机→拌制浆液→放浆至储浆设备→送浆泵运输至一级中转站→二级或多级中转站→灌浆站。

4.4.2.6 软弱岩体灌浆工艺

1. 钻孔孔斜质量控制

（1）孔斜产生原因。孔斜作为钻孔事故产生的原因较多，视其主客观因素可归纳为地质条件不良、技术条件不适宜、操作方法不当等3个方面。

（2）发生孔斜后产生的影响：①容易产生塌孔事故；②大大降低钻进效率；③帷幕幕体不连续，影响帷幕灌浆质量。

（3）孔斜的预防措施：①选择性能稳定的钻机；②钻机安装、固定牢固；③开孔及孔口管安装要精确；④严格控制20m内孔斜，并勤测斜；⑤钻孔机具符合规格、勤检查；⑥孔深时注意减压钻进；⑦定期校准测斜工具。

（4）孔斜的处理措施：①扩孔纠偏措施；②短钻具法；③变径钻孔法；④回填扫孔法。

2. 帷幕灌浆"铸钻"事故预防措施

（1）采用改进型旋转式孔口封闭器。可实现"边灌浆、边旋转钻杆"目的，以减小浆液在钻杆接手及钻杆表面附着沉淀，防止浆液凝住钻杆，减小"铸钻"事故发生；同时可以提高孔口封闭器的密封性，防止漏浆，且有效提高孔口封闭器胶球的使用时间，节约成本。

（2）降低钻杆回转速度。避免孔内浆液成分在钻杆高速转动情况下，浆液性能发生改变，降低"铸钻"风险。

（3）灌浆末段灌浆工艺调整。铸管事故主要发生在灌浆的结束阶段，而灌浆结束阶段的主要目的是对已注入裂隙中的浆液实施压力泌水，浆液在孔内是否循环并无影响。对于可能发生铸管事故的孔段，例如深孔、高灌浆压力、注入率和注入量大、以浓浆结束的孔段，从灌浆进入结束阶段时起，可采用上提钻杆（灌浆管）到孔口，或提离孔底一定高度，全孔或部分孔段改为纯压式灌浆，持续灌注直至达到结束条件。这种方法既可防止铸管事故，又不会影响灌浆质量。其次，进入灌浆结束阶段以后，可将孔内浓浆置换成1∶1的稀浆，直至达到结束条件，这种方法也可以有效降低铸钻风险，见图4-93。

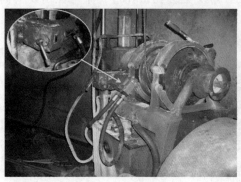

图4-93 现场使用照片

3. 廊道内灌浆预埋管

采用型钢制作一种定位架结合水平尺、地质罗盘进行安装，以保证固结灌浆预埋管安装精度，并大大提高预埋进度，见图4-94。

图 4-94　现场预埋管安装示意图

　　预埋管安装前，先将定位架采用铺设木模板垫至大致水平，再采用定位架腿上的微调螺母结合水平尺将定位架调制水平状态。然后将钢管紧贴定位架上的定位器，将钢管点焊固定，最后采用地质罗盘校核并将钢管固定牢固。边墙上的预埋管管口与模板接触部位，采用红色油漆进行标示，方便拆模后查找预埋管安装部位。

　　4. 上仰孔封孔工艺

　　锦屏一级水电站左岸基础处理工程灌浆部分分为抗力体固结灌浆、帷幕灌浆、回填灌浆及排水孔工程。抗力体固结灌浆按环（排）间距 3m 或 4m，分大小环全断面布置，边墙及底板固结灌浆孔多数均为下倾孔，边墙与顶拱交界线以上为上仰孔；搭接帷幕孔边墙上半部分为上仰孔，其他为下倾孔。在进行固结灌浆及帷幕灌浆上仰孔封孔时容易发生封孔不密实的现象，影响灌浆质量，为进一步提高灌浆孔的封孔施工质量，对封孔施工工艺、方法进行改进及现场严格的封孔质量控制，解决上仰孔封孔过程中可能出现的问题，保证封孔质量。见图 4-95、图 4-96。

　　5. 大规模、高强度钻孔、灌浆施工期废水处理

　　针对施工中带来大量施工废水、废浆，为保证施工的污水不对周围水环境造成不利影响，促进环境保护工作，必须对施工期间产生的废水、废浆排放措施合理规划，在遵循经济合理的原则进行排污系统布置，最后集中处理，达标后排放。根据现场实际情况，各施工层污水处理系统采用三级沉淀池进行沉淀处理，污水由各工作面泵送至集污坑，再由污水泵泵送至相应的污水处理系统，进行第一级沉淀池，沉淀后进行第二级沉淀池，再进第三级沉淀孔，达标后进行统一排放。基本处理工艺流程见图 4-97。

4.4.2.7　灌浆质量检查

　　（1）固结灌浆质量检查方法。固结灌浆质量评价主要以灌后岩体声波波速值及透水率为主，钻孔变模为辅，结合钻孔全孔图像、检查孔芯样、灌浆施工成果等综合进行评价；对于一些特殊部位，增设对穿声波测试孔进行辅助测试的方法进行评价。

　　（2）帷幕灌浆质量检查方法。帷幕灌浆质量检查以压水试验成果为主，结合钻孔、

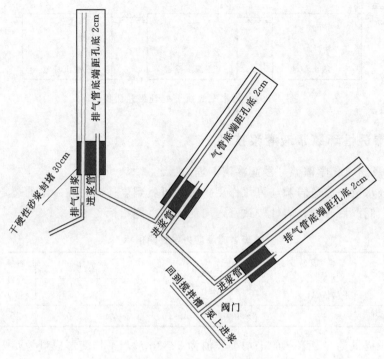

图 4-95　群孔封孔示意图

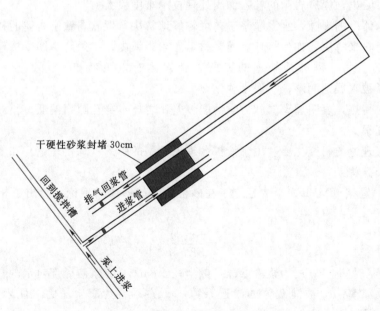

图 4-96　单孔封孔示意图

取岩芯资料、灌浆记录等综合评定其质量，在断层、岩体破碎、裂隙发育等地质条件复杂部位进行的帷幕灌浆，灌后质量检查还进行包括钻孔全景图和声波波速项目的物探检测。

图 4 - 97　污水三级沉淀处理工艺流程图

4.4.3　高渗透性环氧浆液灌浆技术

4.4.3.1　环氧材料化学灌浆"浸润渗灌"理念

锦屏一级水电站煌斑岩脉经风化作用，表观可看到岩体内存在一定的裂隙；岩体易被水展铺润湿，润湿后软弱，岩性较致密，灌前力学性能指标见表 4 - 14。

表 4 - 14　　　　　　　　　　煌斑岩脉灌前力学性能指标

岩　　类		岩体声波纵波速度 V_{pm} 平均值/(m/s)	钻孔变形模量 E_0	单位透水率/Lu	抗剪强度		岩体完整性系数 K_v	泊松比
					C/MPa	tgα		
煌斑岩脉	灌前		1.0～3.0	1～10	0.4	0.60	≤0.29	

勘探阶段提供的煌斑岩脉的平均声波值为 3289m/s，平均变形模量为 0.72GPa，渗透系数 $K = n \times (10^{-4} \sim 10^{-6})$cm/s。

由上表可看出，煌斑岩脉的补强加固处理技术难度极大。

煌斑岩脉体中的裂隙，水泥灌浆工艺可较好地解决；但软弱致密岩体的补强加固必须由环氧灌浆材料来解决。如何将环氧灌浆材料灌入岩体内，必须解决灌浆机理问题。通过对岩样的试验分析，需补强处理的煌斑岩脉岩体有以下特点：①孔隙率为 3.5%～8.15%；②易被水展铺润湿；③遇水软化。

根据以上特点，表明煌斑岩脉力学性能较差，岩体本身孔隙率偏低，相对致密，采用灌浆补强难度很大。

化学灌浆理论的研究主要利用浆液扩散理论模型的引入（马格理论）和浆液浸润理论的引入（杨氏方程）。

1938 年，马格（Maag）首先建立了在砂土层的球形渗透理论，给出了相应的计算公式，见式（4 - 11）：

$$t = \frac{r_1^3 \beta n}{3K h_1 r_0} \tag{4 - 11}$$

式中：t 为灌浆时间，s；r_1 为浆液渗透扩散半径，cm；β 为浆液黏度对水的黏度比；n 为被灌载体的孔隙率；K 被灌载体的渗透系数，cm/s；h_1 为灌浆压力（厘米水头），cm；r_0 为灌浆管半径，cm。

分析上式，可看出，浸润渗透灌浆，要解决好被灌载体为均质且各向介质同性的地层或岩体的补强加固问题，就是要通过灌浆压力，利用浆液的高渗透性能，在压力作用下，经历一个时间适宜的灌浆历时，取得一个适宜的渗透扩散半径，使浆液渗入到岩体的孔隙或裂隙中去，浆液固化后达到补强或防渗的作用。

　　基于对化学灌浆机理的认识，施工中选择、配制的环氧灌浆材料，应具有黏度低（切应力 τ 小，流动性好）、表面张力小、接触角小、润湿铺展能力强的特点。灌浆时，在灌浆压力的引导下，控制灌浆速率，灌浆时间要足够，并进行充分的渗透浸润。

　　通过现场试验研究，采用化学灌浆处理软弱低渗透地层时，提出了"浸润渗灌"的化灌理念，取得了良好的效果。

4.4.3.2　新型化学灌浆材料

　　1. 化学灌浆选材方法的建立

　　针对不同厂家的高渗透环氧浆材进行室内模拟灌浆试验、浆材性能试验等研究，并结合杨氏方程理论，选择出适合施工要求的最佳化学浆材及最优施灌配比，以保证化学灌浆质量。

　　根据杨氏方程：

$$\gamma_{SG} - \gamma_{SL} = \gamma_{LG}\cos\theta \qquad (4-12)$$

式中：γ_{SL} 为液-固界面的表面张力；γ_{SG} 为气-固界面的表面张力；γ_{LG} 为气-液界面的表面张力；θ 为接触角。

　　杨氏方程参数如图 4-98 所示。

　　通过对该方程分析，总结出浆液的接触角 θ 越小，其对固体的润湿展铺能力将越强，因此化学灌浆材料必须满足 $\theta<90°$，以 $10°<\theta<25°$ 为宜，表面张力小于 35 mN/m。

　　2. 灌浆材料及灌浆配比的优选

　　(1) 根据低接触角原则，并结合对不同化学灌浆材料进行室内模拟试验，检测

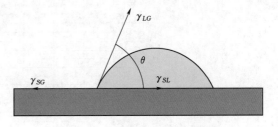

图 4-98　杨氏方程参数示意图

其 28d 后的力学指标，根据试验成果，优选出适宜的化学灌浆材料。

　　(2) 通过化学浆材室内浆材性能试验，测量其密度、起始黏度（初始黏度小于 15MPa·s 为宜）、可操作时间、初凝时间和 28d 浆液固结体的力学性能指标包括抗压强度、抗拉强度、黏结强度、抗渗性等，试验配制适宜的灌浆配比。

　　(3) 在新型的固化体系下环氧浆材的初始黏度约为 14MPa·s，可操作时间（达到黏度 100MPa·s 时）约为 30h，首次使用了浆液 "η-t" 的概念，当浆材黏度达到 100MPa·s 时，浆材的可灌性就大大降低，对断层及层间挤压错动带不能进行很好的浸润渗灌。

　　同时开展相同及不同配比的环氧树脂灌浆浆材，在相同及不同的环境条件下的 η-t 变化曲线走势情况（见图 4-99），为现场化学灌浆施工作业提供筛选试验的技术数据，供对比选优使用。

　　3. YDS-7 型系列环氧灌浆材料研发和性能指标

　　对用于煌斑岩脉类软弱低渗透地层的环氧灌浆材料，应当满足以下要求：初始黏度低、胶凝后干缩量低、表面张力适宜、接触角小、铺展润湿能力强、灌浆可操作时间长、胶凝物力学性能好、稳定性优良等。

　　在 YDS 型系列环氧灌浆材料的基础上，研究配制生产了 YDS-7 环氧灌浆材料，适

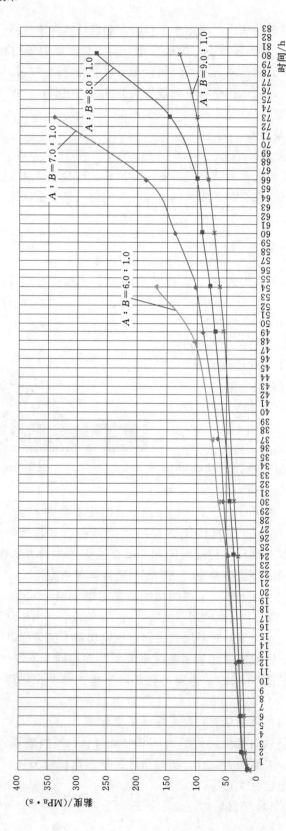

图 4 - 99　$\eta - t$ 曲线

用于煌斑岩脉化学灌浆处理。其主要原材料为：环氧树脂、丙酮、糠醛、二乙烯三胺和YDS添加剂。

浆材物理性能：在环境温度20℃时，初始黏度为2.5～12.5MPa·s；表面张力为32.28N/m；接触角为1°～16°；胶凝后线性干缩量为0.32%～0.58%。

YDS-7环氧灌浆材料力学性能指标见表4-15。

表4-15　　　　　　　　　　YDS-7环氧灌浆材料力学材料性能指标表

材料 型号	密度 /(g/cm³)	初凝时间 35℃/h	起始黏度 /(MPa·s)	抗压强度 /MPa	抗拉强度 /MPa	压剪强度 /MPa	黏结强度 （干/湿）/MPa
YDS-7	1.07 ±0.02	≤72	3.50 ±0.05	≥60	≥7.0	≥20	≥5.0/4.0

4. 现场取样室内试验研究

岩样室内试验采用了浸泡法，即将经水饱和的岩样放入环氧浆液内浸泡，试验温度为18℃恒温，浸泡8～10d待浆液初凝后取出，在恒温18℃条件下养护100d，制作样品进行力学性能试验。

经YDS-7型号材料室内浸泡试验岩样图片见图4-100。

图4-100　YDS-7型号材料室内浸泡后的岩样

煌斑岩脉经YDS-7材料浸泡后岩体取样性能测试结果见表4-16。

表4-16　　　　　　　YDS-7材料室内浸泡试验岩石物理力学性能测试成果表

试件编号	抗压强度 /MPa	压剪强度 /MPa	抗压变模 /GPa
1-1	36.4	12.4	8.01
1-2	41.8	17.6	9.21
1-3	39.5	15.3	8.86
2-1	68.6	41.9	19.97
2-2	60.3	34.2	13.10
2-3	61.3	33.6	13.69

4.4.3.3　化学灌浆材料快检制度的建立

利用化学材料反应速率与反应温度成正相关特点，建立与之适应的反应温度环境，找到化学浆材固化反应的最短时间，制定出相适应的快速检测规程，详细操作程序见图4-101。

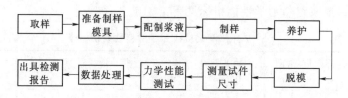

图4-101　化学灌浆材料快速检测操作程序图

其快速检测流程为：试件制样→（23±2）℃恒温下养护1d→升温至（33±0.5）℃恒温养护7d→降温至（23±2）℃冷却1d。部分配比检测成果统计对比见表4-17。

表4-17　　　　　　　　　　环氧树脂化学灌浆材料力学性能测试成果对比

序号	检测项目		设计技术要求	本课题测试		贵阳院检测	备注
				28d	9d		
				最大值～最小值、平均值	最大值～最小值、平均值		
1	抗压强度/MPa		≥60	89.3～85.9、86.8	88.6～86.7、87.2	87	
2	抗拉强度/MPa		≥20	25.3～24.2、24.7	26.1～24.2、25.1	26	
3	拉伸剪切强度/MPa		≥5.0	9.8～8.9、9.4	9.9～9.2、9.6	9.5	
4	黏结强度/MPa	干黏	≥4.0	4.7～4.4、4.6	4.8～4.5、4.6	4.5	配比6:1
5		湿黏	≥3.0	4.3～3.9、4.1	4.3～3.8、4.0	4.0	
6	抗渗压力/MPa		≥1.2	1.6～1.2、1.4	1.5～1.3、1.4	1.4	
7	抗渗压力比		≥300	375～325、350	375～325、350	350	

快速检测成果与第三方检测成果基本吻合，说明快速检测方法是合理的、有效的，为今后类似工程的开展提供材料检测依据及经验佐证。

4.4.3.4　岩体孔隙率与可灌性的分析研究

针对岩体的不同密实度，将其制样，并进行孔隙率测定，再将试样放置在自制的试验装置中进行排水、渗浆灌注试验，了解在不同孔隙率的情况下，岩体的可灌性情况，以便指导现场灌浆施工，保证灌注效果。

试验装置及试验情况见图4-102，试验后成型岩样见图4-103。

通过对岩体可灌性的研究及相关试验，结合所确定的灌浆机理及研发的高渗透材料，在用于孔隙率大于4.0%的岩体，将取得较好的可灌性。试验结论如下：

（1）岩体的孔隙率不小于6.0%，岩体可灌性良好。

（2）岩体的孔隙率介于4.0%～6.0%，岩体可灌性较好。

（3）岩体的孔隙率小于4.0%，岩体可灌性差。

综上所述，通过对马格理论、杨氏方程等的分析和现场试验研究，总结出在灌浆浆材

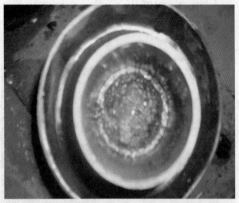

图 4-102　试验装置及试验情况

确定的情况下，灌注历时越长，浆液扩散半径越大，灌注质量将越好；浆材的润湿铺展能力越好，对岩石的渗灌效果越佳，从而建立了"长历时、低速率、浸润渗灌"的灌浆方法，保证了灌浆质量。

4.4.4　水泥-化学复合灌浆

针对大面积不连续间隔分布软弱低渗透破碎带（渗透系数在 $K = N \times 10^{-5}$ cm/s 左右）的处理，主要存在以下问题：大面

图 4-103　试验后成型岩样

积开挖置换，将大幅提高边坡开挖规模，增大施工成本，降低施工效率，并增大工程安全风险；采用水泥灌浆处理，仅能对地层较宽大的裂隙（水泥灌浆一般对 0.2mm 以上的裂隙有效）进行充填，对软弱低渗透地层，无法达到预期的处理效果；仅采用化学灌浆处理，能有效充填岩层中细微裂隙，且对软弱、致密、渗透性极低断层带能有效地灌注，但其材料成本过高。

为了对软弱低渗透破碎带进行经济、有效地处理，提出采用水泥-化学复合灌浆技术。水泥-化学复合灌浆是在普通水泥灌浆与化学灌浆的技术基础上发展起来的新技术，首先利用湿磨细水泥浆液对岩体内存在的裂隙进行充填，在岩体中构建水泥结石骨架，再采用化学灌浆对软弱低渗透破碎带进行处理，以达到补强加固和节约成本的目的。

4.4.4.1　软弱断层带水泥-化学复合灌浆试验

由于锦屏一级水电站左岸抗力体既存在深部裂缝、弱卸荷岩体，又有断层、煌斑岩脉等软弱破碎带，如果采用单一高压水泥灌浆，无法有效提高其物理力学指标。因此，通过现场水泥-化学复合灌浆试验研究，掌握岩体的整体性、防渗性、刚度等指标的提高幅度和对岩体力学性能的影响规律，优化坝基地质缺陷灌浆处理方法。

针对左岸煌斑岩脉、f_2 断层、f_5 断层、22 号坝段断层等 $\mathbb{IV}_2$ 级岩体条带（见图 4-104）

进行水泥-化学复合灌浆试验，对试验结果采用现场孔内弹模、声波测试，室内物理力学
试验及扫描电镜（SEM）等多种手段进行了检测分析，以评测灌浆对岩体渗透性、强度、
细观结构等指标的改善效果。

图 4-104　地层岩性及地质结构分布图

1. 水泥-化学复合灌浆方案

（1）水泥灌浆。水泥灌浆采用自上而下、孔口封闭、孔内循环方式，灌浆材料为普通
硅酸盐 P·O42.5 水泥浆液，浆液水灰比采用 2∶1、1∶1、0.7∶1、0.5∶1（重量比）4
个比级，开灌水灰比为 2∶1，特殊情况下使用水泥砂浆，水泥砂浆配合比采用水∶灰∶
砂＝0.5∶1∶1。灌浆段长及压力见表 4-18、表 4-19。

表 4-18　　　　　　　　　　水泥灌浆压力（断层）

段次	1	2	3	以下各段
Ⅰ序孔灌浆压力/MPa	1.0	2.0	3.0	5.0
Ⅱ、Ⅲ序孔灌浆压力/MPa	1.0~1.5	2.0~2.5	3.0~3.5	5.0

表 4-19　　　　　　　　水泥灌浆段长及灌浆压力（煌斑岩脉）

灌浆段次	1	2	3	4	5	6	7	8
段长/m	2	3	5	5	5	5	5	5.8~6.8
灌浆压力/MPa	1.0	2.5	3.5	5	5	5	5	5

（2）化学灌浆。化学灌浆实施孔口封闭、纯压式灌浆工艺，断层区使用 JX 环氧树脂
系列浆材，煌斑岩脉区采用 YDS 高渗透性环氧系浆材。

灌浆段长及压力见下表，在设计灌浆压力下，注入率小于或等于 0.01~0.05L/min
后持续灌浆 30min，可结束灌浆。灌浆段长及压力见表 4-20、表 4-21。

表 4-20　　　　　　　　化学灌浆孔灌浆段长及压力（断层）

灌浆段次	1	2	3	4	5 段及以下
段长/m	2	2	3	3	5
灌浆压力/MPa	0.8~1.0	1.5	2.5	3.0	3.0~3.5

表 4-21　　　　　　　　　　化学灌浆段长及灌浆压力（煌斑岩脉）

灌浆段次	1	2	3	4	5	6	7	8
段长/m	2	2	3	5	5	5	5	5～5.5
灌浆压力/MPa	1.0	2	2.5	3.0	3	3	3	3

图 4-105～图 4-107 为灌浆后现场取样的岩芯。

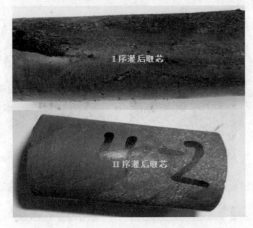

图 4-105　F₂断层灌后岩芯图像　　　　图 4-106　F₅断层泥质岩灌后岩芯图像

图 4-107　22 坝段化灌送检部分岩芯

（3）水泥、化学浆材施灌界限。

为保证对低渗透破碎地层处理的有效，且有良好的经济效益，水泥-化学复合灌浆二者施灌界限如下：

1）当灌前压水试验透水率小于 1Lu，直接进行化学灌浆。

2）当灌前压水试验透水率大于 1Lu，先进行水泥灌浆，在满足透水率小于 1Lu 后，再进行化学灌浆。

2. 灌后检测及效果

从复合灌浆的有效性、复合灌浆对处理断层岩体强度和渗透性能的作用等角度出发，采用物理、化学试验等手段，对比分析灌前灌后渗透性、岩体强度、细观结构等物理指标，通过物理化学理论分析，对灌浆效果进行了深入分析。

（1）现场灌浆效果及声波检测。为检测灌浆效果，进行了现场钻孔电视录像、声波测试和钻孔变模试验。钻孔电视录像、声波测试、钻孔变模是目前检测岩体灌浆效果的常用手段。钻孔电视录像是应用电视技术观察钻孔壁地质情况的一种测井方法，声波测试技术是利用检测声波信号参数在岩石内部的变化来间接了解岩石的物理力学特性，钻孔变模则通过计量孔内施加的径向压力与变形来计算岩体弹性模量。

1）断层。复合灌浆后，f_5断层及其影响带（$Ⅳ_2$级）岩体钻孔全景录像如图4-108所示。

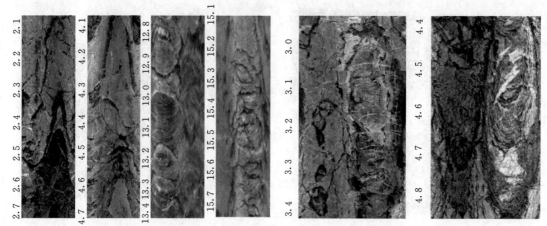

（a）f_5断层水泥灌浆后典型钻孔电视录像　　　　　　（b）f_5断层化灌后典型钻孔全景录像

图4-108　f_5断层岩体钻孔全景录像

从图4-108（a）中可以看出，原岩裂隙有明显浆液充填痕迹，可见明显水泥结石，但水泥灌后检测孔孔壁仍粗糙。从图4-108（b）中可以看出，经过复合灌浆后，检测孔孔壁粗糙～较粗糙，原岩中裂隙有明显水泥结石及化学胶结物，浆液沿裂隙呈脉状、树枝状及网状裂隙充填，浆液不仅充填了岩体内部的孔洞和裂隙面，还和岩石形成了有机的整体。

灌后测出f_5断层单孔声波速度及变形模量参数见表4-22。

表4-22　　　　　　　　　　f_5断层单孔声波速度及变形模量参数特征

岩性岩级	灌　序	声波速度 V_p/(m/s)				变形模量 E_0/GPa		
		平均值	大值平均	小值平均	K_v	平均值	大值平均	小值平均
f_5断层（Ⅴ级）	灌前	2664	4232	2391	0.17	—	—	—
	水泥灌后	4789	5021	4590	0.54	2.7	2.7	0
	化学灌后（28d）	4858	5371	4217	0.56	2.6	3.1	1.6
	化学灌后（56d）	5062	5552	4427	0.61	3.8	5.0	2.8
f_5断层影响带（$Ⅳ_2$级）	灌前	4662	5323	3569	0.51	4.5	4.5	0
	水泥灌后	5301	5733	4725	0.67	5.1	5.1	0
	化学灌后（28d）	5447	5699	5104	0.7	5.6	8.5	2.8
	化学灌后（56d）	5557	5868	5142	0.73	6.7	11.7	3.3

从声波波速来看，对于 f_5 断层破碎带，水泥灌浆由灌前的 2664m/s 提高到灌后的 4789m/s，提高幅度达 80%，水泥灌浆对提高 f_5 断层的声波作用较大，但化学灌浆对水泥灌浆后岩体声波提高幅度小，仅 1%～5%；而对于 f_5 断层影响带，水泥灌浆由灌前的 4662m/s 提高到灌后的 5301m/s，提高幅度 14%，化学灌浆在水泥灌浆后的基础上提高幅度仅 3%～5%。从中可以看出，水泥灌浆对 f_5 断层影响带声波提高较明显，化学灌浆对改善 f_5 断层破碎带及影响带的波速作用不大，因为水泥灌浆就能有效充填于碎块间，提高了岩体的密实度。化学灌浆浆液仅充填、胶结于岩块间，未能渗透于岩石中，化学灌浆对岩体声波改善较小。

从 f_5 断层钻孔孔内变形模量统计分析表明，对于 f_5 断层破碎带，水泥灌浆后孔内变形模量在 2.7GPa 左右，化学灌浆 28d 后 1.6～3.1GPa，化学灌浆 56d 后 2.8～5.0GPa，而对于 f_5 断层影响带，水泥灌浆后孔内变形模量由 4.5GPa 提高到 5GPa 左右，化学灌浆 28d 后 2.8～8.5GPa，化学灌浆 56d 后 3～11.7GPa，由此可以看出，对于 f_5 断层带，水泥灌浆效果要大于化学灌浆效果，通过复合灌浆技术，岩体质量明显变好，岩体完整性大大提高，岩体变模已达到建基岩体要求。

2）煌斑岩脉。复合灌浆后，煌斑岩脉及周岩体体（IV_2 级）岩体钻孔全景录像如图 4-109 所示。

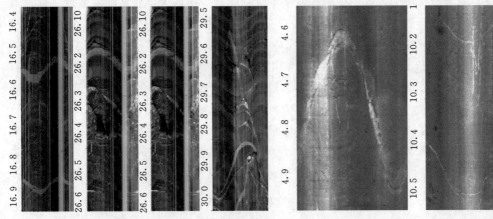

（a）煌斑岩脉水泥灌浆后典型钻孔电视录像　　　（b）煌斑岩脉化灌后典型钻孔全景录像

图 4-109　煌斑岩脉岩体钻孔全景录像

从图 4-109（a）中可以看出，水泥灌后煌斑岩脉岩体和砂板岩中张开裂隙有明显浆液充填迹象，但局部充填不密实，因此，仅仅通过水泥灌浆，岩体裂隙并不能得到有效充填，岩石内部仍然存在少量的微孔洞或裂纹；从图 4-109（b）中可以看出，化灌后煌斑岩脉岩体和砂板岩中张开裂隙充填较密实，部分被充填的裂隙明显呈黄色，说明化学灌浆后，浆液和岩石内部微裂纹、孔洞等面的接触及咬合较好，大大提高了岩体质量。

灌后测出煌斑岩脉单孔声波速度及变形模量参数见表 4-23。

从钻孔单孔声波波速检测结果表明，煌斑岩脉水泥灌浆前后声波波速平均值变化较小，由灌前的 3262m/s 提高到灌后的 3388m/s，提高幅度仅 4%，但化学灌浆 30d 后与灌前原岩体相比，声波波速平均值变化较大，由灌前的 3262m/s 提高到灌后 30d 的 4322m/s，

表 4－23　　　　　　　　煌斑岩脉单孔声波速度及变形模量参数特征

灌　序		声波速度 V_p/(m/s)				变形模量 E_0/GPa		
		平均值	大值平均	小值平均	K_v	平均值	大值平均	小值平均
灌前		3262	3799	2841	0.25	0.72	0.99	0.45
水泥灌后		3388	3820	2938	0.27	1.44	1.98	1.1
化学灌浆后	30d	4322	4630	3957	3.52	3.52	5.27	2.2
	60d	4353	4703	3954	3.42	3.42	5.33	2.2
	90d	4095	4346	3882	3.26	3.26	4.12	2.63

提高幅度达 32%。因此，可以看出，水泥灌浆对提高煌斑岩脉的声波作用不大，化学灌浆后声波波速主要集中在 3000～5000m/s，消除了小于 3000m/s 的低波速带，局部高达 5000m/s 以上，表明化学灌浆对弱～强风化煌斑岩脉的物理力学性能改善比水泥灌浆要大。

从孔内变形模量检测结果表明，煌斑岩脉水泥灌浆后孔内变形模量由灌前的 0.72GPa 提高到灌后的 1.44GPa，增加幅度 100%；复合灌浆后孔内变形模量由灌前的 0.72GPa 提高到灌后 30d 的 3.52GPa，提高幅度达 390%；复合灌浆 30d、60d、90d 后孔内变形模量对比分析，随着龄期增加，孔内变形模量基本无变化。分析认为：经水泥灌浆后，煌斑岩脉及周边岩体裂隙得到了水泥的有效充填，变形模量有增加，但仍然较小；复合灌浆对弱～强风化煌斑岩脉的变形模量改善较大。

（2）孔隙率测定。在试验过程中，可以用渗透率和渗透系数来表达岩石的渗透性能，但渗透率和渗透系数是两个不同的概念，渗透率多用于石油领域（地热、石油），而渗透系数多用于岩土领域（水文地质学）。

渗透率的物理意义是流体在孔隙介质中渗透时，当量的孔道截面积大小。渗透率的单位为 cm³，称为达西（D），在实际应用中，多采用毫达西（mD），即千分之一达西。渗透系数的量纲为（长度/时间），渗透率的量纲为（长度）²，两者的关系为

$$K = \frac{\rho g q}{\mu} \tag{4-13}$$

式中：K 为岩石的渗透系数；q 为岩石的渗透率；ρ 为流体的密度；g 为动力加速度；μ 为流体的黏滞系数。

试验的流体采用水，ρ 为 1g/cm³；g 为 9.81m/s²；水的动力黏滞系数为 0.839×10^{-3}Pa·s。

试验测得的 3 组岩样孔隙度、渗透率和渗透系数如表 4－24 所示。

表 4－24　　　　　　F₂断层化学灌浆后岩石的渗透力学特性

样品编号	孔隙度/%	液体渗透率/(m/d)	渗透系数/(cm/s)
1-1	14.73	0.0112	1.34×10^{-6}
1-2	14.64	0.00927	1.11×10^{-6}
2-1	17.78	0.0243	2.92×10^{-6}

样品编号	孔隙度/%	液体渗透率/(m/d)	渗透系数/(cm/s)
2-2	18.32	0.03327	3.99×10^{-6}
3-1	26.92	0.219	2.62×10^{-5}
3-2	20.50	0.145	1.74×10^{-5}

从试验结果可以看出，采用气体孔隙度测定方法得到的岩石孔隙度均较大，强风化岩石 A 组的孔隙度相对较小，在15%左右；强风化岩石 B 组的孔隙度在18%左右；炭质绿片岩的孔隙度在21%～27%，岩石孔隙度较大。

从岩石的渗透系数可以看出，岩石的孔隙率和渗透系数基本呈正相关关系，即孔隙度越大，渗透系数越大。强风化岩石 A 组的渗透系数与强风化岩石 B 组比较接近；炭质绿片岩的渗透系数比强风化岩石要大一个量级。

试验结果表明，强风化岩石 A 组的渗透系数为 1.11×10^{-6}～1.34×10^{-6} cm/s；强风化岩石 B 组的渗透系数为 2.92×10^{-6}～3.99×10^{-6} cm/s；炭质绿片岩的渗透系数为 1.74×10^{-5}～2.62×10^{-5} cm/s。以下利用规范中对岩石渗透系数等级的分类来评价 F_2 断层灌浆岩石的渗透力学性能。《水利水电工程地质勘察规范》（GB 50487—2008）岩土体的渗透性分级见表 4-25。

表 4-25　　　　　　岩土体渗透性分级

渗透性等级	渗透系数 K/(cm/s)	透水率 q/Lu
极微透水	$K<10^{-6}$	$q<0.1$
微透水	$10^{-6}\leqslant K<10^{-5}$	$0.1\leqslant q<1$
弱透水	$10^{-5}\leqslant K<10^{-4}$	$1\leqslant q<10$
中等透水	$10^{-4}\leqslant K<10^{-2}$	$10\leqslant q<100$
强透水	$10^{-2}\leqslant K<1$	$q\geqslant100$
极强透水	$K\geqslant1$	

结合表 4-24 和表 4-25 可以看出，F_2 断层灌浆后强风化岩石的渗透系数 10^{-6} cm/s $<K<10^{-5}$ cm/s，属于微透水岩石，比较接近于极微透水岩石，透水性非常差；对于炭质绿片岩来说，其渗透系数 10^{-5} cm/s $<K<10^{-4}$ cm/s，属于弱透水岩石，且比较接近于微透水岩石，透水性比较差。

（3）抗压强度测定。按《水电水利工程岩石试验规程》（DL/T 5368—2007）将岩芯制成高 100mm、直径 50mm 的圆柱形试件，在 MTS815 岩石与混凝土高温高压及破坏力学试验系统上完成岩石强度变形的检测。每种岩样均分为天然状态和饱和状态（自由水法饱和）进行测试。试验采用轴向位移控制，加载速度为 0.1mm/min。

灌后岩石的抗压强度受岩性的影响较大。天然状态下，风化绿片岩的强度最高为 42.78MPa，黑色碳化片岩夹大理炭块的岩样强度最低为 20.71MPa。风化片岩、糜棱岩和黑色碳化片岩的强度介于两者之间分别 30.89 MPa、24.70MPa。F_2 断层岩石变形模量天然状态下介于 6.31～9.15GPa，饱和状态下处 5.12～7.78GPa 范围内。F_2 断层岩石在饱和条件下，强度均有所下降。软化系数风化绿片岩的最高为 0.88，黑色碳化片岩夹大理炭块最低仅为 0.61。黑色碳化片岩与风化片状岩、糜棱岩接近，分别为 0.74 和 0.71。F_2 断层化学灌浆处理后岩石强度变形指标如表 4-26 所示。

表 4-26　　　　　　　　　F_2 断层化学灌浆处理后岩石强度变形指标

岩样	峰值强度/MPa	峰值应变	弹性模量/GPa	泊松比
1-1	23.82	0.0033	8.709	0.261
2-1	19.32	0.0045	5.797	0.318

（4）抗剪参数测定。根据岩样取芯情况，对风化绿片岩采用三轴试验测定岩石的抗剪强度参数，试验中，对 4 个试件分别加 5MPa、10MPa、15MPa 及 20MPa 围压，保持围压不变，以 0.1mm/min 的加载速度直至试件破坏。其余岩样采用岩土力学多功能试验仪进行直剪试验。试验时，保持法向荷载不变，施加水平荷载直至试件被剪坏。因为岩体是含软弱结构面的地质体，岩体的抗剪强度取决于岩石的抗剪强度、弱面的抗剪强度以及岩体中弱面的分布等因素。故依据《水利水电工程地质勘察规范》（GB 50487—2008）规定，对水泥-化学复合灌浆后 F_2 岩土的抗剪强度进行估算。灌后 F_2 岩体较为完整，内摩擦角折减系数取 0.90，黏聚力折减系数取 0.25。F_2 断层岩体室内试验抗剪强度参数如表 4-27 所示。

表 4-27　　　　　　　　　　灌后岩石抗剪强度参数

岩性	抗剪强度		试验方法	规范取值	
	$\phi/(°)$	c/MPa		c/MPa	f
A	43.18	5.28	三轴压缩	1.32	0.81
B	45.76	4.99	直剪	1.25	0.87
C	42.78	3.6	直剪	0.9	0.8
D	46.54	5.97	直剪	1.49	0.9

由表 4-27 可知，水泥-化学复合灌浆后，F_2 岩体的抗剪强度 f 处于 0.81~0.9，达到灌前水平的 3.24~3.6 倍，满足工程要求（$f>0.8$）。黏聚力 c 从 0 提高至 0.9~1.49MPa，满足设计提出 $c>0.8$MPa 的要求。

灌后 F_2 断层岩石的破坏形态如图 4-110 所示，灌后风化绿片岩在三轴压缩条件下的破坏基本为剪切破裂。其余三种岩石在直剪条件下的破坏断口基本呈一水平面，但由于受

图 4-110　灌后岩石破坏形态

岩石内部结构不均匀及化学浆液颗粒的作用，断口部位有一定的起伏。

（5）灌后岩石细观特征检测。采用扫描电镜技术（SEM）来了解灌后岩石的内部细观结构特征。扫描电镜是利用细聚焦电子束在样品表面扫描时激发出来的各种物理信号来调制成像一种新型电子光学仪器。它具有制样简单、放大倍数可调范围宽、图像的分辨率高、景深大等特点。每组 3 块试样，分别取自岩石不同部位，制成 1cm×1cm 的薄层状块体进行试验。检测结果如图 4-111 所示。

图 4-111　灌后岩石细观特征

从电镜扫描对灌后岩石的检测结果来看，对孔隙度较大、节理裂隙发育的岩体，化学浆液能够有效地进入岩石内部，浆液有效的充填了结构面、微小空隙 [见图 4-111 (a) (b)]，并且和岩石表面产生了较好的连接，对岩石的完整性、强度及抗渗性能有较大程度的提高；但是由于岩性不同，化学浆液的充填效果亦有所差别，风化绿片岩等节理裂隙发育的岩体，宽度在 5μm 以上的空隙均被较好充填 [见图 4-111 (c)]。而黑色炭化片状岩由于没有明显的节理裂隙，且结构不利于浆液的扩散，发现局部未被完全充填的空洞 [见图 4-111 (d)]，但未超过 10μm，对此类岩来说也取得了较好的效果。内部空隙未被良好填充的黑色炭化片状岩其抗压强度为 24.70MPa，低于 F_2 断层岩体抗压强度的平均值 29.77MPa。抗剪强度 $f=0.8$，$c=0.9$MPa 明显低于 $f=0.845$，$c=1.24$MPa 的平均值。由此可见岩石的内部结构对水泥-化学复合灌浆效果具有重要影响。

3. 主要结论

（1）灌浆技术是岩体边坡加固，特别是水工建筑物基础加固中最常用的措施。通过有效的灌浆处理，能很大程度上提高岩体的整体强度和力学性能。水泥-化学复合灌浆由于施工简便、地质缺陷处理上的良好效果以及经济性，在工程中会得到了越来越广泛的应用。锦屏一级水电站拱坝左岸边坡的断层带充填岩体在高地应力下较为致密，普通水泥灌浆后无法满足要求，必须采用复合灌浆技术。

（2）从钻孔单孔声波波速检测结果表明，煌斑岩脉水泥灌浆前后声波波速平均值变化较小，由灌前的 3262m/s 提高到灌后的 3388m/s，提高幅度仅 4%；但化学灌浆 30d 后与灌前原岩体相比，声波波速平均值变化较大，由灌前的 3262m/s 提高到灌后 30d 的 4322m/s，提高幅度达 32%。

（3）从孔内变形模量检测结果表明：煌斑岩脉水泥灌浆后孔内变形模量由灌前的 0.72GPa 提高到灌后的 1.44GPa，增加幅度 100%；复合灌浆后孔内变形模量由灌前的 0.72GPa 提高到灌后 30d 的 3.52GPa，提高幅度达 390%。

（4）水泥-化学复合灌浆后，F_2 岩体的抗剪强度 f 处于 $0.81 \sim 0.9$，达到灌前水平的 $3.24 \sim 3.6$ 倍，满足工程要求（$f > 0.8$）。黏聚力 c 从 0 提高至 $0.9 \sim 1.49$MPa，满足设计提出 $c > 0.8$MPa 的要求。

（5）细观特征检测（电镜扫描 SEM）成果显示，化学浆液对 0.01mm 以上的微裂隙均能较好充填，由此可见该技术具有较强的渗透能力。同时，浆液的充填效果随岩性有较大差异，对于风化绿片岩、片状岩此类节理裂隙较为发育的岩石其内部分层面、颗粒缝隙均被较好的填充和黏结。而黑色炭化片状岩由于节理裂隙不发育，内部存在未被充填的空隙则较多。根据此成果，建议在进行水泥-化学复合灌浆之前应对断层岩体的岩性及细观结构进行准确辨别，假如存在不利于浆液扩散结构的岩体则应采取适当的措施如提高灌浆压力、延长时间等。

4.4.4.2　水泥-化学复合灌浆施工

以锦屏一级水电站左岸边坡煌斑岩脉加固处理为例。

1. 处理后煌斑岩脉物理力学性能要求

通过水泥-化学复合灌浆，要求处理后岩体需达到的设计指标见表 4-28。

表 4-28　　　　　　　　煌斑岩灌后物理力学指标

岩　类		岩体声波纵波速度 V_{pm} 平均值/(m/s)	钻孔变形模量 E_0	单位透水率/Lu	抗剪强度		岩体完整性系数 K_v	泊松比
					C/MPa	$tg\alpha$		
煌斑岩脉 X	灌前		$1.0 \sim 3.0$	$1 \sim 10$	0.4	0.60	$\leqslant 0.29$	
	灌后指标	$\geqslant 4200$	$\geqslant 5.0$	$\leqslant 1$	$\geqslant 0.8$	$\geqslant 0.8$	$\geqslant 0.60$	$\leqslant 0.35$

根据工程勘探阶段提供的煌斑岩体物理力学性能参数，灌前煌斑岩体的平均声波值为 3289m/s，平均变形模量为 0.72GPa，渗透系数 $K = N \times 10^{-5}$cm/s。

2. 施工工艺

水泥-化学复合灌浆施工工艺优化设计见图 4-112。

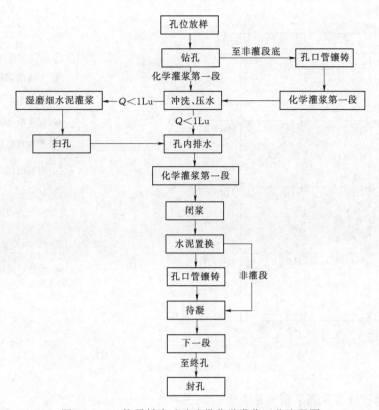

图 4-112　软弱低渗透破碎带化学灌浆工艺流程图

3. 复合灌浆施工

(1) 钻孔。使用 SGZ-ⅢA 型岩芯钻机，金刚石钻头钻进，水泥灌浆开孔孔径为 110mm，终孔孔径 76mm，镶铸 ϕ91mm 孔口管，孔口管长为进入岩体 4.0m；化学灌浆孔Ⅰ序孔开孔孔径 110mm，终孔孔径 76mm，镶铸 ϕ91mm 孔口管，孔口管为进入岩体 4.0m，Ⅱ序孔开孔孔径 76mm，终孔孔径不小于 56mm，镶铸 ϕ68mm 孔口管，孔口管长为进入岩体 4.0m；灌前检测孔、检查孔孔径 91mm。

(2) 布孔方式、孔距、孔深及孔位布置。网格型布孔；化学灌浆孔孔距 1.0m；水泥灌浆孔孔距 2.0m；水泥灌浆孔孔深 35.8~36.8m；化学灌浆孔孔深 33.0~33.5m。

孔位布置见图 4-113。

煌斑岩脉现场灌浆试验共布设水泥灌浆孔 9 个，钻孔深度均为深入岩石后 35.0m；化学灌浆孔 9 个，钻孔深度均为深入岩石 30.0m；所有钻孔的角度与煌斑岩脉倾向一致，钻孔顶角均为 70°。

(3) 灌浆分段及灌浆压力。水泥灌浆孔分段及灌浆压力见表 4-29。

表 4-29　　　　　　　　　　水泥灌浆孔分段及灌浆压力

灌浆段次	1	2	3	4	5	6	7	8
段长/m	2	3	5	5	5	5	5	5.8~6.8
灌浆压力/MPa	1.0	2.5	3.5	5	5	5	5	5

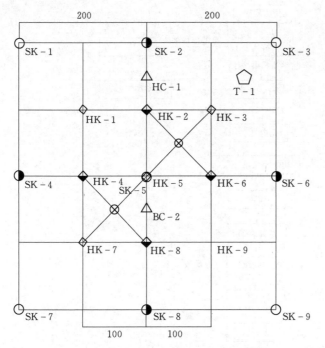

图例：
○　水泥灌浆 I 序孔
◐　水泥灌浆 II 序孔
◇　化学灌浆 I 序孔
◆　化学灌浆 II 序孔
⬠　抬动观测孔
△　灌前测试孔
⊗　检查孔

说明：1. 图中尺寸、桩号均以 cm 计；
　　　2. 本工程水泥灌浆孔共计 9 个；
　　　3. 本工程化学灌浆孔共计 9 个；
　　　4. 钻孔角度 70°（向右岸倾斜）。

图 4－113　灌浆孔位布置示意图

化学灌浆孔分段及灌浆压力见表 4－30。

表 4－30　　　　　　　　　化学灌浆孔分段及灌浆压力

灌浆段次	1	2	3	4	5	6	7	8
段长/m	2	2	3	5	5	5	5	5～5.5
灌浆压力/MPa	1.0	2	2.5	3	3	3	3	3

（4）水泥灌浆施工。

1）灌前测试。试区布置灌前测试孔 2 个，孔深 36.8m，进行钻孔取芯、声波、钻孔变模及进行孔内电视测试。

根据岩芯及孔内电视检测，揭露试区煌斑岩脉弱～强风化为主，发育不规则，起伏不平，陡裂隙发育，松弛张开。脉体两侧粉砂质板岩，岩体较破碎，裂隙发育，裂面普遍锈染、松弛，碎裂结构～镶嵌结构，为 IV₂ 级岩体，与煌斑岩脉接触处，岩体多破碎，呈碎裂结构，其煌斑岩脉多强风化。

根据测试孔声波测试，煌斑岩脉单孔声波波速较小，其波速 $V_p = 2840 \sim 3800 \text{m/s}$；

根据钻孔变模测试，煌斑岩脉孔内变形模量为 0.45～0.99GPa，平均值 0.72GPa。

2）水泥灌浆。

（a）水泥灌浆采用"孔口封闭、纯压式、自上而下、分序分段"施工。

（b）水泥灌浆采用岩芯钻机、金刚石钻头钻孔，每段钻孔完毕，进行钻孔冲洗和简易压水，简易压水根据施工实际情况可以结合裂缝冲洗进行。压水压力为灌浆压力的 80%，并不大于 1MPa，压水时间 20min，压水压力为灌浆压力的 80%，并不大于 1MPa，压水时间 20min。之后，进行水泥灌浆。

（c）水泥使用 P·O42.5R 普通硅酸盐水泥，水灰比采用 2:1、1:1、0.7:1、0.5:1 等 4 个比级，特殊情况下使用水泥砂浆，水泥砂浆配合比为水:灰:砂＝0.5:1:1。封孔采用 0.5:1 水泥浓浆，进行纯压式灌浆，封孔灌浆压力为该孔灌浆最大控制压力。

（d）在灌浆中有明显抬动时，降压控制在设计范围值（0.2mm）内。

（e）由于煌斑岩脉岩体内裂隙发育，岩体两侧粉砂质板岩破碎，裂隙发育，灌浆注入率较大，采取了限流、限压、间歇等措施。

单位耗灰量区间频率见表 4-31，单位注入量频率曲线见图 4-114。

表 4-31   单位耗灰量区间频率

序次	孔数	总注入量 /kg	单位耗灰量 /(kg/m)	段数	单位耗灰量区间频率/%				
					≤10	10~50	50~100	100~1000	>1000
Ⅰ	5	172405	616.61	40	—	5	12.5	67.5	15
Ⅱ	4	5225.7	151.91	32	6.25	28.12	18.75	46.88	—
合计	9	177630.7	565.88	72	2.78	15.28	15.28	58.33	8.33

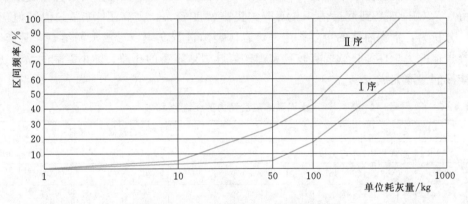

图 4-114   单位注入量频率曲线

从表 4-31 可看出，各序孔单位注入量随灌浆孔序的增进，有明显的递减，规律性明显；Ⅰ序孔单位注入量为 616.61kg/m，Ⅱ序孔单位注入量为 151.91kg/m，即 Ⅱ<Ⅰ；随孔序的增进，单位注入量递减明显，但单位注入量仍然较大，可分析为煌斑岩脉岩体内裂隙较多且较宽大，连通性较差。

3）水泥灌浆灌后检测。

（a）水泥灌浆后布置检查孔 2 个，孔深 30.5m，透水率检测结果如表 4-32 所示。灌前透水率部分 $q=30\sim100$Lu，部分 $q>100$Lu，属中等～强透水，灌后透水率 $q<1$Lu，个别 $q=1\sim3$Lu，属微透水。表明通过水泥灌浆，改善该试区 Ⅳ₂ 级岩体整体性、渗透性效果显著，达到化灌前对岩体透水性的要求。

（b）水泥灌浆前后钻孔单孔声波波速统计如表 4-33 所示，结果表明，水泥灌浆前后声波波速平均值变化较小，由灌前的 3262m/s 提高到灌后的 3388m/s，提高幅度为 4%，其变化范围由灌前的 2841~3799m/s 到灌后的 2938~3820m/s，提高幅度非常小。可分

表 4 - 32　　　　　　　　　　　水泥灌浆前后透水率对比表

序次	段数	最大值/Lu	最小值/Lu	透水率分段所占百分比/段数					
				≤1Lu	1～3Lu	3～10Lu	10～30Lu	30～100Lu	≥100Lu
灌前	32	>100	28	0%/0	0%/0	0%/0	3%/1	53%/17	44%/14
灌后	14	2.8	0	78%/11	22%/3	—	—	—	—

表 4 - 33　　　　　　　　　　水泥灌浆前后钻孔单孔声波波速统计

灌序	波速/(m/s)			K_v	段长/m	波速分布特征/%					
	平均值	大值平均	小值平均			<3000m/s	3000～4200m/s	4200～4500m/s	4500～5000m/s	5000～6000m/s	>6000m/s
灌前	3262	3799	2841	0.25	44.6	42	51	3	3	1	0
灌后	3388	3820	2938	0.27	30.6	29	63	6	1	1	0

析为：水泥灌浆只是填充了岩体中的裂隙，并不能对软弱且较致密岩体本身进行有效的灌注，对提高煌斑岩脉波速效果不大。

（c）孔内变模检测结果如表 4 - 34 所示，结果表明，经水泥灌浆后的孔内变形模量平均值由 0.72GPa 提高到灌后的 1.44GPa，提高幅度较大，提高了 100%，但其值仍然较小。可分析为：水泥灌浆的主要作用是对岩体裂隙进行充填，形成水泥结石"骨架"，部分改善岩体的力学性能；软弱且较致密煌斑岩脉岩体本身的孔隙、微小裂隙的灌注还需环氧浆液浸润渗灌完成。

表 4 - 34　　　　　　　　　　水泥灌浆前后孔内变模统计表

灌序	孔内变形模量/GPa			点数	孔内变形模量值分布特征/%					
	平均值	大值平均	小值平均		0～3GPa	3～5GPa	5～8GPa	8～10GPa	10～12GPa	>12GPa
灌前	0.72	0.99	0.45	4	100	0	0	0	0	0
灌后	1.44	1.98	1.1	12	100	0	0	0	0	0

（5）化学灌浆施工。

1）化学灌浆采用"高压、孔口封闭、纯压式、自上而下、分序分段"的灌浆原则进行灌浆施工。

2）化学灌浆。

（a）在水泥灌浆全部结束并通过质量检查合格后，可进行化学灌浆施工。

（b）进行化学灌浆的地层条件为当孔段透水率 $q \leq 1Lu$ 时，可直接进行化学灌浆施工；若孔段透水率 $q > 1Lu$ 时，则先进行水泥浆液灌浆施工，水泥灌浆后，孔段透水率 $q \leq 1Lu$，方可进行化灌施工。

（c）每钻孔段完成后，必须先进行简易压水，以确定是否先进行水泥灌浆；只有在透水率达到要求后才可进行化学灌浆施工。化学灌浆孔灌前简易压水结果见表 4 - 35。

（d）化学灌浆施工时，根据浸润渗灌理念，尽量使用较高压力、长历时慢灌，保证有一定的灌入量；在灌浆压力的导引下，利用浆液自身的高渗透性，充分对微小裂隙、连通孔隙进行浸润渗灌，达到补强加固的目的。

表 4-35   化学灌浆孔灌前简易压水结果统计表

孔 序	不同透水率下的简易压水结果/%				
	≤0Lu	0~0.3Lu	0.3~0.5Lu	0.5~1Lu	>1Lu
Ⅰ	46.88	18.75	15.63	18.75	0
Ⅱ	64.1	20.5	10.26	5.13	0

3）化学灌浆初期压力控制，参照压水试验压力-流量曲线关系和地面无损害抬动的原则确定，控制地表抬动在 0.2mm 范围内。

4）现场化学灌浆控制标准。

（a）在低渗透地层使用化学浆液进行灌浆，应尽量使用较高压力、长历时慢灌，保证有一定的灌入量。在灌浆压力的导引下，利用浆液自身的高渗透性，充分对微小裂隙、连通孔隙进行充填，达到补强加固的目的。

（b）化学灌浆时，应对灌浆的压力、灌注速率进行控制，一般灌浆时应尽快升压至设计压力，在升压过程中若注入率：$q>0.15L/(min \cdot m)$，降压保持 $q<0.10L/(min \cdot m)$ 灌注；若 $q<0.05L/(min \cdot m)$ 应在或接近设计规定压力下灌注；若 q 递减较快，且 $q<0.05L/(min \cdot m)$ 时，则以设计压力或最大控制压力灌注，持续到灌浆结束。在升压过程中，若注入率有突增现象时应立即降低灌浆压力。

（c）灌浆结束标准采用定时定量相结合的方式控制，当满足下列条件之一时，可结束该段的灌注。

a）当达到设计压力，且灌浆历时较长，超过 20~30h 以上，且灌入量不小于 80L/m 时，以达到的设计压力为结束标准结束灌浆。

b）达到设计压力，连续六个（间隔 5min）读数注入率为 0.01~0.05L/(min · m)，灌入量不小于 50L/m，即可结束。

c）达到设计压力，注入率小于 0.01L/(min · m)，连续灌注 15~20h，即可结束。

现场化学灌浆控制的目的，既要保证化学浆液有一定渗透范围，又要控制渗透范围过大，避免工程成本过高。

5）灌段化学灌浆结束以后，立即关闭进、回浆阀门进行闭浆；待压力表指针自然回零后，采用循环方式将 0.5:1 水泥浆液（可掺入速凝剂）压入孔中置换出孔内残存化学浆液，屏浆 30min；闭浆待凝 4~8h，再进行扫孔及其下一段钻孔工作。

6）终孔段化学灌浆结束后，采用 0.5:1 水泥浓浆，进行化学浆液置换和纯压式水泥浆液封孔；封孔灌浆压力为该段化学灌浆最大控制压力。当注入率不大于 1L/min 后，继续灌注 30min 封孔结束。如孔内水泥浆干缩，空腔长度大于 3m 时，采用同样的方法进行第二次封孔，直至全孔段回填密实。

7）在灌浆过程中出现地面冒、渗浆情况时，采用降压进行处理，一般应控制注入速率在 0.05L/min 左右，同时在出现冒、渗浆的地方使用速凝材料进行表面封堵，封堵完毕以后，待封堵表面有一定强度时，再逐步升压灌注。

8）化学灌浆作业因故中断，应尽快恢复灌浆。若恢复灌浆后吸浆量明显降低，可适当增加灌浆压力，待浆液注入率回复正常后，再恢复中断时的压力继续灌浆。

化学灌浆单位注入量及频率曲线见表4-36和图4-115。

表4-36 煌斑岩脉环氧浆液单位注入量及频率统计表

次序	孔数	总注入量 /L	单位注入量 /(L/m)	段数	单位注入量区间频率/%							
					≤10 L/m	10~20 L/m	20~30 L/m	30~40 L/m	40~50 L/m	50~70 L/m	70~100 L/m	>100 L/m
Ⅰ	4	15849	123.24	32	—	—	—	3	—	19	12	66
Ⅱ	5	6320	39.62	39	21	5	13	10	15	13	10	3
合计	9	22168	76.97	71	12	3	7	8	8	14	11	38

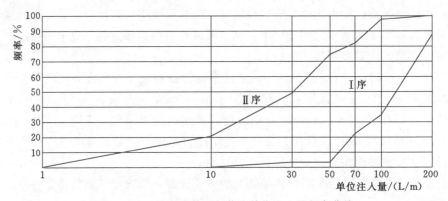

图4-115 煌斑岩脉环氧浆液单位注入量频率曲线

分析表4-36可看出，随着灌浆次序的增进，单位注入量呈递减的趋势，Ⅰ序孔单位注入量为123.24L/m，Ⅱ序孔单位注入量为39.62L/m；单位注入量不大于50L/m的频率，随灌浆次序的递增而递增，递增明显；Ⅰ序孔单位注入量是Ⅱ序孔单位注入量的3.15倍，所用灌浆时间较多，Ⅱ序孔灌浆所用时间大幅度下降，化学灌浆运用浸润渗灌所提倡的"灌浆时间足够"，不仅能有效的保证灌浆效果，还能保证工期效益。

9）化学灌浆质量检测。

（a）透水率检查：化学灌浆完成后，共计施工检查孔5个，计压水36段，压水结果均为$q=0Lu$，煌斑岩脉灌前、水泥灌浆后、化学灌浆后透水率见表4-37。

表4-37 煌斑岩脉灌前、水泥灌浆后、化学灌浆后透水率

序次	段数	最大值/Lu	最小值/Lu	透水率分段所占百分比/段数					
				≤1Lu	1~3Lu	3~10Lu	10~30Lu	30~100Lu	≥100Lu
灌前	32	>100	28	0%/0	0%/0	0%/0	3%/1	53%/17	44%/14
水泥灌浆后	14	2.8	0	78%/11	22%/3	—	—	—	—
化学灌浆后	36	0	0	100%/36	—	—	—	—	—

由表4-37可看出，经过高压水泥化学复合灌浆后，该试验区粉砂质板岩Ⅳ₂级岩体和煌斑岩脉Ⅳ₂级岩体渗透性得到极大的改善，地层由中～强透水，改善为几乎不透水，效果显著。

（b）声波检测：化学灌浆完成160d，煌斑岩脉声波最大值为5376m/s，最小值为

3546m/s，平均值为 4557m/s，波速小于 4200m/s 的测点数占该类岩体内测点总数的 15.4%，总体上满足化学灌浆后的声波波速指标（不小于 4200m/s）要求。

(c) 钻孔变形模量检测：煌斑岩脉化学灌浆完成 160d 后，煌斑岩岩体内共计测试变形模量 21 个测点，其结果最大值为 7.95GPa，最小值为 4.03GPa，平均值为 6.03GPa，变形模量低于 5.0GPa 的测点数为 6 个，总体上满足化学灌浆后变模指标（不小于 5.0GPa）要求。

(d) 大口径取芯岩芯检测：化学灌浆完成 150d 后进行了大口径钻孔取芯，孔径 $\phi270mm$，岩芯制样，进行了磨片鉴定，强度、变形模量、冻融、密度以及抗渗等试验。

a) 岩石磨片鉴定成果及照片表明，煌斑岩中微裂隙都具有开放性，均被浅黄色具均质性的填充剂充填，胶结良好。

b) 煌斑岩密度为 $2.52 \sim 2.68g/cm^3$，平均值 $2.61g/cm^3$。

c) 煌斑岩轴向拉伸法湿抗拉强度为 $1.61 \sim 4.26MPa$，平均值 $2.90MPa$。

d) 岩石自由风干状态变形模量为 $6.08 \sim 7.51GPa$（小值平均值～平均值）弹性模量为 $11.2 \sim 13.2GPa$。

(e) 竖井开挖检查承压板试验：灌浆完成 170d 后开挖竖井（竖井开挖规格为长×宽×深＝2.0m×2.0m×1.8m）进行了承压板试验，试验成果为：割线模量为 16.2GPa；包络线模量为 13.0GPa。

(f) 检查孔岩芯检测：完成检查孔钻孔取芯施工后，抽取了部分岩芯进行了检测试验，检测试验项目有密度、吸水率、弹性模量、变形模量、抗压强度等，试验结果表明：煌斑岩脉灌后弹性模量在风干状态为 $12.40 \sim 24.50GPa$，饱和状态为 $9.40 \sim 17.50GPa$；变形模量在风干状态为 $7.50 \sim 16.5GPa$，饱和状态为 $5.00 \sim 10.5GPa$；满足设计指标要求。

图 4-116 为部分检查孔岩芯检测试验试样图片。

由图片可看出，环氧浆液均匀渗入煌斑岩脉的孔隙、微细裂隙内，胶凝物胶结良好，与灌前岩样相比，煌斑岩脉强度等得到极大改善。

4. 水泥-化学复合灌浆关键技术

(1) 非化学灌浆段隔离技术。

方法一：采用 0.5:1 的水泥浆液镶铸无缝钢管进行隔离；化学灌浆可采用孔口封闭或将阻塞器下卡至钢管底部进行化学灌浆。

方法二：采用具有起始黏度较高、黏度上升较快的速凝化学浆材进行限时或限量灌注，以达到封闭效果。

(2) 新型孔内排水技术。以压缩空气（风）、化学浆液联合排水和开灌一段时间内不定时开启回浆阀门排水。如图 4-117 所示。

(3) 泥浆置换技术。在施工中为缩短灌段间的钻孔间隔时间，防止孔内化学浆液的返渗，保证灌浆质量，在闭浆完成后，采用 0.5:1 的水泥浆置换孔内化学浆液。待水泥初凝后，即可进行扫孔及其下一段钻孔及灌浆工作。该技术的使用不仅保证了施工整体质量，还提高了现场施工工效、降低了施工成本。水泥置换见图 4-118。

(4) 不同地层采取不同配比灌注控制技术。由于化学灌浆采取低速率，长时间持续浸润渗灌的灌注原则，同时结合马格球形扩散理论及浆液黏度时间变化曲线（$\eta - t$ 曲线）

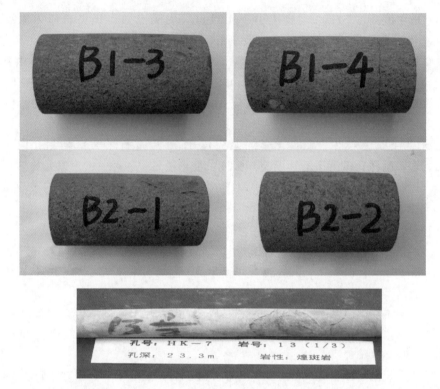

图 4-116 化灌后检查孔岩芯试样

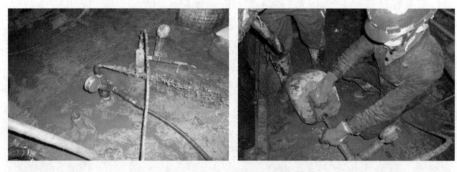

图 4-117 "风-浆"联合赶水

图 4-118 水泥置换

所反映的黏度变化情况，对不同吸浆情况进行过程控制，以保证灌浆质量。

根据地层不同的吸浆情况，采取不同的配比及不同进浆控制速率，见表4-38。

表4-38 灌浆参数控制表

吸浆率/[L/(min·m)]	浆材及配比（质量比）	进浆速率控制/[L/(min·m)]
0.05~0.2	PSI-501型、配比6:1	<0.1
<0.05	PSI-501型、配比7:1	0.02~0.04
>0.2	PSI-501型、配比5:1	0.1~0.15
≥1.0	PSI-530型、配比5:1	0.4~0.8，并待凝

5. 经验总结

通过试验研究与应用，施工经验总结如下：

（1）通过对国内外化学灌浆处理工程施工经验的学习和研究，结合依托锦屏一级水电站左岸边坡工程的地质特点及杨氏方程理论，建立了化学灌浆材料选材方法，其适用性可推广至今后类似工程中。

（2）结合马格理论及杨氏方程对水泥-化学复合灌浆机理进行研究，提出"长历时、低速率、浸润渗灌"的灌浆理论，为工程的有效实施提供了理论依据，同时此灌浆理念将推动化学灌浆向更高的方向发展。

（3）针对低渗透破碎岩带出露分布不均，孔内的积水，以及化学灌浆材料待凝时间长不利于工序衔接等难点，通过现场试验及工艺优化，提出了非灌段隔离、"风-浆"联合赶水、水泥置换等先进施工技术，有效地保证了灌浆质量和施工工期，节约了施工成本。

（4）根据地层不同的吸浆情况，采取不同配比、不同进浆速率对施灌工程进行控制；同时根据黏度-时间曲线上反映的黏度、时间对应关系，对现场施灌浆液进行定时更换，以保持其高渗透性，从而有效的保证工程的整体处理效果。

4.4.5 宽大裂隙岩体控制灌浆技术

锦屏一级左岸坝肩抗力体分布大量深部卸荷裂隙，裂隙宽大，贯通性好。根据灌浆施工技术规范及设计要求，针对大耗量孔段采用低压、浓浆、限流、限量、间歇、待凝、延迟待凝时间等方法进行处理。由于张拉、宽大贯通裂隙发育，水泥浆液黏度低、流动性好，灌浆时耗浆量大、扩散范围广、凝结时间长等，通过间歇、限量、待凝、延迟待凝时间等均起不到预期效果；复灌待凝虽然是有效控制浆液扩散的办法，但是多次复灌，造成浆液分层，其整体性、密实性受到影响；长时间待凝，造成人员设备闲置、施工成本增加、施工进度缓慢。因此，需要研究采用合适的浆液，进行控制性灌浆，既达到固结岩体和防渗的目的，又能合理控制浆液扩散范围。以保证灌浆施工质量和节约工程成本。

4.4.5.1 稳定性单一浓浆灌浆技术

将固结灌浆分为控制灌浆区和主灌浆区，在进行大面积灌浆前完成周边低灌浆压力浓浆开灌的控制灌浆区，再进行2:1水灰比的高压力主灌浆区灌浆，以达到对灌浆渗漏的控制的目的。稳定性单一浓浆作为控制灌浆最主要的灌浆材料，先在室内进行浆材试验，从浆液黏度、初始流动度、析水率、可泵期、凝结时间等参数进行分析，通过改变外加剂的掺加比例，配制满足对宽大、贯通裂隙填充的浆液。通过室内确定稳定性浓浆的配合比，并通过生产性试验对灌浆质量及效果进行验证。

1. 稳定性单一浓浆室内试验

（1）根据稳定性浆液经验及相关要求，初选配合比采用设计建议值：

1）水灰比选用 0.6、0.7、0.8 三个比级。

2）膨润土加量 1%～3%。

3）减水剂：高效减水剂，掺量 0.5%～1%。

（2）膨润土的钠化处理。对所选用膨润土要求其胶质价大于 $100cm^3/15g$，膨胀容 $20cm^3/g$。为了提高膨润土的胶质价，在试验过程中采用钠化处理的方式，根据浆液组分在试验中采用了 $L_9(3^4)$ 即"四因素，三水平"的正交表进行选择。

2. 稳定性单一浓浆配方终选

在终选试验中进行实验对比，确定出配比为水：灰：膨润土：Na_2CO_3：高效减水剂＝0.7：1：0.0133：0.0004667：0.01 的配比（室内试验配比为水：灰：膨润土：Na_2CO_3：高效减水剂＝4200：6000：80：2.8：60）。

3. 稳定性单一浓浆性能检测

（1）稳定浆液比重。根据稳定浆液配合比，按"绝对容积法"计算出稳定浆液比重约 $1.666g/cm$。

按加料顺序和掺加量进行加料，使加料误差在规定的 5% 范围之内。稳定浆液应一次性配制完成，不允许在配制浆液过程中随意采用加水和加灰的方法对浆液比重进行调节，灌浆过程中使用密度传感器对浆液比重进行实时自动监测。

浆液比重是浆液性能监测的重点，每隔 10min 使用比重秤对浆液比重进行自检，填写浆液抽检记录表，现场检测浆液比重多在 1.65～1.67。

（2）稳定浆液析水率。现场配备 500mL 量筒，取 500mL 浆液放入量筒内，用玻璃棒搅匀，将量筒静放于试验台上，随着时间增加，水泥颗粒下沉，清水厚度增加，清水体积与总体积之比即为析水率，每隔 20min 记录一次清水厚度，直至测定出 2h 时的析水率。在现场施工过程中不定期对稳定浆液析水率进行取样抽检，统计成果见表 4-39。

表 4-39　　　　　　　　　　稳定浆液析水率抽检成果表

序号	取样时间/(年-月-日 时:分)	取样孔号	进浆（回浆）	段次	2h 析水率/%
1	2009-04-17 12:10	4-13-05	进浆	007 段	2.4
2	2009-05-13 12:05	4-14-03	进浆	005 段	3.1
3	2009-05-23 14:30	4-16-04	进浆	006 段	2.3
4	2009-05-26 09:30	4-14-06	进浆	010 段	3.4

（3）稳定浆液漏斗黏度。现场配备标准漏斗测量稳定浆液的漏斗黏度。清洗漏斗和量杯，在漏斗上放置滤网，用手指堵住漏斗管口，先倒入浆液 200mL，再倒入浆液 500mL，用 500mL 容积接纳漏斗中的浆液，使用高精度秒表记录放出 500mL 浆液所用时间（s）即为漏斗黏度值。

通过表 4-40 可以看出：浆液随屏浆时间的延长以及压力的逐步加大而增大，说明屏浆时间越长、压力越高，浆液的黏度损失越大。新鲜普通 0.5∶1 浆液漏斗黏度在 28.32～32.74s，平均 30.74s，在 5.0MPa 压力下屏浆 20min 以上进浆漏斗黏度达到 38.75～40.16s，平均 40.24；在 5.0MPa 压力下屏浆 20min 以上回浆漏斗黏度达到 42.32～42.69s，平均 42.30s，黏度损失较大。而新鲜 0.7∶1 稳定浆液漏斗黏度在 21.19～23.26s，平均 22.31s，在 5.0MPa 压力下屏浆 20min 以上进浆漏斗黏度达到 28.35～28.47s，平均 28.40s；在 5.0MPa 压力下屏浆 20min 以上回浆漏斗黏度达到 28.89～29.41s，平均 29.17s，黏度变化不大。

表 4-40　　　　　　稳定浆液与普通浆液漏斗黏度（部分）抽检对比表　　　　　　单位：s

浆液类型	组号	新制浆液	屏浆 25min（进浆）					屏浆 25min（回浆）				
			1MPa	1.5MPa	2.5MPa	4MPa	5MPa	1MPa	1.5MPa	2.5MPa	4MPa	5MPa
普通浆液	1	31.17	37.83	38.26	39.51	40.16	41.85	38.41	39.22	40.65	42.09	42.69
	2	28.32	35.25	36.48	37.67	38.75	39.08	37.54	38.73	40.18	41.47	41.88
	3	32.74	36.25	37.49	38.43	39.37	39.78	38.26	39.14	39.96	41.28	42.32
稳定浆液	1	21.19	26.12	26.83	27.17	27.84	28.36	26.71	26.98	27.45	28.16	29.21
	2	23.26	27.08	27.56	27.92	28.16	28.47	27.4	27.77	28.03	28.64	28.89
	3	22.48	26.17	26.65	27.49	28.07	28.35	26.86	27.23	27.71	28.63	29.41

（4）稳定浆液流动度。将流动度标准铁环平放于毛玻璃上，将其中注满浆液，将浆液刮平，向上迅速提出标准铁环，测量浆液的扩散直径。稳定浆液流动度见表 4-41。

表 4-41　　　　　　　　　稳定浆液流动度检测表

序号	取样时间/（年-月-日 时：分）	取样孔号	进浆/回浆	段次	流动度/mm
1	2009-04-17 12：10	4-13-5	进浆	007 段	301
2	2009-05-13 12：05	4-14-3	进浆	005 段	295
3	2009-05-23 14：30	4-16-4	进浆	006 段	298
4	2009-05-26 09：30	4-14-6	进浆	010 段	292

（5）稳定浆液抗压强度。在稳定浓浆试验区施工过程中，取稳定浆液进浆和回浆制作试模送往实验室进行抗压强度对比试验，试块抗压强度值见表 4-42。

表 4-42　　　　　　　　　稳定浆液抗压强度抽检表

序号	取样时间/（年-月-日 时：分）	取样孔段			试块编号	抗压强度/MPa		
		孔号	段次	进浆（回浆）		7d	14d	28d
1	2009-04-17 12：10	4-13-5	007	进浆	VJY-1	16.1		
2	2009-04-17 12：10	4-13-5	007	进浆	VJY-1		17.6	
3	2009-04-17 12：10	4-13-5	007	进浆	VJY-1			26.9
4	2009-05-23 14：30	4-16-4	006	进浆	VJY-2			22.4

4. 灌浆施工工艺

（1）稳定浆液配制工艺。在配制稳定浆液前，先将新制膨润土原浆送入钠化池进行钠化24h以上，即在膨润土中加入碳酸钠（Na_2CO_3）和拌和用水，使其充分进行化学反应，然后，再按照加料顺序为膨润土→减水剂→水泥进行稳定浆液配制，加料顺序必须按稳定浆液配制流程图进行，以避免产生化学反应的先后顺序不同而影响浆液的设计参数。

为使膨润土有充分的钠化时间，并保证制浆时膨润土供应不间断，施工现场可设置多个膨润土钠化池轮换使用。

稳定浆液配制流程如图4-119所示。

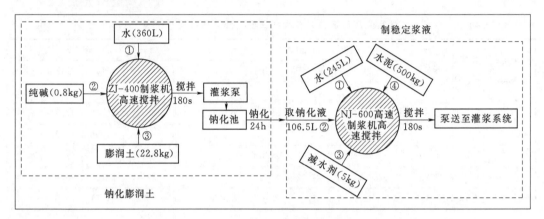

图4-119　稳定浆液配制流程图

（2）固结灌浆生产性试验。试验区采取全断面布置灌浆孔，如图4-120所示。

稳定性单一浓浆试验区共计完成底板抬动观测孔35.0m，灌前测试孔336.1m，灌后检查孔360.2m，固结钻孔5002.1m，基岩灌浆4764.3m，灌注水泥1680.552t，见表4-43。

表4-43　　　　　　　稳定性单一浓浆试验区工程量完成情况统计表

序号	项　　目	单位	工　程　量
1	抬动孔	孔/m	1/35.0
2	灌前测试孔	孔/m	12/336.1
3	灌后检查孔	孔/m	17/360.2
4	灌前测试孔压水	试段	82
5	灌后检查孔压水	试段	88
6	灌浆孔钻孔	孔/m	198/5002.1
7	基岩灌浆	孔/m	198/4764.3
8	灌注水泥	t	1680.552

（3）施工程序及方法。生产性试验区按照设计技术要求，按环间分两序，环内分三序进行施工，即按抬动孔→灌前测试孔（压水试验及物探检测）→Ⅰ序环（Ⅰ序孔→Ⅱ序孔→Ⅲ序孔）→Ⅱ序环（Ⅰ序孔→Ⅱ序孔→Ⅲ序孔）→灌后检查孔（压水试验及物探检测），最后进

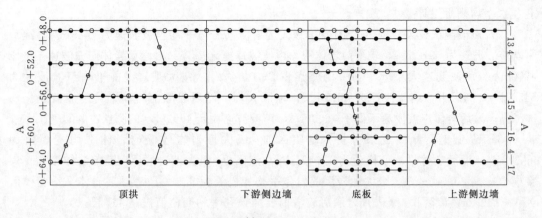

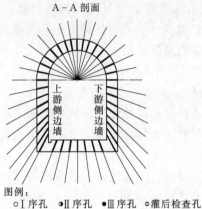

图例：
○Ⅰ序孔　●Ⅱ序孔　●Ⅲ序孔　⊕灌后检查孔

图 4-120　试验区灌浆孔布置图

行质量评审及验收。

试验区全部采用孔口封闭法进行灌浆，段长按 2m、3m、5m、5m、…进行划分，最大灌浆压力 5MPa，水灰比为 0.7∶1 的单一稳定性浆液，屏浆时间为 30min。

5. 灌浆效果质量检查

（1）压水试验。稳定性单一浓浆灌前、灌后测试孔透水率情况见表 4-44。

表 4-44　　　　　　　　　灌前、灌后测试孔透水率频率分布表

分布区间/Lu		<1	1～3	3～10	10～50	50～100	>100
灌前	段数	0	0	2	12	21	47
	频率/%	0.0	0.0	2.4	14.6	25.6	57.3
灌后	段数	59	5	0	0	0	0
	频率/%	92.2	7.8	0	0	0	0

在稳定性单一浓浆试验区共进行了 82 段灌前测试孔压水试验，平均透水率为 173.4Lu，最大透水率 1281.0Lu，最小透水率为 6.90Lu，透水率大于 50Lu 的试段为 68 段，占比 82.9％；灌后检查孔压水试验情况来看，平均透水率为 0.29Lu，最大透水率 1.65Lu，最小透水率为 0Lu，无大于 3Lu 的孔段，说明稳定性单一浓浆试验区灌后检查

孔透水率均满足设计要求。

（2）声波测试成果分析。试验区Ⅲ$_1$级大理岩灌前岩体平均声波波速为5485m/s，灌后平均声波波速为5912m/s，较灌前岩体平均声波波速提高7.78％。灌后岩体声波波速不低于4200m/s，声波波速大于5000m/s的测点占99.06％；Ⅳ$_2$级大理岩灌前平均声波波速为5450m/s，灌后平均声波波速为5658m/s，该区大理岩灌后较灌前岩体平均声波波速提高3.82％；灌后岩体声波波速不低于3900m/s，声波波速大于4600m/s的测点占96.51％。

（3）钻孔变模测试成果分析。试验区Ⅲ$_1$级大理岩岩体灌前岩体平均变模值为9.74GPa；灌后岩体平均变模值为14.47GPa，该区Ⅲ$_1$级大理岩灌后较灌前岩体钻孔平均变模值提高48.5％；Ⅳ$_2$级大理岩灌前岩体平均变模值为8.62GPa；灌后岩体平均变模值为12.18GPa，该区Ⅳ$_2$级大理岩灌后较灌前岩体钻孔平均变模值提高41.2％。

依据固结灌浆灌后岩体物理力学参数设计技术指标要求，稳定性单一浓浆试验区Ⅲ$_1$级、Ⅳ$_2$级大理岩灌后岩体声波波速、灌后岩体钻孔平均变模值均满足设计要求。

4.4.5.2　水泥基黏度时变性浆液灌浆技术

1. 水泥基黏度时变性浆液理论分析

（1）外掺剂选择分析。理想灌浆浆液应具备的性能特点如下：

1）浆液初配黏度低，流动性好，可灌性强，能渗透到细小的裂隙或孔隙内。

2）可泵期可调，可泵期与初、终凝时间间隔短，凝胶时间可以在几秒至数小时范围内任意调整，并能准确控制。

3）浆液在可泵期内黏度增长慢，流动性好，但可泵期过后黏度迅速增长。

4）浆液材料来源丰富，价格低廉。

5）浆液配制容易，使用方便，操作容易掌握。

6）浆液的稳定性好。

7）浆液结石率高，结石体有一定的抗压、抗拉和抗折强度，不龟裂，抗渗性能好，耐冲刷能力强。

8）浆液无毒、无臭，不污染环境，对人体无害。

9）浆液结石体耐酸、碱、盐、生物细菌等腐蚀，并且不受温度、湿度的影响，耐老化性能好。

10）浆液对灌浆设备、管道、混凝土结构物等无腐蚀性，并容易清洗。

11）浆液固化时无收缩现象，固化后与岩体、混凝土等有一定的黏结力。

（2）速凝剂的选择及其性能。

1）速凝剂的选择。速凝剂在水泥颗粒水化初期迅速与其水化产物发生反应，能显著缩短凝结时间，使水泥浆加速凝固，提高水泥净浆、砂浆或混凝土结石体的早期强度。大部分速凝剂的主要成分为铝酸钠（铝氧熟料）。此外还有碳酸钠、铝酸钙、氟硅酸锌、氟硅酸镁、氟硅酸钠、三氯化亚铁、硫酸铝、三氯化铝等盐类。国内外使用的速凝剂大都是碱金属、碱土金属的盐类，国内常用的速凝剂有：红星一型、711型、782型、阳泉一型、J85型、锂盐、水玻璃、氯化钠、碳酸钠等。

根据国内有关文献介绍的速凝剂的应用情况和性能并考虑到材料来源和价格等因素，选定J85型速凝剂来配制可控复合浆液。

2）J85 速凝剂的性能。J85 速凝剂是由铝氧熟料、纯碱、增稠剂等经改性配制而成的一种深灰色粉状外加剂。外加剂对水泥具有速凝快硬作用，掺入适量 J85 的水泥净浆能迅速凝结硬化，有较高的早期强度和后期强度，并能保持水泥的其他性能，是我国目前较为理想的混凝土、水泥浆和砂浆速凝剂。其主要性能如下：

（a）掺适量 J85 对水泥净浆在水灰比为 0.4 和水温（20℃±2℃）的条件下，初凝时间不大于 3min，终凝时间不大于 5min。

（b）掺 J85 的混凝土 R1 为不掺者的 2～3 倍，后期强度比掺红星型速凝剂的提高10％以上。

（c）掺 J85 的混凝土在硬化过程中能产生微膨胀作用，提高混凝土的密实性、抗渗性和耐久性。

（d）J85 型较红星一型速凝剂的碱性约降低 50％，对人体的腐蚀性小。

（e）J85 型速凝剂属铝酸盐类速凝剂，以铝酸盐和碳酸盐为主，再复合一些其他的无机盐类组成，是粉状产品。其速凝作用原理至今还不十分清楚，一般是基于消除水泥中石膏的缓凝作用，生成更难溶的盐及矾石而速凝。当它掺入水泥中并与水混合后，会发生如下反应：

a）生成更难溶盐类：

$$Na_2CO_3 + CaO + H_2O \longrightarrow CaCO_3 + 2NaOH$$
$$Na_2CO_3 + CaSO_4 \longrightarrow CaCO_3 + Na_2SO_4$$

b）铝酸盐水解，并进行中和反应：

$$NaAlO_2 + H_2O \longrightarrow Al(OH)_3 + 2NaOH$$
$$2NaAlO_2 + 3CaO + 7H_2O \longrightarrow 3CaO \cdot Al_2O_3 \cdot 6H_2O + 2NaOH$$

c）上述反应生成的 NaOH 与水泥中的石膏建立以下平衡关系：

$$2NaOH + CaSO_4 \Longleftarrow NaSO_4 + Ca(OH)_2$$

这是由于 $CaSO_4$ 与 $Ca(OH)_2$ 的溶解性相差不大，故不能进行到底而建立了平衡。这样，由于溶液中起缓凝作用的 $CaSO_4$ 浓度显著减少而使水泥速凝。

水泥与水拌和成水泥浆，水与水泥不断发生水化生成水化物，水泥浆在初期具有流动性，以后随着继续水化，浆液发生聚结而变稠，直到形成凝胶物就停止流动。这种水泥的水化、凝结和硬化的物理化学变化过程，带来了用水泥灌浆施工中发生浆液稠化而泵送困难。因此为使水泥浆安全泵送到预定位置，就必须要求浆液具有良好的流动性和可泵性以及预先测得安全允许的可泵时间，即可泵期。长期以来，现场普遍用流动度来表示水泥浆的可泵性，规定用标准的圆锥模来测定。规定从加水拌和水泥浆开始以一定时间分别量测其流动度，直至流动度不小于 140～150mm 为安全可泵性，以这段时间定为安全可泵期。

J85 型速凝剂加量对水泥净浆可泵期的影响，设 J85 型速凝剂为 S，见表 4-45 和图 4-121。

表 4-45　　　　　　　　J85 型速凝剂加量对水泥净浆可泵期的影响

水灰比	0.05	0.08	0.10	0.12	0.15	0.18	0.20	0.23	0.25	0.28	0.30
可泵期/min	110	90	75	58	45	36	18	16	15	9	1

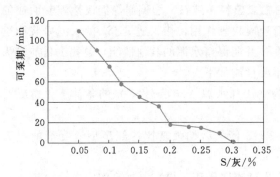

图 4-121　浆液可泵期随 S/灰变化的曲线

（3）缓凝剂的选定和性能。缓凝剂是用来延长浆液的凝结时间，使浆液较长时间的保持塑性，以便灌注，提高施工效率。缓凝剂可分为无机和有机两大类。无机缓凝剂：硫酸盐，如硫酸铁、硫酸铜、硫酸锌；氯化物，如氯化锌；硼酸盐，如硼酸、硼砂；磷酸盐和偏磷酸盐，如磷酸二氢钠、磷酸二氢铵、磷酸、六偏磷酸钠。有机缓凝剂：木质素类，如木质素磺酸钙，木质素磺酸钠，木质素磺酸镁等；羟基羧酸及其盐类，如酒石酸（2,3-二羟基丁二酸）及其盐、柠檬酸（2-羟基丙烷-1,2,3-三羧酸）及其盐、葡萄糖酸及其盐，水杨酸（邻羟基苯甲酸）等；多羟基碳水化合物，糖类及其改性物、糖蜜及其改性物等；水溶性聚食物，如 PAM、PVA。

根据目前国内的缓凝剂的应用情况和应用效果，选用了磷酸盐缓凝剂，并且选择了磷酸二氢铵。

由于缓凝剂的作用比较复杂，因此至今尚未形成圆满的理论，下面简要介绍硅酸盐水泥的组成和其水化历程的四个阶段及目前关于缓凝外加剂作用机理的解释。

水泥熟料主要由以下四种矿物组成：硅酸三钙（$3CaO \cdot SiO_2$，简写为 C3S）、硅酸二钙（$2CaO \cdot SiO_2$，简写为 C2S）、铝酸三钙（$3CaO \cdot Al_2O_3$，简写为 C3A）和铁铝酸四钙（$4CaO \cdot Al_2O_3 \cdot Fe_2O_3$，简写为 C4AF）。另外还有少量石膏（$CaSO_4$）。根据水泥品种的不同，不少水泥中还掺有外掺剂、矿渣、火山灰等混合材料。

硅酸盐水泥的早期水化历程分为四个阶段，即

初始反应期：水泥与水混合后立即发生水化反应，在初始的 5min 内反应速度较快。其中，C3S 生成水化硅酸钙并释放出 $Ca(OH)_2$；C3A 矿物溶解于水，并迅速与已溶解的石膏反应，析出钙矾石，附着在水泥粒子表面，形成薄膜包裹层。

休止期（或称潜伏期，静止期，诱导期）：初始反应期以后，有相当长的一段时间水泥的水化反应缓慢，水泥浆的可塑性基本上保持不变。这是由于初始反应期形成的薄膜包裹层阻碍了水泥与水进一步水化。

凝结期（或称加速期）：约在水泥加水混合后 6～8h，水泥水化反应又很激烈，并出现凝结现象。这是由于膜外的水分子能向膜内渗透，膜内的钙离子也能向膜外渗透，但硅酸根离子则不能向外渗透，这样就在膜内形成渗透压，休止期间渗透压不断增加。当渗透压使水泥粒子表面的薄膜包裹层破裂时，则水泥粒子得以继续水化，从而出现了凝结期。

硬化期：凝结期以后，进入硬化期，这里水泥的水化速度缓慢，但仍不断进行，水化物不断填充毛细孔，强度不断提高。

缓凝外加剂作用的实质是延长休止期，使混凝土有较长的一段时间呈可塑性。现今主要有以下四种假说：

1）沉淀假说：缓凝剂在水泥颗粒表面生成一层不溶性物质，阻碍了水泥与水进一步接触，从而延长休止期，如磷酸盐能在水泥颗粒表面形成"不溶性"的磷酸钙。

2）络盐假说：缓凝剂与溶液中的 Ca^{2+} 形成络盐，抑制了 $Ca(OH)_2$ 结晶的析出，如水泥浆中掺入硼酸，酒石酸及其盐时，则生成与钙矾石相似的络合物 $C3A \cdot 3Ca(OH)_2 \cdot 31H_2O$，在水泥颗粒表面形成一层厚实的络合物膜层，从而阻止水渗入水泥颗粒内部，延缓水泥的水化和结晶析出。

3）吸附假说：水泥颗粒表面吸附缓凝剂，形成一层抑制水泥水化的缓凝剂膜层，阻止水泥水化进程。如羟基酸类缓凝剂。

4）抑制成核假说：从休止期凝结期，缓凝剂阻碍液相中的 $Ca(OH)$ 的结晶成核，降低 C3S 的水化速度，从而缓凝。

缓凝剂加量对可控复合浆液可泵期的影响，固定水灰比 $\lambda = 0.8 : 1$，S：灰 $= 0.25$（重量比），结果见表 4-46 和图 4-122。

表 4-46　　　　　　　　　　缓凝剂加量对可控复合浆液可泵期的影响

$NH_4H_2PO_4$（占灰重）/%	1.2	1.5	1.8	2.0	2.2	2.4	2.6	2.8	3.0	3.5	4
可泵期/min	2	5	10	15	18	20	24	29	36	55	110

（4）水泥基黏度时变性浆液晶核生成、沉淀动力学与晶体成长。水泥-外掺剂的硬凝产物水泥-外掺剂的水化与硬凝反应是相互作用的，由于速度的决定步骤在界面处发生，少量的外界溶解成分就会显著改变晶体的生长速度和结构状态。但吸附物质又会阻碍离子的沉积。

外掺剂-水泥系的水化按下述过程进行：碱从外掺剂颗粒表面溶解，形成富 Si、Al 带负电荷无定形层，溶液中 Ca^{2+} 与外掺剂颗粒的碰撞在外掺剂颗粒表面上，无定

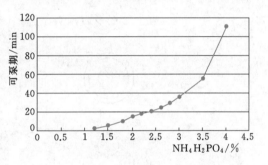

图 4-122　$NH_4H_2PO_4$ 加量对浆液可泵期的影响曲线

形层因渗透压而膨起、膜的破坏等。在火山灰反应中，环境中的碱起了重要作用，并对水化物的沉淀状态有影响。

水泥土环境中的外掺剂，按外掺剂的种类、水化条件等，水化产物虽略有不同，但不外乎是 $C-S-H$、$C_3A \cdot CaCO_3 \cdot H_{12}-C_4AH_{13}$ 固溶体、C_2ASH_8 和水化石榴石。

在外掺剂—C3S 系的水化中，外掺剂的掺入加速了 C3S 的水化，在诱导期之后水化的加速是由于外掺剂吸附了液相中的 Ca^{2+}，因而促进了 C3S 的溶解和由于外掺剂的掺入，使表面积增加有利于 $C-S-H$ 的沉淀。

在外掺剂—C3A 系的水化中，有 $Ca(OH)_2$ 和 $CaSO_4 \cdot 2H_2O$ 存在时，C3A 的水化被外掺剂的掺入所加速。对具较大比表面积和较高阳离子交换能力值（CEC）的外掺剂，加速程度更大。C3A 水化被加速的原因是外掺剂吸附液相中 Ca^{2+} 促进了 C3A 的溶解，以及在外掺剂颗粒表面上钙矾石的沉淀。当使用含碱量过高的外掺剂时，C_3AH_6 可较早地形成，其原因可认为是在有碱存在时，六方晶系水化物的稳定性降低。

水泥水化开始后产生的 Ca^{2+}、SiO_3^{2-}、AlO_2^- 等离子与 H_3O^+，首先沿着水泥土中的裂

隙渗透，而非裂隙区域则在自身扩散能力的作用下向四周移动。外掺剂水化后与水泥的水化物一样，通过渗透和扩散作用，在连通和非连通的孔隙中产生骨架，这也是水泥土强度的主要来源之一。在黏土颗粒包围的区域，水泥和外掺剂会团聚相当数量的黏土颗粒形成大的团粒结构，使局部强度得到明显改善。黏度时变性水泥浆的反应机理如图4-123所示。

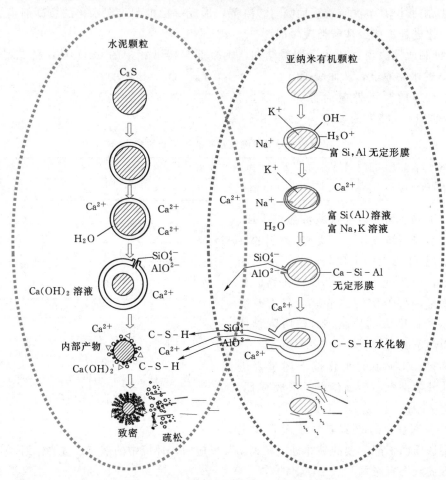

图4-123　黏度时变性水泥浆的反应机理

最后加入助剂3号，可以一定程度上暂时抑制铝酸三钙的水化，形成半透渗析薄膜，而随时间的持续，助剂3号逐渐向水泥固体颗粒渗透，铝酸三钙水化程度变高，反应继续进行，助剂3号的作用逐渐减弱，钙矾石的生成量将在受到一段时间抑制作用过后迅速增加。因此，从反应机理上可以看出，如此拌和配制出的水泥浆能具有较好初始流动性能，稠化时间可通过助剂的掺量进行调节。

黏度时变性水泥浆按照图4-123的反应机理，浆液在拌和、反应过程中，水泥颗粒外逐渐形成一层"包被"，阻止水泥颗粒参与进一步反应，而随着助剂的迅速掺入，水化的产物打破了水泥颗粒被隔绝的状态，助剂材料"解放"水泥颗粒，使之迅速参与反应，以半透渗析方式在水泥颗粒之间反应生成大量致密的胶结物，并可通过助剂的掺量控制反应速度、反应程度。

图 4-124 为电子显微镜下水泥水化物结石照片，从对试样的电镜扫描可以看出，大量的纤维针状水泥水化衍生物充填于水泥颗粒之间，形成"联带"，将水泥颗粒连接更紧密，助剂反应生成物和膨润土颗粒充填于针状纤维的缝隙中，使水泥具有更大结石强度。

图 4-124　黏度时变性水泥浆结石体电镜扫描图

2. SJP-Ⅰ型黏度时变性灌浆材料的研制

室内试验包括正交试验和对比试验，对于黏度时变性水泥浆，以水灰比 0.6 的水泥浆液为原浆，通过设计"三因素、三水平"的正交试验表，采用综合平衡法分析得到较好的试验配合方案，调整出适合现场灌浆的黏度时变性灌浆材料配合比，测试其可泵时间、凝结时间、强度等参数，同时室内试验还对已采用的 $\lambda = 0.45$ 的普通水泥浆、水泥砂浆及 $\lambda = 0.6$ 的普通水泥浆进行测试，从流动性、稠化速度、凝结时间、强度进行对比，分析常规灌浆失效的原因。

测定不同配比水泥浆的各项参数，包括：流动度、可泵时间、初凝时间、终凝时间，24h、3d、7d、28d 抗压强度的测定。通过室内试验所测试的各参数，分析助剂加量对流动度、凝结时间、抗压强度的影响。

因素的选取对试验的准确和涵盖得全面与否至关重要，正交试验表的设计首先要确定出要考察的因素和个因素的水平。通过对黏度时变性灌浆材料拌制过程及反应程度的影响分析：助剂 1 号主要起稳定调和的作用，对浆液影响程度不大，设定其掺量为 0.33%（同水泥质量比）不变；略去次要因素，主要对膨润土、助剂 2 号、助剂 3 号进行考察。因此，正交试验范围内对每个因素分别选取三个水平，见表 4-47。

水灰比设置为 0.6，水泥掺量为 3000g、按照"三因素、三水平"的正交试验表进行试验，见表 4-48、表 4-49，"膨润土""助剂 2 号""助剂 3 号"为三个因素；三个不同等级的掺量为因素的三个水平，将助剂 1 号、助剂 2 号、助剂 3 号分别配置成 10%、25%、10% 的溶液，在 $\lambda = 0.6$ 普通水泥浆基础上，依次加入膨润土、助剂 1 号、助剂 2 号、助剂 3 号的溶液，拌制黏度时变性水泥浆，测试各参数指标，试验成果数据填入表 4-48 中。

表 4 – 47　　　　　　　　　　　　试验正交表 L9(3³)

水平	膨润土加量/g	助剂 2 号加量/g	助剂 3 号加量/g	备　注
1	100	80	15	助剂 1 号、助剂 2 号、助剂 3 号都溶解、配制成溶液
2	125	90	20	
3	150	100	25	

表 4 – 48　　　　　　　　　　　　正交试验参数成果表

试验序号	膨润土（占水泥质量）/%	助剂 2 号（占水泥质量）/%	助剂 3 号（占水泥质量）/%	可泵时间/min	初凝时间/min	终凝时间/min
1	3.33	2	0.5	21	253	321
2	3.33	2.67	0.67	79	604	872
3	3.33	3.33	0.83	180	650	921
4	4.17	2	0.67	25	177	255
5	4.17	2.67	0.83	63	480	663
6	4.17	3.33	0.5	16	513	577
7	5	2	0.83	82	386	425
8	5	2.67	0.5	19	566	605
9	5	3.33	0.67	71	559	593

表 4 – 49　　　　　　　　　　　　测试结果极差分析列表

时间	极差分析	列　号		
		1	2	3
		膨润土（A）	助剂 2 号（B）	助剂 3 号（C）
可泵时间	K_1	280	128	56
	K_2	104	161	175
	K_3	172	267	325
	k_1	93.33	42.67	18.67
	k_2	34.67	53.67	58.33
	k_3	57.33	89.00	108.33
	极差	58.67	46.33	89.67
	优方案	A1	B3	C3
初凝时间	K_1	1507	816	1332
	K_2	1170	1650	1340
	K_3	1511	1722	2009
	k_1	502.33	272.00	444.00
	k_2	390.00	550.00	446.67
	k_3	503.67	574.00	669.67
	极差	113.67	302.00	225.67
	优方案	A3	B3	C3

时间	极差分析	列　号		
		1	2	3
		膨润土（A）	助剂 2 号（B）	助剂 3 号（C）
终凝时间	K_1	2114	1001	1503
	K_2	1495	2140	1720
	K_3	1623	2091	2009
	k_1	704.67	333.67	501.00
	k_2	498.33	713.33	573.33
	k_3	541.00	697.00	669.67
	极差	206.33	379.67	168.67
	优方案	A1	B2	C3

结合表 4-49 和图 4-125，分析如下：

（1）膨润土对各参数的影响：从表 4-49 可以看出，对可泵时间、初凝时间、终凝时间三个参数而言，因素膨润土的极差都不是最大，即膨润土不是影响的最大因素。从图 4-125 看出，对三个参数而言，膨润土取 4.17% 最好，影响因素最小。

（2）助剂 2 号对各参数的影响：从表 4-48 可以看出，对初凝时间和终凝时间而言，极差都是最大的，也就是说，助剂 2 号是最大的影响因素，从图 4-125 看出，对初凝时间而言，助剂 2 号取 3.33% 最好；而对终凝时间而言，取 2.67% 最好，而助剂 2 号的掺量在 2%～2.67% 极差处于上升值；对可泵时间而言，助剂 2 号取 3.33% 时，极差最大，不利于拌制理想可泵时间的浆液，当取 2.67% 时，极差处于中等大小。综合考虑，助剂 2 号取 2.67% 较好，但尚需要在 2%～2.67% 范围内调整。

（3）助剂 3 号对各参数的影响：从表 4-49 可以看出，对初凝时间和终凝时间而言，极差都不是最大的，助剂 3 号因素不是最大的影响因素；从图 4-125 看出，对可泵时间而言，助剂 3 号是最大的影响因素；而对初凝、终凝时间而言，助剂 3 号掺量的多少对这两个因素影响也存在一定程度的影响，为了和助剂 2 号的掺量配合发挥最大的效果，助剂 3 号取 0.67% 最好。

通过三个因素对各参数影响的综合分析：

$A_2B_2C_2$ 为较好的试验方案，但实验配合比还需要进一步调整，已达到最佳。通过正交试验的范围锁定，确定出较好的黏度时变性灌浆材料配合比方案为水：水泥：膨润土：助剂 1 号：助剂 2 号：助剂 3 号＝0.6：1：0.042：0.0033：0.02：0.0067。

3. 灌浆工艺与工程应用

（1）水泥浆液物理基本性能试验。

1）水泥浆液基本物理性能。

通过试验，测定普通水泥浆液基本物理性能。

（a）浆液比重：浆液比重随水灰比的减小而增大。

（b）流动性：随着水灰比减小，浆液表观黏度增大，流动性变差；3：1 浆液与 2：1

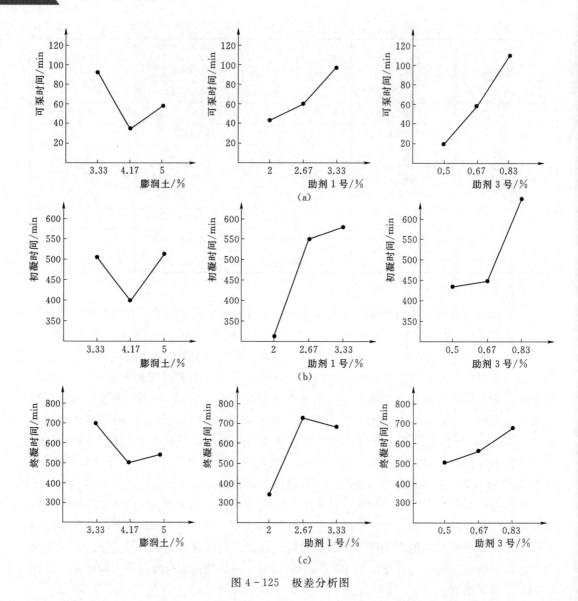

图4-125 极差分析图

浆液表观黏度相差不大，即流动性相差不多；1∶1是浆液基本性能尤其是浆液流动性变化的重要拐点，可以认为是浓浆、稀浆的分界线。

（c）析水率：水泥浆液一般可在2h内达到析水稳定；1∶1水泥浆液达到沉降稳定所需时间最长。

（d）凝结时间：浆液凝结时间随水灰比的减小而缩短，随水灰比增大而延长；1∶1、0.7∶1、0.5∶1三个比级浆液初终凝时间一般在6～9h，而3∶1、2∶1两个比级的浆液初终凝时间在9h以上；浆液一般可在初凝2h以内达到终凝状态。

（e）结石密度：常压下，水泥颗粒自然沉降所形成结石的密度随水灰比的减小而增大；当水灰比在0.5∶1～3∶1之间变化时，水泥结石密度在1.58～1.91g/cm³之间变化。

2）模拟灌浆试验条件水泥浆液性能研究。

（a）研制了一套仿真灌浆模拟装置。该装置能在试验条件下模拟不同灌浆参数下浆液在孔内的运动情况，能在1～5MPa压力作用下形成水泥结石式样，装置的设计考虑了岩层裂隙的压滤作用。图4-126为该套装置主要部分装配示意图。

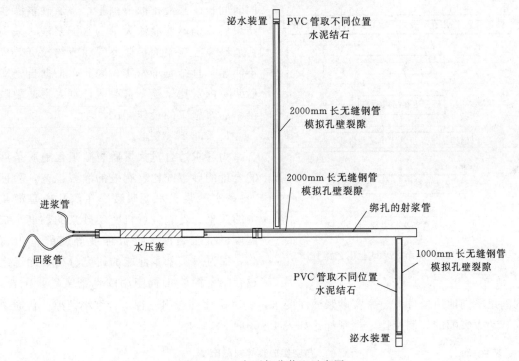

图4-126 主要部分装配示意图

（b）通过模拟灌浆，获得水泥结石，对水泥结石进行抗压强度试验，将高压条件下水泥结石抗压强度与常压下水泥结石抗压强度进行对比。

（c）通过测定高压灌浆循环后的水泥浆液各项性能指标，与常压下水泥浆液性能进行对比，主要包括浆液析水率、黏度、凝结时间等。

（d）在不同灌浆压力，不同水灰比中进行多组试验，测定不同屏浆时间时，浆液的结石强度，同时，结合高压下浆液的凝结时间，提出不同压力、不同水灰比的屏浆时间。

3）黏度时变性灌浆材料灌浆工艺。现场选取两个试验点：LBS1738-10号锚索孔和LBS1822.5-3号锚索孔，两个灌浆试验孔均在拱间槽上游侧边坡，距离坡表较近。两个试验孔在前期灌浆中漏浆非常严重，复灌多次，通过待凝、限流、采用砂浆、调小水灰比等方法均未返浆。

（a）施工工艺。由于灌浆试验区的岩石破碎，岩体受断层破碎松弛带影响，因而吸浆量将较大，各个试区均采用孔口封闭灌浆法，其工艺流程如图4-127所示。

（b）试验结论。采用黏度时变性水泥浆进行灌注，LBS1738-10号孔、LBS1822.5-3号孔分别节约水泥24.868t（节约333％）、200t，实践证明，对岩体质量差、裂隙陡倾开度较大的岩体灌浆加固，采用常规水泥浆液难以达到灌浆效果，消耗水泥量太大。而通

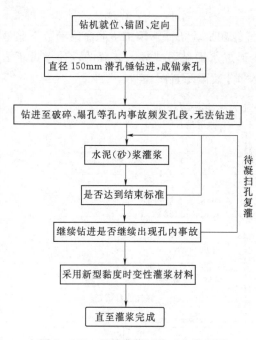

钻机就位、锚固、定向

直径150mm潜孔锤钻进，成锚索孔

钻进至破碎、塌孔等孔内事故频发孔段，无法钻进

水泥（砂）浆灌浆

是否达到结束标准

继续钻进是否继续出现孔内事故

采用新型黏度时变性灌浆材料

直至灌浆完成

待凝扫孔复灌

图 4-127　固结灌浆试验工艺流程图

过采用新型配制的黏度时变性水泥浆灌浆，得到了非常好的效果。

4.4.5.3　自密实砂浆灌浆技术

由于普通砂浆易离析、易泌水、水下凝固时间长、浆液扩散范围小，普通砂浆灌注结束后，仍然能灌注大量的水泥浆液，采用普通砂浆控制浆液扩散范围和节约投资效果不明显，且结石不密实。因此，根据自密实砂浆室内对比试验，选取适合宽大贯通裂隙帷幕灌浆施工的最佳配比。

1. 配合比研究

为寻求适合宽大贯通裂隙工程地质条件的合理的砂浆配比、有效的灌浆工艺，验证"自密实砂浆＋水泥浆液"在深孔帷幕灌浆中的效果，首先进行自密实砂浆的黏度、扩展度、抗压强度、抗折强度等性能室内试验，通过对其基本性能的研究分析，优选出适合帷幕灌浆工程应用的自密实砂浆配比。

为满足不同地质条件下自密实砂浆灌注要求，调整配比筛选出三种适合细小裂隙、普通裂隙、超大裂隙的拌制配比，拌制配比如表 4-50 所示。

表 4-50　自密实砂浆拌制配比

编号	单方用量/(kg/m³)				初始		P28/MPa	适应条件
	水	水泥	砂	外加剂	SF/cm	VF/s		
1	249	405	1282	6.16	270	10.46	35	较小裂隙
2	247	406	1282	6.01	285	15.62	25	普通裂隙
3	233	446	1282	7.75	280	37.69	31	超大裂隙

2. 浆液性能检测

通过试验数据表明，自密实砂浆具有高流动性、不离析、黏度低的特点，不同浓度的自密实砂浆配合比对岩层的裂隙扩散度不同。自密实砂浆浆液性能见表 4-51。

表 4-51　自密实砂浆浆液性能统计表

序号	测试类别	普通砂浆（0.35∶1∶1）	自密实砂浆（0.35∶1∶1）	备注
1	28d 抗压强度/MPa	32.7	35.0	
2	VF 黏度/s	60	40	
3	析水率/%	2	—	
4	扩散度/cm	≤120	≤300	

3. 自密实砂浆施工工艺

通过斜卡水电站现场试验，确定了大规模帷幕灌浆施工采用布孔"辅助帷幕＋主帷幕"，浆液"自密实砂浆＋纯水泥浆液"的基本思路。

自密实砂浆采用自流式无压灌注，适合钻孔无返水的关门孔（辅助帷幕）灌浆，钻孔有返水的辅助帷幕及所有主帷幕均灌注水泥浆液。

（1）砂浆搅拌工艺。试验灌注砂浆采用 WTP1200 微机控制混配土配料机拌制，自密实砂浆的搅拌顺序为：将称量好的砂和胶凝材料分别投入搅拌机干拌（不低于 10s），在加入水和外加剂后继续搅拌 60s 以上，总搅拌时间应不低于 120s，目测自密实砂浆工作性能达到要求之后方可出机。自密实砂浆拌制过程如图 4-128 所示。

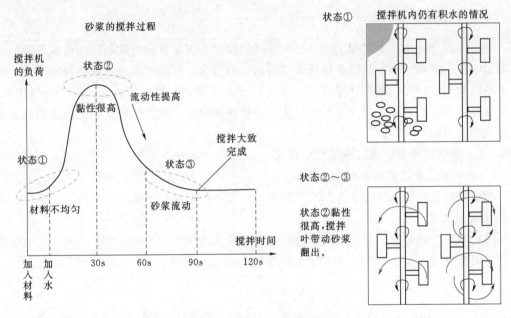

图 4-128　自密实砂浆拌制过程

（2）自密实砂浆的灌注工艺。自密实砂浆采用混凝土罐车运输至施工面，采用自流式灌注，根据不同的拌和比分为三种（细小裂隙类砂浆、普通裂隙类砂浆、超大裂隙类砂浆），为使浆液扩散范围合理有效，既确保灌浆质量，又不造成浪费，因此合理的变浆是至关重要的，首先采用细小裂隙砂浆灌注，当灌注量达到 $2m^3/m$ 时，砂浆未注满至孔口，则配比改为普通裂隙类型砂浆继续进行灌注，当普通裂隙类型砂浆灌注量也达到 $2m^3/m$ 时，砂浆还未注满至孔口。则配比改为超大裂隙类型砂浆继续进行灌注。

（3）结束条件。

1）当灌浆孔段极小裂隙类型砂浆、普通裂隙类型砂浆、超大裂隙类型砂浆累计灌注量达到 $100m^3$ 时，砂浆还未注满孔口，则该孔段结束灌浆，待凝 4h 进行扫孔复灌。

2）扫孔无返水、透水率 ∞ 时，复灌要求与初灌要求一样。

3）当砂浆灌注至孔口，且在 5min 内砂浆无下降趋势，结束砂浆灌注。待凝 4～6h 后扫孔采用纯水泥浆液复灌。

4. 灌浆效果

由于斜卡水电站基岩较破碎，宽大裂隙发育，多数单元均采用"自密实砂浆＋水泥浆液"进行防渗处理，先采用自密实砂浆进行浅层宽大裂隙、空腔封堵，在采用水泥浆液对细小裂隙封堵填充，灌后检查多数单元均一次性检查合格，部分单元经局部浅层补强后满足设计检查标准。从灌后检查孔孔内成像及岩芯显示，裂隙内浆液结石填充饱满，灌注效果较好。

4.5　边坡软弱岩体置换技术

4.5.1　开挖置换技术

锦屏一级水电站左岸边坡存在 f_5、f_8 及 f_{42-9} 断层、煌斑岩脉等软弱结构面以及深部卸荷形成的Ⅳ、Ⅴ类岩体，为保证拱坝建成后的运行安全，必须对其进行置换加固处理。但由于是沿软弱破碎层面进行开挖施工，具有地质条件复杂、洞室密集交叉、工期要求紧、安全风险高等特点，施工技术难度大，施工安全问题突出，如何实现安全优质高效施工是工程成败的关键。

4.5.1.1　边坡软弱岩体表层开挖置换技术

1. 断层梯段开挖置换处理施工技术

断层置换处理的施工程序为：预裂和梯段开挖→边坡喷护→插筋和钢筋安装→模板安装及混凝土回填。

（1）断层置换开挖。左岸垫座后坡的 f_5 断层开挖面积为 $24.53\text{m} \times 10.6\text{m}$，其中靠山侧和后坡开挖坡比为 $1:0.3$，靠河侧开挖坡比为垂直坡，见图 4 - 129。

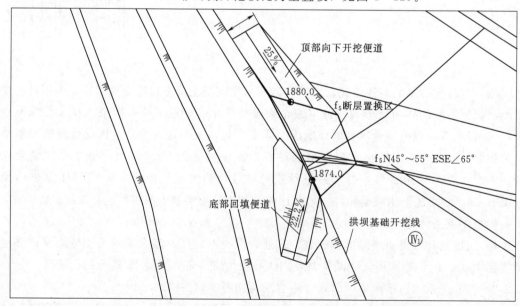

图 4 - 129　锦屏一级左岸垫座后坡 f_5 断层置换施工布置图

在施工过程中，由于断层范围内岩体破碎，地质条件很差，所以对 f_5 断层开挖采取"加密预裂、短台阶、弱爆破"的方式进行开挖，预裂孔孔距 0.6m，采用 XZ-30 钻进行钻孔，预裂孔钻孔深度为 15m，分层开挖高度 3m。并且在每一循环开挖后，及时进行系统支护，保证断层岩体边坡的稳定性。

（2）断层开挖边坡混凝土喷护。左岸垫座后坡断层混凝土喷护厚度 15cm，混凝土喷护分段依次进行，自下而上，分层施喷。

施工前先对喷射岩面进行检查，清除浮石、堆积物等，并用高压风水枪冲洗岩面；对易潮解的泥化岩层、破碎带和其他不良地质带用高压风清扫，可埋设钢筋作为测量喷混凝土厚度的标志，有水部位，埋设导管排水。

（3）插筋及钢筋安装。边坡插筋采用 YT28 手风钻钻孔，人工安装。

表层开挖置换混凝土的钢筋主筋为 $\phi28mm$ 螺纹钢，间距 25cm，分布筋为 $\phi25mm$ 螺纹钢，间距 25cm。

（4）模板安装及混凝土回填。模板采用组合钢模板。立面模板的脚手架采用 $\phi48\times3.5mm$ 钢管搭设，立杆横距 $b=0.75m$，主杆纵距 $e=0.75m$，立杆距墙 0.2m。脚手架步距 $h=1.0m$。脚手架的两端各设置一道剪刀撑，由底至顶连续设置。

置换混凝土分 5 层施工，分层高度 3.0m。混凝土入仓采用 6.0m³ 混凝土搅拌车从拌和站运至工作面，搭溜槽直接入仓，二级配混凝土。振捣主要采用 $\phi50mm$ 插入式振捣棒振捣，振捣均匀，保证混凝土成型后内实外光。

2. 断层刻槽开挖置换处理施工技术

刻槽开挖置换前先进行锁口锚杆施工，开挖爆破出渣后，采用砂浆锚杆进行坡面支护，再进行混凝土回填及加密固结灌浆处理。

（1）断层及挤压带置换开挖范围。f_2 断层及挤压带处理范围位于左岸拱肩槽。处理方式采用开挖刻槽，回填混凝土置换。高程范围 1647~1686.37m，开挖刻槽宽度 13.5~16m。开挖石方工程量 6800m³。左岸 f_2 断层处理范围如图 4-130 所示。

（2）开挖施工方法。针对 f_2 断层在前期制定了使用破碎剂破碎的施工方案，并在施工中进行了两次静态破碎剂试验，但是发现采用破碎剂破碎时间长、效果差。因此，f_2 断层开挖后期调整为采取周边预裂，分台阶小药量松动爆破，辅助液压机械破碎锤破碎，小型反铲出渣的施工方法。

f_2 断层开挖拟采取周边预裂，小药量，短台阶开挖爆破，预裂高度按分区布置施工，每层台阶开挖破碎高度 1.0~1.5m，共分 42 层。

f_2 断层周边预裂孔采用 XZ-30 潜孔钻钻孔，梯段开挖钻孔采用 TOMRCK700 液压钻钻孔，预裂孔孔距 60cm，梯段钻孔孔间排距为 80cm×80cm。

f_2 断层开挖利用左岸 1670m 高程大坝帷幕灌浆洞和 4 号固结灌浆洞作为开挖出渣施工通道，先从 4 号固结灌浆洞开挖 f_2 断层下游段 1671m 高程平台刻槽，然后用 1670m 高程大坝帷幕灌浆洞开挖建基面中部以下 f_2 断层 1658m 高程以上的刻槽，最后利用大坝帷幕灌浆洞开挖建基面上游 f_2 断层 1650m 高程以上刻槽，剩余的 1647~1650m 高程 f_2 断层刻槽利用缆机吊运出渣进行开挖。

（3）断层挤压带开挖安全防护。对每次爆破部位在爆破前采用布置双层钢丝网，并在

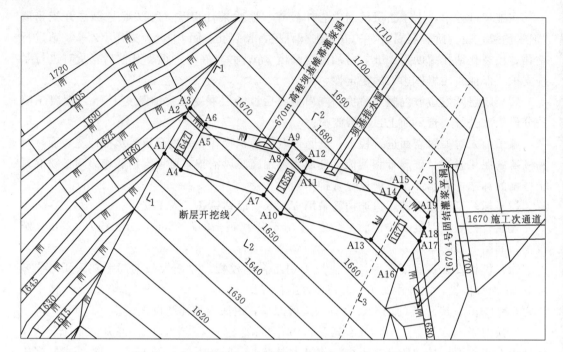

图 4-130　左岸建基面 f_2 断层处理范围平面图（单位：m）

两层钢丝网中间覆盖 2 层沙袋方式进行防护，防止爆破飞石造成下部设备和设施的损害。

左岸 f_2 断层开挖安全防护主要采用布置三道安全防护设施进行防护，分别布置在 1663～1647m 高程、1630m 高程和 1605m 高程。确保大坝基坑施工安全。

第一道安全防护布置在 f_2 断层开挖底部，布置 3 块防护体，根据开挖高程下降而进行布置。第一道防护采用型钢加钢筋笼防护，主要作用是对开挖爆破石渣进行积渣和挡护，为设备出渣创造工作面。第二道安全防护采用柔性被动防护网进行防护，主要防护爆破飞石和开挖施工中滚石的安全防护。防护网高度 7m，防护长度 75m。第三道安全防护主要用竹跳板防护，主要防护大坝混凝土施工工作面的安全，主要防护施工过程的滚石。

4.5.1.2　边坡内软弱岩体洞室开挖置换施工技术

边坡内软弱岩体通过在山体内开挖平洞、竖井、斜井等方式形成空间框格，采用浇筑混凝土进行置换。左岸边坡抗力体软弱岩体洞室开挖置换处理见图 4-131。

1. 施工原则及程序

(1) 遵循"短进尺，弱爆破，强支护，勤量测"施工原则，尽量减小对围岩扰动，支护紧跟。

(2) 置换平洞开挖施工程序基本原则为同一高度上，相邻洞室开挖错开 30m（大于 3 倍洞径）可平行施工，层间洞室高差达 40m 可不加限制，以加快总体开挖进度。

(3) 施工过程中加强施工期安全监测，出现异常情况及时采取加固处理措施，并分析原因，进一步评价施工程序合理性，对不合理施工程序进行调整。

(4) 抗力体处理施工区域内各开挖工作面不得同时爆破，不同开挖面爆破时间间隔不应小于 5min。

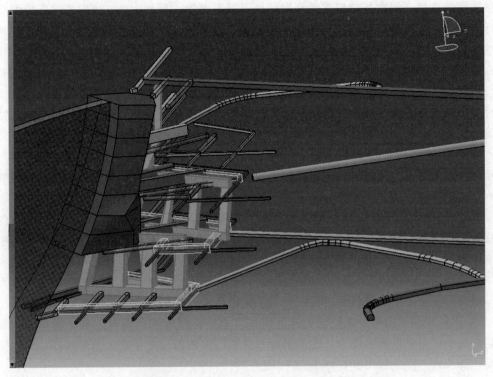

图 4-131　左岸边坡抗力体软弱岩体洞室开挖置换处理图

（5）置换洞均为Ⅳ类、Ⅴ类围岩，总体分上下两层开挖，开挖循环进尺控制在 2m 以内，开挖前视情况实施超前支护（超前锚杆、超前固结灌浆等），开挖后视围岩情况，随机设置钢支撑支护，局部设置随机锚杆，系统支护紧跟开挖作业面。

（6）对特别破碎围岩上层分上、下台阶开挖，下台阶滞后上台阶一个循环，上台阶高度 3m，开挖循环进尺控制在 1.5m 以内。开挖前视情况实施超前支护（超前固结灌浆、超前管棚等）。上台阶开挖结束后，马上进行钢支撑及临时支护，上台阶钢支撑及临时支护后进行下台阶开挖，钢支撑及系统支护紧跟开挖作业面。

（7）各置换洞开挖口前，应完成开洞口附近相应洞室系统支护，完成超前锚杆施工，视需要在洞口两侧采用 3～5 榀钢支撑锁口或洞口段超前固结灌浆。

2. 支护施工

（1）围岩封闭和支护跟进。对于置换洞Ⅳ类、Ⅴ类围岩出碴结束，立即对作业面进行 5cm 厚钢纤维混凝土进行封闭。

Ⅳ类围岩一般情况应立即进行系统支护，但在现场经地质工程师或开挖经验丰富的人员确认后，可滞后掌子面 5～15m 进行系统支护；Ⅴ类围岩一般情况应立即进行系统支护，但在现场经地质工程师或开挖经验丰富的人员确认后，可滞后掌子面 5m 进行系统支护。

（2）支护方式选择。根据不同的围岩类别、岩石节理情况分别采用不同的支护型式，施工组织设计时设计采用 4 种支护型式：超前小导管灌浆＋钢拱架锚喷支护、超前锚杆＋

钢拱架锚喷支护、钢拱架锚喷支护和钢纤维混凝土支护4种型式，4种型式的支护均应按设计要求进行系统锚杆支护。实际施工中根据围岩情况未使用超前小导管灌浆施工。

（3）支护施工要点。

1）由于煌斑岩脉、f_5断层属极易风化、遇水软化的岩层，开挖揭露后宜进行及时封闭，一般情况下采用出渣结束后喷5cm厚钢纤维混凝土封闭，当出现渗水较大且出现掉块时不出渣，用反铲清理工作面并进行必要的安全处理后，立即喷钢纤维或素混凝土封闭。

2）混凝土喷护前由地质工程师进行地质素描，并与开挖经验丰富人员根据围岩类别、节理、渗水情况确定支护方式，由于开挖揭露前难于确定是否进行钢支撑支护，开挖断面在不能确定时按扩大开挖控制。

3）开挖揭露后需进行钢支撑支护时，采取喷素混凝土5cm，立即组织架立钢支撑，并及时施作锁脚锚杆孔，采用水泥卷锚固剂固结锚杆，并按设计挂钢筋网，及时进行喷混凝土作业。

4）喷混凝土务必将钢支撑后面喷密实，钢支撑表面饱满，使其处于良好共同受力状态。钢支撑支护后不能替代系统锚杆，系统锚杆施工可滞后15d左右施工。

5）需采取超前锚杆处理措施的开挖面，当掌子面较容易掉块时，掌子面宜进行素喷混凝土5cm，以保证施工安全，超前锚杆可采用砂浆锚杆也可采用水泥卷锚杆，超前锚杆按设计要求施工完成后可开挖施工。

6）开挖揭露出现不利的节理结构，有可能出现掉块、滑落时应采取随机锚杆支护，随机锚杆的孔向、长度由地质工程师或开挖经验丰富的人员确定，并经监理批准后实施。

7）系统支护对洞室安全十分重要，需及时跟进，由于置换平洞均属Ⅳ～Ⅴ类围岩，系统支护跟进时间按滞后掌子面5～15m，对于出现暂停开挖洞室，应在开挖结束后15d之内支护结束。

3. 特殊情况的处理

（1）渗水的处理。基础处理置换平洞施工中多次出现地下水、左岸灌浆施工用水渗漏地段，采取的主要措施为钻排水孔引排。

开挖揭露出现渗水较大地段，在喷混凝土封闭前，用手风钻或者是凿岩台车，在渗水较大部位沿岩层方向钻3～5m深的排水孔，插入PVC管，将管接引至排水沟内，然后进行喷混凝土作业，初喷时应加大速凝剂用量，渗水已封堵后恢复至正常用量。

（2）岩石破碎锚杆成孔困难的处理。当出现岩石破碎锚杆成孔困难时，一般采用以下两种方案：用凿岩台车钻锚杆孔，并用台车辅助插杆；使用自进式锚杆。

采用凿岩台车钻大孔径锚杆孔，并用台车辅助插杆的方法使用时效果较好，但成本较高，且占用设备资源。自进式锚杆能达到快速支护的目的，但根据对自进式锚杆密实度检测的结果，密实度仅能达到60%～75%，且锚杆杆体抗剪能力有所降低，重要部位应加密锚杆。

1）自进式锚杆使用前，应检查钻头、钻杆是否通气，如有堵塞应处理通畅后方可使用。

2）凿岩机应先给风或水，然后钻进，在破碎岩中钻进时，钻头的水孔易堵塞，因此在钻进时应放慢钻进速度，多回转，少冲击，注意水从钻孔中流出的状况，若有水孔堵塞的现象，应后撤锚杆50cm左右，并反复扫孔，使水流畅通，然后慢慢推进，直到设计深度。

3) 钻进至设计深度，应用水或空气洗孔，检查钻头上的孔是否畅通，然后将锚杆从钻机连接套上卸下，锚杆按设计要求外露。用钢管将止浆塞通过锚杆外露端打入孔口10cm左右作为封孔进行注浆，并保证自进式锚杆的注浆饱满。

4) 用水或空气检查锚孔是否畅通，调节水流量计使浆液水灰比至设计值为止，从砂浆泵出口出来的浆液，必须要均匀，不能有断续不均现象。

5) 迅速将锚杆和注浆管及泵用快速接头连接好，开动砂浆泵注浆，整个过程应连续灌注，不停顿，必须一次完成，观察浆液从止浆塞边缘流出或压力表达到设计值即可停泵。

6) 对于失效部位锚杆，对是否重新加杆，经论证可保安全时也可不重打。在浆液终凝之前，不得对锚杆敲击、碰撞或施加任何其他荷载。

4.5.2　高压对穿冲洗置换新技术

影响左岸抗力体受力条件地质缺陷主要表现在 f_5 断层、f_2 断层、煌斑岩脉及深部裂隙，其中以 f_5 断层最为严重。f_5 断层在1785m高程以上被挖出，在1730m高程以上大坝建基面上被超大垫座混凝土置换，在抗力体内以置换平洞和斜井方式挖出一部分，以混凝土进行回填置换，其他大部分采用加密固结灌浆及化学灌浆方式进行处理，但在施工过程中发现未置换部分无法通过固结灌浆来改变其受力条件，无法满足设计要求。由于软弱结构分布于洞室之间，呈分散状，若采用洞室开挖，不仅开挖工程量大，而且施工安全问题突出。

经分析研究，提出了"高压水对穿冲洗软弱岩体，回填混凝土置换加固"的软弱岩体置换新思路。即利用对穿钻孔、采用两管法高压风水旋转往复式联合冲洗工艺，分区、分序冲洗，清除断层内破碎岩体，然后回填自密室混凝土，再对高压冲洗区进行补强灌浆，以提高抗力体的力学性能和整体性。

4.5.2.1　钻孔冲洗组合机具和冲洗检测仪器

1. 组合机具及参数选择与控制

(1) 钻机。结合施工实际情况，主要选用进口多功能全液压履带式钻机钻孔，其特点是行走方便、钻孔扭矩大、精度高、钻孔效率高。钻机性能参数见表4-52。

表4-52　　　　　　　　　　　钻机性能参数表

钻机型号	最大扭矩/(N·m)	最大提力/kN	给进力/kN	钻孔倾角/(°)	钻孔深度/m	钻孔孔径/mm
阿特拉斯 A66CB	13200	90	90	0~360	150	90~260

(2) 旋喷台车。高压对穿冲洗采用XL-50型旋喷台车进行施工，其特点是采用自动式负载反馈微调变量液压系统、摩擦定位的专用阀、配备钻塔垂直、动力头回转及提升速度的显示装置，以满足旋喷工艺要求。旋喷机性能参数见表4-53。

表 4 - 53   XL - 50 型旋喷机性能参数表

钻杆直径/mm	42、50	最大提升/给进速度/(m/min)	0.08～0.5/0.16～1.0
转速/(r/min)	0～88/0～270	动力头快速升降	0～20m/min
最大扭矩/(N·m)	1970/645	功率/kW	22（电机）
最大提升/给进力/kg	4000/1800	质量/kg	2800（含钻杆）

（3）高压冲洗泵。采用 ZJB（BP）- 50 型高压冲洗泵，其额定冲洗压力可达到 50MPa，满足高压冲洗施工要求，其参数见表 4 - 54。

表 4 - 54   ZJB（BP）- 50 型高压冲洗泵性能参数表

额定压力/MPa	50	电机型号	YJT250M - 4（变频电机）
流量/(L/min)	0～100	泵组质量/kg	1350（总重量）
功率/kW	90		

（4）空压机。空压机根据钻孔设备的供风要求进行选择，针对该项目工程地质条件配置供风风量大于 20m³/min、风压大于 2MPa 的高风压空压机。

2. 井下旋转式红外线视频监测仪研制

高压冲洗后形成大空腔，且空腔（井下）无光线，目前没有合适的录像或电视仪产品可以使用，需研制出适用大空腔（井下）录像仪。采用红外线采集数据，并能旋转，可以直观检测出空腔大小及冲洗效果，能时时监控高压冲洗及混凝土浇筑过程，并保存在主机内，方便导出，见图 4 - 132。

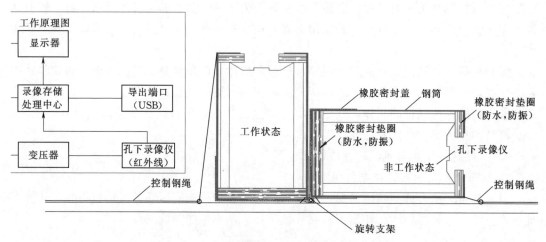

图 4 - 132　井下旋转式红外线视频监测仪原理图

4.5.2.2　高压旋喷对穿冲洗扩散数值模拟

采用非线性动力有限元法和岩石动态损伤模型对高压水射流旋喷对穿冲洗扩散进行模拟，研究方法主要是结合 ANSYS/LS - DYNA 软件，采用 SPH 耦合算法模拟高压水射流三维非线性大变形冲击动力学问题，分析水射流的高压旋喷过程。

分别进行了单孔和多孔的冲洗扩散模拟，图 4 - 133～图 4 - 137 为数值计算模型和 SPH 粒子运动趋势计算结果。

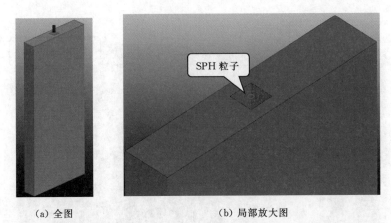

(a) 全图　　　　　　　　(b) 局部放大图

图 4 - 133　LS - PREPOST 中数值分析模型（单孔）

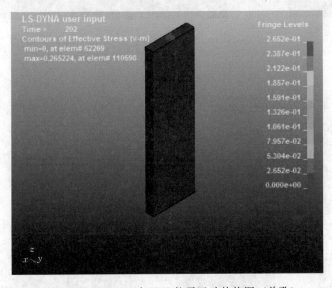

图 4 - 134　202μs 时 SPH 粒子运动趋势图（单孔）

　　通过计算，统计受高压水（风）冲洗发生破坏，并产生向下（Z 轴负方向）位移的 SPH 粒子数量，衡量高压水（风）对穿冲洗岩体时，碎岩作用的大小、作用的影响范围，同时检测高压对穿冲洗的碎岩效果。

　　(1) 通过建模分析，得到包括不同时刻 SPH 粒子宏观趋势图，不同时刻应力等值线云图，不同时刻节点位移曲线图，SPH 粒子位移变化图，以及各种时程曲线图等诸多资料。为了充分的说明问题，取用了不同时刻，具有代表性的 SPH 粒子状态宏观图、Von Misses 等效应力云图，SPH 节点 Z 方向位移曲线图和 SPH 粒子位移曲线图。

　　(2) 根据数值分析结果云图及位移曲线等，可以清楚地认识到整个高压对穿冲洗碎岩的过程。在初始时刻，岩体只受到天然应力作用，处于稳定、静止状态。当高压对穿冲洗开始，钻孔孔壁受到高压水（风）的冲击荷载，与水流接触部位岩体率先发生应力动力响应，孔壁处出现应力集中现象，随之孔壁部分岩体向临空面发生破坏，这些已经破坏的岩

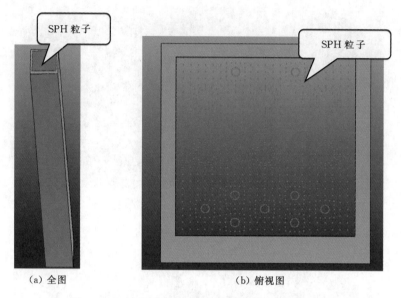

（a）全图　　　　　　　　　（b）俯视图

图 4 - 135　LS - PREPOST 中数值分析模型（多孔）

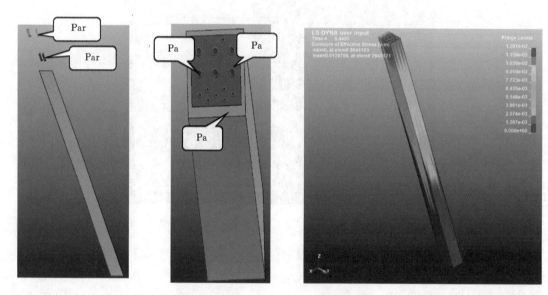

图 4 - 136　ANSYS 中实体模型（多孔）　　　图 4 - 137　6μs 时 SPH 粒子运动趋势图

体则在高压水（风）以及重力的作用下沿着钻孔发生向下（Z 轴负方向）的位移。随着时间的推移，孔壁处岩体承受高压水（风）冲击荷载产生的应力波开始逐渐向外围岩体传播，开始破坏外围岩体。当靠近孔壁内侧岩体破坏发生向下位移后，又产生了新的临空面，外围岩体受应力波作用，又开始向这些新的临空面发生位移，然后发生竖直向下的位移。由于应力波向外传播，随着距离的增加其强度逐渐减弱，对距离孔壁较远的岩体，应力波对其影响已经非常的小，已达不到破坏的效果，这就导致了高压对穿冲洗有自身的影响范围。

（3）经过数值分析，得出如下结论：对地质模型为 $17m \times 4m \times 50m$，中间为深 50m、孔径 320mm 钻孔，以 $35 \sim 40MPa$ 高压水和 $1.0 \sim 1.5MPa$ 高压风冲洗钻孔壁，冲切、破坏岩体，冲洗效果较好，岩体破坏效果明显，出渣量为 $43.4m^3$，多孔出渣量约为 $1212.5m^3$。也就是说，原来孔径为 320mm 钻孔，经过高压对穿冲洗后，相当于采取了扩孔处理，扩孔后直径约 1.1m。

通过对高压旋喷对穿冲洗扩散单孔模拟研究，说明软弱破碎带高压对穿冲洗回填混凝土加固处理过程中选择施工参数正确，与理论研究相吻合。

4.5.2.3 软弱破碎带高压对穿冲洗施工方法

1. 施工工艺流程

（1）当施工部位不具备对穿条件时，采用地质钻机进行造孔施工，造孔完成后将高压水及压缩空气分别通过双管钻杆下入孔底，利用高压水流和压缩空气联合对破碎带内的裂隙面进行冲洗，使裂隙或结构面上松散物及软弱物质等脱离岩体面，脱离物与冲洗液在压力作用下一起冲至孔外，冲洗带形成空洞区，然后进行该段的灌浆施工，待凝 24h 后再进行下一段的高压冲洗，直至达到设计孔深后进行封孔，如图 4-138 所示。

（2）当施工部位具备对穿冲洗条件，采用大口径岩土锚固钻机从上部高程顺断层钻孔至下部高程，从下部高程进行对穿孔高压冲洗，形成窜通通道，利用高压风、水将地层切割破坏扰动，将覆盖层充分液化，并上下往返反复切割搅动地层，加大切割搅动面积及范围，在风水联动作用下将搅动液化后的泥浆及细小颗粒沿通道流出，以加强置换效果或增大回填空腔尺寸，为自下而上回填自密实混凝土创造条件，如图 4-139 所示。

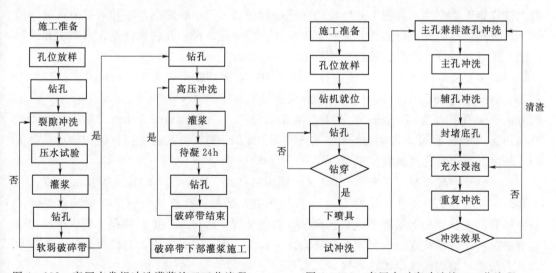

图 4-138 高压水常规冲洗灌浆施工工艺流程   图 4-139 高压水对穿冲洗施工工艺流程

2. 钻孔施工

（1）布孔形式。从根本上解决软弱破碎带处理问题的思路出发，试验段冲洗范围为 1730m 高程 f_5 断层置换洞桩号 K0+54.0m ～ K0+72.0m，孔位布置见图 4-140。

左岸软弱破碎带对穿孔高压冲洗共布置主孔及主孔兼排渣孔 2 排，排距、孔距均为

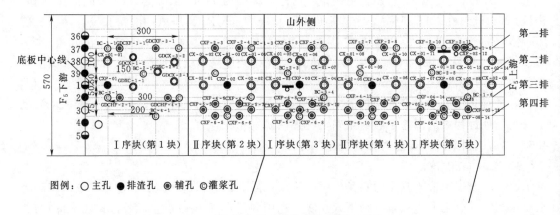

图 4 - 140　对穿孔高压冲洗孔位布置图（单位：cm）

1.0m，终孔孔径为 320mm，孔深为 58.5m。冲洗辅孔共布置 4 排，其中上盘布置 1 排，下盘布置 3 排，第 1 排冲洗辅孔孔距 1.0m，第 2～4 排冲洗辅孔排距 0.25m，孔距 1.0m，终孔孔径为 136mm，孔深 35m。高压冲洗补充灌浆孔共布置 4 排，第 1～3 排排距 1.0m，第 3～4 排排距 0.5m，孔距均为 3.0m，孔径为 56mm，孔深 30～40m（视沉渣面高程而定）。

（2）钻孔。

1）开孔钻进：钻机就位并校正好钻孔角度后，将钻机固定牢固。开钻前，仔细检查钻机完好情况，并采用压缩空气清除钻杆内杂物，同时清除孔口周围的松动岩块。钻孔时，按先施工Ⅰ序块，再施工Ⅱ序块的顺序进行施工，同序块内先对主孔兼排渣孔进行钻孔，再进行冲洗主孔进行造孔，造孔结束后先进行主孔兼排渣孔进行冲洗，再对主孔进行冲洗，确定冲洗排渣效果较好后再进行辅孔的造孔施工。

（a）主孔及主孔兼排渣孔：主孔首先采用 A66CB 多功能全液压履带式钻机配备 GZ98 - ϕ178mm 合金球齿钻头钻孔，然后分别采用 ϕ215mm、ϕ305mm 合金球齿钻头扩孔至 320mm，终孔孔径为 320mm；主孔兼排渣孔采用 GZ98 - ϕ215mm 合金球齿钻头钻孔，然后采用 ϕ305mm 合金球齿钻头钻孔扩孔至 320mm。分多次扩孔的主要目的和作用是确保钻孔精度和减小钻孔事故发生概率。

（b）辅孔：辅孔采用 A66CB 型全液压锚固钻机或 YXZ - 90A 型潜孔钻机配 ϕ136mm 合金球齿钻头钻孔，终孔孔径为 140mm，辅孔主要是与主孔连通，确保四周软弱破碎带被冲散后经主孔流出下层廊道，造孔孔深以钻进至较好基岩面为止。钻孔过程中严格记录返渣情况，通过钻孔返渣情况判断软弱岩体的孔内分布情况，并以此为依据调整孔深、顶角及方位角，增加或减少辅孔布置。

2）钻孔角度控制。

（a）使用水平尺将钻机调整水平，保证钻机在施工过程中不发生位移和倾斜。

（b）钻孔中采用刚度大的粗径钻杆、钻具上加粗径扶正器。

（c）调整钻机立轴方向。当孔深较浅、偏斜不大时，可将钻机的立轴方向适当向钻孔偏斜的相反方向偏转，可获得纠偏的效果。

（d）选择合理的钻进参数。通过分析地质资料，在钻进软硬互交地层时，采用低钻速、低压力钻进，正确地控制钻进压力、转速、冲洗液排量的关系，特别是孔口段采用低压、慢速进行造孔施工。

（e）在钻进过程中的前 20m 中勤测孔斜，有利于及早发现问题，及时纠偏。

3）钻孔排渣：同块主孔完成钻孔后，在下孔口处利用梯子或排架安装集渣槽、集渣漏斗和集渣箱，将渣及污水按指定部位排放或堆放。

4）钻孔记录：在钻孔过程中，详细准确的记录钻孔时遇到的各种现象和地质资料，根据返渣情况、钻进速度、钻机及冲击器运转情况判断地层分层深度，大块石的分布、埋深、粒径及架空、漏失、串通等情况，并停钻测量余尺，准确记录其厚度及埋深。

5）钻孔验收：钻孔结束后，对钻孔孔深、孔斜进行验收。

3. 高压冲洗施工

高压冲洗采用"双管法"进行冲洗，喷射管为二重管或两列管，喷射介质为水和压缩空气，高压水及压缩空气分别通过双管钻杆进入孔底，利用高压水流和压缩空气联合对断层、软弱岩体及堆积体进行冲洗，使裂隙或结构面上松散物及软弱物质等脱离岩面，脱离物与冲洗液在压力作用下一起返出或冲出孔外，形成空腔及空洞区。

（1）冲洗准备。

1）在进行高压冲洗之前，根据钻孔记录和其他地质资料详细了解孔内不同深度的地质情况，并做好技术交底工作。

2）检查风管、水管及通信设施是否通畅，冲洗设备是否运转正常，排污等临建系统是否运行正常。

3）钻孔前应对下层孔口 50m 范围内的设备进行撤离，不能搬迁的设施进行有效保护，设立安全告知牌及岗哨，并做好人员疏散和安全防护工作。

（2）冲洗顺序。对高压冲洗分两序施工，先施工Ⅰ序块，再施工Ⅱ序块。块内施工顺序：按主"孔兼排渣孔→主孔→辅孔"的总体顺序进行高压冲洗。

（3）下喷具。喷射管为二重管，喷射介质高压水及压缩空气分别通过双管钻杆进入孔内，喷具直径 65mm，采用专用密封圈丝扣连接，确保喷具连接后将其下入到孔底。

（4）试冲洗。喷具组装完毕后进行试冲洗，并调准喷射方向和摆动角度，当压力达到设计要求压力后，自上而下进行试冲洗，通过控制钻机上下提升系统，使喷头上下移动，单次提升的高度为 10～20cm，每个试冲洗点停留一段时间，冲洗几分钟后，从下部孔口排渣及废水情况，来调整冲洗位置、转速、提升速度和上下搅动频率等冲洗参数。

参照高喷施工参数，结合软弱破碎带地质条件，通过现场试验与理论分析相结合，确定孔高压冲洗施工技术参数见表 4-55。

（5）主孔兼排渣孔冲洗。同序块主孔造孔完成后，先对主孔兼排渣孔进行自上而下冲洗，全孔冲洗结束后初步形成排渣通道，再从孔底采用自下而上进行高压冲洗，直至全孔冲洗结束，即完成一个冲洗循环。

表 4-55　　　　　　　　　　　高压水冲洗施工技术参数表

项目	技术参数	相应要求	备注
高压水	35~40MPa		清水
风压	1.0~1.5MPa	随孔深增加而适当调整	置换用风
提升速度 v	5~8cm/min	根据地层实际情况可适当调整参数	
旋转速度	10~15r/min		

自上而下冲洗时，利用高压风、水上下往返反复切割、破坏和扰动断层组成结构，使孔壁小范围内断层及软弱带内松散物质液化，在风水联动作用下将剥落的泥浆、砂石等松散物质形成混合体，待自下而上冲洗形成排渣通道后，利用其自重和水流沿孔道排至下部高程，从而在断层或软弱夹层中形成条带状的空腔或空洞。

1）自上而下冲洗：对主孔兼排渣孔先采取自上而下冲洗，再从孔底采用自下而上进行高压冲洗，其目的是采用较小压力水对孔进行冲洗，为采用自下而上冲洗提供足够的排渣通道。

为防止孔道堵塞，冲洗水压力不能超过 20MPa，同时冲洗单段的长度不超过5cm（单次下降深度），同一段冲洗时间不少于 3min，喷具旋转速度不超过 10r/min，使冲洗空腔由上部逐渐向下扩大形成通道，以不发生堵孔为原则，保证冲洗顺利进行。

2）自下而上冲洗：自下而上冲洗是在自上而下冲洗形成较大排渣通道基础上进行的重复冲洗，因此应增加冲洗的速度和压力，达到高压冲洗施工技术参数要求，保证冲洗直径、冲洗范围及冲洗效果达到预期，主孔兼排渣孔排渣通道为自上而下冲洗自身形成的孔道，由于自上而下冲洗时，孔道的部分孔段已经塌落形成不规则的空腔，在空腔与较好岩体接触带最有可能发生堵塞，因此在下孔口处安装钻机对主孔兼排渣孔进行反向扫孔疏通，防止堵孔。

第一个高压冲洗循环完成后，在泥质区或松散岩体部位形成较大空腔，为其他主孔冲洗提供条件和排渣通道。当一个冲洗循环不能满足冲洗效果时，可再进行第二次循环冲洗，直至满足要求为止。

（6）主孔冲洗。同一块内主孔较多，由于钻孔全部完成，应以排渣孔为中心，先选择靠近排渣孔和下盘的主孔从中心向边缘推进的方式逐孔进行冲洗。主孔冲洗方法与主孔兼排渣孔相同。

（7）辅孔冲洗。同块内所有主孔全部冲洗完成后，在保证排渣孔或至少 1 个主孔畅通的情况下，再进行辅孔冲洗施工，先选择靠近畅通主孔的辅孔进行冲洗，然后逐次向外扩散冲洗，同时应防止因冲洗过快而发生堵塞。

辅孔冲洗由于是在主孔冲洗完成后的基础上进行的，同时辅孔孔深较小，因此辅孔按自上而下的冲洗方式一次性冲洗到位。

（8）反复循环冲洗。为加强冲洗效果，扩大冲洗直径和冲洗范围，当一个冲洗循环的冲洗效果不佳或孔道不畅通时，待一个冲洗循环完成后，利用被堵塞的孔进行充水浸泡24h 以上，使体积较大、较致密松散块体在水的浸润作用下，加快解体和分离速度，待砂石和断层泥松散剥离后，再进行第二次循环冲洗和反向扫孔疏通或多次循环冲洗。

1）封堵孔底。冲洗完毕后，在下部高程孔底，可使用法兰盘对下孔口进行封堵，并安装密封圈保证封堵严密性，为冲水浸泡提供密闭条件。

2）充水浸泡。

（a）充水浸泡可单孔进行，互相串通的孔可群孔或分块进行充水浸泡，但应控制浸泡面积不宜过大，一般以 $5\sim6m^2$ 为宜，充水深度不宜超过孔深的 $1/2$。

（b）当各块之间已经连通或高压冲洗进入后期，地层已经充分湿润的情况下，连通孔之间可不再进行充水浸泡，直接进行第二次循环冲洗。

（c）灌水浸泡过程中应定时或不定时观测水位下降情况和下部孔口渗流情况，充水浸泡过程中，应禁止反向扫孔疏通，且注意人员和设备安全，施工人员和设备应与浸泡孔的下孔口保持安全距离。

3）冲洗。

（a）在充水浸泡 24h 后，可进行第二次循环高压冲洗，仍采用先自上而下冲洗，再从孔底自下而上进行循环冲洗。第二次冲洗喷具旋转速度、提升速度应适当加快，并根据断层破碎带的分布情况，控制冲洗范围。

（b）当第二次循环冲洗仍达不到预期冲洗效果，则进行第三次或多次反复循环冲洗，直至冲洗至断层上下盘基岩为止。

（9）冲洗效果检测。为了更加准确的判断孔内冲洗效果，在单孔冲洗结束后，采用红外摄像头对冲洗孔进行了孔内录像，以判断空腔范围及冲洗效果。井下电视录像可用于高压冲洗过程中效果判断，也可用于冲洗完成后的检查验收。

为了解高压冲洗区域空腔串通情况，将摄像头放入某一固定孔中进行观测，灯泡依次下入各块主孔及辅孔中，根据摄像头是否能够观测到较强灯光来判断空腔串通性。并可结合孔内录像对该区域空腔串通情况进行了反复测试。

4. 特殊情况处理

（1）钻孔过程中严格控制孔斜率，要尽量减小钻孔偏斜，争取控制 0.5% 以内，保证钻孔精度，防止孔底出现"开叉"过大的现象。必要时，还应结合偏斜方位角进行控制，若孔底的孔距过大，超过 1.1m 时，应将偏斜孔回填后重新进行造孔作业或调整辅助冲洗孔对主孔未冲洗到的范围进行补冲，直至满足要求（上下盘能形成搭接）。

（2）在钻进过程中遇混凝土、钢筋、基岩等无法钻进时，在处理无效的情况下应重新开孔进行钻进，开孔位置距原孔应大于 10cm。

（3）当冲洗过程中发现下部孔口被松散物质堵塞时，立即通知上层施工人员，加钻杆利用喷具上的复合钻头进行疏通，当疏通无效时在下部采用 YXZ－90A 型钻机配 $\phi135mm$ 钻头进行反掏冲洗。

（4）当高压冲洗过程中出现压力突降、骤增，严重漏水，以及上部孔口返渣、返水或下部孔口出渣异常等情况时，应立即查明原因，并及时处理。

（5）施工过程中，当发生串孔时，降低部分冲洗压力后，立即封堵串通孔，然后提升至正常压力继续冲洗。

（6）高压冲洗置换过程中，应加强围岩变形监测，避免发生不均匀沉降，从而影响基础岩体整体稳定，若发生围岩变形，应立即停止施工，查明原因并及时处理。

（7）高压冲洗施工过程中，下部孔口下方 15m 范围内严禁人员走动，避免发生安全事故。若因特殊情况，应待高压冲洗停止 10min 以后再进行处理。

4.5.2.4 高压冲洗效果

1. 高压对穿冲洗效果

高压对穿冲洗揭示出的出渣效果如图 4-141 所示。

砂层从对穿冲洗孔流至低高程

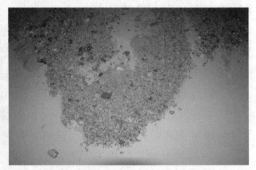

左图中砂层夹有断层泥，右图中可明显看出冲洗出的风化砂层

图 4-141　高压对穿冲洗揭示出的出渣效果照片

根据前期揭示的地质资料，在进行高压冲洗过程中采用水压力大于 35MPa，风压 0.5～0.8MPa，提升速度为 5cm/min，自下而上进行冲洗，由于孔内松散岩体较多，每个孔在冲洗过程中均多次出现塌孔现象。

2. 反复循环冲洗效果

在进行高压对穿冲洗过程中，反复多次出现堵孔现象，因此对其进行反复扫孔处理后并进行二次或多次冲洗。

第一次冲洗时，多为断层泥和细砂，碎石颗粒较小或基本无碎石。

第二次以后的各次冲洗时，泥沙较少，多为糜棱岩、角砾岩、碎屑岩组成的小石块，冲洗次数越靠后，冲洗出的碎石粒径越大。

第一、第二次冲洗时，容易堵孔，但易疏通，第三次及以后冲洗时，堵孔现象减少，但疏通难度较大，说明进行冲洗达 3 次以后，掉落的岩块较大，极易堵塞孔道。因此，对穿孔高压冲洗次数以 3 次为宜。不同冲洗次数出渣情况如图 4-142 所示。

软弱破碎带区域第一次冲洗主要为断层泥,碎石较少　软弱破碎带区域第二次冲洗时碎石逐渐增多,粒径增大

第一次冲洗时,主要为小粒径砂石　第二次冲洗主要为较小粒径的糜棱岩、碎屑岩等

第三次冲洗时,粒径较大,碎石表面较粗糙　3次以上冲洗出的大块岩石(煌斑岩、糜棱岩)

图 4-142　不同冲洗次数出渣情况图

3. 反向扫孔冲洗效果

受软弱破碎带影响,软弱破碎带形成的部分大块状碎裂岩极易发生塌孔和堵孔现象,部分高压冲洗孔经多次扫孔无效,为确保冲洗质量必须将孔扫通冲洗,从低高程廊道内采用 YXZ-90 型钻机往上反向扫孔进行疏通,同时在上部采用 A66CB 钻机配 ϕ130mm 复合片钻头清水钻进进行自上而下扫孔,并利用 XL-50 型高喷台车采用风或风水联合等方式进行搅动疏通。反向扫孔冲洗揭示出的效果如图 4-143 所示。

4.5.2.5　井下孔内电视及空腔分析

通过采用孔内录像设备来揭示高压冲洗后的空腔情况,可强化了施工过程控制,保证冲洗效果。

安装 YXZ - 90 钻机反向扫孔　　　　　　进行反掏大量泥沙顺高压对穿孔流至低高程廊道内

图 4 - 143　反向扫孔冲洗效果图

1. 井下孔内电视检测

为更直观地了解高压冲洗区域地质情况和冲洗后效果，在进行冲洗前后采用红外摄像头对高压对穿冲洗孔进行了孔内录像。从冲洗后孔内录像效果可以看出：孔口至孔深 1～2m 为混凝土，2～7m 为基岩，孔深 7.0～11.0m 以下为岩层破碎区，岩层表面较光滑洁净，反光效果较好，岩体经高压冲洗后松散岩体已经脱离原岩体表面，通过对穿孔排至低高程廊道，冲洗效果较好，见图 4 - 144。

2. 井下孔内电视揭示的地质资料

该区域从孔内电视成果分析来看，对穿冲洗区域上部较完整的岩层主要分布在 6～8m 之间，8m 以下岩层完整性逐渐变差，10.5m 以后多为较大空腔，在 16～18m 处出现

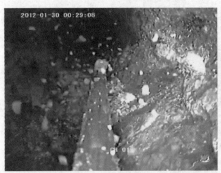

1 月 30 日，CX - 2 - 8 冲洗前有大量石块掉落　　1 月 30 日，CX - 2 - 8 冲洗前，孔内含有大量泥沙

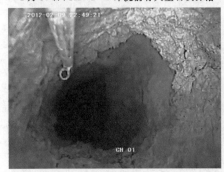
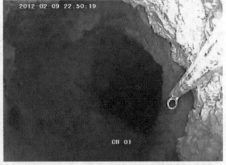

2 月 9 日，CXP - 3 冲洗 1 次后，10.3m 处　　2 月 9 日，CXP - 3 冲洗 1 次后，14.8m 处的空腔

图 4 - 144（一）　孔内电视检查冲洗孔腔情况图

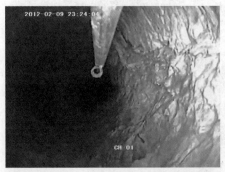
2月9日,CX-2-7冲洗后,7.2m处岩壁较光滑

2月9日,CX-2-7冲洗后,13m以下空腔底部

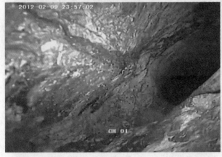
2月9日,CX-1-13冲洗后,7.3m出岩壁光滑

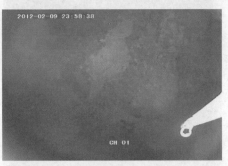
2月9日,CX-1-13冲洗后,14.2m以下的空腔底部

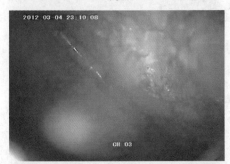
3月5日,CXP-3,23.6m处可见下层反掏钻杆

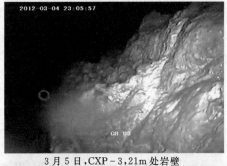
3月5日,CXP-3,21m处岩壁

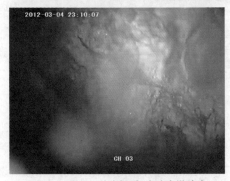
CXP-3,22.1m基岩裸露,岩壁光滑洁净

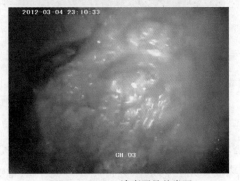
CXP-3,22.8m,清晰可见基岩面

图4-144(二) 孔内电视检查冲洗孔腔情况图

3月20日,CX-1-1,15.8m处岩壁光滑,空腔宽大　　3月21日,CX-1-2,5.9m处岩壁和空腔

3月21日,CX-1-13,17.6m处空腔岩壁光滑洁净　　3月20日,CXF-3-1,18.6m处,空腔与主孔连通

图4-144(三)　孔内电视检查冲洗孔腔情况图

夹层,空腔宽度3～7.5m不等,冲洗直径超过1.5m。根据钻孔、冲洗及孔内电视录像,其地质剖面见图4-145。

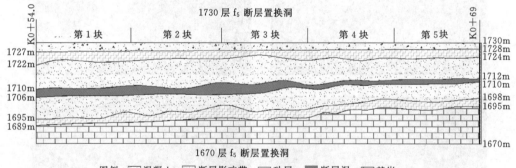

图例: 混凝土　断层影响带　砂层　断层泥　基岩

图4-145　左岸软弱破碎带高压冲洗揭示的地质剖面图

3.高压对穿冲洗后形成的空腔分析

软弱破碎区域高压对穿冲洗全部结束后,冲洗从低高程廊道顶漏量超过1650m³。冲洗结束后采用孔内录像进行测试,受工期影响孔深30m处左右还存在部分沉渣,沉渣性状主要为碎石,碎石积累高度为1.5～2.7m,粒径一般大于10cm,说明细砂及断层泥基本被水流冲洗带走,而底部沉渣碎石可通过高压补强灌浆进行处理。

为了解高压冲洗区域空腔串通情况,采用"灯光测试法"结合孔内录像对该区域空腔串通情况进行了反复测试，测试成果证明高压对穿冲洗区域孔已经连通，形成一个不规则的长方形条带。灯光测试效果图详见图4-146。

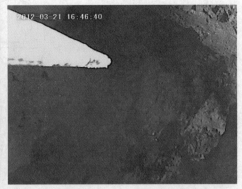

在 CXP-3 中放入光源(18m)　　　　CX-2-6 中可见 CXP-3 的灯光(测试深度为30m)

图4-146　灯光测试法效果图

根据最终测试的孔内电视成果来看，空腔底部平均深度30m左右，最深为第5块，深度为34.6m，最浅为第1块，深度为27.5m，说明空腔底部沉渣面距孔口平均高度在30m左右，除去孔口混凝土（1.5m）和较完整的基岩深度（6m），空腔高度达23m左右；软弱破碎带高压冲洗处理范围桩号为K0+54m～K0+70m，由于各块之间互相串通，因此空腔长为15m；再根据冲洗效果、冲洗半径及井下电视录像判断，两排冲洗孔有效冲洗宽度不低于3.5m，可见冲洗效果较明显。

4.5.2.6　自密实混凝土回填

由于冲洗形成是空腔且空腔不规则，常规混凝土流动度和坍落度等都不能满足浇筑要求，采用自密实混凝土进行空腔回填。

1. 自密实混凝土配合比

C30自密实混凝土配合比参数见表4-56，单位方量C30自密实混凝土材料用量见表4-57。

表4-56　　　　　　　　　C30 自密实混凝土配合比参数表

类型	强度等级	级配	水灰比	用水量 /(kg/m³)	砂率 /%	坍落度 /mm	粉煤灰掺量 /%	容重 /(kg/m³)	外加剂掺量	
									减水剂 /%	引气剂 /m³
自密实	C30	—	0.33	170	52.0	190～210	20	2370	0.60	0.50

表4-57　　　　　　　　　　单位方量 C30 自密实混凝土材料用量表

水	水泥	煤灰	砂子	小石	减水剂	引气剂
170	412	103	876	809	3.091	0.0258

注　含气量控制在2.0%～4.0%。

2. 自密实混凝土回填

C30自密实混凝土（一级配），出机口温度5～11℃、坍落度19～21cm。高压对穿冲洗区域共回填自密实混凝土1154.9m³，混凝土回填方量与孔内电视等人工测量的空腔体积比较接近，证明混凝土充填效果较好。见图 4-147。

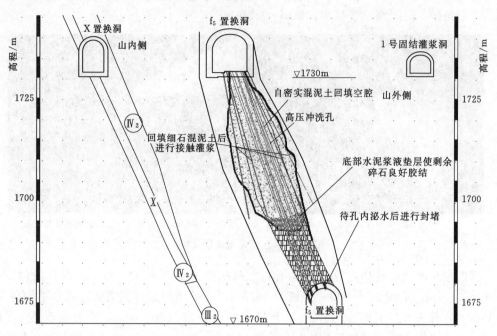

图 4-147 自密实混凝土回填示意图

自密实混凝土回填过程中，对现场混凝土进行了取样，7d 和 28d 抗压强度与配合比试验强度值见表 4-58。

表 4-58 自密实混凝土与配合比试验抗压强度值

试件编号	施工部位	取样日期	检测日期	龄期/d	抗压强度/MPa	
					标准值	代表值
1-1					24.8	
1-3					23.4	
2-2	1730m 层-f₅ 置换洞	2012-3-24	2012-3-31	7	23.8	24.3
3-1					23.4	
3-3					23.8	
4-2					26.6	
1-2					31.2	
2-1					34.2	
2-3	1730m 层-f₅ 置换洞	2012-3-24	2012-4-21	28	32.8	32.6
3-2					30.8	
4-1					32.2	
4-3					34.4	
配合比试验				7	—	28.05
				8	—	37.40

从表4-58可以看出，现场取样的自密实混凝土7d及28d强度均达到C30混凝土设计强度要求。

混凝土回填从沉渣面较低逐渐向高处推进，回填过程中，无中断，未发生堵孔故障，一次性回填完成。

4.5.2.7　高压冲洗区域补强灌浆

采用自密实混凝土回填后，为确保回填混凝土与软弱破碎带上下盘以及空腔底部沉渣紧密结合，对软弱破碎带上下盘及冲洗主孔空腔底部沉渣进行固结灌浆。对软弱破碎带上盘、冲洗主孔之间各布置1排灌浆孔，软弱破碎带下盘布置2排灌浆孔，共4排补充灌浆孔，孔距为3m，孔深30～40m。补充灌浆采用0.5：1纯水泥浆液进行灌注，不改变浆液比级，最大灌浆压力5.0MPa，不分序进行灌浆施工。补充灌浆孔位布置如图4-148所示。

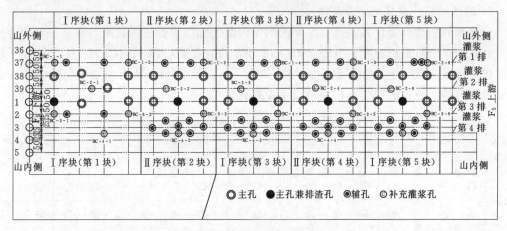

图4-148　高压冲洗区域灌浆孔位布置图（单位：cm）

第1、3、4排灌浆孔布置于软弱破碎带上盘和下盘，采用自上而下分段进行固结灌浆，主要作用为使破碎带上、下盘基岩与回填混凝土有效接触，并填充浇筑过程中形成的小空腔和孔洞；第2排灌浆孔布置于两排冲洗主孔之间，采用全孔一次性灌注，主要作用为加强空腔底部沉渣碎石与回填混凝土的黏结力，使混凝土与底高程基岩连成整体，共同受力，提高抗变形能力和承载能力。

补充灌浆共完成22个灌浆孔，灌浆工程量796.5m，总注灰178t，单位注入量223.49kg/m。高压冲洗区域补充灌浆成果见表4-59。

表4-59　　　　　　　　高压冲洗区域补充灌浆成果综合统计表

排序	孔数/个	钻孔/m	总注入量/kg	平均单耗/(kg/m)	最大单耗/(kg/m)	最小单耗/(kg/m)	备注
第1排	6	216.80	39895.76	184.02	544.01	4.41	
第2排	5	181.10	87701.16	484.27	1807.86	18.81	
第3排	6	217.60	31847.29	146.36	384.87	0	
第4排	5	181.00	18569.18	102.59	196.02	0	
合计	22	796.50	178013.39	223.49	1807.86	0	

注　表中总注入量未包括孔占、管占和废弃量。

从补充灌浆成果统计可以看出，补充灌浆平均单位注入量第 2 排＞第 1 排＞第 3 排＞第 4 排，最大单位注入量及最小单位注入量也为第 2 排＞第 1 排＞第 3、4 排，第 2 排灌浆孔平均耗灰量最大，第 1、3、4 排平均耗灰量相对平衡，根据布孔方式和特点，说明空腔底部沉渣碎石之间的空隙为补充灌浆主要耗灰面，也是灌浆的重点处理对象，而软弱破碎带上下盘经高压冲洗后形成的裂隙和混凝土与基岩的接触面为次要耗灰结构面。

根据补充灌浆注入量进一步分析，说明受浇筑施工条件限制和不规则空腔的影响，孔底底部沉渣碎石和混凝土与基岩的接触带仍有局部存在一定的空洞，此外，高压冲洗将原始地层的砂粒、断层泥冲走后，形成一些较小的孔隙，成为浆液渗透的通道，可见混凝土回填后采用补充灌浆的方案是合适的和有效的，加强了混凝土与基岩的结合能力。

4.5.2.8　高压冲洗处理效果

1. 高压对穿冲洗区域质量检查成果分析

为分析软弱破碎带区域高压对穿冲洗回填混凝土加固处理后的效果，在高压对穿冲洗区域共布置 5 个质量检查孔，分布于第 2~4 块，检查孔 CXH-J1~CXH-J4 分别位于软弱破碎带区域上盘、中部和下盘，CXH-J5 位于 1 号传力洞，从山内倾向山外，斜向穿过软弱破碎带。软弱破碎带高压冲洗质量检查孔见图 4-149。

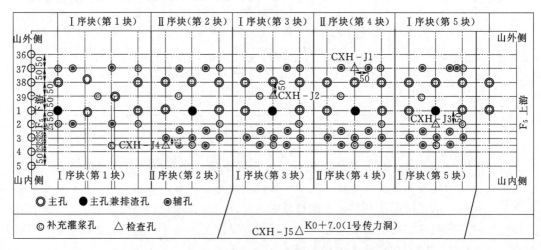

图 4-149　高压冲洗检查孔孔位布置图（单位：cm）

高压对穿冲洗检查孔剖面图见图 4-150。

这样布置高压对穿冲洗回填混凝土加固处理后的检查孔的原理主要是：检查孔穿过软弱破碎带上、下盘并全面覆盖软弱破碎带区域，这样检查得出的效果更全面，更真实、通过检查效果了解冲洗回填加固处理后质量。

2. 高压对穿冲洗区域回填混凝土后测试孔和检查孔透水率分析

检查高压对穿冲洗自密实混凝土回填效果，在该区域灌浆前布置了 3 个测试孔，共压水 17 段，压水试验成果统计见表 4-60、表 4-61。

混凝土回填后测试孔压水试验平均透水率为 10.19Lu，最大透水率为 42.03Lu，小于 10Lu 的孔段占 71%，大于 10Lu 的孔段占 29%，与水泥灌浆阶段相比，透水率已经显著下降，但仍不能满足抗力体固结灌浆灌后检查孔合格标准。主要原因为：

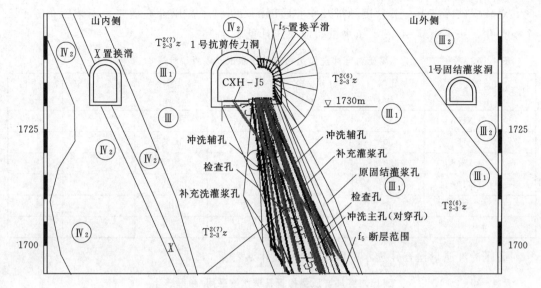

图 4 - 150　高压对穿冲洗检查孔剖面图

表 4 - 60　　　　　　　高压冲洗混凝土回填后测试孔压水试验成果统计表

序号	孔号	孔深	压水试段/试段	平均透水率/Lu	最大透水率/Lu	最小透水率/Lu	备注
1	BC - 1 - 2	31.1	5	15.10	42.03	1.72	
2	BC - 1 - 5	41.2	7	8.66	10.4	7.29	
3	BC - 4 - 2	31.1	5	7.09	11.11	1.2	
合计		103.4	17	10.19	42.03	1.2	

表 4 - 61　　　　　　　　　测试孔透水率区间/频率统计

平均透水率/Lu	透水率段数/频率												
	总段数	<3Lu		3~5Lu		5~10Lu		10~50Lu		50~100Lu		>100Lu	
		段数	频率/%	段数	频率/%	段数	频率/%	段数	频率/%	段数	频率/%	段数	频率/%
10.19	17	2	12	1	6	9	53	5	29	0	0	0	0

（1）自密实混凝土流动性相对较差，不规则空腔难以全部充填密实。

（2）混凝土采用自流式浇筑，扩散范围有限，难以进入冲洗后破碎的岩体缝隙。

（3）冲洗后岩壁较光滑，自密实混凝土与基岩面接触效果不佳。

（4）空腔底部沉渣碎石未进行灌浆处理，自密实混凝土无法填充空腔底部碎石之间的空隙。

（5）浇筑工艺及混凝土配合比缺陷。

3. 高压对穿冲洗区域补强灌浆后测试孔和检查孔透水率分析

鉴于上述原因，为确保回填混凝土与软弱破碎带上、下盘基岩以及空腔底部沉渣紧密结合，并对混凝土未浇筑饱满的局部空腔进行二次回填处理，以加强置换回填效果。因此，对软弱破碎带上、下盘接触带及空腔底部沉渣进行了高压补充灌浆。灌浆后布置了 5 个检查孔，压水试验 38 段，压水试验成果统计见表 4 - 62。

表 4 - 62　　　　　　　高压对穿冲洗质量检查孔压水试验成果统计表

序号	孔号	孔深/m	压水试段（试段）	平均透水率/Lu	最大透水率/Lu	最小透水率/Lu	备注
1	CXH - J1	30	7	1.26	3.27	0	
2	CXH - J2	30	7	2.81	9.59	0	
3	CXH - J3	30	7	0.93	2.24	0	
4	CXH - J4	30	7	0.49	2.22	0	
5	CXH - J5	45	10	0	0	0	
合计		165	38	1.01	9.59	0	

高压冲洗质量检查孔透水率区间/频率统计见表 4 - 63。

表 4 - 63　　　　　　　高压对穿冲洗质量检查孔透水率区间/频率统计

平均透水率/Lu	总段数	透水率段数/频率												
		<1Lu		1～3Lu		3～5Lu		5～10Lu		10～50Lu		50～100Lu		>100Lu	
		段数	频率/%	段数	频率/%	段数	频率/%	段数	频率/%	段数	频率/%	段数	频率/%	段数	频率/%
1.01	38	29	76.3	6	15.8	1	2.6	2	5.3	0	0	0	0	0	0

高压对穿冲洗经过高压补充灌浆处理后，该区域平均透水率为 1.01Lu，与灌浆前相比，透水率降低了 90.09%。其中，透水率小于 1.0Lu 的孔段占 76.3%，1～3Lu 的孔段占 15.8%，即透水率小于 3Lu 的孔段占 92.1%，地层的透水性已显著降低。

根据高压对穿冲洗质量检查孔压水试验成果分析，经过高压冲洗→混凝土回填→补充灌浆处理后，该区域地层透水性已显著降低，达到了抗力体固结灌浆灌后透水率设计指标，质量检查成果与高压冲洗、混凝土回填及补充灌浆成果相匹配，软弱破碎带上、下盘与回填混凝土接触良好，空腔底部沉渣碎石经处理后与混凝土结合较好，对软弱破碎带弱承载岩体的置换回填效果明显。

4. 高压对穿冲洗区域检查孔岩芯分析

为直观的了解混凝土回填效果和回填后灌浆效果，对该区域进行了检查孔取芯检测，部分检查孔取芯情况如图 4 - 151 所示。

经过高压对穿冲洗后采用混凝土回填，从检查孔取芯效果可以看出多为完整的混凝土芯样，部分为混凝土和水泥浆液胶结的芯样，回填效果良好。混凝土回填结束后采用高压水泥浆液进行灌注，从该区域的灌后检查孔岩芯被水泥结石填充的程度及密实度可以看出，经灌浆后，水泥多沿被高压冲洗干净的深部裂缝、破碎带充填。高压冲洗后裂隙张开宽度差异较大，贯通性较好，经高压冲洗后深部裂缝、软弱破碎带为主要的耗灰结构面，部分耗灰结构面为混凝土收缩后与水泥浆液胶结形成的。

该区域岩芯裂隙内水泥结石较明显，混凝土和水泥浆液胶结较密实，岩芯完整性较好，高压灌浆后，软弱破碎带上、下盘与回填混凝土胶结紧密，形成整体，说明混凝土回

回填混凝土后检查孔岩芯

回填混凝土后检查孔岩芯

混凝土回填后灌注水泥浆液结石

高压冲洗后，岩石裂隙水泥结石

图 4-151　高压冲洗质量检查孔取芯情况

填后采用高压灌浆的处理措施是有效的。

5. 高压对穿冲洗物探检测

软弱破碎带高压冲洗检查孔岩体声波波速值由处理前的 5013m/s 提高至处理后的 5405m/s，提高了 7.8%，满足设计指标；岩体变模值由处理前的 0.3GPa 提高到处理后的 3.01GPa，较处理前提高了 9 倍，满足设计要求。说明软弱破碎带上、下盘与回填混凝土连接良好，弱承载岩体已经得到了有效加固和处理，因此，软弱破碎带高压对穿冲洗回填混凝土加固处理效果明显，质量检查满足设计指标。

4.6　环境边坡治理技术

在河谷深切狭窄、谷坡陡峻等地形地质条件下建设水电工程，出现了一批数百米的工程边坡，开挖边坡之上还可能存在数百米至千余米的自然边坡，坡度达到 40°～70°，如，大岗山水电站坝址开挖边坡高达 313m，自然边坡高度近 600m；猴子岩电站工程开挖边坡超过 150m，自然边坡 800～1000m；双江口坝肩开挖边坡高达 378m，坝顶至山顶尚有 800～1000m 斜坡；锦屏一级水电站开挖边坡 540m，自然边坡高度达 1500～1600m 等。上述工程边坡如果采取彻底挖除的治理措施，除了付出巨大的经济代价外，还将带来一系列的环境影响问题。

工程边坡开挖与形成，一方面破坏了原有的整体性自然平衡体系，另一方面钻爆开挖等工程活动的振动和扰动，直接或间接影响开口线外的自然山坡局部稳定条件。开口线以外自然山坡还分布有孤石、危岩、零星松散堆积和浅表滑坡体等，对工程施工期和运行期造成影响。特别是在岸坡陡峻的工程区域，其分布数量和影响程度尤其明显，必须进行一定程度的防护治理，以减免生命财产的可能损失，保证工程安全。

同时，2008 年"5·12"汶川大地震的经验告诉我们，工程边坡稳定，不一定大坝、道路、桥梁等工程就安全，工程边坡之上数百米至千米以上的自然边坡，由于其势能巨大，一块落石就有可能造成极大的危害，对重要建筑设施以上自然边坡的稳定性和危害性调查、评价和治理不能忽视，见图 4-152。

图 4-152　汶川地震边坡破坏情况

环境边坡，可以定义为位于工程边坡开挖开口线之外的，在自然营力作用或人为作用下，一旦失稳可能会对工程或人员构成威胁的、具有一定倾斜度地形的地质体。

目前国内对于水电工程环境边坡的概念、治理方法等尚没有统一的认识，也没有相关的条例和规程规范。高陡边坡区域环境边坡的治理，是工程安全和进度的控制性因素之一，结合锦屏一级左岸坝肩、杨房沟水电站高拱坝、长河坝水电站泄洪洞等环境边坡的研究与实践，总结了深山峡谷地形条件下环境边坡的治理方法。

根据"弱扰强固"的边坡治理理念，适当强化环境边坡的综合治理，减少工程边坡的开挖规模，以达到节省投资、加快进度、保护利用边坡及保护环境的目的。

4.6.1　危岩体稳定性影响因素

1. 地形地貌对危岩体发育的影响

地形地貌条件对危岩体发育具有控制性作用。危岩体易于发育的地区主要有：地壳上升较快的分水岭地区，峡谷岸坡、山区河曲凹岸、未加固防护的人工陡坡等。斜坡的坡度、坡高、坡形对危岩体的发育有重要影响。坡度在一定程度上决定了斜坡变形的模式，影响岩体沿已有的或潜在的滑面剩余下滑力的大小。坡高越大，风化卸荷等物理地质作用往往更强烈，对危岩体稳定性更不利。坡形可以分为直线形坡、凹形坡、凸形坡等，其中，凹形的上部和凸形坡的转折处非常有利于危岩体的发育。

2. 地层岩性对危岩体发育的影响

地层岩性及其组合是危岩体形成的物质条件。软弱的岩体，由于风化、剥蚀，往往形成缓坡，不利于危岩体发育。坚硬、较坚硬的硬脆性岩体，抗风化能力强，往往形成陡峻的斜坡。在地壳抬升、河流下蚀的过程中，陡坡上部的岩体卸荷作用强烈、卸荷裂隙等结构面发育，再加上水对结构面质量的劣化和地震力的促发，岩体便容易发生突发性的崩塌。当边坡为上硬下软的岩性组合时，根据软岩的软弱程度，以两种方式促进危岩体的发育：

（1）当软岩过于软弱，难以承受上部岩体的重量，则会向坡外发生塑性流动，在硬岩的底部产生拉应力，当拉应力超过硬岩的抗拉强度时，便会产生拉裂缝。随着软岩进一步向坡外塑流，拉裂缝逐渐向上扩展，形成下宽上窄的拉裂缝。当拉裂缝贯通时，便会导致岩体崩塌。

（2）当软岩强度相对较高，在上部岩体重力作用下，不致产生塑性流动。由于其抗风化能力较上部硬岩弱，风化速率比上部硬岩快，便会产生差异风化现象，硬岩底部逐渐形成凹岩腔。此时凹腔上部的硬岩呈"悬臂"式的受力模式，其顶部受拉。当凹腔发育到一定程度，拉应力超过硬岩的抗拉强度，便会产生拉裂缝。拉裂缝的产生减小了受力面积，使得应力向下部集中，下部承受更大的拉应力，因而迅速破裂而产生崩塌。

3. 地震对危岩体发育的影响

地震或爆破震动是地质灾害发生的重要诱因之一。地震或爆破震动对于危岩体发育的影响主要有两个方面：一是地震或爆破震动给危岩体一个惯性力，促进了结构面的张裂，降低了岩土体完整性和结构面的强度；二是震动使得岩体反复压缩和松弛，当孔隙中有水时便会产生超孔隙水压力，促进结构面的张裂，而一次地震中岩体要经过多次的压缩和松弛，岩体质量的损伤将发生累积效应。当斜坡相对震源的高差越大，地形放大效应越强，岩体损伤程度更大。地震诱发崩滑灾害十分常见。据统计，我国二十多个省都有地震诱发崩滑灾害的案例，尤其是地震构造发育的西部地区，地震发生频率大，每年都会导致大量的崩滑地质灾害。地震诱发崩滑灾害直接对人类的生命、财产安全造成破坏，而且其带来的次生灾害（如堰塞湖等）所产生的危害有时甚至超过地震本身。

4.6.2　边坡危岩体失稳模式

目前，按照不同的标准，危岩分类系统多样，但是，从边坡防治的角度，按照危岩失稳类型进行分类更有价值，可将危岩概化分为：坠落式危岩体、滑移式危岩体、倾倒式危岩体和滚落式危岩体四类。

1. 坠落式危岩体失稳模式

坠落式危岩体是指两侧受到与坡面垂直或大角度相交的陡倾结构面切割，底面悬空，上部与后部发育结构面，尚未与母岩完全分离，"悬挂"在坡表的岩体。典型坠落式危岩体见图4-153。

坠落式危岩体变形破坏过程为：由于差异风化，河流快速下切等因素，边坡下部形成凹腔，使得上部岩体悬空挑出。在河流快速下切过程中，卸荷裂隙逐渐形成并张开。层面、构造裂隙，卸荷裂隙等结构面在重力、风化营力、水的作用下，质量劣化，逐渐发展贯通。当底部悬空的岩体两侧结构面贯通，其顶部的结构面（如层面）及后部的结构面（如卸荷裂隙）成为控制性的结构面，一旦这些控制性的结构面上的拉应力或剪应力超过结构面本身的强度时，结构面将迅速贯通，危岩体发生失稳坠落。变形失稳过程以竖直方向的位移为主。

2. 滑移式危岩体失稳模式

滑移式危岩体的特征是底部或后缘存在走向与斜坡近于一致、倾角较缓（一般小于45°）的地质弱面，危岩体失稳时沿该地质弱面滑移剪出。典型滑移式危岩体见图4-154。

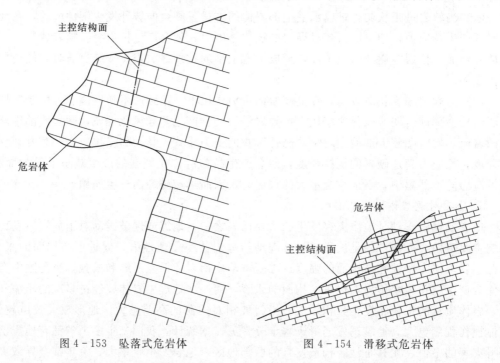

图4-153　坠落式危岩体　　　　　　图4-154　滑移式危岩体

滑移式危岩体变形破坏过程为：由于边坡层面顺坡、卸荷作用以及构造运动等地质作用，边坡发育缓倾（倾角小于坡度）坡外的结构面。在风化营力、水的渗流和侵蚀、地震等外营力的作用下，结构面质量劣化、抗剪强度降低，逐渐贯通，成为岩体稳定性的主控结构面。当上部岩体沿主控结构面下滑力大于抗滑力时，便会沿结构面滑移剪出，发生崩塌。当主控结构面为平面或阶梯状时，失稳模式相应为平面滑移模式和阶梯状滑移模式，危岩体的变形失稳过程主要以水平向的位移为主。

3. 倾倒式危岩体失稳模式

倾倒式危岩体的主要特征是后缘存在与边坡走向近于一致的陡倾结构面或反倾结构面，失稳时沿底部支点发生倾倒或翻转。典型倾倒式危岩体见图4-155。

陡倾结构面主要是边坡卸荷张拉裂缝、陡立的岩层面；反倾结构面主要是反倾的岩层面或构造结构面。河流快速下切的过程中，边坡应力释放，卸荷裂隙（陡立的层面）逐渐张开。在自重、动静水压力、地震等因素的作用下，陡倾结构面外侧的岩体，以其底部外侧为支点，向临空方向发生转动变形，当变形积累到一定程度，即发生倾倒（翻转）崩塌。

4. 滚落式危岩体失稳模式

此类危岩体的特点是：在地震、暴雨、渐进性风化等作用下，岩体与母岩分离而向下崩落，受到下部缓坡上的岩土体的缓冲或阻挡而逐渐停止运动，停积在坡表，依靠与坡表的摩擦力、嵌合力以及树木的阻拦而保持暂时稳定。枢纽区大量发育滚（滑）落式危岩体，典型滚落式危岩体如图 4-156 所示。

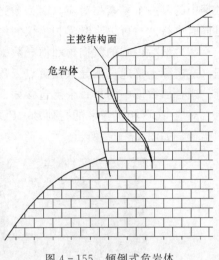

图 4-155 倾倒式危岩体

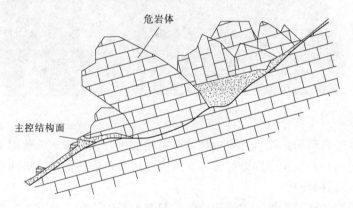

图 4-156 滚落式危岩体

滚（滑）落式危岩体变形失稳过程一般为：地表水对基座的冲刷或软化，起阻挡作用的树木折断或倾倒等，使岩体与覆盖层摩擦力和嵌合力减小，岩体重心逐渐偏移而发生滚动，或由于摩擦力减小而发生滑移。

4.6.3 危岩体监控与风险分析

4.6.3.1 危岩体全域监测识别

采用三维激光扫描精细化建模技术，对危岩体区域，进行精细化扫描建模，之后为了详细观察岩体岩质岩性、结构面等特性，需对扫描岩体进行精细化渲染。点云渲染也称点云融合技术，数据融合是因为激光扫描系统获取的原始数据包含各个独立传感器数据，需要将各种数据联合解算得到配准好的彩色点云数据。主要可分为以下两个步骤：

（1）先将激光扫描仪获取的原始点云数据和 CCD 相机的影像数据融合得到彩色点云数据，每一个激光点包含了 RGB 颜色。这实际上是将激光点云数据中的每一个点和影像数据中的某一个像素相对应，因为激光扫描仪和 CCD 相机的相对位置是固定的而且扫描是同时进行的，可以将激光扫描仪的每一条扫描行和影像的某一列像素相对应。

（2）然后得到的数据再和惯导数据联合解算得到配准后的 WGS84 坐标系下的点云数据。这实际上是通过惯导数据对点云数据的获取时间进行修正，得到 WGS84 下的大地坐标。融合后数据中的每一个点包含如下信息：WGS84 下的三维坐标、GPS 时间、RGB 颜色、对应 CCD 相机像素的行列号、POS 中心三维坐标、中心坐标系下的极坐标和所处的扫描行，如图 4-157 所示。

图 4-157　渲染后的三维模型

采用节理裂隙自动识别技术，对边坡岩体结构面进行识别辨识。将多期点云数据转换到统一坐标系统内，并采用空间差值计算，可实现边坡危岩体的精确监测与危险性预判。

4.6.3.2　危岩体风险分析

边坡崩塌主要受地层岩性、地质构造的控制和地震的影响，边坡上发育的危岩体，一般处在较高的位置，具有很大的势能。在强降雨、地震、施工爆破等触发作用之下，危岩体一旦失稳，便可能对枢纽区建（构）筑物、工人和过往行人、机械及车辆等带来重大威胁，甚至产生灾难性后果。因此，对危岩体进行详细调查，分析其成因机理与失稳模式，进行稳定性评价，并制定防治对策，对水电工程的安全施工和运营具有重要意义。

通过现场地质调查和近景摄影测量观测，自动识别算法计算每一个三角形网格的法向量，并将其属性作为一个独立的 RGB 颜色。它允许用户直观地识别不连续集，并选择具有相同颜色的区域，从而也为计算平均倾角提供了方向。利用自动识别方法与人工识别方法相结合，确定不连续滑动面。基于详细的三维激光扫描调查，可以在每个局部区域定量结构面的不连续性特征（产状、间距），分析和检测结构面及其边坡面的组合关系，分析危岩体的风险。

1. 定性分析

通过对危岩稳定性影响因素分析，选取了地形坡度、控制性结构面倾角、控制性结构面完备程度（岩体切割状态）以及结构面张开程度四个稳定性判别指标为稳定性分级指标。

采用平面极限平衡法，计算出典型危岩的稳定性系数，并进行定性评价与定量计算成果对比分析，建立滑塌式、倾倒式以及坠落式危岩稳定性分级标准。分析结果：稳定性极差和差的危岩处于欠稳定状态，稳定性较差的危岩对应基本稳定状态。稳定性系数1.05为稳定性极差和差的临界值。见表4-64～表4-66。

表4-64　　　　　　　　　　　　　滑塌式危岩稳定性定性分级标准

稳定性判别	地形坡度	控制性结构面组合倾角	控制性结构面完备程度	结构面张开程度	稳定性系数
极差	地形陡峻坡度一般大于60°	控制性结构面或组合交线陡倾坡外（大于55°）	处于全切割状态，结构面基本贯通	结构面普遍张开，岩体松动，部分结构面泥质、岩屑充填	$1.0 \leqslant K_f < 1.05$
差	地形坡度一般为45°～60°	控制性结构面或组合交线中陡倾坡外（35°～55°）	处于半切割—全切割状态，结构面贯通率较高，部分结构面贯通	1～2组结构面张开，结构面内泥质、岩屑断续充填，其余结构面处于闭合状态	$1.05 \leqslant K_f < 1.2$
较差	地形坡度一般为30°～45°	控制性结构面或组合交线缓倾坡外（小于35°）	处于半切割状态，结构面贯通率较低	结构面基本处于闭合状态	$1.2 \leqslant K_f < 1.3$

表4-65　　　　　　　　　　　　　倾倒式危岩稳定性定性分级标准

稳定性判别	地形坡度	控制性结构面倾角	控制性结构面完备程度	结构面张开程度	稳定性系数
极差	地形陡峻坡度一般大于60°	控制性结构面近直立或反倾（大于75°）	处于全切割状态，后缘结构面贯通率高，其余结构面基本贯通	结构面普遍张开，后缘裂隙呈V形张开，泥质、岩屑充填	$1.0 \leqslant K_f < 1.05$
差	地形坡度一般为45°～60°	控制性结构面陡倾坡外（60°～75°）	处于半切割—全切割状态，结构面贯通率较高，部分结构面贯通	结构面部分张开，后缘裂隙局部张开	$1.05 \leqslant K_f < 1.3$
较差	地形坡度一般为30°～45°	控制性结构面中陡倾坡外（45°～60°）	处于半切割状态，结构面贯通率较低	结构面基本处于闭合状态	$1.3 \leqslant K_f < 1.5$

表4-66　　　　　　　　　　　　　坠落式稳定性定性分级标准

稳定性判别	地形坡度	控制性结构面组合倾角	控制性结构面完备程度	结构面张开程度	稳定性系数
极差	地形陡峻坡度一般大于60°	控制性结构面或组合交线近直立（大于75°）	处于半切割—全切割状态，结构面贯通率高，部分结构面贯通	结构面基本张开，仅受一组结构面控制且结构面贯通率高	$1.0 \leqslant K_f < 1.05$
差	地形坡度一般为45°～60°	控制性结构面或组合交线陡倾坡外（60°～75°）	处于半切割状态，结构面贯通率较高	主控结构面部分张开，其余结构面处于闭合状态	$1.05 \leqslant K_f < 1.5$
较差	地形坡度一般为30°～45°	控制性结构面或组合交线中陡倾坡外（45°～60°）	处于半切割状态，结构面贯通率较低	结构面基本处于闭合状态	$1.5 \leqslant K_f < 1.8$

结合现场调查分析，对照分级标准，可对危岩进行定性评价。

2. 定量计算

根据《滑坡防治工程勘察规范》（DZ/T 0218—2006）中危岩体稳定性等级划分标准将危岩稳定性划分为不稳定、欠稳定、基本稳定和稳定四种状态，见表 4－67。

表 4－67　　　　　　　　　危岩体稳定程度等级划分表

崩塌类型	危岩稳定状态			
	不稳定	欠稳定	基本稳定	稳定
滑塌式	$K_f < 1.0$	$1.0 \leqslant K_f < 1.2$	$1.2 \leqslant K_f < 1.3$	$K_f \geqslant 1.3$
倾倒式	$K_f < 1.0$	$1.0 \leqslant K_f < 1.3$	$1.3 \leqslant K_f < 1.5$	$K_f \geqslant 1.5$
坠落式	$K_f < 1.0$	$1.0 \leqslant K_f < 1.5$	$1.5 \leqslant K_f < 1.8$	$K_f \geqslant 1.8$

规范所提出的平面极限平衡法计算是建立在一些假定前提下的：①危岩体在失稳破坏，脱离母岩运动之前，将其视为整体；②除楔块式危岩体按着空间问题进行稳定性分析以外，其余问题都将复杂的空间运动问题简化为平面问题。即忽略了危岩侧限边界的影响，而实际调查中发现危岩边界岩桥的连通情况对其稳定性影响较大；③地震工况计算时，视地震力为一恒定静力作用，不仅不合理，而且忽略动力响应的触发效果：如竖直加速度对岩体的托举效应，地震拉张波对岩体结构的震裂效果与 PGA 随高程递增有放大效应等。

已有的生产结果表明，该方法在实际运用中，跟现场定性判断有一定偏差。但现行的危岩定量计算方法中（断裂力学、有限元、离散元和流变元等），都未能很好解决边界条件设置等问题，相对滑坡稳定性评价理论和实践欠成熟。因此，危岩稳定性以地表定性判断为主，辅于定量计算来校核部分较大规模和典型的危岩。

（1）计算原理。

1）滑塌式危岩体计算。滑塌式崩塌危岩根据其破坏方式的不同，可分为滑移型和平推型两类。

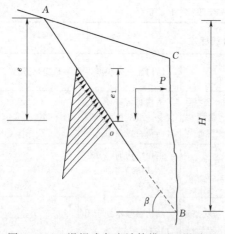

图 4－158　滑塌式危岩计算模型（滑移型）

（a）滑移型。当底滑面中陡倾坡外时，危岩的稳定主要靠结构面的阻滑和岩桥的锁固。计算模型见图 4－158，按单位宽度考虑，其稳定性按式（4－14）计算。

法、切向作用力分别为

$$N = W\cos\beta - P\sin\beta$$

$$T = W\sin\beta + P\sin\beta$$

破裂面上的平均法向应力、平均剪应力及抗剪强度分别为

$$\sigma = \frac{N}{\frac{H}{\sin\beta}} ; \tau = \frac{N}{\frac{H}{\sin\beta}}$$

$$\tau_f = \sigma \tan\varphi + C$$

稳定系数：

$$K_f = \frac{(W\cos\beta - P\sin\beta - Q)\tan\varphi + C\dfrac{H}{\sin\beta}}{W\sin\beta + P\cos\beta} \qquad (4-14)$$

式中：K_f 为危岩稳定性系数；W 为危岩自重，kN/m^2；H 为危岩高度，m；C 为后缘裂隙黏聚力标准值，kPa，当裂隙未贯通时，取贯通段和未贯通段黏聚力标准值按长度加权和加权平均值，未贯通段黏聚力标准值取岩石黏聚力标准值的 0.4 倍；φ 为后缘裂隙内摩擦角标准值，kPa，当裂隙未贯通时，取贯通段和未贯通段内摩擦角标准值按长度加权和加权平均值，未贯通段内摩擦角标准值取岩石内摩擦角标准值的 0.95 倍；β 为软弱结构面倾角，(°)，外倾取正，内倾取负；P 为地震力，kN/m，由 $P = \zeta W$ 计算，ζ 为水平地震系统，工程场址区的地震基本烈度为Ⅶ级烈度地区，$\zeta = 0.1$；Q 为裂隙静水压力，kN/m，$V = \dfrac{1}{2}\gamma_w e^2$，$e$ 为裂隙充水高度，m，据陈洪凯等三峡危岩调查的实践经验：自然工况下取裂隙深度的 1/3，暴雨工况下取 2/3，水容重 γ_w 取 $10kN/m$。

（b）平推型。当底滑面较缓时，危岩失稳的启动往往是由于裂隙水的浮托力和静水推力的共同作用。其计算模型见图 4-159，其稳定性按式（4-15）计算。

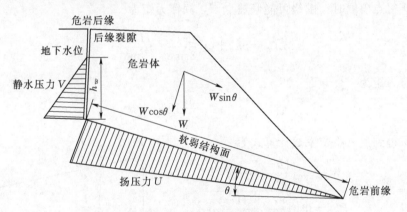

图 4-159　滑塌式危岩计算模型（平推型）

$$K_f = \frac{(W\cos\beta - P\sin\beta - Q - U)\tan\varphi + C\dfrac{H}{\sin\beta}}{W\sin\beta + P\cos\beta + Q\csc\beta} \qquad (4-15)$$

式中：U 为扬压力，kN/m，$U = \dfrac{1}{2}\gamma_w e\dfrac{H}{\sin\beta}$；其他符号意义同前。

2）倾倒式危岩计算。倾倒式危岩由于危岩块体的重心位置的不同，极限平衡计算中力矩平衡方程有较大差异。因此，分为重心在倾覆点外侧和内侧两种模型。

（a）重心在倾覆点外侧。计算模型见图 4-160，按单位宽度考虑，不考虑基座抗拉强度，其稳定性按式（4-16）计算。取 C 点为倾覆点，为基座岩层弱风化外缘点。

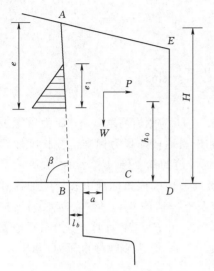

图 4 - 160　倾倒式危岩计算模型
（重心在倾覆点外侧）

$$M_{倾覆}=W_\alpha+Ph_0+Q\left(\frac{1}{3}\frac{e_1}{\sin\beta}+\frac{H-e}{\sin\beta}\right)$$

抗倾覆力矩：

$$M_{抗倾}=f_{lk}\frac{H-e}{\sin\beta}+l_bf_{0k}$$

崩塌危岩体稳定系数：

$$K_f=\frac{M_{抗倾}}{M_{倾覆}}=\frac{f_{lk}\dfrac{H-e}{\sin\beta}+l_bf_{0k}}{W_\alpha+Ph_0+Q\left(\dfrac{e_1}{3\sin\beta}+\dfrac{H-e}{\sin\beta}\right)}$$

$$(4-16)$$

式中：f_{lk} 为危岩抗拉强度标准值，kPa；f_{0k} 为危岩与基座之间的抗拉强度标准值，kPa，当基座为硬质岩时，$f_{0k}=f_{lk}$，当基座为软质岩时如炭质板岩，取该软质岩的抗拉强度标准值；α 为危岩重心至倾覆点的水平距离，m；l_b 为危岩底部主控结构面尖端至倾覆点的距离，m；其他符号意义同前。

（b）重心在倾覆点内侧。计算模型见图 4 - 161，其稳定性按式（4 - 17）计算。危岩体重心在倾覆点内侧时，围绕可能倾覆点 C，倾覆力矩为

$$M_{倾覆}=ph_0+Q\left(\frac{e_1}{3\sin\beta}+\frac{H-e}{\sin\beta}\right)$$

抗倾覆力矩为

$$M_{抗倾}=W_0+f_{lk}\frac{H-e}{\sin\beta}+l_bf_{0k}$$

进而，得到危岩稳定系数计算式为

$$K_f=\frac{M_{抗倾}}{M_{倾覆}}=\frac{W_\alpha+f_{lk}\dfrac{H-e}{\sin\beta}+l_bf_{0k}}{Ph_0+Q\left(\dfrac{e_1}{3\sin\beta}+\dfrac{H-e}{\sin\beta}\right)}$$

$$(4-17)$$

式中：变量标注同前。

3）坠落式危岩计算。

（a）对后缘有陡倾裂隙的悬挑式危岩按下列二式计算，稳定性系数取计算结果中的较小值，稳定性计算模型见图 4 - 162。

$$F=\frac{C(H-h)}{W}\qquad(4-18)$$

$$F=\frac{\zeta f_{lk}(H-h)^2}{W_\alpha}\qquad(4-19)$$

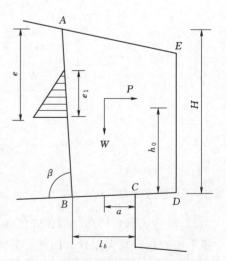

图 4 - 161　倾倒式危岩计算模型
（重心在倾覆点内侧）

式中：ζ 为危岩抗弯力矩计算系数，依据潜在破坏面形态取值，一般可取 $1/6 \sim 1/12$，当潜在破坏面为矩形时可取 $1/6$；α 为危岩体重心到潜在破坏面的水平距离，m；f_{lk} 为危岩体拉强度标准值，kPa，根据岩石抗拉强度标准值乘以 0.2 的折减系数确定；C 为危岩体黏聚力标准值，kPa；其他符号意义同前。

（b）对后缘无陡倾裂隙的悬挑式危岩按下列二式计算，稳定性系数取计算结果中的较小值，稳定性计算模型见图 4-163。

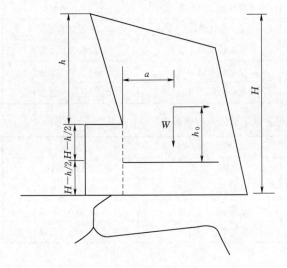

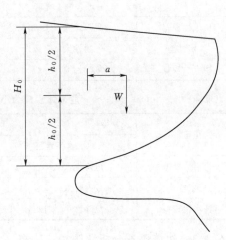

图 4-162　坠落式危岩稳定性计算模型　　　图 4-163　坠落式危岩稳定性计算模型
（后缘有陡倾裂隙）　　　　　　　　　　（后缘无陡倾裂隙）

$$F = \frac{CH_0}{W} \tag{4-20}$$

$$F = \frac{\zeta f_{lk} H_0^2}{W \alpha_0} \tag{4-21}$$

式中：H_0 为危岩体后缘潜在破坏面高度，m；f_{lk} 为危岩体抗拉强度标准值，kPa，根据岩石抗拉强度标准值乘以 0.30 的折减系数确定；其他符号意义同前。

（2）计算工况选取和参数的确定。

1）计算工况选取。致使危岩失稳而作用在其上的荷载最主要包括危岩自重、裂隙水压力和地震力三类。其中重力为永久工况，暴雨为短暂工况，地震为偶然工况。

工况一（天然工况）：自重＋裂隙水压力（天然）。

工况二（暴雨工况）：自重＋裂隙水压力（暴雨）。

工况三（地震工况）：自重＋裂隙水压力（天然）＋地震力。

2）计算参数确定。岩石计算参数主要根据试验成果，并结合工程地质类比来综合确定。结构面抗剪力学参数，有明显破坏现象的可通过反算求得；若无明显破坏现象的主要通过试验成果取值。裂隙水压力按裂隙蓄水能力和降雨情况确定，据陈洪凯等三峡危岩调查的实践经验：自然工况下取裂隙深度的 1/3，暴雨工况下取 2/3。

3. 危岩体危险性分级

对工程区危岩危险性分析时可忽略高差的影响，应在危岩规模和稳定性基础上针对其威胁对象进行危险性等级的划分。参考雅砻江锦屏一级、二级水电站坝区危岩危险性评价标准和大渡河大岗山环境边坡危险源危险性评价标准，按危岩规模、危岩稳定性及威胁对象等级"三要素"将危岩的危险性分为危险性大（Ⅰ级）、危险性中（Ⅱ级）、危险性小（Ⅲ级）三个等级。详见表 4-68、表 4-69。

表 4-68　　　　　　　　　　危岩体规模为中型或中型以上时的危险性等级

稳定性	威　胁　对　象		
	永久水工建筑	临时建筑	公路、车辆
稳定性极差	危险性大（Ⅰ级）	危险性大（Ⅰ级）	危险性大（Ⅰ级）
稳定性差	危险性大（Ⅰ级）	危险性大（Ⅰ级）	危险性中（Ⅱ级）
稳定性较差	危险性大（Ⅰ级）	危险性中（Ⅱ级）	危险性小（Ⅲ级）

表 4-69　　　　　　　　　　危岩体规模为小型及以下时的危险性等级

稳定性	威　胁　对　象		
	永久水工建筑	临时建筑	公路、车辆
稳定性极差	危险性大（Ⅰ级）	危险性中（Ⅱ级）	危险性小（Ⅲ级）
稳定性差	危险性大（Ⅰ级）	危险性中（Ⅱ级）	危险性小（Ⅲ级）
稳定性较差	危险性小（Ⅲ级）	危险性小（Ⅲ级）	危险性小（Ⅲ级）

4.6.3.3　边坡落石分析和防护

边坡上形成的危岩体，与坡脚高差可达上千米，具有巨大的能量。一旦危岩脱离母岩体，势能很快转化为动能，形成落石，落石起滚后将在重力和坡面的共同作用下，经过斜抛、碰撞和滑动等多种方式向下运动，给低高程人员、基础设施造成直接破坏。

滚落式危岩体的失稳一般有突发性、随机性和多发性的特点。落石质量越大，落石的破坏力往往就越大。与之相对的，落石速度是落石通过一系列自由落体、弹跳、滚动和滑动运动的综合结果，因此比落石能量更能准确反映落石的空间运动状态与结果。落石弹跳高度决定了落石被阻拦的可能性，在落石灾害评价和落石防护设计方面是一个重要的影响因素。

1. 成因及发展特点

随着水电工程项目建设规模的扩大，修建的边坡工程不断增多，落石对边坡的施工和运行的危害是不容忽视的，落石问题的危害性正在逐渐为人们所重视。针对落石问题，国内外已经开展了系列研究工作。

落石问题处理的关键在于以下三个方面：

（1）落石发源位置范围，可能出现的落石块体大小分布情况。

（2）落石的运动方式（运动轨道、速度、能量等）及危害影响。

（3）可能采用的防治措施及其防治效果和技术经济指标。

解决第一个方面的问题，可以通过野外实地地质调查，调查并划分研究区内不稳定的边坡地段，分析造成落石发生的原因和发展特点，确定边坡落石的影响范围和影响程度，调查该地区以往发生的崩塌落石规模、背景和破坏情况，并研究其对工程施工的影响，以及环境工程地质条件恶化使有关地段失稳而产生落石的可能性。对人员不能抵达的部位可采用三维激光扫描精确测量其几何形态参数，建立危岩档案。

而对于落石块体运动形式及其崩落危及范围，一般通过历史对比法、经验判断法、实地模拟法、数值模拟方法等方法进行分析。

现代计算机技术飞速发展，计算机数值模拟方法开始变得具有实际意义。Rocfall 是一款用于分析陡峭边坡落石风险的软件，可以用它来进行落石分析和落石风险评估。并针对不同边坡的具体情况，分析提出可能的落石防治措施。边坡滚（落）石示意图如图 4-164 所示。

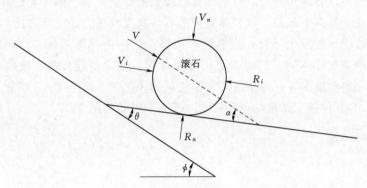

图 4-164　边坡滚（落）石示意图

2. 计算参数

为了进行对比分析，将坡面同一坡度的各段边坡高度和平台宽度予以合并处理。对落石块体施加 0.3m/s 的水平和垂直方向初始速度模拟由扰动所引起的初始滚动速度，每次模拟落石块体的数目为 100 块。根据工程设计实际情况，将边坡划分为相应坡段，每段边坡对应的粗糙因子、法向和切向因子的选取均根据现场实际调查测量得到，见表 4-70。

表 4-70　　　　　　　　　各坡段参数

坡段号	粗糙因子 s	切向因子 R_t	法向因子 R_n
1	0.40	0.82	0.33
2	0.40	0.82	0.33
3	0.40	0.82	0.33
4	0.40	0.82	0.33
5	0.40	0.82	0.33
6	0.10	0.87	0.37
7	0.10	0.87	0.37
8	0.10	0.87	0.37
9	0.10	0.87	0.37
10	0.10	0.87	0.37
11	0.10	0.87	0.37
12	0.10	0.87	0.37
13	0.10	0.87	0.37
14	0.10	0.87	0.37

在计算机数值模拟计算中，假定落石块体均为球状，以实际块体的最大尺寸作为其半径，并且岩石块体在整个崩落滚动过程中保持完整而不破碎，这是落石崩落的最危险情况，故所得计算分析结果有一定的安全储备。

3. 落石数值模拟分析

Rocfall 是一款用于评价陡峭边坡落石风险的统计分析软件。软件的计算原理可简述如下：边坡上部的危岩体相对边坡中下部具有较大的势能，危岩体在自然营力或人为干扰的作用下从静止开始向下运动，危岩体变成落石，速度以重力加速度增长，势能转换为动能，当落石与坡面接触发生反弹，根据坡面接触点的法向弹性系数和切向摩擦系数的不同，落石的弹跳高度亦不同；此时，接触坡面对落石产生消能作用，致使落石的动能衰减，直至落石停留动能为零；整个过程遵循能量的转化和守恒定律。

运用 Rocfall 软件模拟结果如图 4 - 165～图 4 - 170 所示。

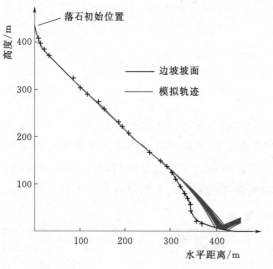

图 4 - 165　落石运动轨迹

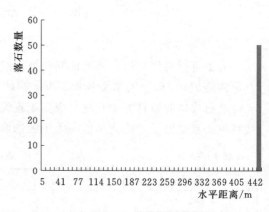

图 4 - 166　落石停止位置

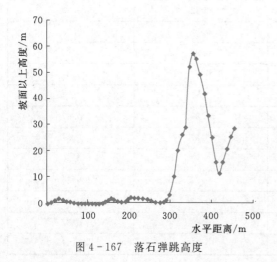

图 4 - 167　落石弹跳高度

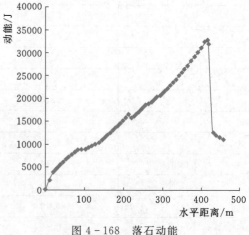

图 4 - 168　落石动能

图 4-169　无防护网时的落石模拟

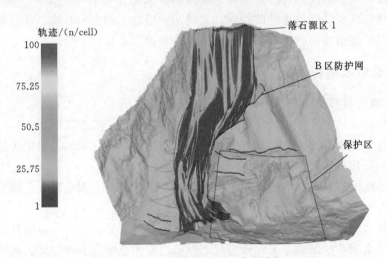

图 4-170　有防护网时的落石模拟

通过对落石数值模拟表明：岩块从边坡顶部滚落后，在坡面运动，受坡面碰撞、覆盖层消能、植被阻挡和平台消能影响，部分停滞坡面缓坡或平台处，其余落入河床中。落石普遍运动特征及规律如下：

（1）形状不同的落石形成的威胁区域是不同的。比表面积越小，坡面阻滑作用越弱，而运动停止耗时却越长。因此，岩块越接近球形，崩落距离越大，其威胁范围也越大。

（2）随落石质量的递增，其崩落距与运动总耗时均呈现递增态势，而总耗时相对崩落距的增幅更小，反映质量对其运动速度的影响相对不敏感。

（3）边坡坡度对落石的运动具有控制作用。陡坡上多以滚动、滑移为主，缓坡上多以弹跳、滑移为主。

（4）坡表材料弹性模量和强度越大，落石与之碰撞耗能也越小。因此，落石在覆盖层段运动时耗能较基岩裸露段更为显著；同理，落石越坚硬，其能量损耗幅度越小。

利用 Rocfall 软件对落石问题进行研究，计算分析不同区域落石形成情况，包括落石的数目以及最大和平均速度、回弹高度、运动轨迹、落点分布及能量等，并根据现场实际的落石块体大小分布概率，得出环境边坡落石的评价结果；同时，结合数值模拟结果确定最优支护加固和拦阻防护措施，以降低落石危险。

4. 落石治理方案

落石对坡下的施工安全带来极大的隐患，必须加以处理以提高其安全程度。在各坡面计算中，为了进行对比，将同一坡度的各段边坡予以合并处理，结果表明落石问题发生的可能性相对增大了。造成这一结果的主要原因是：将坡段合并后，单坡段高度增加，减少了落石在运动路径中与坡面碰撞从而降低飞行高度、运动速度、能量的机会。因此在环境边坡落石防护中，可以采用多坡段、小平台、单段低坡高的设计理念。

针对危岩体失稳破坏的特点，边坡开挖之前均有必要对开口线外围的自然边坡进行全面、彻底的清坡处理，清理解除潜在失稳、掉块与落石威胁，理顺、平整、保护坡面。对于大规模难以彻底清除的乱石堆、大孤石，以及受施工条件限制无法完全清除的小块石群等，主要采用主动和被动两种防护措施。主动防护措施主要有喷锚支护、布置截水沟等，还包括通过覆盖坡面加固的主动防护网；被动防护措施一般有拦石墙、落石槽、被动防护网等。通过对环境边坡的防护治理，保证工程施工期和运行期安全。

4.6.4　环境边坡防护治理

4.6.4.1　环境边坡防护治理原则

根据环境边坡的定义，它仍是自然边坡的一部分，位于工程范围之外，一般情况下是稳定的，但在自然条件及人类活动等作用下，可能发生落石、崩塌、滑坡等地质灾害，进而造成其下人员伤亡和财产损失。

对环境边坡的治理，总体的原则可以概括为：少挖多锚、因地制宜、综合治理。具体如下：

（1）少挖多锚。环境边坡作为自然边坡，一般条件下是稳定的，应坚持以防为主的原则，尽量避免采用开挖爆破等工程措施扰动自然边坡的稳定状态和破坏天然植被，采取相应的锚固、支挡、疏导、拦截、避让等工程防治措施，以保证环境边坡施工期和运营期稳定。

（2）因地制宜。根据工程区危岩体的具体分布位置、类型、变形破坏机制、稳定性评价及危险性分级，结合枢纽建筑物的布置，同时兼顾运行期和施工期安全等因素，遵循"全面、有效、安全、经济"的总体原则，采取适宜的防治措施，分区域、分重点、分部位，分期、分别处理。

1）对直接危害工程施工或运行的危岩体，在工程施工前将危岩体予以清除。在地形陡峭部位应有一定保护设施，以保障施工人员安全。

2）对距离枢纽建筑物较远、不直接危害工程施工或运行、治理施工难度较大的危岩体，采取被动防护网进行拦挡。

3）对高位危岩体或经常有崩塌落石的区域，采用柔性主动防护网和随机锚杆进行防护，并在可能崩塌部位下方相对较缓或冲沟地段设置拦渣墙或被动防护网进行拦挡。

4）为避免危岩体清坡不止而危及后缘岩体的稳定，同时减少大规模开挖导致次生的危岩体，对局部有明显稳定性差、已有滑动、崩坍破坏迹象的部位进行清撬或小药量控制爆破处理。

5）对自然稳定的危岩体尽量减少扰动，原始的植被树木尽量保留；并采取主动防护网、锚杆、锚筋束、锚索（辅以钢筋混凝土框格梁）、挂网喷混凝土、混凝土框格梁支撑等加固处理措施。

（3）综合治理。根据环境边坡可能存在的不同危险源和边坡失稳模式，针对滚石、浅表层卸荷松动、深层失稳破坏，综合采取表面危石清理、排水疏导、生态护坡、主动和被动防护、浅层支护、深层锚固、支挡和避让等综合治理措施。由于地质灾害大多发生在强暴雨等灾害性天气条件下，因此加强水土保持，保护好天然植被，并有效做好危岩体周边截、引、排水系统的完善措施。

4.6.4.2　环境边坡防护治理方法

环境边坡防护治理方法可以概括为"清、封、锚、护"，即危石清理、裂缝封闭、边坡锚固、主被动防护，治理方式以危石清撬为主，防护网为辅，其他支护方式根据现场情况灵活采用。

危岩体施工总体按照先施工安全防护设施（含被动防护网、挡渣墙），清除危岩体表面及上方松动岩石，按照从顶部到底部分片区（互相不构成安全威胁）的施工思路进行GNS2 型主动防护网防护，视情况增设排截水沟槽等工作，消除施工期安全隐患；上述边坡表面危险源采取措施解除后，再开始搭设施工排架，深、浅层支护顺序原则上浅层优先，尤其是在表面破碎和存在结构性危岩体等部位，需先进行表面封闭、锚杆固定后，才能进行后续其他支护施工作业，在同一区内的深、浅层支护施工应错开，避免上下交叉施工；最后处理难以清除的孤石、滚石表面浮土清除、底部混凝土堵塞孤石滚石底部、施工随机锚杆及主动防护网包裹孤石、滚石。

施工程序：清除及处理危岩体表面及危岩体上方松动岩石等安全隐患→危岩体下方被动网（或安全挡护设施）→危岩体顶部安全防护（含临边栏杆、锚喷支护、挂柔性防护等措施）→施工简单脚手架搭设→GNS2 主动防护网施工→施工承重式脚手架搭设→随机锚杆、锚筋桩施工→锚索、框格梁等其他项目的施工→施工区域整体验收→排架拆除。

对人工无法清撬的倒悬体、危岩体和破碎岩体现场确定处理方式，对需要采取非常规方法处理和安全危险性大的部位，需制定专项施工措施后实施。

1. 危石清理

环境边坡处于工程边坡上部，一般发育有较多的危岩体、松散覆盖层等，直接影响下部工程边坡施工和运营期安全，必须将其清理。

（1）由于边坡高陡，大多难以采用机械清理坡面，可依靠人工进行坡面清理。

（2）针对较坚硬且体积相对较大的危岩体，可采用 YT - 28 手风钻钻孔，钻孔直径42mm，小药量松动控制爆破开挖，钻孔间排距 2m，可采用 2 号岩石乳化炸药，药卷直径 32mm。

（3）对于破碎、零散危岩体和薄层松散覆盖层，可采用人工手持撬棍、铁锹、风镐等工具进行坡面浮土和松动的块石清除。

1）人工清理主要是通过人工吊安全绳挂安全带。

2）要求作业人员必须配备安全可靠的防护设备，安全绳要有可靠的附着点，且必须附设一条附绳，起到双保险，确保人身安全，其随身携带的排险工具要轻便和利于操作。

3）人工进行坡面清理时，应有专人监护，并有与地面联系信号或可靠的通信装置。

4）遇有六级以上大风或中雨以上雨天时，禁止坡面清理施工。

环境边坡危石清理见图4-171。

图4-171　环境边坡危石清理

2. 裂缝封闭

对表面破碎和存在结构性危岩体等部位，需先进行表面封闭和锚杆固定。由于原始边坡山体裸露，在环境边坡清理时如有较大的危石体或者危石群，采用回填混凝土、喷混凝土或挂网喷混凝土、随机锚杆、锚筋束、框格梁等支护措施相结合进行综合加固，如图4-172所示，喷护加固施工方法详见4.2节内容。

（a）格梁　　　　　　　　　　　　　（b）支护

图4-172　边坡框格梁、锚筋束支护

3. 边坡锚固

环境边坡一般条件下是稳定的，但可能存在额外安全储备小的情况，由于工程边坡开挖切脚，同时考虑运营期地震、水位变化等特殊工况，可能存在失稳风险。根据工程地质的详细调查分析，结合刚体极限平衡法等方法，分析潜在危险滑动面及安全状况。根据分析结果，采取预应力锚索等支护措施，穿过潜在滑动面，提高环境边坡稳定性。

环境边坡锚索施工与裂隙岩体锚索施工类同，但由于锚索施工直接从未开挖的边坡表层开始钻孔，岩体破碎，容易出现塌孔、卡钻，如采取常规的孔道灌浆和预固结灌浆技术，可能由于吃浆量大而使成本和工期迅速增加，因此在施工过程中可以根据预固结灌浆试验，得到较为合理的预固结灌浆参数及施工工艺。例如，在预固结灌浆过程中，在孔口加砂，以保证对长大裂隙进行有效填充。

边坡锚索、灌浆加固施工方法详见 4.3 节、4.4 节内容。

4. 边坡防护

主要采用边坡防护网。边坡防护网适用于大部分复杂的边坡地形，同时保证原始地貌不被破坏，简便易行，产品呈网状，便于人工绿化，有利于环保，将工程与环境融合；边坡防护网适用于建筑设施旁有缓冲地带的高山峻岭，把岩崩、飞石、雪崩、泥石流拦截在建筑设施之外，避开灾害对建筑设施的毁坏。

（1）主动防护网施工。主动防护网采用钢丝绳网，结构配置为系统钢丝绳锚杆＋支撑绳＋缝合绳，孔口凹坑＋张拉，主要防护功能为坡面加固，抑制崩塌和风化剥落、溜坍的发生，限制局部或少量落石运动范围。

1）GPS2 型 SNS 主动防护系统。GPS2 型 SNS 主动防护系统以柔和性钢绳网系统覆盖有潜在危岩的坡面，其纵横交错的 $\phi16mm$ 纵向支撑绳和 $\phi18mm$ 横向支撑绳与 4.5m×4.5m 正方形模式布置的锚杆相联结，支撑绳构成的每个 4.5m×4.5m 网格内铺设一张或两张（根据设计的单层或双层钢绳网确定）4m×4m 的 D0/08/300 型钢绳网，每张钢绳网与四周支撑绳间用缝合绳缝合联结并进行预张拉，该预张拉工艺能使系统对坡面施以一定的法向预紧压力，从而提高边坡表面危岩体的稳定性，防止崩塌落石的发生，同时在钢绳下铺设小网孔的 SO/2.2/50 型格栅钢，以防止小尺寸岩块的塌落。

此系统传力过程为：钢丝网→支撑绳→锚杆→稳定岩层。由于它的柔性可承受较大下滑力且可将局部集中下滑力向四周均匀传递，因此能保持原坡面形态和特征。

2）TC-65B 主动防护网（TECCO 钢丝格栅网）系统。由具有良好坡面适应性的"高强度钢丝格栅网＋螺纹钢筋"或"中空自钻式锚杆、锚钉＋专用锚垫板＋边缘支撑绳＋缝合绳"等结合使用的边坡稳定加固系统。

TC-65B 主动防护网：采用 3.0 的高强度钢丝，网型为 TC/65，抗拉强度达到 1770MPa 以上，网孔为 65mm×65mm，网长宽一般为 10/20/30×3.5m（也可根据实际情况改变）。

支撑绳：$\phi16mm$ 边缘（或上缘）钢丝绳锚杆＋$\phi16mm$ 边坡（或上缘）支撑绳，缝合绳为 $\phi8mm$ 钢丝绳。

锚杆：一般采用一端（外露段）带加工螺纹的 $\phi25mm/28mm$ 普通螺纹钢筋锚杆，并根据需要进行热镀锌防腐处理。

打入式锚杆：选用件，用 $\phi16mm$ 钢筋，长度一般为 0.3～0.6m，一端焊接弯钩。

3）主要施工程序及方法。

（a）防护区域内的浮土及浮石进行人工清除和局部加固。

（b）测量放线确定锚杆孔位，并在每一孔位处凿一深度不小于锚杆处外露环套长度的凹坑，一般孔径 20cm，深 20cm。

（c）利用 YT-28 手风钻钻凿锚杆孔并清孔，孔深应比设计锚杆长度长 5cm 以上，孔径 45mm。

（d）现场就近人工拌制水泥砂浆，并采用人工插杆注浆方式进行锚杆安装。浆液标号不低于 M20，宜用灰砂比 1∶1～1∶2，水灰比 0.45～0.5 的水泥砂浆或水灰比 0.45～0.5 的纯水泥浆，水泥宜用 425 号普通硅酸盐水泥，优先选用粒径不大于 3mm 的中细砂，确保浆液饱满，在进行下一道工序前注浆体养护不少于 3d。

（e）安装纵横向支撑绳，张拉紧后两端各用 2～4 个（支撑绳长度小于 15m 时用 2 个，大于 30m 时用 4 个，其间用 3 个）绳卡与锚杆外露环套固定连接。

（f）从上向下铺挂格栅网，格栅网间重叠宽度不小于 5cm，两张格栅网间的缝合（以及格栅网与支撑绳间）用 ϕ1.5mm 铁丝按 1m 间距进行扎结；一般情况下本道工序在上道工序前完成。

（g）从上向下铺设钢绳网并缝合，缝合绳为 ϕ8mm 钢绳，每张钢绳网均用一根长约 31m 的缝合绳与四周支撑绳进行缝合并预张拉，缝合绳两端各用两个绳卡与网绳进行固定联结，当设计为双层钢绳网时，以同样方法铺设第二层钢绳网。

主动柔性防护系统结构型式见图 4-173。

（2）被动防护网施工。被动防护网结构配置为钢柱＋支撑绳＋拉锚系统＋缝合绳＋减压环，防护能级满足设计要求。

1）被动防护网性能及参数。RXI-150 型被动防护网网型为 R12/3/300，有上下两条支撑绳，支撑绳的直径为 22mm，上拉锚绳与侧拉锚绳直径为 18mm，形成"八"字形。RXI-150 被动防护网可以拦截 1500kJ 以上的动力势能，利用其有效缓冲来达到拦截的目的。

被动防护网零部件主要有锚杆、支撑绳、立柱、基座、拉锚绳、减压环等，其零部件可以对防护网进行有效的固定于缝合。减压环是被动防护网的必备品，每组被动防护网一般有 2～3 个减压环。

2）主要施工程序。被动防护网施工顺序：锚杆及基座定位→钢柱基坑开挖及混凝土浇筑（土质及软弱质岩石基础）或钻凿锚杆孔（硬质岩石基础）→基座及锚杆安装→钢柱及上拉、侧拉锚绳安装→支撑绳安装与张拉→环形网铺挂与缝合。

3）主要施工方法。

（a）根据设计图纸和现场实际地形，对钢柱基础、上拉和侧拉锚杆基础位置进行放样。对于地形起伏较大，系统布置难沿同一等高线呈直线布置时，网轴线位置及钢柱间距可根据设计要求和现场实际地形做适当调整，以满足安装要求。

（b）钢柱基础、锚杆基础施工时，若基础位置为岩石或土层很薄时，基础采用 A 类锚固。A 类锚固为直接钻凿直径不小于 45mm 锚孔，成孔后放入地脚螺栓或钢丝绳锚杆后，灌注 M20 水泥砂浆或纯水泥浆锚固（低温季节，安排在正温时段进行灌注）；若基础位置土层较厚时，基础采用 B 类锚固。B 类锚固采用人工开挖基础，基坑开挖完成后，在

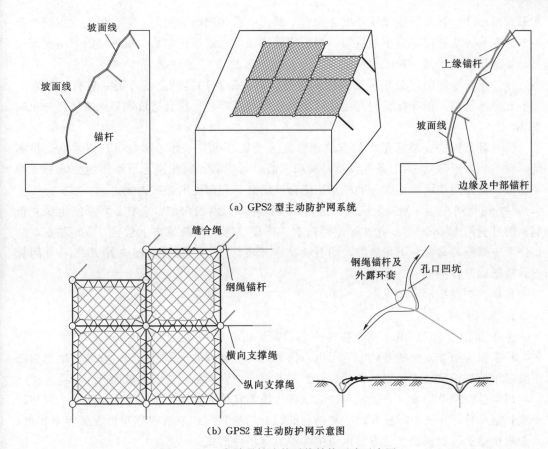

（a）GPS2 型主动防护网系统

（b）GPS2 型主动防护网示意图

图 4-173　主动柔性防护系统结构型式示意图

钢柱基坑中安装钢柱地脚螺栓、在锚杆基坑中钻安装钢丝绳锚杆，然后采用 C20 素混凝土回填浇筑。当基础位置处于土层厚度小于混凝土基础深度时，覆盖层部分用混凝土置换，下部直接钻凿锚杆孔，形成复合基础。

（c）钢柱基础混凝土等强后，安装基座，将其套入地脚螺栓并用螺母拧紧。

（d）基座安装完成后，安装钢柱及上拉锚绳。安装时，将钢桩顺坡向上放置并使钢柱底部位于基座处。将上拉锚绳的挂环挂于钢柱顶挂座上，然后将拉锚绳的另一端与对应的上拉锚杆环套连接并用绳卡暂时固定（设置中间加固和下拉锚绳时，混凝土上拉锚绳一起安装或待上拉锚绳安装好以后再安装均可）。然后将钢柱缓慢抬起并对准基座，钢柱底部插入基座中，然后插入连接螺杆并拧紧。

（e）完成上述工作后，接下来依次进行侧拉锚绳的安装、支撑绳的安装、下支撑绳的安装、环形网的安装和格栅网的安装。侧拉锚绳安装方法与上拉锚绳，安装完成后利用上拉锚绳和侧拉锚绳调整好钢柱的设计方位，拉紧拉锚绳并用绳卡固定。

（f）支撑绳安装时，将第一根上支撑绳的挂环端暂时固定于端柱（起始钢柱）的底部，然后沿平行防护系统走向的方向上，调直支撑绳并放置于基座的下侧，并将减压环调节就位。将该支撑绳的挂环挂于端柱的柱顶挂座上，在后续钢柱处，将支撑绳置于挂座内侧，直到本段最后一根钢柱并向下绕至该钢柱基座的挂座上，再用绳卡暂时固定。然后再次调整减压环位置，保证减压环安装位置全部正确后并用绳卡固定。第二根上支撑绳和第一根的安装方法相同，只不过从第一根支撑绳的最后一根钢柱向第一根钢柱的方向安装而已，且减压环位于同一跨的另一侧。

（g）下支撑绳的安装与环形网同步进行，其在环形网挂到上支撑绳后进行，其方法与上支撑绳类似，但支撑绳均直接从网块的底排网孔穿过，在合适位置套入减压环并正确安装。

（h）环形网的安装起吊就位方法根据施工场地、机具（起吊滑轮组、钢丝绳、粗麻绳、葫芦、梯子等）、人力条件以及经验和习惯进行安装。每张网上下采用缝合绳与支撑绳缝合，每张网与网搭接时，同样采用缝合绳缝合，利用绳卡或卸扣固定。

（i）格栅网在环形网安装完成后进行，其挂在环形网的内侧，应叠盖环形网上缘并折到网的外侧约 15cm，用于扎丝固定到网上。格栅底部应沿斜坡向上敷设 0.5m 左右，并保证下支撑绳与地面间不留缝隙，用石块将格栅底部压住。每张格栅叠盖 10cm，并用扎丝将格栅固定在网上。

被动防护系统示意图见图 4-174。

5. 生态护坡

生态边坡就是对环境、原生物等生态造成最低影响，并且适当还原、保护的工程边坡，是在保证边坡安全的基础上考虑生态保护、环境景观的工程边坡治理理念。生态边坡主要采用植被护坡技术，以比较接近自然的方式去加固和稳定边坡及坡面。

（1）骨架植草护坡。骨架植草护坡是在边坡不宜单独食用植物防护而采用的主要防护形式，是一种圬工防护与植物防护相结合的综合防护形式，它有衬砌拱形骨架植草护坡、六角块植草护坡和预制块正方形网格植草护坡等多种形式。

圬工防护是骨架植草护坡的基础，是采用砂石、水泥等矿物材料进行的坡面防护。其施工要点包括以下几个方面：

1）待坡面沉降稳定后，按设计要求平整坡面、放线，并进行基础开槽、砌筑骨架。

2）六角空心块铺设。为了保证六角块铺设的可靠性，施工时应按自下而上的顺序进行，并尽可能挤紧，做到横、竖和斜线对齐，相邻六角块间的缝隙用水泥砂浆封死。

3）预制块网格施工。为了能在路基边坡上开挖并砌成形状规范的正方形网格，需要对镶边石精确定位。具体施工时首先定出关键点的位置，然后挂线、开挖"流水槽"。待槽内铺设制块后，在网格内铺植草皮。

4）衬砌拱形骨架。具体施工时镶边石和浆砌片石的结合要紧密，并严格控制灌浆和勾缝的施工质量，以免拱部遭受雨水冲刷，尤其要避免拱顶附近处出现淘空现象。

5）灌浆及勾缝。浆砌片石施工和六角块铺设均涉及灌浆和勾缝，灌浆时视水泥强度等级及活性可选用 1:3.5～1:4.5 的水泥砂浆，勾缝时可选用 1:2～1:3 的水泥砂浆或 1:0.5:3 的水泥石灰砂浆。当片石间缝隙较大时，可用小石子混凝土灌注。具体施工时应注意：灌浆要充实，不能出现空洞；勾缝应平整、光洁。

6）骨架砌筑完成后，及时回填种植土，并平整、拍实，回填土表面低于骨架顶面 2～3cm，播种作业可采用人工穴播、点播、撒播。

（2）土工格室植被护坡。土工格室是一种具有蜂窝状或网格状的三维结构。目前最常

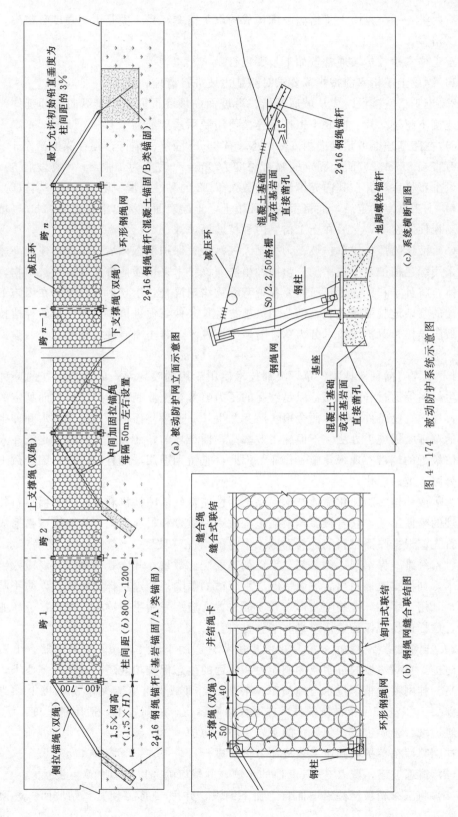

图 4-174 被动防护系统示意图

用的有两类：一类是由土工格栅装配构成的土工格室；另一类是由高强度条带聚合物构成的土工格室。

土工格室植被护坡通常按如下步骤进行：

1）铺设土工格室前按规范要求对路基边坡进行清理、整平。

2）土工格室铺设时应从坡肩开始、沿坡面向坡底展开，严禁纵向连续延伸——每次纵向连接不超过5片。两联土工格室连接要用专用连接器。

3）在路基顶面坡角处向内62cm处每隔25cm固定一锚钉，锚钉深度不小于15cm钢质锚钉直径8mm。坡面上固定的锚钉深度为30cm、密度为1根/m²。离坡底50cm处开始铺设土工格室，并在其内充填塑性指数大于12的黏性土壤，随后人工夯实以防止移位。

4）土工格室固定后，向格室内填种植土，土层表面要高出格室面1～2cm，填充后使用振动板使之密实，然后在土工格室内种植坡面植被。

（3）液压喷播植树草护坡。为控制大气污染、保护生态环境，国外在建造高速公路时普遍采用绿色植被复生技术——喷播种植法。该技术采用喷播方式种植地被植物，以水为媒载体，将种子和植物生长所需要各种营养物均匀混合，用喷射装置喷洒在因施工破坏原生植被的复杂地貌裸露地表，创造初级植物生长条件，促进植被迅速恢复的种植技术。

液压喷播植草护坡技术分为草坪喷播种植技术，客土喷播种植技术和挂网喷播种植技术等。

1）草坪喷播种植技术。草坪喷播技术使用专用的喷射泵，将均匀搅拌的草种、肥料和养生材料等通过管路和喷枪以足够高的压力喷敷在土壤表面，形成松软而稳定的养生覆盖层，在适宜的条件下草种便会很快萌芽和生长。这种将播种、施肥、浇水和养生结合在一起的草坪喷播施工方法，不但施工效率高、播种均匀，而且最大的特点是能在人工很难或无法接近的地带实现绿化施工作业。因此，它特别适用坡陡且高，坡长绵延数十公里的高速公路边坡的绿化。

为了成功地实施绿化喷播技术，除选用性能良好的喷播机和优质的喷播材料外，要采用合理的喷播工艺，它直接影响喷播施工效率，质量和材料消耗，从而影响喷播成本。

首先应根据喷播材料的性能和施工作业的情况（坡度、土壤等）合理确定水、草种、肥料、木纤维、保水剂、黏合剂、染色剂等的配比数量；其次是喷播操作者应熟练掌握喷播技术，如根据喷播距离、坡面情况选用合适的喷嘴；合理选择喷播方向，防止漏喷和不均匀；利用"手型"控制喷注形态和喷播位置；应多采用手持喷枪，尽量接近作业面进行喷播，这样更易于保证喷播质量和节省材料。

2）挂网喷播种植技术。单纯的喷播植草只适用于坡度较缓、坡高较矮、土质较好的边坡防护，它对边坡的抗水流冲刷能力和长远的生态保护功能还远远达不到要求，并且造价又高。挂网喷播植草技术与纯喷草护坡相比，可减少土壤流失量80%以上，造价却减少50%～70%。三维植被防护技术在原坡面深层稳定的前提下，适用于坡度不大于1:1的路堑边坡、土质边坡、强风化的基岩边坡等防护。

挂网喷播植草护坡施工工艺按如下步骤进行：

（a）清理坡面，覆以5～7cm厚的土壤，并辅以喷药以抑制野草生长。

（b）将三维植被网垫沿坡面自上而下铺设，并用U形钉使其紧贴坡面。坡顶采用埋压沟、坡脚三维网埋于填土内。两幅三维植被网之间重叠 10～15cm。三维植被网周边应有 5～10cm 的卷边，并用 U 形钉压边。

（c）具有一定抗拉强度的三维植被网铺设后，为了确保回填土的密实度，用人工方式分 3 步自坡顶向下充填土壤和肥料：一是网筛回填干土并拍实；二是喷水沉降（防止"空鼓"现象）；三是泥浆回填。

（d）采用液压喷播机将混有种子、肥料、土壤改性剂、保水剂和水的混合物均匀喷洒在坡面上。喷播后视情况撒少许土，以覆盖网包为宜。

（e）覆盖无纺布。一是防止雨水冲刷，阻滞种子在发芽生根期内的移动；二是部分阻止水分蒸发，起保温保湿作用。注意不露边口，轻柔操作，保持布面完好。

（f）分前、中、后期对植草进行养护：前期 60d 以喷水为主，经常保持土壤湿润，以促进种子发芽、生根和快速生长；中期靠自然雨水养护，若遇干旱每月喷 1～2 次水；后期养护每月喷水 2 次，并施追肥，促苗转青，并防止病虫害发生。

（4）高陡边坡的植被护坡。

1）钢筋水泥混凝土框架填土植被护坡。钢筋水泥混凝土框架填土植草护坡，是指边坡上现场浇筑钢筋混凝土框架或将预制件铺设在坡面上形成框架并在其内充填客土，然后在框架内植草以达到护坡绿化的目的。它与浆砌片石骨架植草护坡的区别在于对边坡的加固作用更大。由于造价高，多用于浅层稳定性差且难以植草绿化的高陡岩坡。采用此工艺时固定框架内固土方法有填充空心六棱砖、铺设土工格室和加筋固土等。现以框架内加筋固土植草护坡为例，介绍其施工方法。

（a）整理坡面。按一定的纵横间距固定锚杆框架梁（固定方法视边坡具体情况选择）。

（b）预埋用作加筋的土工格栅于横向框架梁中，然后浇筑水泥混凝土，留在外部的用作填土加筋。

（c）自下而上地向框架内填土。根据填土厚度要求，可设 2 道或 3 道加筋格栅，以确保加筋固土效果。当斜坡率（坡度）陡于 1：0.5 时须挂三维植被网，要求网与坡面紧贴，不能悬空或褶皱。

（d）采用液压喷播机，将混有草种、肥料、土壤改良剂和水等的混合料均匀喷洒在坡面上（厚度 1～3cm）。此后视情况覆盖一层薄土，以覆盖三维网或土工格栅为宜。

（e）覆盖土工膜并及时洒水养护边坡，直到植草成坪为止。

2）预应力锚索框架地梁植被护坡。该植被护坡工艺多用于稳定性很差的高陡岩石边坡（用锚杆不能将钢筋水泥混凝土框架地梁固定于坡面），既固定框架又加固坡体，然后在框架内植草护坡。该植被护坡适用条件是：必须用锚索加固的高陡岩石边坡；边坡坡度大于 1：0.5，高度不受限制。

预应力锚索框架地梁植被护坡工艺的施工方法如下：

（a）根据工程情况确定预应力锚索间距、锚杆间距；施工锚索，浇筑锚索反力座。反力座达到强度后将锚索张拉，锚索头应埋入水泥混凝土中。

（b）钻锚杆孔，浇筑框架地梁。锚索反力座和框架内都应配钢筋，浇筑反力座时应预留钢筋，以便和框架梁相连。

（c）整平框架内的坡面，视需要填入部分土壤。

（d）均匀喷洒厚层种植基材和混合草种，其厚度略低于格子梁高度 2cm。

（e）喷洒草种 2d 后开始养护。养护水应成雾状均匀地湿润坡面，湿润深度发芽期内为 3～5cm，幼苗期依据植草根系的发育逐渐增大到 5～15cm。养护时间应在每天上午 10：00 之前，视气温和湿度可酌情增加喷水 1～2 次。养护时间应持续 45～50d。

3）预应力锚索地梁植被护坡。该植被护坡工艺多用于浅层稳定性好，但深层易失稳的高陡岩土边坡，可省去框架的横梁，少用材料，降低施工成本。

地梁用预应力锚索固定于坡体（稳定性较好的坡体可用锚杆固定），地梁之间采用液压喷播或厚层基材喷射植被等方法进行植被。

预应力锚索地梁植被护坡的施工顺序是：平整坡面→铺设模板→浇筑地梁→钻锚索孔→给锚孔注浆→张拉锚索→形成框架→喷播草种→养护管理。

（5）TBS 植被护坡。上述几种植被护坡工艺无法应用于岩石边坡的防护及绿化，而厚层基材喷射植被技术在岩石坡面喷射一层结构类似的自然土壤，并且能够贮存水分和养分的植物生长所需的基层材料，较好地满足了岩石边坡植被防护和绿化的需要。

厚层基材喷射植被护坡的基本结构由锚杆、网和基材混合物等组成。其中的基材混合物由绿化基材、种植土、纤维和植被种子等混合而成。

4.7　边坡排水技术

影响边坡稳定的因素多种多样，其内因一般起着控制作用，但外因往往是加剧或影响边坡稳定的直接原因。在影响边坡稳定的外因中，降雨、融雪和地下水渗透作用是最大的外因。降雨、融雪形成的地表水下渗到土体的孔隙和岩体的裂隙中，一方面增加了岩土体的重量，另一方面降低了岩土体的抗剪强度；同时，使地下水位或水压增加，其结果也将造成岩土体的抗剪强度降低。要防止岩土体抗剪强度降低，就必须控制地表水和地下水。所以，保证边坡稳定中一项重要措施，就是修建排除地表水工程和排出地下水工程。

地表排水的目的是最大限度地把雨水从地表排走，防止其渗入边坡内；地下排水的目的是最大限度地降低已在边坡内形成的地下水位高度。排水工程布置应综合考虑原有的汇流条件和天然排水体系，将排水工程与天然的排水体系组成一套完整的排水系统，达到有效集流、安全排放的目的。

4.7.1　降雨入渗对边坡的作用

由于高陡边坡节理裂隙一般都比较发育，岩体风化卸荷比较明显，同时边坡内部存在大量的地质构造，因此边坡岩体的渗透性较好，尤其是边坡浅层和地质构造带的渗透系数远大于一般土质边坡的渗透系数。

降雨入渗对边坡稳定的影响主要包括以下三个方面：

（1）水对软岩、极软岩、软弱夹层及土质类材料的细粒（尤其是黏、粉粒）部分有软化、泥化作用，使岩土体和结构面强度显著降低。

（2）地表水下渗增加了地下水位和地下水压力，影响了边坡的稳定性。由于雨水渗入，地下水位上升，孔隙水压力提高，从而降低坡体的抗滑能力，造成边坡变形和破坏。

（3）在具备丰富的松散物质来源、较大汇水面积及前沿地形坡度较陡的区域，土体基本处于饱水状态时，暴雨极有可能诱发形成泥石流。

4.7.2　地下水对边坡的作用

4.7.2.1　化学作用

水对边坡的介质常有化学作用。如水引起介质中某些矿物成分膨胀，水的流动对碳酸盐类物质有溶蚀作用，若水中含有某些酸或碱的成分，能对岩石中某些介质形成腐蚀，含水量反复变化能加剧岩石的风化作用等。这些作用对边坡的稳定均具有影响，而且这种作用是不可逆的。一般来说，水对介质的化学作用是一个相对缓慢的过程，因而对边坡稳定性的影响不是突发性的（膨胀作用有时对边坡的变形与失稳有触发作用）。

4.7.2.2　物理作用

1. 材料性质

（1）材料重度。当水在岩土介质中未达到饱和状态时，介质的重度是湿重度。当边坡滑面较陡时，这种自重增大显然对边坡稳定不利。库水位升高时，水位以下的岩石为浮重度，如果边坡依靠这部分岩石重量维持稳定，则边坡有可能失稳。

（2）抗剪强度。黏聚力与内摩擦角是决定岩土类材料抗剪强度的重要参数。除坚硬岩石外，当饱和度增加，特别是达到饱和状态时，c、φ 值都要降低，尤其是岩石裂隙中的泥化夹层及黏土类材料。c、φ 值降低将大大减小其抗剪强度，使边坡抗滑稳定安全系数显著减小，甚至酿成滑坡。

（3）变形模量。当裂隙岩体由非饱和状态转入饱和状态后，其变形模量将不同程度地降低。如岩石边坡内含有这类岩石，因降雨或水库蓄水，边坡内地下水位上升，则可能引发坡体沉陷，致使边坡地面出现裂缝，产生新的滑动面而不利于边坡的稳定。

2. 渗透稳定性

岩石裂隙中常有软弱物质充填。当裂隙中水流流速较大时，在渗透水流的作用下，裂隙中的填充物可能会逐渐被水流带走。对砂土类材料，特别是粉细砂，其渗透稳定性很差，较小的水力梯度就可能产生失稳。有充填的裂隙也存在一个临界水力比降，裂隙内实际水力比降大于临界水力比降时，充填物颗粒就会产生位移，逐渐发展到破坏。

上述物理作用与化学作用不同，常具有突发性质，对边坡稳定最具威胁性，但这类作用在弹性范围内是可逆的。

4.7.2.3　力学作用

1. 总应力和有效应力

对于岩土类介质，其中的水将产生孔隙压力。由于孔隙压力的存在，总应力与有效应力 σ_{ij}^e 有如下关系：

$$\sigma_{ij}^e = \sigma_{ij}^t - \delta_{ij} p \tag{4-22}$$

式（4-22）中 σ_{ij} 以压应力为正。在非饱和状态下，孔隙压力为负值，有效应力将增大，对边坡稳定有利；当介质达到饱和状态后，孔隙压力由负值转为正值，有效应力将减小，对边坡稳定不利。

岩石结构面或滑面抗剪强度符合摩尔-库仑准则，即

$$\tau = c + \sigma_n \tan\varphi \qquad\qquad (4-23)$$

式中：c 为材料的黏聚力；φ 为内摩擦角；σ_n 为滑面上的法向应力。

对于三维状态，其屈服准则为

$$\sigma_1 - \sigma_3 = 2C\cos\varphi + (\sigma_1 + \sigma_3)\sin\varphi \qquad\qquad (4-24)$$

若将 σ_1、σ_3 换成有效应力，则有

$$\sigma_1^e - \sigma_3^e = \sigma_1 - \sigma_3 \qquad\qquad (4-25)$$

$$\sigma_1^e + \sigma_3^e = \sigma_1 + \sigma_3 - 2p \qquad\qquad (4-26)$$

由式 (4-24)～式 (4-26) 可知，若总应力接近于极限状态，有了孔隙压力后，受有效应力控制，材料很可能屈服。当边坡内出现面积较大的孔隙压力时，有可能失稳。

2. 渗流荷载

由于水力梯度的作用，水在边坡内缓慢流动时（达西流），形成渗流场 $h(x, yx, z)$，产生渗流荷载。渗流荷载由两部分组成：与水力梯度成比例的渗透力和水下介质所受的浮托力。通常，渗透力方向与滑坡方向相同，是使滑坡体沿滑面滑动的主要荷载。浮托力的方向向上，有些边坡滑面临近出口段坡度较缓，依靠其上部岩石自重来维持稳定。当地下水位上升时，维持岩体稳定的那部分岩体由湿重减轻为浮重，边坡稳定性显著减小，甚至产生滑坡。

水的渗流荷载是边坡稳定分析中最为关键的荷载，要比较准确地分析渗流荷载，应该用有限元方法分析边坡的稳定性。

3. 静水压力和动水压力

当边坡内有隔水层或防水建筑物时，上述渗流荷载将成为作用于隔水层的静水压力。岩石边坡常伴有卸荷裂隙，若裂隙深度较大，裂隙内的静水压力就会很大，以致产生水力劈裂，导致滑坡或石崩。当边坡内有较大的裂隙或岩溶管道、水的流动速度较大时，将产生流速形式的动水压力。

4.7.3　边坡排水施工

排水工程是一项综合性的工作，要消除各种水源对边坡稳定性的影响，提高边坡稳定安全系数，应做好以下几项工作：

(1) 认真设计，精心施工，及时维护。设计是前提，施工是关键，维护是补充，三者密不可分。只有建立和保持完善的排水系统，才能有效提高边坡稳定安全系数。

(2) 充分调查，合理布置，综合治理。查明地表水和地下水的分布状况和大小，分析水对边坡稳定的影响程度，做到地面排水和地下排水设施相互配合，相互协调，尽最大可能排除影响边坡稳定的各种水源。

(3) 因地制宜，经济实用。选择有利地形和地质区域设置排水工程，既可起到排除地下水和地表水，又可对边坡起到加固和保护作用。

根据地形条件，以"防渗、汇集、拦截、引离"为原则，对坡面进行防渗覆盖，在开挖坡面外修建截水沟，并与边坡排水沟形成网状排水系统，以迅速引走坡面雨水；同时，对影响施工及危害边坡安全的渗漏水、地下水，采取排水隧洞、排水孔等措施及时进行引排，尽可能降低地下水位和水压。边坡排水一般采取地下引、排水为主，地表防、截、排

水为辅的综合措施。

4.7.3.1 地表防、截、排水施工

边坡地表排水设施主要有地表防渗、截水沟和排水沟。

1. 地表防渗施工要求

坡体内的地下水依靠降雨入渗补给，减少雨水入渗能起到在边坡内部排水措施的相同作用，甚至起到事半功倍的效果。坡面防渗措施主要有裂隙封堵、喷混凝土、铺土工膜和植被护坡等。

2. 截水沟施工要求

截水沟常用的横断面型式有梯形、矩形和三角形等几种，它一般设在边坡开挖开口线以外适当位置，用以拦截上方来水，截断开挖边坡上部地表径流。施工应注意：

（1）截水沟应结合地形和地质条件沿等高线布置，并设置在距坡顶边坡开口线以外 5～10m 处，深度及底宽不宜小于 0.5m，沟底纵坡不应小于 0.5%。

（2）截水沟应设置在稳定的岩土体上，以保证截水沟自身稳定和安全。

（3）截水沟应结合地形地质合理布置，要求线形顺直，在转弯处应以平滑曲线连接，尽量与大多数地面水流方向垂直，以提高截水效果和缩短截水沟长度。

（4）截水沟应与侧沟、排水沟等排水设施平顺衔接，必要时可设置跌水或急流槽，同时要注意防渗处理，以有效、全面控制地表水。

（5）要注意施工质量控制，沟底、沟壁要求平整密实，不滞水，不渗水。

（6）浆砌石、混凝土排水沟每隔 20～25m 应预留施工缝，并填注沥青等填缝材料。

（7）周边截水沟一般应在边坡开挖前完成。

3. 排水沟施工要求

排水沟的作用主要在于引排截水沟的汇水。

（1）排水沟平面线形应力求简洁，尽量采用直线形，转弯半径不宜小于 10m。

（2）排水沟纵坡较大时，应采取表面加固的防冲刷措施。

（3）排水沟的施工要求与截水沟施工要求相似。

4.7.3.2 地下排水施工

地下水对边坡岩土体工程的影响已得到人们充分的认识，在增强边坡稳定性方面，排水降压比力学加固措施更具有肯定、明确和经济等优点，所以，几乎所有的边坡工程均有排水设施。地下排水主要以边坡排水孔对浅层地下水进行了坡面引排；以排水隧洞和排水孔对边坡深层潜水进行引排。

1. 边坡排水孔

排水孔是地下排水的一种重要方式。排水孔施工简单、快速，而且可以控制较大范围的地下水。可通过坡面打排水孔，以疏干地下水，也可与排水洞相连，以增加排水控制范围。在软弱岩层排水孔极易因孔壁塌落淤堵，可在排水孔中插入一定材质的排水管（花管、滤管、透水软管、盲管等）。

边坡排水孔有两种型式。一种为小孔径浅层排水孔；另一种为大孔径深孔排水孔。

（1）边坡排水孔宜在相应部位的喷锚支护及锚索灌浆完工后进行，在排水孔周边 30m 范围内的灌浆孔未灌浆之前不得钻进排水孔。

（2）坡面排水孔钻孔角度一般上仰 5°～15°。

（3）排水孔施工程序：孔位测量放样→布孔→钻孔（埋设孔管）→验收。

（4）钻孔时，开孔偏差不宜大于 100mm，方位角偏差不应超过 ±0.5°，孔深误差不应超过 ±50mm。

（5）浅层排水孔孔径一般为 76mm，孔深为 4～8m，间距×排距为 6m×6m，梅花形布置。可采用 YT28 气腿钻和 XZ - 30 潜孔钻机在施工排架上进行造孔，孔口考虑断层带或夹泥带需作反滤处理，埋设 HMY - 60K 盲沟管或 PVC 花管进行保护。

（6）大孔径深孔排水孔孔径为 110mm，孔深一般为 10～20m，通常布置在每层马道上布置一排或多排，间距为 10m。施工中采用 100B 型潜孔钻机或液压钻机进行造孔。

（7）排水孔安装就位后，应用砂浆封闭管口处排水管与孔壁之间的空隙，并对排水管通畅情况进行检查。

2. 排水隧洞及排水孔幕

排水隧洞一般平行于边坡走向布置，必要时可在其他方向布置支洞，以穿过可能的阻水带，扩大控制地下水的范围。对于较高的边坡通常要在不同的高程布置若干条排水隧洞，以最大范围地排出山体内地下水。

在工程边坡中，排水隧洞及排水孔幕是增加边坡稳定性最常用的措施。由于岩体中的地下水属于裂隙渗流，因此这样的排水系统可以截获地下水，达到降低坡内地下水的目的。

（1）排水隧洞布置在边坡岩土体内部，按新奥法施工形成，对隧洞及时喷锚支护或进行混凝土衬砌。

（2）在边坡中每隔 30～40m 高差布置一条排水隧洞，排水洞断面尺寸为 2.5m×3.5m（宽×高），各层排水洞根据具体情况布置洞内排水孔或排水支洞。

龙滩水电站进口高边坡为倾倒蠕变变形岩体，体积达 1300 万 m^3，进口边坡开挖后形成高度大于 300m 的高边坡，为了保证高边坡的稳定，在不同高程共布置了 8 层主排水隧道以及若干支排水隧道，断面尺寸均为 2.5m×3.0m（宽×高），排水隧道间还设有排水孔幕。

（3）在排水隧洞中以一定方向和间距向上一层排水隧洞或山体内布设排水孔，形成排水孔幕，孔径大于 50mm，孔排距一般为 2m×2.5m。其主要作用是加强排水隧洞的影响范围。

（4）排水隧洞施工一般应超前于相同高程边坡开挖完成，当排水隧洞具备条件后，宜尽早施钻排水孔。

在边坡工程中常用的排水设施还有暗沟、渗沟、渗井、渗管和挡墙后边坡排水管网等，可根据地形地质条件和设计要求确定合理施工措施。

边坡施工安全预警预控技术

高陡边坡所处环境一般都遭受过强烈的地壳运动，地质构造发育，岩体结构复杂多样，岩体初始地应力高，边坡自然谷坡高陡，并受大气降雨、地下水、河（库）水、地震等中的一种或多种因素影响。

水电工程边坡开挖规模一般较大，且开挖卸荷强烈，施工必然引起影响范围内岩体变形，地应力随之释放和调整，各种软弱岩体和结构面承载力降低，对边坡的稳定性产生不利影响。为了保证边坡安全高效施工，利用三维和二维有限元模拟计算边坡开挖过程中边坡的变形和稳定，确定出边坡可能发生破坏的部位和范围；建立边坡实时监测和三维可视化动态管理系统，监测和预测开挖与支护对高陡边坡稳定影响，形成监测、反馈与预警为一体的高陡边坡时空全域安全监控和评价体系，将传统的点线式、断续监控，提升为三维、连续监控，以提高安全风险辨识水平，及时采取相应的工程措施规避风险，实现边坡开挖和锚固支护高效的时空协同控制，保证边坡稳定与安全。

5.1 边坡变形失稳机制

5.1.1 边坡稳定影响因素

影响边坡稳定的因素十分复杂，归纳起来可分为内在因素和外在因素。内在因素包括岩土体性质、结构、地应力及地形地貌等；外在因素包括水、地震及人类活动等。影响边坡稳定最根本的因素为内在因素，它们决定了边坡的变形失稳模式和规模，对边坡稳定性起着控制性作用。外在因素只有通过内在因素才能对边坡起破坏作用，促进边坡变形失稳的发生和发展，但当外在因素变化很大、时效性很强时，往往也会成为导致边坡失稳的直接诱因。在自然状态下，边坡经过长久的地质构造作用和各种因素的影响，已经在总体上趋于稳定，一般只有在一定程度的地震、降雨等外力作用下，才可能发生失稳，产生灾害。在边坡开挖工程施工中，由于边坡形态的改变和人力、机械、爆破等的影响，外部影响因素增多，内因在外因的影响和改变下不确定性增大，边坡失稳的风险也大大增加。因此，在边坡施工过程中，应尽可能采取合理的工程措施，控制或减少外因的影响。

5.1.1.1 内在因素

1. 岩土性质的影响

不同性质的岩土受外界因素的影响而发生变化，包括岩土的强度、组成、抗风化能力、抗软化能力、透水性等。对边坡稳定性的影响主要体现在不同岩石的矿物组成和结构相差较大，其物理力学性质也存在明显的差异性，比如含长石、绿泥石、蒙脱石类以及黏粒含量较高的泥质岩石，极容易被风化，遇水容易膨胀甚至崩解，这类岩石的稳定性较差，以铁质、硅质胶结的岩石的强度较高，这类岩石稳定性也很好。岩块构造在不同时期和不同成因中，岩块内矿物颗粒间的排列、联结和微结构面等有着不同组合形式，使得岩块具有各自不同的物理力学性质，边坡也就有着不同的破坏模式。

2. 岩层的构造与结构的影响

地质构造因素是指边坡岩体的岩层产状、褶皱和断层的形态、节理裂隙的发育情况以及新构造运动的特征等，这些地质构造因素会明显影响边坡的稳定性，如果一个地区构造强烈复杂、褶皱和断层较多、节理裂隙明显发育，并存在十分活跃的新构造运动，这个地区的岩体往往极易发生破碎、崩塌和滑坡现象，在施工过程中将带来更多的安全隐患。

岩块中存在的错综复杂的结构面是影响岩体稳定的重要因素。坡体中存在各类结构面是边坡发生变形和破坏的首要因素。这些结构面是岩体中的不均匀、不连续、各向异性的体现。坡体内的应力场会在结构面周围产生集中和应力阻滞的现象，当应力大于剪应力强度时便在结构面中形成软弱滑动面。其中应力集中的分布由岩体内结构面产状和主压应力的角度关系决定。当结构面与主压应力垂直时将在结构面端点处产生垂直于结构面的压应力，而拉应力则平行于结构面方向，这样往往有利于压密结构面，对坡体的稳定有利；当结构面与主压应力平行时，通常会在结构面端点处产生拉应力和剪应力集中，形成向结构面两侧发展的张裂缝；而当结构面与主压应力斜交时，将在结构面周围产生剪应力集中，在结构面端点处产生拉应力，如果此时结构面为顺坡结构面，且与主应力夹角在 $30°\sim40°$，则坡体很容易沿着结构面发生崩塌、滑移等剪切破坏。在结构面之间相互交汇处会形成很高的应力集中，产生变形破坏往往较强烈。同时在施工过程中不断开挖岩体也会对结构面的稳定情况产生很大影响。因此在边坡稳定性分析中，应对结构面的类型、产状、规模和充填物等地质情况进行了解，并对岩体中各类结构面影响边坡稳定的程度进行分析，确定对边坡变形破坏起决定性作用的结构面。

岩体结构由各种岩块和复杂多变的大小结构面通过不同的组合方式组成，这两个组成部分同时对岩体稳定性产生影响；坡体中存在各类结构面是边坡发生变形和破坏的首要因素。表现在节理裂隙的发育程度及其分布规律、结构面的胶结情况、软弱面和破碎带的分布与边坡的关系、下伏岩土界面的形态以及坡向坡角等，各种不利结构面组合形成不稳定岩体。

岩块对边坡稳定性的影响主要体现在不同岩石的矿物组成和结构相差较大，其物理力学性质也存在明显的差异性，比如含长石、绿泥石、蒙脱石类以及黏粒含量较高的泥质岩石，极容易被风化，遇水容易膨胀甚至崩解，这类岩石的稳定性较差，以铁质、硅质胶结的岩石的强度较高，这类岩石稳定性也很好。

3. 地形地貌的影响

包括坡高、坡脚、坡面及坡面周边的临空条件等，越高的坡度，越陡的坡度，通常是凸型的边坡比凹型的边坡的临空面明显要多，越容易破坏岩坡的稳定性。在工程施工中不同坡度的边坡在坡脚开挖后应力集中的程度和区域会有所不同，可能产生的破坏也不相同。

4. 地应力的影响

地应力即岩体中的应力状态，它不仅是影响岩体力学行为的主要控制因素，同时也是引起岩体变形和破坏的力源之一。天然状态下的边坡地应力已经形成了一个稳定的地应力场，即存在一个稳定的初始应力。边坡施工时，会在相对较短的时间内大量挖除岩体，使得边坡的初始地应力场不断发生剧烈的变化，如果初始地应力较大，那么强烈的应力释放，就可能使边坡岩体产生较大的变形、断裂等破坏，对边坡稳定造成较大影响。

5.1.1.2 外在因素

1. 水文、气候作用的影响

气候引起岩土风化速度、风化厚度、化学成分的变化，风化作用将减弱岩土强度；地下水（降水）作用的变化，主要体现为改变地下水动态，引起岩土性质和孔隙水压力改变。对于边坡稳定而言，降雨是一个非常不利的因素，边坡在降雨条件下孔隙水压力的增大及体积含水率的增加是导致边坡发生滑动破坏最主要的原因之一。边坡降雨入渗导致边坡稳定性降低的主要原因，可简单地归纳为：孔隙水压力增加、基质吸力降低、边坡岩土体抗剪强度降低。

2. 地震作用的影响

地震是诱发边坡破坏的重要外在因素之一。地震将在坡体内产生影响边坡稳定的附加应力，包括向上的和水平方向的不利外力作用；引起岩土体结构松弛和强度降低，促进裂缝的产生和发展，增加岩土体下滑力和孔隙水压力。

3. 工程活动的影响

因工程需要，对边坡进行开挖、填筑和堆载等，打破了岩土体原来的应力平衡状态；破坏边坡地表覆盖层及天然植被，加速地表水渗入和岩体风化；爆破及施工机械振动使原有岩体结构张裂、松弛，出现新的结构面；开挖形体复杂，将对应力重力分布不利，可能在多个部位出现应力集中带，加剧边坡岩体的卸荷松弛。总之，工程活动条件越复杂、规模越大、不确定性越大，对边坡稳定影响也越大。

4. 施工组织的影响

对于同一个工程，可以有不同的施工组织设计。而每一个施工组织都会对边坡稳定产生不同的影响，一个优秀的施工组织设计应合理选择开挖的时机、开挖的顺序和程度、开挖与支护的时空关系等，从而使得施工对边坡稳定的影响最小，以保证施工安全和工程的顺利进行。

边坡失稳往往是多种因素共同作用的结果。导致边坡失稳的外在因素可归纳为两类：一是受外力作用，破坏了岩土体原来的应力平衡状态；二是受外界各种因素影响，降低了岩土体的抗剪强度。工程边坡受各种自然和人为因素的影响，容易发生变形和破坏，边坡的稳定与施工方法有着密切关系。

5.1.2 边坡失稳模式

在总结分析大量工程实例的基础上，根据边坡破坏模式及变形机理，将边坡失稳划分为 6 种基本类型，即软弱带控制式坡体结构、滑面控制式坡体结构、层状坡体结构、变形拉裂式坡体结构、软硬交替式坡体结构和类均质式坡体结构，见表 5-1。

表 5-1　　　　　　　　　　　边坡失稳基本类型

坡体结构类型		基本特征	剖面型式	可能产生的破坏类型
软弱带控制式		坡体中发育有断层或其他软弱带	岩脉　f断层	破坏模式受断层（软弱带）控制、失稳块体沿断层发育
滑面控制式		坡体中已经发育有贯通滑面	滑面	边坡沿已有滑面失稳下滑
层状	顺倾层状	坡体由互层或间层状岩类组成，或层状节理切割坡体，岩层倾向临空	受顺层较弱结构面控制，多形成顺层滑动　软弱结构面	破坏模式受层状结构面控制，多层多级的顺层岩石滑坡
	反倾层状	坡体由互层或层状岩类组成，或层状节理切割坡体，岩层倾向坡内或坡外，岩层倾角一般大于40°	弯曲—倾倒—拉裂—贯穿—滑移　陡倾层状	破坏发生的顺序：弯曲→倾倒→拉裂→贯穿→滑移
变形拉裂式		坡体浅表卸荷带以里一定深度内发育有拉张裂缝	拉裂缝	变形拉裂体变形进一步发展，剪断下部岩体，失稳破坏
软硬交替式	上软下硬型	坡体在纵向（上下）上存在两种软硬程度有明显差异的岩性		破坏面沿软弱交替的岩体界面发生

坡体结构类型		基本特征	剖面型式	可能产生的破坏类型
软硬交替式	下软上硬型			破坏面沿软弱交替的岩体界面发生
	横向交替型	坡体中局部岩体（或透镜状）完整，周围岩石破碎或相反（局部软弱，周围完整）		
类均质式	基岩类均质坡体	坡体中没有明显和连续贯通的结构面		稳定性好
	松散型类均质	无明显的各种成因结构面和含水带的岩土体，如断层带物质、土体		易发生旋转型滑动、坍塌等破坏模式

　　边坡开挖与支护的过程就是一个边坡重构的过程，不断有节理裂隙被挖除，同时新的结构面也不断被揭露出来，边坡应力不断地调整变化，危险岩体在不断地变化，支护也在不断改变着边坡岩体的结构，所以边坡施工特别是开挖施工会对边坡的破坏模式造成很大的影响。实际边坡的破坏模式远比上述6种模式复杂，而且随着开挖的进行边坡破坏模式很可能会发生变化。根据工程实践经验，将以上基本失稳形式所引起的边坡破坏按照其影响程度和范围进行分级，并列出了一般可行的工程措施，见表5－2。

表5－2　　　　　　　　　　　　边坡破坏模式分级及工程措施

序号	破坏模式	破坏模式分级	工程措施
1	大块体楔形体滑移破坏	1	及时进行抗剪洞施工
2	局部块体倾倒变形和垮塌	2	及时加强锚索支护
3	局部块体楔形体破坏		

续表

序号	破坏模式	破坏模式分级	工程措施
4	危岩体滑塌破坏	3	及时开挖清除
5	平面滑移或滑塌破坏		及时封闭支护
6	节理裂隙组合小块体破坏	4	及时喷锚支护

5.1.3　施工稳定控制机制

在实际施工中仅通过分析得到边坡失稳模式是不够的，还需要一套具体的边坡施工稳定控制方法，结合大量高边坡工程施工经验和教训，提出高边坡施工过程的稳定控制机制，对边坡稳定控制具有指导作用。

根据开挖边坡工程地质条件和边界条件在不同部位的差异性，按照数值仿真预分析成果，制定工程施工的总体施工预案；随着开挖施工的进展，根据施工中揭露的地质信息和相关监测数据，复核岩体质量和计算参数，进行跟踪反馈分析计算，动态调整优化施工方案，建立边坡稳定性控制开挖支护措施。高陡边坡施工稳定控制机制见图 5-1。

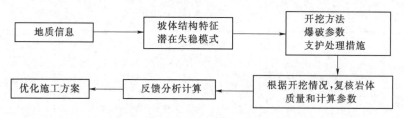

图 5-1　高陡边坡施工稳定控制机制

高边坡开挖稳定分析和安全控制过程如下：

（1）边坡开挖施工过程稳定预分析。在边坡开挖施工前，先对工程地质条件进行分析，得到其主要结构面、岩性、工程地质特征、边坡岩体变形破裂现象等可能影响到开挖施工的因素；然后研究边坡可能的变形失稳模式，对后续可能的威胁及相应的工程措施有大致的把握；最后利用有限元等模拟计算手段，对边坡整体开挖过程进行细致的模拟分析。

随着开挖的不断进行，开挖量的不断增大，边坡底部的卸荷回弹效应逐渐变得明显起来，开挖效应和断层对边坡的综合作用得到了体现，总体来说，边坡上部位的变形依然沿着断层发生，而中部的变形主要表现为水平方向的变形，边坡底部主要表现为卸荷回弹变形。

开挖过程中边坡的变形受到断层切割的影响非常明显，在断层附近岩体的变形明显，并且在断层附近岩体的变形错动非常明显，这说明边坡开挖过程中的稳定性主要受到结构面的控制。同时，当开挖到边坡底部，由于该部位处于高地应力区，受到高地应力的影响，岩体开挖过后，边坡的卸荷回弹变形效果非常明显，并且变形的数值也比较大，因此开挖边坡下部时，考虑到高地应力场的影响，需加强支护并调整开挖支护程序。

（2）边坡开挖施工过程稳定性跟踪反馈分析。边坡开挖过程稳定预分析的成果可以用于指导施工布置和组织，但在实际施工过程中，由于开挖揭露的条件越来越多，会遇到一些意料不到的情况，因此在开挖过程中还需要对边坡进行实时的稳定分析，并不断调整和优化施工进度、方案等。

针对断层遇到了的实际情况，通过计算模拟分析，对开挖与支护关系进行优化。

（3）边坡开挖安全监测与预警预报。施工方案的调整除了以理论计算为依据外，还需要依靠实际监测指标，同时这些监测指标的变化趋势又可以与理论计算的预测趋势相互印证，从而为施工方案的优化和调整提供有力的支持。

分析安全监控指标时，一方面是从监测物理量的数值大小进行分析和判断，比较的标准可以是施工期有限元预分析和反馈分析的计算成果，也可以是利用经验公式计算和分析的成果；另一方面还应注重监测物理量的变化分析，以变形、应力等监测量的变化趋势和变化速率进行判断。边坡监测可采用遗传算法与 BP 网络相结合的方法组成混合 GA – BP 网络来预测边坡的岩体变形，同时采用多点位移计建立了全面的监测网络来监测边坡的应力和变形量。

5.2 边坡稳定性控制技术

以锦屏一级水电站左岸坝肩为例。

5.2.1 边坡稳定分析

5.2.1.1 边坡工程地质条件预分析

左岸坝肩及 1885m 高程以上边坡岩体中发育的断层有 f_5、f_8、f_{42-9} 等，这些结构面延伸长度大，具有一定宽度的破碎带和影响带，带内物质力学性质差，往往构成控制边坡变形和滑动破坏的边界。各断层的工程地质特征如下：

f_5 断层：产状 N35°～45°E/SE∠70°～80°，贯穿分布于左坝肩岩体内，在砂板岩中破碎带宽度一般为 4～8m，主要由散体结构的岩屑、角砾及泥质物质组成；在大理岩中，破碎带一般宽 1～3m，破碎带物质主要为胶结紧密的断层角砾岩和碎裂岩，沿断面局部有 2～3cm 的断层泥。

f_8 断层：位于 f_5 断层外侧，产状 N30°～40°E/SE∠60°～75°，基本平行 f_5 断层延伸，向低高程终止于 1740m 高程附近，断层破碎带宽 1～2m，由构造角砾岩、糜棱岩、断层泥组成。f_5、f_8 断层陡倾坡外，倾角大于自然坡角，在砂板岩中 f_5、f_8 断层之间形成宽 10～20m 的破碎带和影响带，构成了控制左岸坝肩边坡岩体变形拉裂和可能失稳破坏的重要切割边界。

f_{42-9} 断层：产状近 EW/S∠40°～60°，该方向断层集中发育在砂板岩中，成组出现，其中 f_{42-9} 断层规模相对较大，破碎带宽度一般 20～40cm，局部可达 100cm，主要由散体结构的岩屑、角砾及泥质物质组成。该组断层倾向上游偏坡外，构成了控制坡体变形失稳的主要地质边界。

煌斑岩脉（X）：一般宽 2～3m，产状 N60°～80°E/SE∠70°～80°，在构造改造过程中与围岩接触面多发育成小断层，因此，陡倾坡外的煌斑岩脉构成了控制边坡变形稳定的重要地质边界。

岩体内节理裂隙主要发育 4 组：①N15°～35°E/NW∠30°～45°，层面裂隙；②SN～N30°E/SE∠60°～80°；③N50°～70°E/SE∠50°～80°；④N60°W～EW/NE（SW）或S(N)∠60°～80°张节理。这些结构面多为硬性结构面，延伸长度有限，对边坡整体稳定不具控制意义，其组合可在坡面形成不利块体，但规模有限。

左岸坝肩主要地质结构、地层岩性分布如图 5-2、图 5-3 所示。

图 5-2　左岸坝肩主要地质结构分布图

5.2.1.2　边坡工程施工安全性影响因素分析

左岸边坡开挖过程中潜在的边坡稳定影响因素分析如下：

（1）岩体结构面的影响。左岸边坡整体稳定性起控制作用的主要结构面为 f_5、f_8、f_{42-9} 断层、X煌斑岩脉及深部裂缝等特定结构面。上述结构面空间组合可形成多种滑移模式，其中拱肩槽开挖后出露的 f_{42-9} 断层是控制左岸拱肩槽开挖边坡整体稳定性的关键因素；从稳定性分析成果来看，在不考虑降雨和地震作用的情况下，X煌斑岩脉＋f_{42-9}＋f_5＋层面，f_5＋f_{42-9}＋f_8＋层面等组合块体在自然工况和开挖完成工况下的安全系数均较低。

（2）边坡岩体组成的影响。左岸 1960m 高程以上边坡为倾倒变形岩体。受倾倒变形的影响，该区域已经形成了由陡倾拉裂面构成的后缘面，稳定控制模式为剪断倾倒破坏岩体的滑动破坏；潜在失稳块体组合多，且分布平面和高程范围大，在空间上具有很强的复杂性。从开挖过程稳定性分析成果可以看出，锦屏一级左岸边坡开挖过程中潜在失稳块体主要分布在 1750m 高程以上，潜在的滑出高程包括 1750m、1800m、1830m、1850m、

图 5-3　左岸坝肩地层岩性分布图

1885m、1900m 及 2000m 高程及以上，潜在滑出面密集，基本覆盖了 1750m 高程以上的整个边坡。

（3）地应力的影响。根据边坡开挖施工动态反馈分析成果，当边坡开挖至 1885m 高程时，1885m 平台岩体在开挖卸载作用下向临空面卸荷回弹，1885m 高程上部岩体沿已有的断层、岩脉以及多条深部裂缝产生松弛或张开并产生往下的剪切滑移变形。由于开挖边坡高度较高，岩体开挖卸荷作用较强烈，卸荷范围较大；开挖完成后，f_{42-9} 上盘岩体的变形明显比下盘岩体要大，这说明 f_{42-9} 断层有微小的错动变形；因此针对 f_{42-9} 断层的加固施工时机，应该足够重视。

（4）降雨的影响。降雨对边坡稳定的影响比较明显，在降雨入渗的作用下，边坡内部的孔隙水压力增大，同时断层结构面抗剪强度降低，使得局部块体的稳定性显著下降。特别是在暴雨工况下，边坡的安全系数下降迅速。工程处于湿季多暴雨区域，因此在雨季条件下边坡的开挖施工要重点加以关注。

（5）施工程序的影响。对施工期的稳定性分析表明，左岸边坡从 2110～1885m 高程开挖阶段，为边坡减载的过程，边坡稳定性有一定提高。1885m 高程至以下开挖阶段，由于潜在滑体前沿剪出口的阻滑区岩体被挖除，开挖边坡的稳定性明显降低。随着开挖的不断进行，潜在失稳块体也不断变化，呈现随开挖时间的动态变化。以左岸边坡某一剖面为例，随着开挖和支护措施的不断进行，最危险局部块体逐渐变化，从最初的最危险块体 f_8＋层面到开挖至 1885m 高程时的 f_5＋层面，最后到开挖支护完成时的 f_5＋f_8＋层面组合危险块体，可以说，局部块体稳定性问题在不断地变化，因此要注意对可能出现的边坡局部稳定性问题进行及时处理。

（6）工期和施工安排的影响。以左岸边坡开挖和支护为例，由于工期比较紧，综合各方面因素后，施工设计中要求边坡上一梯级的支护施工滞后下一梯级的开挖施工高度不超过 15m，但是同时边坡锚索支护设计布置紧密，1960～1885m 高程范围内平均 180 束/15m，1885～1730m 高程范围内平均 115 束/15m，导致实际施工时开挖和支护工作面狭窄，同时工作的人员与机械较多，工序也比较复杂，潜在的施工安全隐患较大。

5.2.1.3　边坡工程稳定性与失稳模式

1. 边坡变形拉裂岩体大块体稳定性分析

左岸坝肩及 1885m 高程以上开挖边坡和 1883m、1860m、1834m 高程 f_{42-9} 断层抗剪洞的开挖揭示，f_{42-9} 断层在拱肩槽边坡的出露位置在 1885m 高程以上变化较小，1885m 高程以下由槽坡、下游侧坡坡内上移至上游侧坡；松弛拉裂带 SL_{44-1} 在开挖坡中无明显表现，其空间位置与前期勘探揭露位置一致；煌斑岩脉（X）在 1950m 高程以上普遍强风化，性状极差，1950m 高程以下性状略有变好，总体上仍较差，以弱风化为主，局部强风化，边坡开挖揭露位置与前期勘探揭露位置基本一致。

通过边坡开挖揭示实际工程地质条件与设计阶段工程地质条件的对比分析，左岸坝肩及 1885m 高程以上开挖边坡的整体稳定性仍受由 f_{42-9} 断层、煌斑岩脉、SL_{44-1} 拉裂带组成的左岸坝头变形拉裂岩体控制，可能变形失稳滑移破坏模式是以 SL_{44-1} 松弛拉裂带为上游边界，以 f_{42-9} 断层为下游边界及底滑面，以煌斑岩脉为后缘切割面的楔形体滑移破坏模式，如图 5-4 所示。由于 1885m 高程以下 f_{42-9} 断层位置由槽坡、下游侧坡坡内上移至上游侧坡，左坝头变形拉裂岩体大块体规模略有变小。

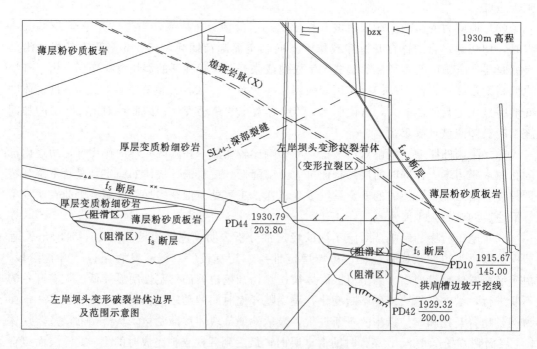

图 5-4　左岸坝肩变形拉裂岩体地质边界示意图

　　左岸坝头变形拉裂岩体所在大块体在左岸坝肩及 1885m 高程以上开挖边坡涉及的范围包括 2000～1800m 高程，f_5 断层至 f_{42-9} 断层之间，主要涉及 1885m 高程以上施工开挖中的Ⅰ区大部、Ⅱ区全部、Ⅲ区上游部分，1885m 高程以下拱肩槽上游侧坡 1800m 高程以上。工程区域三个大的勘测剖面及相应的工程地质条件分别如图 5-5 和图 5-6 所示。

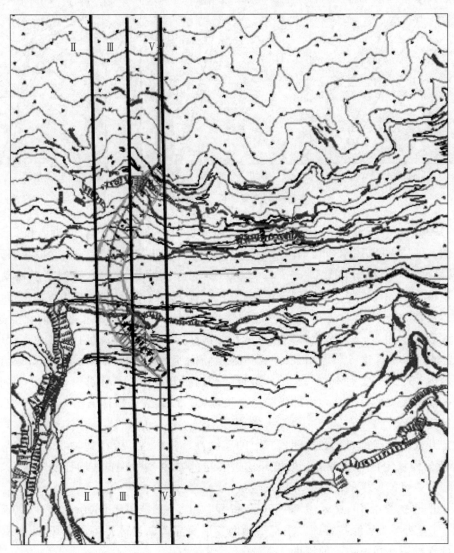

图 5-5　工程区域勘测线位置示意图

2. 局部稳定性分析

　　根据开挖边坡岩层岩性可以将整个左岸坝肩及 1885m 高程以上边坡分为砂板岩段和大理岩段。

　　（1）1800m 高程以上砂板岩段边坡。砂板岩段边坡根据岩体的完整性、岩体结构类型、风化卸荷程度、结构面发育特征、与边坡交切关系以及与左坝头变形拉裂岩体关系、可能滑移破坏模式，可进一步将开挖坡分为以下几大部分。

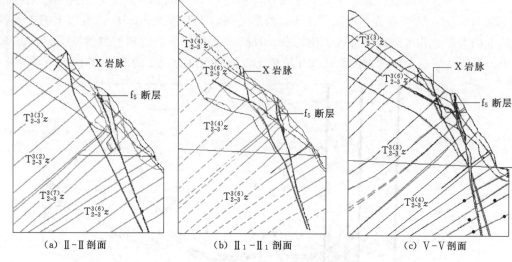

（a）Ⅱ-Ⅱ剖面　　　　　　（b）Ⅱ₁-Ⅱ₁剖面　　　　　　（c）Ⅴ-Ⅴ剖面

图 5-6　测线剖面工程地质条件

1）1990～2020m 高程以上倾倒变形体（含 1 号、2～3 号危岩体）。边坡和 2050m 高程排水洞、地质钻孔开挖揭示：开挖边坡在Ⅱ勘探线（开挖Ⅰ区）、Ⅱ₁勘探线（开挖Ⅱ区）、Ⅴ勘探线（开挖Ⅲ区）1990m、2000m、2020m 高程以上岩体倾倒变形松动强烈，岩体普遍极松弛、极破碎，以碎裂～散体结构为主，边坡开挖后在开挖边坡内保留的倾倒变形岩体还有 20～60m 厚不等，开挖边坡稳定性差；开挖Ⅰ区、Ⅱ区之间自然边坡约 2000m 高程以上为 2～3 号危岩体，包括开挖Ⅱ区在内的Ⅱ区上下游约 2000m 高程以上为 1 号危岩体，水平深度 50～70m 以外岩体强烈倾倒变形，岩层倾角明显变缓，从正常情况下倾坡内 35°～45°变为 10°～20°，各组裂隙普遍张开拉裂，最多张开达 10～50cm，在地表形成规模较大的拉裂缝，岩体极松弛、极破碎，以碎裂～散体结构为主，开挖边坡及危岩体稳定性差。

由于开挖边坡与危岩体在空间展布上的连续性、整体性，开挖边坡稳定性应与 1 号、2～3 号危岩体稳定性一并考虑。根据开挖边坡与危岩体各种软弱结构面的发育分布、延伸展布情况，可能发生的滑移破坏模式包括：

（a）Ⅱ勘探线上下游区域（1990m 高程以上、桩号 0－060m～0＋090m），以 f_{LL1}（X）、f_{LL3} 断层为后缘拉裂面，下部沿倾倒变形底界剪断岩体，可能破坏块体规模大小取决于后缘拉裂面在坡体中的深度。

（b）Ⅱ₁勘探线上下游区域（高程 2000m 以上、桩号 LL0＋090m～0＋130m），以 f_{LL1}（X）、f_{LL2}、f_{LL4} 断层或拉裂缝 L_4 为后缘拉裂面，下部沿倾倒变形底界剪断岩体，可能破坏块体规模大小取决于后缘拉裂面在坡体中的深度。

（c）Ⅴ勘探线上下游区域（2020m 高程以上、桩号 0＋190m～0＋250m），以 f_{LL2}、$f_{LLⅢ3}$ 断层为后缘拉裂面，下部沿倾倒变形底界剪断岩体，可能破坏块体规模大小取决于后缘拉裂面在坡体中的深度。

2）1885m 高程以上 f_5 断层上盘（上游侧）。f_5 断层上盘上游侧区域（Ⅰ区上游段，约 1960m 高程桩号 0－020m、1885m 高程桩号 0＋070m 上游侧）开挖边坡主要由 f_5、f_8 断层破碎带及影响带组成，岩体风化卸荷强烈，岩体极松弛破碎，以碎裂～散体结构为主，IV_1 级、V_1 级岩体，稳定性差，可能变形失稳滑移破坏模式为沿 f_5、f_8 断层的滑塌破坏，或局部坡段的崩塌、垮塌破坏。根据结构面在开挖边坡坡面和坡体内的不同块体组合关系，该区域开挖边坡有三种可能变形滑移破坏模式：

（a）f_5 断层本身走向与边坡坡向交角小，断层破碎带在边坡顺坡出露宽度达 10～40m 不等（真宽 5～11m），破碎带强风化，散体结构，性状差，遇水易软化、泥化，可能发生的滑移破坏模式为圆弧形土滑破坏，建议对开挖边坡及 1945m 高程以上自然坡 f_5 断层出露段采取封闭支护措施。

（b）f_5、f_8 断层上盘外侧岩体受断层及风化卸荷影响，岩体松弛破碎，稳定性差，可能沿 f_5、f_8、f_{LB7} 断层发生滑塌破坏，可能破坏块体规模大小取决于断层在坡体中的深度。

（c）靠上游冲沟处的危岩体，受断层、风化卸荷及开挖爆破影响，岩体极破碎松弛，以碎裂结构为主，局部散体结构，稳定性差，可能发生向开挖坡外或向冲沟的崩塌、垮塌破坏，也可能沿构成危岩体边界的卸荷裂隙发生滑塌破坏，建议开挖清除或采取适当的加固处理措施。

3）1885m 高程以上 f_5 断层下盘至 f_{42-9} 断层及煌斑岩脉（变形拉裂岩体块体内部）。根据左岸坝头变形拉裂岩体内部各组结构面的发育分布情况，大块体内部在 1885m 高程以上局部的可能不稳定块体组合如下：

（a）II_1 勘探线上游区域（II区，包括 1 号危岩体），2000m 高程以下、桩号 0＋070m～0＋130m 段：以煌斑岩脉为后缘拉裂面，以 NNW～NW 向裂隙为上游侧边界，以 f_{LLII1}、f_{LLII3} 断层为底滑面的块体组合，可能发生破坏楔形体，涉及 1900m 高程以上，块体规模较大；以 f_{LB2} 为上游侧边界和后缘拉裂面，以 f_{LLII3} 断层为底滑面的块体组合，可能发生楔形体破坏，涉及 1945m 高程以下，块体规模较小；以 f_{LLII1} 断层为下游侧边界和底滑面，以 NNW～NW 向裂隙为上游侧边界，以层面裂隙为上部（后缘）边界的楔形体组合，可能发生主要沿断层的楔形体破坏。

（b）V 勘探线上下游区域（III区），2000～1960m 高程、桩号 0＋180m～0＋240m 段：以 f_{LL2}、f_{LLIII2} 断层为后缘拉裂面，以 f_{LLIII5} 断层为底滑面的块体组合，可能发生沿断层的平面滑移破坏；1960～1920m 高程之间，以煌斑岩脉为后缘拉裂面，以 f_{LLIII8} 断层为上游侧边界，以 f_{42-9} 断层为底滑面的块体组合，可能发生楔形体破坏。

（c）II_1 勘探线（II区）～V 勘探线（III区）之间，桩号 0＋150m～0＋175m、1915～1885m 高程区域：以 f_{LB12} 断层为上游侧边界，以卸荷裂隙 XL_{20}～XL_{21} 为下游侧边界及底滑面的块体组合，可能发生楔形体破坏。

（d）在大块体内部发育一系列近 EW 向中等倾角倾 S 的卸荷裂隙，当其在开挖边坡内深度较浅时对开挖边坡稳定不利，有可能发生垂直边坡沿卸荷裂隙视倾向方向的滑塌破坏或楔形体破坏。主要包括以下几种：

a）II 勘探线（I区）～II_1 勘探线（II区）之间，1960～2000m 高程、桩号 0＋050m～0＋120m 区域，以 f_{LLI3}、f_{LLII2} 断层或卸荷裂隙 XL_{II12}～XL_{II18} 为底滑面，以该区域层面裂隙为上部、后缘切割面的块体组合。

b）Ⅱ$_1$ 勘探线（Ⅱ区）～Ⅴ勘探线（Ⅲ区）之间，1930～2000m 高程、桩号 0＋130m～0＋180m 区域，以煌斑岩脉为后缘拉裂面，以卸荷裂隙 XL$_{B5}$～XL$_{B8}$、XL$_{Ⅱ19}$～XL$_{Ⅱ24}$ 为底滑面的块体组合。

c）1915～1885m 高程、桩号 LL0＋100m～0＋150m 区域，以 f$_{LB13}$、f$_{LB15}$ 断层或卸荷裂隙 XL$_{B8}$、XL$_{B23}$～XL$_{B26}$ 为底滑面，以该区域层面裂隙为上部、后缘切割面的块体组合。

（e）Ⅴ勘探线上下游（Ⅲ区）2000～1945m 高程、桩号 0＋170m～0＋235m 区域，由于煌斑岩脉走向与开挖坡坡向夹角较小，岩脉上盘（外侧）岩体较薄，稳定性较差，可能沿岩脉发生滑塌破坏或倾倒破坏。

（f）大块体内部开挖边坡临Ⅰ区、Ⅱ区间冲沟、Ⅱ区下游冲沟部位，受风化卸荷及开挖爆破影响，岩体极破碎松弛，以碎裂结构为主，局部散体结构，稳定性差，在开挖过程中和开挖后常形成危岩体，可能发生向开挖坡外或向冲沟的崩塌、垮塌破坏。

4）1885m 以上 f$_{42-9}$ 断层及煌斑岩脉下盘（下游侧）。该段开挖边坡在 1960m 高程桩号 0＋250m、1885m 高程桩号 0＋180m 下游已处于左岸坝头变形拉裂岩体外部，开挖边坡稳定性已不受左岸坝头变形拉裂岩体控制，根据开挖边坡内各组结构面的发育分布情况、与边坡的交切关系分析，该区域边坡局部的可能不稳定块体组合如下：

（a）1915～1885m 高程、上坝交通洞至 1882-1-2 号固灌洞区域，以煌斑岩脉为后缘拉裂面，以 f$_{LB11}$ 断层为上游侧边界，以 f$_{LB8}$、f$_{LB10}$、f$_{42-8}$ 断层为底滑面的块体组合，可能发生楔形体破坏。

（b）1915～1885m 高程、1882-1-2 号固灌洞至 1882-1-3 号固灌洞区域，以煌斑岩脉为后缘拉裂面，以 f$_{LB5}$、f$_{LB6}$ 断层为上游侧边界，以 f$_{38-2}$ 断层为底滑面的块体组合，可能发生楔形体破坏。

（c）Ⅴ勘探线上下游（Ⅲ区）1945～1885m 高程、桩号 LL$_0$＋230m～0＋280m 区域，由于煌斑岩脉走向与开挖坡坡向夹角较小，岩脉上盘（外侧）岩体较薄，稳定性较差，可能沿岩脉发生滑塌破坏或倾倒破坏。

（d）该段开挖坡临Ⅲ区下游冲沟部位，受风化卸荷及开挖爆破影响，岩体极破碎松弛，以碎裂结构为主，局部散体结构，稳定性差，可能发生向开挖坡外或向冲沟的崩塌、垮塌破坏。

5）1885m 高程以下 f$_5$ 断层上游段。该段开挖边坡稳定性主要受 f$_5$、f$_8$ 断层及 NNE～NNW 等近 SN 向裂隙控制。f$_5$、f$_8$ 断层走向与开挖坡走向交角为 10°～40°，倾坡外，根据断层在开挖边坡中的位置、埋深，可能有以下几种破坏模式：

（a）f$_5$ 断层破碎带及影响带在 1810m 高程以上顺坡出露较宽，断层破碎带组成物质性状极差，呈散体结构，遇水易软化、泥化，可能发生圆弧形土滑破坏。

（b）f$_5$ 断层走向与开挖边坡走向交角较小，且 f$_5$ 断层在坡体内水平埋深较小段，f$_5$ 断层上盘岩体可能沿 f$_5$ 断层发生滑塌破坏。

（c）f$_5$ 断层走向与开挖边坡走向交角较大，且 f$_5$ 断层在坡体内水平埋深较大段，f$_5$ 断层与上游方向的 NWW 向裂隙组合，形成半定位的楔形块体，可能发生楔形体破坏。

（d）f$_8$ 及其他同向小断层也可能发生如同第（b）（c）种情况的失稳破坏，只是其块体规模相对较小。

（e）NE 向倾坡外的卸荷裂隙也可能发生如同第（b）（c）种情况的失稳破坏，只是其块体规模更小，为完全的浅表部局部小块体。

6）1885m 高程以下 f_5 断层下游至垫座槽坡段。该段开挖边坡局部块体稳定有以下几种模式：

（a）开挖边坡岩体主要由左坝头变形拉裂岩体和卸荷松弛岩体组成，碎裂、块裂结构，IV_1 级、IV_2 级岩体，开挖坡坡度陡，边坡稳定性差，可能发生局部的坍塌或倾倒破坏。

（b）f_{42-9} 断层上、下盘一系列同向的走向近 EW 倾 S 的断层，如 f_{LII-3}、f_{LB13}、f_{LB9}、f_{LB20}、f_{LB22}、f_{LU5}、f_{LU7}、$f_{LU10} \sim f_{LU19}$ 等断层，与走向 NE～NEE 倾 NW 的断层，如 f_{LU1}、f_{LU2}、f_{LU8}、f_{LU9} 断层组合，构成定位的块体，可能发生楔形体破坏。

（c）f_{42-9} 断层上、下盘一系列同向的走向近 EW 倾 S 的断层，如 f_{LII-3}、f_{LB13}、f_{LB9}、f_{LB20}、f_{LB22}、f_{LU5}、f_{LU7}、$f_{LU10} \sim f_{LU19}$ 等断层，与走向 NNE 倾 SE 或 NW 的拉裂松弛裂隙组合构成半定位的块体，可能发生楔形体破坏。

（d）走向 NE 倾 SE 的裂隙、走向 NWW～EW 倾 SW（S）的裂隙，与走向 NNW～NNE 的拉裂松弛裂隙组合构成不定位的块体，可能发生楔形体破坏。

（e）走向 NNW～NNE 的拉裂松弛裂隙与该段开挖坡走向近平行，走向 NE 倾 SE 的裂隙与边坡走向交角较小，均倾坡外，缓于开挖坡坡度，其上盘外侧的岩体可能沿这些结构面产生平面滑塌破坏。

7）1800m 高程以上混凝土垫座边坡（槽坡及下游段）。开挖后混凝土垫座边坡 1800m 高程以上段岩体受构造、风化卸荷影响强烈，岩体多松弛，开挖坡稳定性较差。通过对该段边坡岩体情况、软弱结构面发育情况和不同组合关系的分析，稳定性应按以下几种情况进行分析：

（a）f_5 断层出露在垫座边坡下游段，破碎带顺坡出露宽度由 1828.5m 高程以上的 10～20m（真宽 5～10m）逐渐变窄为 1828.5m 高程以下的 2～5m（真宽 1～3m），主要由黄色断层泥和黑色炭化断层泥、糜棱岩、片状岩组成，散体结构，工程地质性状差，遇水易软化、泥化，可能发生圆弧形土滑破坏，建议对 f_5 断层破碎带及下盘影响带在边坡出露段进行及时封闭处理和重点支护。

（b）f_8 断层出露在垫座边坡下游段 1855m 高程以下，破碎带宽约 1～3m，主要由风化呈黄色的角砾岩、碎裂岩及少量糜棱岩、不连续断层泥组成，散体结构，工程地质性状差，可能发生崩塌破坏，建议开挖后及时支护。

（c）垫座槽坡中 f_{LC2} 断层及 XL_1、XL_2、XL_3 卸荷裂隙既出露于垫座边坡中，又出露在高程 1885m 平台，且与垫座边坡交角较小，上盘外侧岩体可能发生沿断层或卸荷裂隙的平面滑塌破坏，在垫座边坡开挖过程中已有部分岩体滑塌形成光面，建议进行有针对性的支护处理。

f_{LC3}（f_{38-2}）断层出露于垫座槽坡中约 1872m 高程（槽坡中心线剖面高程），可能发生以断层为底滑面，煌斑岩脉为后缘拉裂面的平面滑动破坏；f_{1885-1}、f_{1885-3}、f_{1885-4} 断层出露在 f_{LC3}（f_{38-2}）断层上盘 1872m 高程以上，倾角陡于 f_{LC3}（f_{38-2}）断层，可能发生以断层为底滑面，煌斑岩脉为后缘拉裂面的折线型平面滑动破坏；XL_9、XL_{11}、XL_{13} 卸荷裂隙出露在

f_{LC3}（f_{38-2}）断层下盘 1870～1855m 高程之间，倾角与 f_{LC3}（f_{38-2}）断层接近，可能发生以卸荷裂隙为底滑面，煌斑岩脉为后缘拉裂面的平面滑动破坏。

（d）垫座下游段边坡中，f_{LC3}（f_{38-2}）、f_{LC4} 断层出露在边坡 1867m 高程和 1865m 高程，且 f_{LC3}（f_{38-2}）断层在高程 1885m 平台出露，断层上盘外侧岩体可能发生沿断层的平面滑塌破坏，建议进行有针对性的支护处理。

（e）f_{38-6} 断层与 f_5 断层之间、f_5 断层与 f_8 断层之间影响带的 IV_2 级岩体，碎裂结构，岩体弱～强风化，嵌合松弛，完整性差～极差，裂面普遍见锈染，实际开挖坡坡度陡，边坡整体稳定性差，建议进行专门处理。

（2）1800m 高程以下大理岩段边坡。大理岩段边坡根据岩体的完整性、岩体结构类型、风化卸荷程度、结构面发育特征、与边坡交切关系以及可能滑移破坏模式，可进一步将开挖坡分为以下几大部分。

1）拱肩槽上游侧坡 1800m 高程以下大理岩段。根据开挖坡中结构面发育分布情况，该段开挖坡有以下几种可能的局部不稳定块体组合存在，其变形失稳破坏模式如下：

（a）f_5、f_8、f_{LU29}、f_{LU31} 断层破碎带及影响带部位岩体普遍松弛破碎，碎裂结构～散体结构，边坡稳定性差，可能发生向坡外的垮塌破坏。

（b）该段边坡内裂隙较发育，中～陡倾坡外，走向与边坡夹角小甚至近于平行，倾角与开挖坡度基本一致或小于开挖坡，对边坡稳定不利，可能的变形失稳破坏模式有：沿裂隙的平面滑塌破坏；以层面裂隙为上部、后缘边界的块体组合，可能沿裂隙的平面滑塌破坏。

（c）走向 NEE～近 EW 倾 S 与走向 NWW～近 EW 倾 N 的裂隙组合，可能产生楔形体破坏。

2）混凝土垫座边坡（槽坡及下游段）1800m 高程以下大理岩段。混凝土垫座边坡约 1800m 高程以下为大理岩，岩体中与槽坡近于平行的裂隙较发育，倾角与槽坡开挖坡度基本一致，对槽坡稳定不利，可能发生沿裂隙向开挖坡外的破坏，建议进行有针对性的支护处理。

3）拱肩槽下游侧坡 1885m 高程以下全部。开挖后拱肩槽下游侧坡整体位于 f_5、f_8 断层上盘，全部为大理岩，其整体稳定性与左坝肩抗滑稳定性、左岸泄洪雾化区岸坡稳定性相结合。局部稳定性有以下几种情况：

（a）开挖边坡岩体主要由强卸荷岩体组成，碎裂、块裂结构，IV_1 级岩体，边坡整体稳定性差。

（b）下游侧坡靠外侧段 f_{LD1} 断层与开挖坡交角很小，倾角略陡于开挖坡，切割边坡形成较单薄块体，可能发生以 f_{LD1} 断层为侧向切割面，以第③组裂隙为底滑面向河床方向的平面滑动破坏或沿 f_{LD1} 断层向开挖坡外的倾倒垮塌破坏，建议采取针对性支护措施。

（c）1795m 高程以上走向 NWW～EW 倾 SW（S）的第④组裂隙走向与开挖坡交角很小，倾角略陡于开挖坡度，由于边坡岩体松弛，可能沿该组结构面发生浅表倾倒破坏，施工开挖过程中发生过该类破坏，在坡面上形成大光面或局部性滑塌空腔。

（d）1795m 高程以下边坡中第④组 NWW～EW 裂隙与第①组层面裂隙组合，可构成对下游侧坡局部稳定不利的楔形体组合，如，开挖过程中和开挖完成后可能发生楔形体破坏。

（e）靠近河床侧的开挖边坡段，与自然坡走向基本平行的近 SN 向卸荷裂隙发育多条，岩体松弛破碎，开挖后形成危岩体，可能失稳破坏模式为危岩体的整体平面滑塌破坏或局部垮塌破坏，建议从自然岸坡方向进行支护。

3. 边坡开挖破坏模式分析及工程措施

根据以上边坡开挖过程中稳定分析得到的可能滑移破坏模式以及相应的工程措施，进行认真细致的归纳总结后，同时参考边坡破坏模式分级及工程措施，制定左岸边坡开挖施工过程的稳定性分级控制工程措施，见表5-3。在大面锚索支护滞后开挖面30m的基础上，对开挖过程中涉及的可能破坏模式存在区域，组织优势资源，开展有针对性的重点支护加固。

表5-3　　　　　　左岸边坡开挖施工过程破坏模式动态分析及工程措施

边坡岩层岩性分段	边坡部位	可能破坏位置（高程、桩号或区域）	破坏模式及分级		工程措施
			破坏模式	分级	
高程1800m以上砂板岩段边坡	1990～2020m高程以上倾倒变形体（含1号、2～3号危岩体）	Ⅱ勘探线上下游区域（1990m高程以上、桩号0－060m～0＋090m）	2	2	及时加强锚索支护
		Ⅱ₁勘探线上下游区域（2000m高程以上、桩号0＋090m～0＋130m）	2	2	及时加强锚索支护
		Ⅴ勘探线上下游区域（2020m高程以上、桩号0＋190m～0＋250m）	2	2	及时加强锚索支护
	1885m高程以上f₅断层上盘（上游侧）	2015～1960m高程、桩号0－050m～0－015m段、1945～1885m高程、桩号0＋040m～0＋070m	5	3	及时采取封闭支护措施
		1990～1960m高程、桩号0－050m卸荷裂隙XL₁₀上游侧的危岩体，1960～1885m高程、桩号0－020m卸荷裂隙XL₁₁上游侧的危岩体	4	3	开挖清除
	1885m高程以上f₅断层下盘至f₄₂₋₉断层及煌斑岩脉（左坝头变形拉裂岩体块体内部）	Ⅱ₁勘探线上游区域（Ⅱ区，包括1号危岩体）2000m高程以下、桩号0＋070m～0＋130m	3	2	及时加强锚索支护
		2000～1960m高程、桩号0＋180m～0＋240m段	3	2	及时加强锚索支护
		1960～1920m高程之间、桩号0＋180m～0＋240m	3	2	及时加强锚索支护
		1915～1885m高程、桩号0＋150m～0＋175m	3	2	及时加强锚索支护
		Ⅱ勘探线（Ⅰ区）～Ⅱ₁勘探线（Ⅱ区）之间1960～2000m高程、桩号0＋050m～0＋120m	3	2	及时加强锚索支护
		Ⅱ₁勘探线（Ⅱ区）～Ⅴ勘探线（Ⅲ区）之间1930～2000m高程、桩号0＋130m～0＋180m	3	2	及时加强锚索支护
		Ⅴ勘探线上下游（Ⅲ区）2000～1945m高程、桩号0＋170m～0＋235m	5	3	及时封闭支护
		大块体内部开挖边坡临Ⅰ区、Ⅱ区间冲沟、Ⅱ区下游冲沟部位	4	3	及时开挖清除

边坡岩层岩性分段	边坡部位	可能破坏位置（高程、桩号或区域）	破坏模式及分级		工程措施
			破坏模式	分级	
高程1800m以上砂板岩段边坡	1885m 高程以上 f_{42-9} 断层及煌斑岩脉下盘（下游侧）	1915～1885m 高程、上坝交通洞至 1882-1-2 号固结灌浆洞区域	3	2	及时加强锚索支护
		1915～1885m 高程、1882-1-2 号固灌洞～1882-1-3 号固结灌浆洞	3	2	及时加强锚索支护
		V 勘探线上下游（Ⅲ区）1945～1885m 高程、桩号 0+230m～0+280m	5	3	及时封闭支护
		临Ⅲ区下游冲沟部位	4	3	及时开挖清除
	1885m 高程以下 f_5 断层上游段	f_5 断层破碎带及影响带在 1810m 高程以上	5	3	及时封闭支护
		f_8 及其他同向小断层	5	3	及时封闭支护
		NE 向倾坡外的卸荷裂隙和第②组裂隙	6	4	及时喷锚支护
		第③组 NNE 向裂隙	5	3	及时封闭支护
	1885m 高程以下 f_5 断层下游～垫座槽坡段	f_{42-9} 断层上、下盘一系列同向的走向近 EW 倾 S 的断层	3	2	及时加强锚索支护
		走向 NE 倾 SE 的第②裂隙、走向 NWW～EW 倾 SW（S）的第④裂隙，与走向 NNW～NNE 的第③组拉裂松弛裂隙组合构成不定位的块体	6	4	及时喷锚支护
		走向 NNW～NNE 的第③组拉裂松弛裂隙	6	4	及时喷锚支护
	1800m 高程以上混凝土垫座边坡（槽坡及下游段）	f_5、f_8、f_{LC2} 断层及 XL1、XL2、XL3 卸荷裂隙断层出露部位	5	3	及时封闭支护
		f_{38-6} 断层与 f_5 断层之间、f_5 断层与 f_8 断层之间影响带的 Ⅳ₂ 级岩体，碎裂结构	6	4	及时喷锚支护
1800m 高程以下大理岩段边坡	1800m 高程以下大理岩段边坡	f_5、f_8、f_{LU29}、f_{LU31} 断层破碎带及影响带	5	3	及时封闭支护
		第③组裂隙	6	4	及时喷锚支护
		走向 NEE～近 EW 倾 S 与走向 NWW～近 EW 倾 N 的裂隙组合	6	4	及时喷锚支护
	混凝土垫座边坡（槽坡及下游段）1800m 高程以下大理岩段	与槽坡近于平行的第②组裂隙	6	4	及时喷锚支护
	拱肩槽下游侧边坡1885m 高程以下全部	f_{LD1} 断层切割边坡部位	2	2	及时加强锚索支护
		高程 1795m 以上走向 NWW～EW 倾 SW（S）的第④组裂隙	6	4	及时喷锚支护
		1795m 高程以下边坡中第④组 NWW～EW 裂隙与第①组层面裂隙组合	6	4	及时喷锚支护
		靠近河床侧的开挖边坡段	4	3	及时开挖清除

5.2.1.4 边坡开挖施工过程稳定性跟踪反馈分析

1. 稳定控制标准

水利水电工程边坡按其所属枢纽工程等级、建筑物级别、边坡所处位置、边坡重要性和失事后的危害程度，划分边坡类别和安全级别。根据《水电水利工程边坡设计规范》(DL/T 5353—2006)规定，边坡级别划分标准见表5-4，在采用极限平衡方法中的下限解时，其设计安全系数不低于表5-5规定的数值。

表5-4　　　　　　　　　　　　水工建筑物边坡级别划分

边坡级别	枢纽工程区边坡	水库边坡
Ⅰ级	影响1级水工建筑物安全的边坡	滑坡产生危害性涌浪或滑坡灾害可能危及1级水工建筑物安全的边坡
Ⅱ级	影响2、3级水工建筑物安全的边坡	可能发生滑坡并危及2、3级水工建筑物安全的边坡
Ⅲ级	影响4、5级水工建筑物安全的边坡	要求整体稳定而允许部分失稳或缓慢滑落的边坡

表5-5　　　　　　　　　　　　水电水利工程边坡设计安全系数

级别	类别及工况					
	枢纽工程区边坡			水库边坡		
	持久状况	短暂状况	偶然状况	持久状况	短暂状况	偶然状况
Ⅰ	1.30~1.25	1.20~1.15	1.10~1.05	1.25~1.15	1.15~1.05	1.05
Ⅱ	1.25~1.15	1.15~1.05	1.05	1.15~1.05	1.10~1.05	1.05~1.00
Ⅲ	1.15~1.05	1.10~1.05	1.00	1.10~1.00	1.05~1.00	≤1.00

规范中规定：针对具体边坡工程所采用的设计安全标准，应根据对边坡与建筑物关系、边坡工程规模、工程地质条件复杂程度以及边坡稳定分析的不确定性等因素的分析，从表5-4中所给的范围内选取。对于失稳风险度大的边坡，或稳定分析中不确定因素较多的边坡，设计安全系数宜取上限值，反之取下限值；边坡稳定的基本方法是平面极限平衡下限解法，当有充分论证时，可以采用上限解法，其设计安全系数按表5-5规定不变。

参照《水电水利工程边坡设计规范》(DL/T 5353—2006)的有关规定，锦屏一级水电站左岸工程边坡允许稳定最小安全系数见表5-6。

表5-6　　　　　　锦屏一级水电站左岸工程边坡允许稳定最小安全系数表

边坡类别	边坡级别	永久运行（正常）	施工过程	（考虑降雨）特殊工况Ⅰ	（考虑地震）特殊工况Ⅱ
拱肩槽边坡	Ⅰ	1.3	1.15	1.20	1.10
缆机平台边坡	Ⅰ	1.25	1.15	1.15	1.05

2. 仿真分析方法

由于锦屏一级左岸边坡开挖存在很大的不确定性，如此大规模的边坡稳定控制无法像其他中小工程一样在不断开挖的过程中通过揭露的问题去临时寻求合适的解决方法。因而在开挖前和开挖过程中采用了数值仿真的方法，对边坡开挖的稳定性进行预判以及为支护提供依据。数值建模主要采用 ANSYS，数值计算主要采用 FLAC[3D]。

（1）岩体本构。目前在岩土工程中岩体最常用的本构模型为 Mohr - Columb 和 Drucker - Prager 模型，本课题中弹塑性模型采用复合 Drucker - Prager 模型，该模拟的屈服面由 Drucker - Prager 屈服准则再加上一个抗拉强度准则组成，其屈服面情况见图5-7（以拉为正）。

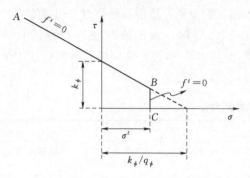

图5-7 Drucker - Prager 屈服准则

Drucker - Prager 屈服准则（D - P 准则）和抗拉屈服准则（混凝土和岩体为低抗拉材料，故应有抗拉准则），其表达式为

$$f^s = \tau + q_\phi \sigma - k_\phi \qquad (5-1)$$
$$f^t = \sigma - \sigma^t \qquad (5-2)$$

式中：$\sigma = \dfrac{\sigma_{kk}}{3}$ 为平均法向应力；$\tau = \sqrt{\dfrac{1}{2} s_{ij} s_{ij}}$ 为剪切应力；σ^t 为抗拉强度，如果没有给定抗拉强度，则取 σ^t 为

$$\sigma^t = \frac{c}{\tan\varphi} \qquad (5-3)$$

式中：φ 和 c 为材料的内摩擦角和黏聚力。

（2）锚固本构。锦屏一级高边坡工程中采用的锚杆/索进行加固方案，在对边坡进行数值分析时采用专锚杆/索的索单元来模拟每一级开挖加固过程中的锚索加固过程及其效果。索单元是一个由两个节点构成的一维线性单元，如图5-8所示。在单元的每一个节点上只允许有一个沿单元轴向的线位移发生，单元可以承受沿单元轴向的拉力和压力，并能模拟在轴向拉/压力作用下杆体材料的屈服，但索单元在任何时候都不抗弯。与一般的受拉结构单元不同，索单元可以考虑锚固工程中的注浆环效应以及锚杆/索与岩土体的互作用效应。关于索单元的相关受力特性及模拟方法简介如下：

1）锚杆/索体的受力特性。索单元的杆/索体材料的本构关系可采用理想弹塑性模型，其应力应变关系如图5-9所示。

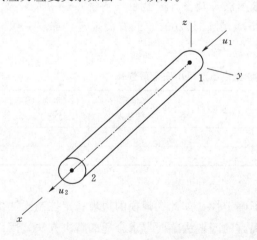

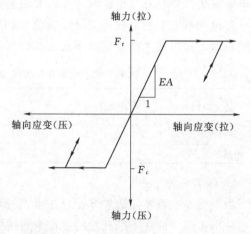

图5-8 索单元示意图

图5-9 锚杆/索体的轴向受力特性

当轴向力达到锚杆/索体的拉（或压）屈服极限 F_t（或 F_c）时，则产生塑性流动，轴力不再增加。在弹性阶段，其轴向力增量按式（5-4）计算：

$$\Delta F = \frac{EA}{L}\Delta u_t \tag{5-4}$$

式中：E 为锚杆/索体材料的弹性模量；A 为锚杆/索体横截面面积；L 为锚索长度；Δu_t 为轴向位移增量。

如果在分析模型中未指定 F_t 和 F_c 的值，则锚杆/索体材料将视为各向同性的线弹性体（即不考虑锚固系统中钢筋或钢绞线的屈服破坏）。

2）灌浆环的受力特性。当考虑到锚固系统的注浆效应时，灌浆锚孔与岩体交界面部位的剪切受力特性视为理想弹塑性关系，即当所受剪切力超过其抗剪强度极限时，则产生塑性流动，剪力保持不变。灌浆孔与岩体间的单位长度所受摩擦力及其抗剪极限值分别按式（5-5）和式（5-6）计算：

$$\frac{F_s}{L} = K_g u_s \tag{5-5}$$

$$\frac{F_s^{\max}}{L} = c_g + L_g \sigma_g \tan\phi_g \tag{5-6}$$

式中：K_g 为灌浆体的剪切刚度；u_s 为岩体与灌浆体间相对剪切位移；L 为锚孔受力段长度；c_g 为灌浆体与岩体间的黏结强度；σ_g 为锚孔处侧压力；L_g 为锚孔周长；ϕ_g 为灌浆体与岩体间的内摩擦角。

对于一根锚杆（索），特别是对于黏结注浆型锚杆（索），为了更精确地模拟锚杆（索）的受力特性往往采用多个索单元来模拟一根锚杆（索）。沿锚杆（索）的布置轴线，将锚杆（索）离散化为一系列的索单元，在分析计算中对应于不同节点的不平衡力形成对灌浆环的轴向剪切拉力，再由灌浆环作为中间介质作用于岩体，其受力系统如图5-10所示。

3. 降雨入渗模拟

由于锦屏一级左岸高边坡节理裂隙比较发育，岩体风化卸荷比较明显，同时存在边坡内部存在大量的地质构造，因此边坡岩体的渗透性较好，尤其是在边坡浅层和地质构造带附近。边坡浅层和地质构造带的渗透系数远大于一般土质边坡的渗透系数，因此锦屏一级左岸边坡在降雨入渗作用下的响应有其特殊性，非饱和区域渗透系数的变化不能照搬土中的变化关系，需要单独进行研究确定。

（1）岩质边坡降雨入渗特征。岩质边坡降雨入渗时，有两组内变量之间的关系需要引起足够的关注，它们直接控制着边坡降雨入渗的特征。这两组内变量关系分别是毛细压力（孔隙水压力和气压的差值）与饱和度之间的关系、渗透系数和饱和度之间的关系，在非饱和的裂隙中气体通常是连续的并且与外界大气是连通的，如果取标准大气压为参考零点则第一个内变量关系可以用孔隙水压力和饱和度来表示（见图5-11）。

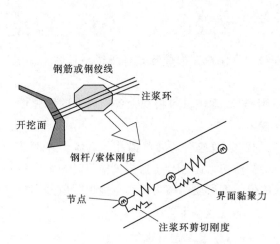

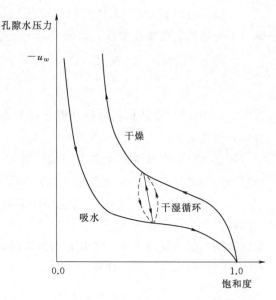

图 5-10　索单元与岩土体互作用机制　　图 5-11　非饱和介质孔隙水压力与饱和度之间关系

非饱和介质在吸水和干燥过程中孔隙水压力和饱和度的关系略有不同，但对于岩石介质这种差别不是很明显，而且对于锦屏一级左岸高边坡，重要的是边坡在降雨下的响应，干燥过程并不是研究的重点，因此计算中采用单一曲线描述的孔隙水压力和饱和度。

（2）饱和-非饱和渗流数学模型。锦屏一级左岸高边坡开挖施工过程，将不定期地处于降雨入渗的作用下，此时不断变化的孔隙水压力将引起边坡的有效应力和位移的不断变化，饱和度的上升会给边坡的稳定性带来不良的影响。非饱和的流固耦合理论完全适合描述上述的过程。

最一般意义上的流固耦合理论是研究流体在可变形的介质中流动规律，其中对介质的处理有两种方法：

1）等效连续的方法，即将介质在 REV（表征体积单元）的水平上等效为连续介质。比如说土壤可等效为多孔介质；存在大量微裂隙分布的岩体亦采用等效连续模型得到其力学参数；同时存在大量空隙和微观裂隙的介质采用空间上重合的双重介质模型等。

2）离散裂隙网络，对介质和其中流体的通道进行仔细的区分。这种模型可以处理少量且重要的大裂隙，对多裂隙问题因其复杂性而难以得到应用。目前在工程应用之中等效连续仍是占据主导地位的处理方法。

土体通常可以看作均匀的多孔介质，而裂隙发育的节理岩体不能简单地看作多孔介质，因为跟土体相比节理岩体具有显著的区别，比如说即使孔隙率比土体小一个数量级是其渗透系数仍然可以大出相应的土体一个数量级；渗透系数呈各向异性；本构响应也具有明显的各向异性的特点等，造成这种区别的根本原因是节理面的存在和两种介质渗透机制的不同。如图 5-12 所示，对于裂隙岩体来说裂隙是水流的主要通道。

边坡的降雨入渗过程属于非饱和渗流，非饱和渗流研究的是两种或两种以上的流体在孔隙中运移的过程。对于边坡问题仅仅需要考虑水和空气两相流体。描述这类问题有两种方法：

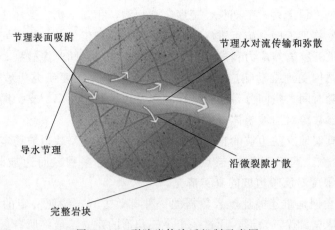

节理表面吸附

节理水对流传输和弥散

导水节理

沿微裂隙扩散

完整岩块

图 5-12　裂隙岩体渗透机制示意图

1）分别描述空气和水的流动，将非饱和渗流作为不相混溶的两相流体来处理，从而得到两组控制方程，采用有限元离散控制方程是也有两种方法：一种是将气压和水压作为未知变量，另一种是将水压和饱和度作为未知变量。

2）假定非饱和区和大气是相互连通的，此时气压在整个域上恒定不变并且等于大气压力。这种情况下关于气体的连续性方程是自动满足的，方程也就剩下孔隙水压力这一个未知量。为了便于理解，渗流应力耦合机理的描述采用不相混溶两相流来表述，最终将控制方程简化到非饱和区空隙气压恒定的情形。

5.2.2　边坡施工过程时空演化趋势

5.2.2.1　边坡施工过程全局形貌、变形时空演化过程

通过引入先进的量测设备，对高边坡施工过程全局开挖施工形象面貌、三维整体表面变形等时空演化过程进行精确度量，为后续施工过程通道布置、开挖爆破参数、支护强度及参数的优化等提供全局的把控。高陡边坡三维整体形貌扫描建模见图 5-13。

图 5-13　高陡边坡三维整体形貌扫描建模

坝区边坡施工工程量大，工期长，工序复杂交错，相互干扰，关注边坡整体变形场时空响应，及时调整施工工序、施工进度等，有利于保证施工工期、施工安全。坝肩槽边坡开挖过程中，边坡开挖岩体应力释放会引起松弛卸荷变形，同时爆破振动导致边坡开挖面附近岩体和支护结构受到扰动响应。结合三维扫描技术，主要研究边坡开挖支护形象面貌、整体变形场随时间、空间分布演化规律，以及边坡开挖速率、支护滞后时间、爆破参数、支护措施和参数等对边坡整体变形场演化规律的影响。

为了尽可能真实地反映边坡的自然状态和尽可能真实地反映边坡稳定性，需对其进行三维实景复制建模。基于三维扫描点云的建模技术有多种，而边坡结构复杂，采用Delaunay能最大限度地反映边坡的真实情况。

Delaunay三角网是重建散乱点云数据的一种有效方式，按照一定的约束条件可以在三维散乱点云中建立最优三角形，通过一个个三角形的建立，最终所有点云组成互不重叠的三角形，三维散乱点云将连接成一个完整的三角网，实现散乱点云到整体三角网的重建。

在Delaunay三角网的构建过程中，为了防止一个点集重复构建多个三角网，保证三角网的唯一性，需要对构建三角形时设置约束条件。约束条件有两个主要目的：一是保证Delaunay三角网中的所有三角形相互邻接、互不重叠和相交；二是保证从任意点进行Delaunay三角网构建时，最终只能得到一种三角网模型。约束准则如下：

（1）空外接圆性。Delaunay三角网中的三角形具有空外接圆性，Delaunay三角网中的相邻三角形组成的四边形的顶点不能在一个圆上，即四点不共圆，且任意一个三角形的外接圆内没有其他三角形，如图5-14所示。图中四边形ABCD的四个顶点分别出现在两个圆上，即ABCD不共圆；同时三角形ACB和ACD的外接圆内只有一个三角形。

（2）最小内角最大性。Delaunay三角网中的三角形具有最小内角最大性。在三角网中由两个相邻三角形构成的四边形，两条对角线互换后，四边形中的六个内角的最小内角最大化，如图5-14所示。

从图5-14可知，四边形ABCD由两个邻接三角形ABD和BCD组成，对角线分别为BD与AC，现将上图中左图的对角线BD换成AC，变成右图，其中最小内角$\angle ABD$不能再增大，上图右边的最小内角$\angle ABC$明显大于$\angle ABC$，所以Delaunay三角网中的三角形只能构成左边的三角形。

由以上两个约束条件，在构建Delaunay三角网的过程中，所形成的三角形最接近等边或者等腰三角形，这样构建的三角形不仅美观而且拓扑结构简单，同时减小了狭长和尖锐三角形的产生。

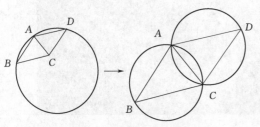

图5-14　空外接圆性示意图

基于Delaunay三角网的构网算法根据又可以分为基于逼近的表面重建算法和基于插值表面重建算法，其中又可以分为多种算法，比如基于全局的重建算法、与之对应的则是基于局部的重建算法；Delaunay剖分算法，又分为直接剖分算法和间接剖分算法，其中直接剖分算法又包括分割合并算法、三角网生长算法，如图 5-15 所示。

其中应用最广的算法是基于三角网生长算法的表面重建算法，这种算法是先在散乱点云中选取一个初始三角形，然后以该三角形为原点通过约束条件不断地与相邻的点形成新的三角形并且逐渐向四周扩散，直到所有的点形成三角形，最终形成一个完整的三角网。这种方法简单实用，速度也快，其具体算法如下：

（1）在散乱点云中任意选取三个点组成符合要求的初始三角形，如图 5-16 中的三角形 ABC，然后以该三角形为基准三角形，通过算法搜索满足约束条件的最近点。

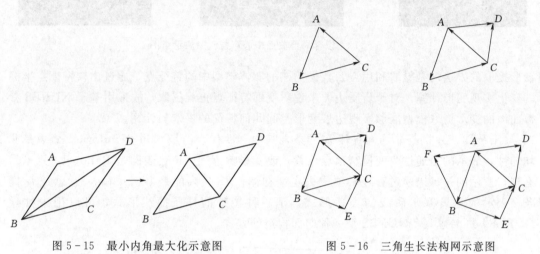

图 5-15　最小内角最大化示意图　　　　图 5-16　三角生长法构网示意图

（2）搜索到满足约束条件的最近点后，与该点进行连接，形成新的三角形，如图 5-16 中的三角形 ADC。

（3）在构建三角网的运行过程已知三角形会同时向周边进行连接，如图 5-16 中的三角形 ABC 会同时以三条边 AB、AC、BC 去搜索最近点，连接为三角形，如图中的三角形 ABF、三角形 ACD、三角形 BCE。

（4）构建新的三角形后，会继续以已知三角形向周边进行扩散，直到所有的散乱点云全部构建完成为止，最终获得完整的三角网。需要注意的是，在扩散的过程中要时刻保持每个三角形的边使用次数最大不超过两次。

基于实景复制建模技术于三维扫描的边坡稳定性监测技术，具有强大的获取整体边坡变形信息的能力，但同时精度损失是显而易见的，目前专门用于边坡测量的三维扫描仪 RIEGL 在 1500m 处扫描误差为 $\pm7mm$，该误差对于边坡变形监测来说是略微偏大的。这里希望通过改变以往基于单点监测的弊端，采用拟合局部曲面中心点，用拟合的中心点的位移变化值来表示该部位的变形量值，如图 5-17 所示。即所谓"拟合局部曲面中心点监测"法，即根据被扫描物体的三维拓扑关系，将扫描点云划分成若干块体，保证划分的每个点云块体曲率几乎相等，然后寻求每个块体的中心点，根据块体曲面的矢量变化来确定边坡变形量值，由于曲面矢量包含三维信息，所有该方法能够很好地反映边坡的三维变形量值。

边坡三维全景监测中最重要的一项环节是提取监测区域点云模型的变形量。目前进行

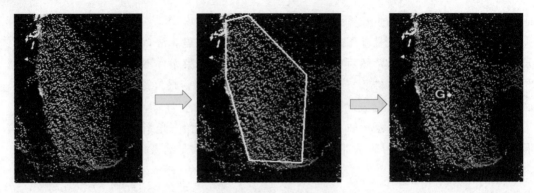

图 5-17 "拟合局部曲面中心点监测"法示意图

变形提取的方法均是提取利用点云数据构建的实体模型中的特征点，通过比较特征点坐标的变化实现变形计算。对于岩质边坡来说，变形特征点很难提取，故采用基于 NURBS 参数曲面的变形提取模型能够实现边坡变形空间几何特征的提取与计算。

NURBS 表示的是非均匀有理 B 样条，其中 NU 代表的是 Non - Uniform，意思是非均匀性，表示的是通过改变控制顶点位置，改变影响范围；R 代表的是 Rational，意思是有理，表示的是可以通过有理多项式去定义物体；BS 代表的是 B - Spline，意思是 B 样条，表示的是贝塞尔曲线的表达形式，是一种特殊的样条曲线形式，可以用来推导 NURBS。顾名思义，NURBS 是一种曲面构造的方式。

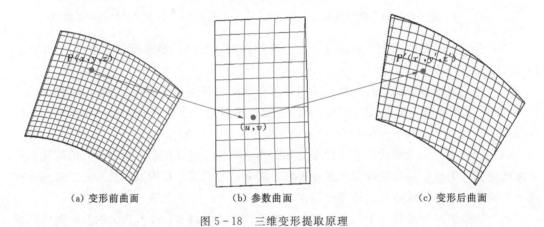

（a）变形前曲面　　　　　　（b）参数曲面　　　　　　（c）变形后曲面

图 5-18　三维变形提取原理

B 样条曲线和贝塞尔曲线能够准确地表达自由曲线和曲面，但是在表示二次曲线（抛物线除外）的时候不能精确地表达，只能近似的表示。因此，在 B 样条方法的基础上，提出 NURBS 构面方式，主要是为了找到既能精准的表达自由曲线和曲面，又能够精准地表示二次曲线和曲面的方法，该曲线的定义是通过以下分段有理 B 样条多项式基函数来实现的：

$$p(u) = \frac{\sum\limits_{i=0}^{n} \omega_i N_{i,k}(u) p_i}{\sum\limits_{i=0}^{n} \omega_i N_{i,k}(u)}, u \in [0,1] \tag{5-7}$$

式中：$p_i(i=0,1,\cdots,n)$ 为控制点，可以确定曲线位置；$\omega_i(i=0,1,\cdots,n)$ 为控制节点的权因子，权因子越大曲线就越接近控制点；$N_{i,k}(u)$ 为 k 次有理 B 样条基函数，表达式如下：

$$N_{i,0}(u)=\begin{cases}1 & if(u_i<u<u_{i+1})\\ 0 & else\end{cases} \qquad (5-8)$$

$$N_{i,k}(u)=\frac{u-u_i}{u_{i+k}-u_i}N_{i,k-1}(u)+\frac{u_{i+k+1}-u}{u_{i+k+1}-u_{i+1}}N_{i+1,k-1}(u) \qquad (5-9)$$

式中：节点向量 $\begin{cases}U=\{0,0,\cdots,0,u_{p+1},\cdots,u_{r-p-1},1,1,\cdots,1\}\\ U=\{0,0,\cdots,0,u_{q+1},\cdots,u_{s-q-1},1,1,\cdots,1\}\end{cases}$，其中末端节点可以用 $p+1$ 和 $q+1$ 的多项式表示：

$$\left.\begin{aligned}r=n+p+1\\ s=m+q+1\end{aligned}\right\} \qquad (5-10)$$

式中：m、n 为次数；p，q 为阶数。通过式（5-10）进行推导，可以得到 NURBS 曲面的表达式，见式（5-11）。

$$S(u,v)=\frac{\sum\limits_{i=0}^{m}\sum\limits_{j=0}^{n}N_{i,p}(u)N_{j,q}(v)d_{i,j}\omega_{i,j}}{\sum\limits_{i=0}^{m}\sum\limits_{j=0}^{n}N_{i,p}(u)N_{i,q}(v)\omega_{i,j}},u,v\in[0,1] \qquad (5-11)$$

式中：$d_{i,j}(i=0,1,2,\cdots;j=0,1,2,\cdots)$ 是曲面上的控制网节点；$N_{i,p}(u)$ 为 u 方向 p 次 B 样条函数；$N_{i,q}(v)$ 为 v 方向 q 次 B 样条函数。

NURBS 方法的优点如下：

（1）该方法既能够提供精准的自由曲线曲面的数学表达式，又能精准地提供二次曲线曲面数学表达式，同时也能表示标准的形状模型。

（2）使用该方法进行曲面的拟合构造过程时，如果想要对曲面形状进行设计，可以灵活对曲面片的控制顶点进行修改。

（3）NURBS 曲面无论是进行几何变换还是进行投影变换，最终的生成的结果仍然是 NURBS 曲面，便于操作。

（4）该方法将贝塞尔曲线和 NURBS 构面的优点进行整合，能够表达所有的曲线和曲面。

通过 NURBS 曲面构建的三维数字模型能够精准地表示目标物的形态、三维空间信息，根据这一特性，将第一期的三维数字模型作为基准模型 M，第二期的模型作为待测模型 N，采用叠差变形的测量方法进行变形计算，叠差变形测量原理如图 5-19 所示。

图 5-20 是边坡开挖过程中的叠差变形图，可知：

（1）边坡开挖过程中对周围岩体的扰动很大，尤其是会导致正下方岩体有很强的变形扰动作用。

（2）马道及岩体外凸区域有很明显的施工扰动放大效应，应引起特别重视，尤其岩体外凸区域，必要的时候应先对其进行锚固处理，再对其周边开挖施工。

（3）施工扰动与岩体空间形状、结构面切割等均有关系，在边坡开挖之前应清除岩体严重风化、受结构面组合切割形成孤立或潜在不稳定的块体，这些块体在边坡开挖扰动激

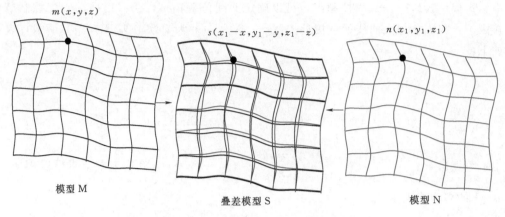

图 5 - 19　三维变形计算示意图

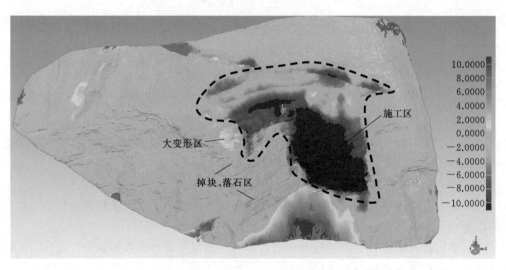

图 5 - 20　开挖区附近岩体变形情况

励下极易失稳，对下方施工带来很大的威胁。

5.2.2.2　施工过程高陡边坡应力变形时空动态响应规律

　　在对高陡边坡施工过程全局形貌及变形时空响应研究的基础上，结合边坡内观监测手段获取的应力、变形等动态观测数据，对施工过程高陡边坡从整体到局部的应力变形演化趋势进行深入的分析。

　　随着施工开挖的进行，边坡岩体呈现渐进卸荷变形破坏的模式，同时不同部位、不同深度、不同地质条件的岩体呈现分层、分区变形破坏的现象。通过声波监测、多点位移计等研究岩体卸荷变形破坏模式、深度、程度随施工过程的动态响应，主要包括：①岩体随时间、空间的卸荷变形破坏特性；②岩体变性破坏受爆破网路、参数选取的影响；③地应力、断层、岩体力学参数对岩体变形破坏的影响；④岩体变形破坏随支护方式、支护滞后时间、支护参数变化的影响。

　　锦屏一级水电站左岸边坡施工期监测系统主要包括以下监测项目：

（1）采用表面变形测点监测边坡表层岩体的变形和边坡宏观变形趋势。观测墩布置在左岸边坡各级马道以及边坡开口线附近，边坡表面监测设立 80 个外部观测墩。

（2）利用多点位移计监测边坡浅层内部岩体的卸荷松弛变形以及局部块体滑动位移。测点穿过主要断层上、下盘，能有效监测断层之间块体变形情况。

（3）在具备观测条件的地质勘探平洞及排水洞内布置石墨杆杆式收敛计，监测山体边坡深部变形，在左、右两岸具备通视条件的平洞内布置观测墩，观测左、右两岸岩体的相对变形，即谷幅平距观测。

（4）左岸边坡施工期共设计布设 7 个测斜孔。

（5）为了评价支护效果和了解支护后边坡应力调整变化情况，以指导施工、反馈设计，按照 5% 的比例在预应力锚索上安装锚索测力计进行支护效果监测。

（6）在三层抗剪洞内布置多点位移计、锚杆应力计、位错计、测缝计、钢筋计、应变计等若干套（组），监测抗剪洞的变形情况，另外布置渗压计监测边坡岩体地下水位变化情况。采用空间差值算法，将多源监测数据按空间差值计算赋予到边坡三维地质模型中，并结合边坡开挖支护步序，探究边坡应力变形的时空动态演化规律情况，见图 5-21～图 5-23。

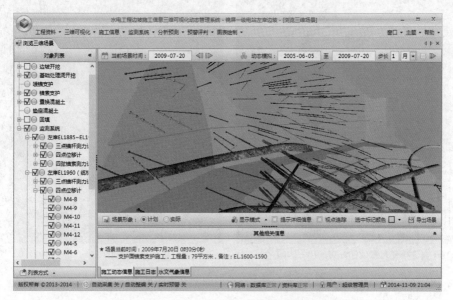

图 5-21　锦屏一级水电站左岸边坡监测系统三维布置图

由图 5-22、图 5-23 可知：

（1）在边坡开挖初始阶段，即开挖至 1885m 高程平台以前，开挖卸荷变形表现得并不是非常明显，随着开挖的不断进行，边坡下部的开挖卸荷变形明显呈增大趋势，边坡完全开挖完成条件下，回弹变形达到 60mm 左右。

（2）边坡开挖过程中，边坡上部的变形基本表现为指向临空向下的变形，由于受 X 煌斑岩脉、f_5 断层和 f_8 断层的影响，因此在开挖过程中，边坡的变形在不断调整。

（3）从边坡位移的整体计算结果还可以看出，在结构面处的变形明显比其他区域的要大，并且在结构面与开挖面交界的地方，变形非常复杂，这些部位的变形规律不完全一

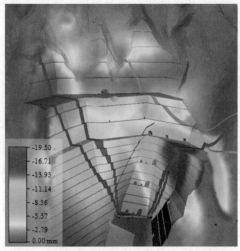

（a）X 向位移变化量（2009 - 05 - 18—2009 - 06 -18）

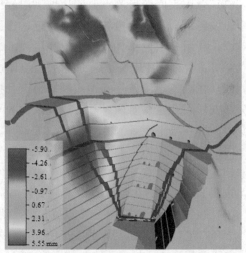

（b）Y 向位移变化量（2009 - 05 - 18—2009 - 06 - 18）

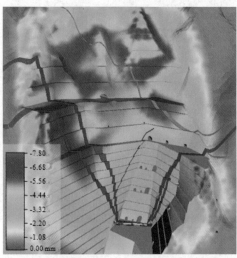

（c）H 向位移变化量（2009 - 05 - 18—2009 - 06 -18）

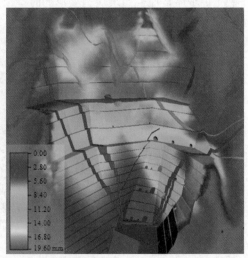

（d）合位移变化量（2009 - 05 - 18—2009 - 06 - 18）

图 5 - 22　边坡变形时空动态监测成果

致，但基本有一个错动变形趋势。

（4）左岸边坡在开挖过程，随着开挖的不断进行，变形有一个增大的趋势，但由于受到结构面的影响，各区域并不完全遵循该规律，在远离断层区域的变形基本呈增大趋势，结构面与开挖面交界附近的变形随着开挖的变形不断在调整自身的变形。

由于锦屏左岸边坡受结构面切割比较严重，边坡的稳定性和应力状态很大程度上取决于结构面的分布，主要包括 X 煌斑岩脉、f_5 断层和 f_8 断层，从计算结果可以很明显看出，在断层处应力状态与坡体并不完全一致，断层处的三向主应力大小相差较小，由于结构面力学属性较低，其受力能力较差，主要是抗剪断能力，因此，在开挖过程中，由于左岸边坡结构面发育良好，由结构面和开挖临空面构成的局部块体，其滑动底面上的应力状态和抗剪力学特性的好坏，对边坡局部稳定性影响比较大，从应力分析可以看出，左岸边坡在

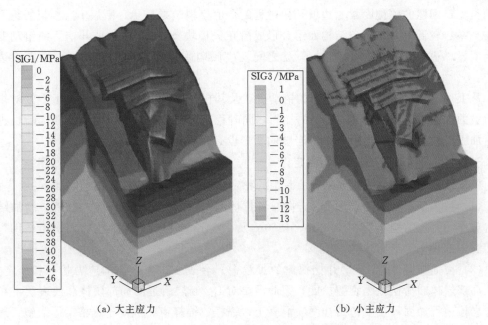

（a）大主应力　　　　　　　　　　（b）小主应力

图 5-23　边坡开挖完成时的应力分布情况

开挖过程中，整体稳定性基本可以得到保证，尤其像左岸边坡这种开挖之后及时进行预应力锚索支护，有效地防止了边坡局部块体的失稳。

5.2.2.3　高陡边坡施工过程支护结构应力变形特性分析

对支护结构应力、变形的研究，使支护结构处于正常工作状态，不发生过大变形破坏或功能失效是保证工程安全的重要措施。结合三维扫描、多点位移计和锚杆应力计监测成果，研究主要关注以下几方面的内容：

（1）锚杆应力随时间、空间、爆破振动影响的变化情况。

（2）喷层混凝土开裂、脱落的程度。

（3）锚杆、喷混凝土的变形破坏量级。

（4）预应力锚杆的预应力损失等。

在此基础上，通过全局量测数据与局部开挖支护措施的匹配，例如多点位移计、锚杆及锚索位置的匹配，为具体施工部位的开挖支护优化提供有力的科技支撑。从原始观测资料也可以看出，该区域坝基位移和应力对爆破比较敏感，因此在后续爆破开挖过程中，严格控制爆破参数，采用短进尺薄层开挖的手段保证边坡的安全性。

5.2.3　边坡动态优化开挖控制技术

开挖施工前，对自然边坡进行数值模拟稳定分析，勘探及稳定分析成果表明，左岸坝肩边坡的可能失稳模式主要有三类：由煌斑岩脉、f_{42-9}断层、SL_{44-1}深部裂隙等边界组成的控制性"大块体"整体滑动问题；f_{42-9}、SL_{44-1}上盘岩体内与其平行的其他结构面形成相对较小块体的局部滑动问题；由随机裂隙组成的"小块体"滑动问题。其中控制性"大块体"整体滑动和局部滑动问题是最主要的边坡稳定威胁，而f_{42-9}断层是控制施工期边坡这两类稳定问题的关键因素。边坡开挖过程的数值模拟结果显示，断层 f_{42-9} 参与的组合块体安全系数较低，并与多条结构面组合形成潜在失稳块体，f_{42-9} 在边坡开挖后的错动变形极为明显。边坡开挖后，f_{42-9} 上、下盘之间发生倾向临空面方向的错动，直接影响边坡稳定。

从上述 f_{42-9} 断层在开挖过程中的错动机理及其在开挖过程中的错动变形上看，对拱肩槽边坡的加固重点应是对 f_{42-9} 断层的加固。同时稳定分析成果表明，通过对 f_{42-9} 断层进行及时加固有效遏制其变形后，煌斑岩脉的变形也必然得到控制。

5.2.3.1 f_{42-9} 断层开挖施工预案制定

根据前期的勘测结果以及对 f_{42-9} 断层的稳定分析，制定相应的施工预案如下：

（1）抗剪洞置换加固。顺 f_{42-9} 走向布置抗剪洞，对 f_{42-9} 断层进行置换处理，增加结构面抗剪作用。抗剪洞布置在 1883m、1860m 及 1834m 高程，为增大抗剪洞抗滑作用，在抗剪洞中部设十字形布置的键槽。

（2）坡面加固。f_{42-9} 断层开挖揭露的过程中，会改变边坡岩体的应力状态和稳定性，导致局部岩体卸荷松弛、裂隙扩展，因此需要对 f_{42-9} 断层附近的局部块体和浅表层潜在不稳定岩体进行加固，主要包括挂网喷混凝土、锚杆、锚杆束、混凝土框格梁等措施，永久支护中的预应力锚索与开挖工作面的高差不大于 15m。

（3）在施工程序的安排上，优先考虑 f_{42-9} 断层抗剪洞的施工，在 1885m 高程以上开挖时，进行三层抗剪洞的开挖、衬砌、固结灌浆和回填混凝土工作。在边坡开挖至 1885m 高程时，要求三层抗剪洞置换施工必须完成，以避免由 f_{42-9} 控制的"大块体"稳定问题成为制约边坡下挖施工进度的瓶颈。

5.2.3.2 施工过程动态调整

1. f_{42-9} 断层抗剪洞施工程序调整

施工过程中，f_{42-9} 断层抗剪洞工程施工进度较预案滞后了不少。当边坡开挖至 1885m 高程时，1883m 高程抗剪洞施工完成；1860m 高程抗剪洞的衬砌、固结灌浆完成，回填混凝土部分完成；1834m 高程抗剪洞未能进行施工。此时对采取部分加固措施后边坡的稳定性是否能得到保证，边坡是否能够继续正常下挖，需要重新进行稳定分析。

利用数值计算方法针对不同抗剪洞完成情况对边坡控制性大块体的稳定性进行分析，以决定接下来的施工程序。根据稳定分析，左岸控制性变形拉裂体存在两种主要的失稳形式（见图 5-24），计算所有不同支护程序时的拉裂体稳定安全系数（见表 5-7），选择能保证两种滑动模式均安全的支护程序并对施工时机进行合理安排。

表 5-7 抗剪洞加固前后边坡块体稳定性计算结果

滑块	自然状态	1883m 高程	1860m 高程	1883m 高程＋1860m 高程	三层抗剪洞加固后
滑动模式 1	1.032	1.134	1.152	1.531	2.103
滑动模式 2	0.986	1.032	1.138	1.686	2.312

从表 5-7 中的结果可以看出：在自然状态和只进行一层抗剪洞施工情况下，滑动模式 2 安全系数较低，相对比较危险，因此在 1860m 高程以上边坡开挖时要特别注意对滑

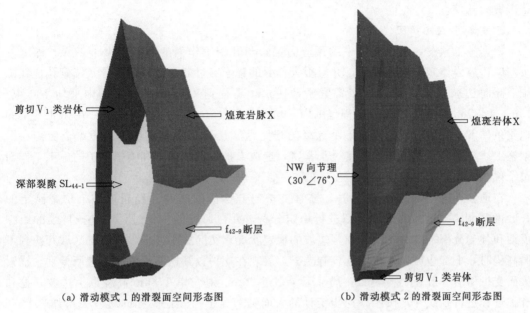

（a）滑动模式 1 的滑裂面空间形态图　　　　　（b）滑动模式 2 的滑裂面空间形态图

图 5-24　左岸变形拉裂岩体可能失稳形式图

动模式 2 的防护。同时如果只进行一层抗剪洞施工后即进行边坡的下挖，安全系数均在 1.100 左右，边坡可能发生失稳破坏，因此最好在两层抗剪洞施工完成后进行边坡下挖；在完成 1883m 高程和 1860m 高程两层的抗剪洞施工后，安全系数在 1.500以上，边坡的稳定性得到了较好的保证，可以进行一定高程范围内边坡的下挖。此时滑动模式 1 相对比较危险，计算分析继续下挖过程中滑动模式 1 的安全系数随高程的开挖变化（见图 5-25），在进行 1790m 高

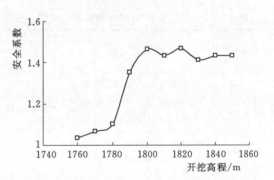

图 5-25　进行 1883m 高程和 1860m 高程两层抗剪洞加固后边坡下挖滑动模式 1 的安全系数变化情况

程以上的开挖时，滑动模式 1 的安全系数均在 1.350 以上，两层抗剪洞能够有效地保证边坡的开挖稳定性；当下挖到 1780m 高程以下时，只采取两层抗剪洞对边坡进行加固处理，滑动模式 1 的安全系数在 1.100 以下，尤其开挖到 1750m 高程以下时，滑动模式 1 的安全系数小于 1.000，边坡的稳定性得不到很好的保证，因此开挖到 1790m 高程时，需要完成 1834m 高程处的抗剪洞，即第三层抗剪洞，才能继续边坡的下挖，以保证边坡开挖的稳定性。

　　根据以上稳定性分析，对断层 f_{42-9} 抗剪洞加固施工程序和进度进行如下分析和调整：

　　（1）边坡开挖至 1885m 高程时，1883m 高程抗剪洞施工完成；1860m 抗剪洞的衬砌、固结灌浆完成，回填混凝土部分完成。此时可以进行边坡的继续下挖，但是应加快完成1860m 高程抗剪洞的回填混凝土和 1834m 高程抗剪洞的施工。

　　（2）当边坡开挖至 1790m 高程时，必须完成 1834m 高程抗剪洞的施工，才能继续进

行边坡的开挖。

2. 分级开挖支护及优化方案

根据施工预案，永久支护中的预应力锚索与开挖工作面的高差不大于 15m。锦屏一级左岸边坡岩体卸荷松弛强烈，并且很大部分的锚索穿过断层破碎带，导致锚索孔成孔困难。同时边坡锚索支护设计布置紧密，1960m 高程到 1885m 高程范围内平均 180 束/15m，1885m 高程到 1730m 高程范围内平均 115 束/15m。实际施工发现，在如此复杂的地质条件下，在边坡开挖完成下个梯级的开挖后，上部 15m 范围的梯级很难全面完成锚索施工。支护与开挖工作面衔接过于紧密，造成支护，包括锚索和喷锚支护的施工工作面过于狭小，导致施工速度和施工工效的进一步下降。

在边坡开挖至 1960m 高程时，锚索支护与开挖面的高差已经超过施工预案制定的15m 的限制，对此时的边坡重新进行稳定分析，并在后续的施工过程中进行持续的跟踪反馈和预测分析，实时了解和预判边坡的稳定状况。实际施工显示，各施工区域开挖到不同高程时，上部边坡岩体稳定性各有差异，表现在支护较开挖滞后的高度有所差别，锚索大面支护滞后一般在 15~30m，局部区域超过 30m。对左岸 1730m 高程以上边坡开挖和支护过程进行了统计，按照开挖步统计的大面锚索支护与开挖高程的对应关系如表 5-8所示，开挖分区如图 5-26 所示。

表 5-8　　　　左岸 1730m 高程以上边坡开挖锚索支护与开挖高程的对应关系

开挖步	开 挖 高 程	锚索大面支护高程	开挖与支护相对高差/m		
			Ⅰ区	Ⅱ区	Ⅲ区
1	Ⅰ区开挖至 2010m 高程，Ⅱ区开挖至 2060m 高程，Ⅲ区开挖至 2080m 高程	Ⅰ区支护至 2050m 高程，Ⅱ区支护至 2080m 高程，Ⅲ区支护至 2100m 高程	40	20	30
2	Ⅰ区开挖至 1950m 高程，Ⅱ区开挖至 1990m 高程，Ⅲ区开挖至 1980m 高程	Ⅰ区支护至 1960m 高程，Ⅱ区支护至 1990m 高程，Ⅲ区支护至 1990m 高程	10	0	10
3	Ⅰ区、Ⅱ区和Ⅲ区均开挖至 1915m 高程	Ⅰ区支护至 1945m 高程，Ⅱ区支护至 1960m 高程，Ⅲ区支护至 1960m 高程	30	45	45
4	Ⅰ区开挖至 1870m 高程，Ⅱ、Ⅲ区开挖至 1885m 高程	Ⅰ区支护至 1915m 高程，Ⅱ区支护至 1945m 高程，Ⅲ区支护至 1915m 高程	45	60	30
5	左岸边坡开挖至 1855m 高程	Ⅰ区支护至 1915m 高程，Ⅱ区支护至 1915m 高程，Ⅲ区支护至 1885m 高程	60	60	30
6	Ⅰ区开挖至 1795m 高程，Ⅱ、Ⅲ开挖至 1810m 高程	Ⅰ区支护至 1825m 高程，Ⅱ区支护至 1825m 高程，Ⅲ区支护至 1825m 高程	30	15	15
7	左岸边坡开挖至 1750m 高程	Ⅰ区支护至 1765m 高程，Ⅱ区支护至 1780m 高程，Ⅲ区支护至 1780m 高程	15	30	30
平均			33	33	27

本工程中，多点位移计是在相邻锚索张拉完成后安装的，主要反映支护综合措施的效果。由于边坡浅表层岩体破碎，完整性差，综合加固施工措施强度较大，各测点位移量大

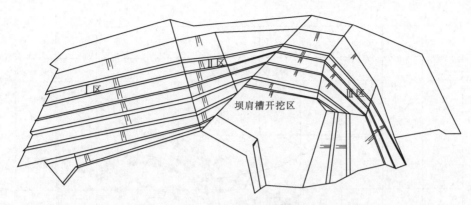

图 5-26　左岸 1730m 高程以上边坡开挖分区图

于 5mm 的部位应引起关注，可以逐一分析其变形的原因和变形机理。此处在 1960m 高程以上和 1960~1885m 高程各选取一支典型的多点位移计进行分析。

（1）多点位移计 M_{11}^4。多点位移计 M_{11}^4 安装 1990m 高程，仪器安装期间，Ⅱ区边坡已经开挖到 1960m 高程，仪器安装滞后于施工开挖进度约 30m 高差。多点位移计测点深度 8m、18m、32m、48m，计算假定 48m 深度处岩体为计算的相对不动点。在 1960m 高程以下开挖过程中，浅表层岩体发生缓慢变形，位移量增加到 6.6mm，变形深度小于 18m，后期有收敛趋势。如图 5-27 所示。从地质剖面图 5-28 可以看出，多点位移计 18m 深度以外存在 $g_{LLⅢ4}$ 和 $f_{LLⅢ5}$ 组成临空三角块体，推测变位原因是属于局部块体变形引起的。本断面其他部位变形较小。

从成果分析，边坡 8m 深范围内变形很小，基本上可作为刚体对待。

（2）多点位移计 M_7^4。多点位移计 M_7^4 位于 f_{42-9} 断层出露部位，仪器安装 1886m 高程，仪器安装时边坡已开挖到 1850m 高程，仪器安装埋设滞后开挖施工进度约 16m 高差。多点位移计各测点安装深度分别为 0m、52m、64m、82m、89.5m，多点位移计安装深度比附近锚索锚固深度多 5m，最深点为相对不动点。在 1840m 高程以下开挖过程中，f_{42-9} 断层和 f_{LB11} 破碎带组成临空小块体发生显著变形，并且这些变形主要发生在浅表岩体内，较深部位的岩体变形微小（见图 5-29、图 5-30）。

监测成果表明，M_7^4 孔口出现了较大位移量的变化，主要变形发生在 8~21m 处。该套仪器测点穿过断层 f_{42-9}，测点位移与边坡开挖对应关系明显，埋设初期随着边坡的下挖，浅表层（30m 范围内）破碎岩体发生较大变形，但随着开挖面远离监测部位及支护措施的跟进，测点附近变形速率明显减小。

从上述典型多点位移计的变形过程分析，有如下结论：

1）边坡变形受到地质条件，特别是断层等结构面的影响较大，断层和破碎带切割形成的块体直接影响到边坡的局部稳定。

2）边坡变形与开挖对应关系明显，埋设初期随着边坡的下挖，发生较大变形，但随着开挖面远离监测部位及支护措施的跟进，变形速率会明显减小。

3）浅表层岩体的位移量较小，多数反映局部岩体变形，与下部坡体开挖及施工活动有关。

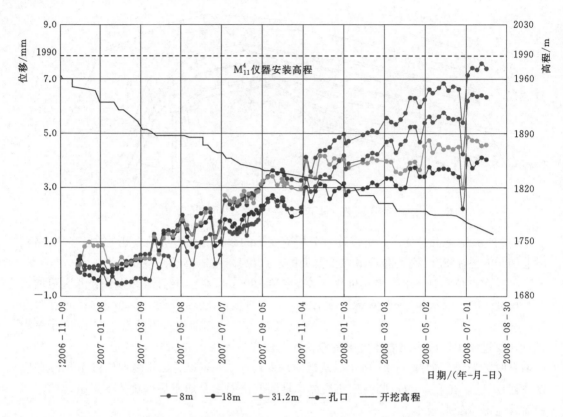

图 5-27 左岸 1960m 高程以上开挖边坡Ⅲ区多点位移计 M_{11}^4 位移变化曲线图

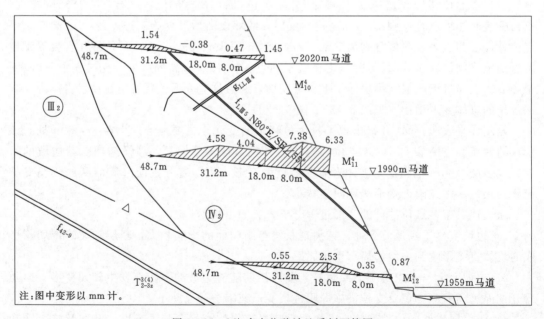

图 5-28 M_{11}^4 多点位移计地质剖面简图

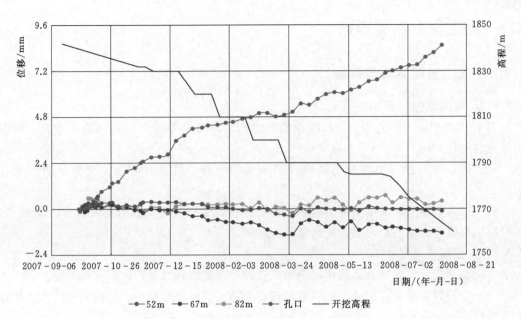

图 5-29　左岸 1885～1960m 高程开挖边坡Ⅲ区多点位移计 M47 位移变化过程线

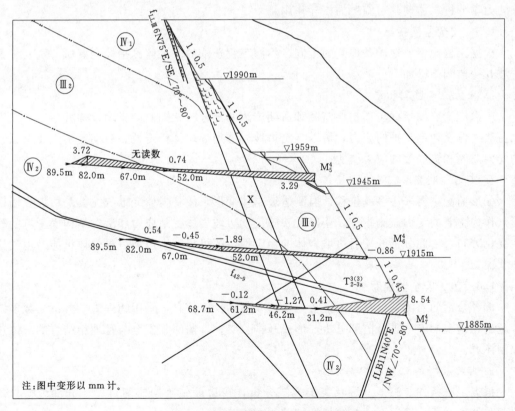

图 5-30　多点位移计 M47 地质剖面简图

5.3 施工安全预警预报

5.3.1 施工监测方案与系统

5.3.1.1 监测目标

加强边坡的施工期监测，注重反馈信息分析工作是非常重要的。一般高边坡工程施工监测的预期目标如下：

（1）通过施工过程中的现场监测及信息反馈分析，研究边坡岩体变形的时空变化规律。

（2）结合第一阶段前期的施工监测资料的分析，建立施工期变形监测数据分析模型，评判施工期边坡岩体的稳定性，优化施工方案。

5.3.1.2 监测技术要求

（1）监测项目应针对具体的地形及地质条件和监测目标选择，体现其针对性。

（2）监测数据采集应按施工程序紧跟开挖坡面，同时及时分析、反馈监测信息，体现其及时性。

（3）监测信息反馈分析应配合分层分区开挖和支护的施工程序进行，结合施工临时支护的力学分析，体现其对施工的指导作用。

5.3.1.3 安全监测指标

根据工程规模、地质条件等的不同，不同工程选取的安全监测指标会有所差别。主要边坡开挖监测指标如下。

1. 应力应变监测指标

应力应变监测指标包括初期监测和后期监测两部分。初期监测指埋设锚杆应力计，用以监测岩体及初期支护的应力，借以判定边坡岩体局部块体稳定性。后期监测主要指锚索的受力监测和锚筋束的应力监测。

2. 变形监测指标

变形监测主要采用多点位移计监测边坡岩体变形，故将岩体变形（尤其是边坡表面变形）作为主要的变形监测指标，用以反映施工期边坡岩体受地应力和潜在结构面影响的时空变化分布，由此分析开挖后边坡岩体的稳定性，还可反映出边坡表层岩体可能产生的松弛状况。

5.3.1.4 施工安全监控系统

选择合适的监测指标及控制方法，及时收集和反馈信息，采用物理力学分析与数理统计分析相结合的方法进行监测分析，形成开挖、支护、监测、安全与管理相结合的一体化控制体系。

1. 监测指标的分析及控制方法

根据工程条件、施工方法及支护方式分析，按边坡施工期监测目标，分部位、分高程、分施工时段，确定不同监测指标的控制方法。

（1）开挖初期。在高边坡上部开挖施工中，开挖初期监测控制的一个基本目标，是通过监测指标的测值及变化规律，以判断裸露岩体的局部稳定程度。考虑边坡开挖高度、岩体结构面的交叉切割等因素，开挖临空面和裸露是导致岩体可能产生局部失稳的关键所在。可采用分析关键块体锚杆应力测值变化的控制方法，具体为：在高边坡开挖初期，采用锚杆应力计测值反映边坡岩体关键块体的初期变形、滑移和松动状态，按应力水平随时间变化的发展情况及变化速率控制岩体关键块体的局部稳定性。

（2）开挖后期。在开挖后期，随着边坡开挖高度增加、地应力逐渐释放和边坡加固处理，上部边坡的稳定安全性主要取决于已加固边坡岩体的整体稳定性，可通过分析边坡岩体变形及其变化规律，来反映边坡所处力学环境及受力状态的变化。可采用多点位移计监测边坡岩体整体变形状态及发展规律的控制方法，具体如下：

1）在各层开挖后分析岩体变形测值沿高程和开挖高度的分布形态及变化规律，由此确定关键监测断面及关键监测点，并根据关键监测点的变形测值变化指导开挖施工，包括已开挖面临时支护措施的实施、下挖施工程序安排和施工方法确定。

2）分层分析开挖施工对岩体近开挖面变形的影响。岩体近开挖面变形一般随时间与开挖高程变化呈强非线性变化，可应用岩体变形逐次分析模型模拟这种非线性关系，按逐次预测、对比、分析的方法实现对近开挖面的变形的动态分析和控制。

（3）边坡开挖后的施工期。主要指边坡开挖完成后，大坝基坑开挖和混凝土浇筑的施工时间段，考虑土建、安装施工及配合工作，本阶段持续时间相对较长。对已开挖并加固处理完成的边坡，主要考虑其岩体整体变形水平及发展状况。

2．施工监测控制系统

施工监测控制系统包括安全监控管理系统和开挖施工实时监控系统两部分。

（1）安全监控管理系统。考虑到拱坝高边坡工程施工的难度及施工期安全问题突出，为利于监测值及控制信息的传递和反馈，应建立安全监控管理系统。

（2）开挖施工实时监控系统。高边坡工程所处工程地质环境复杂，且开挖高度大，开挖范围大，施工期安全监测项目较多，所埋设仪器也较多，应建立一套能与高边坡开挖施工现场相适应的安全监控系统，方能在瞬息万变的施工动态过程中，完成安全监测指标的控制，从而达到对高边坡开挖施工期安全控制的目的。

按新奥法对岩体和支护的动态信息进行实时监测并及时反馈的设计思想，结合工程条件、监测系统布置、边坡高陡的特点及前期工作开展情况，确定高边坡开挖施工实时监控系统的结构模块如图 5-31 所示。

5.3.2 预警预报方法

高边坡工程地质条件和施工程序复杂，开挖施工引起的岩体变形并不是单调增加，尤其是施工监测期，岩体变形随时间和空间的变化均呈现非线性波动变化，加之高边坡分层、分区，立体交叉施工的多因素干扰，若采用一般的回归分析方法描述其监测变形的变化规律，往往难以取得好的效果。

为此，基于拱坝高边坡施工期所开展的具体工作，将施工期稳定分析过程分为施工开挖阶段和施工暂停阶段，采用力学分析和数理统计分析相结合的综合分析法，建立高边坡施工期稳定性分析的混合模型。

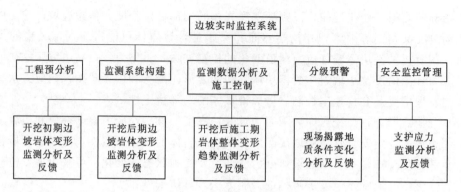

图 5-31　边坡实时监控系统的结构模块框图

首先，采用力学分析方法，在各层施工开挖阶段，利用二维数值模拟手段，根据高边坡施工方法和施工程序，结合现场施工工序，对高边坡开挖支护过程进行动态模拟，重点分析施工期开挖因子对边坡变形的影响，以此获得边坡各层开挖完成时间点的边坡岩体变形值。

其次，采用数理统计分析方法，在各层施工暂停阶段，应用遗传算法和神经网络理论，以边坡施工期监测数据序列为对象，结合现场施工程序和施工进尺记录，建立遗传神经网络时效变形预测模型，重点分析分层开挖过程中相邻层开挖施工暂停阶段时间因子对边坡变形的影响，以此获得相邻层开挖施工暂停阶段的边坡岩体变形值序列。

最后，根据力学分析和数理统计分析建立的混合模型获得的变形计算预测值，根据时序变化曲线可获得与工程形象相对应的监测值，并与变形计算预测值相比较，分析其是否接近或超过警戒值，同时对监测量变化速率进行分析，研究当前所采用的开挖程序和支护方式是否合理等。通过建立高边坡施工期稳定性分析混合模型，以此来分析工程施工期分层开挖过程的稳定性，及时排除施工期的安全隐患，保障施工安全。

5.3.2.1　混合 GA-BP 算法的原理

GA-BP 网络模型是以 BP 网络为基础，先用 GA 优化 BP 网络权值与阈值，进行网络的初调，然后把初调后的神经网络权值、阈值向量赋予 BP 网络，再利用神经网络的局部搜索能力得到网络的近似最优值。该模型理论上不仅避免了 BP 网络收敛慢和易陷入局部极小值的缺点，也充分发挥了 GA 的全局收敛性的优点，同时也利用了 BP 网络较强的局部微调能力，加快了算法的收敛速度。

5.3.2.2　GA-BP 算法的实现

以锦屏一级左岸边坡施工期监测数据序列为对象，结合现场施工程序和施工进尺记录，分析了影响施工期监测数据变化的主要因素，重点分析分层开挖过程中相邻层开挖施工暂停阶段的时效变形，采用数理统计分析，应用遗传算法和神经网络理论，探索相邻层开挖施工暂停阶段变形监测数据的 GA-BP 时效变形预测模型的建立。

GA-BP 模型流程如图 5-32 所示。

具体流程如下：

（1）初始化种群。

（2）确定 GA 的有关参数及终止条件。

（3）初始化 GA 并执行操作。

（4）评价，解码给 BP 网络计算各个染色体的适应度。

（5）判断 GA 网络是否达到终止条件，若达到终止条件，则计算结束，转入步骤（8）继续执行；若没有达到终止条件，则执行以下步骤。

（6）GA 操作：选择，交叉，变异。

（7）产生新一代的染色体，转到步骤（4），进行循环操作。

（8）利用 BP 网络对 GA 搜索到的近似最优值进行微调，提高解的精度，直到满足条件后进入下一步骤。

（9）利用样本计算的 BP 网络模型，输入测试样本进行对比分析。

（10）利用得到的网络进行预测分析。

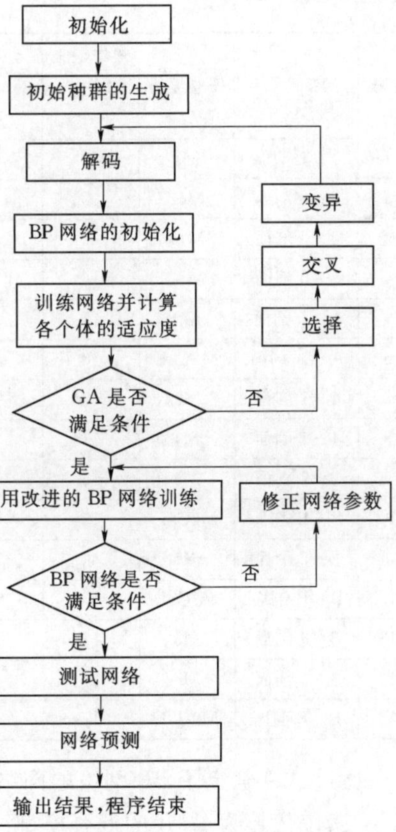

5.3.2.3　基于遗传算法与 BP 网络边坡岩体变形预报模型建立

1. 影响岩体变形主要因素分析

模型主要考虑边坡岩体的地质状况、仪器埋设位置、仪器开始测量前空间与时间状况、测量结束时空间与时间状况等 4 项可量化因子。

图 5-32　GA-BP 算法流程图

（1）地质因素。地质参数采用地质报告中给出弹性模量（GPa）X_1 和岩体分类 X_2 两个地层物性参数来表示。

（2）仪器埋设位置。为了准确表示仪器所处位置，引入了仪器安装高度 X_3 来对仪器进行定位。

（3）开始测量前空间与时间状况。边坡开挖到仪器安装高程时刻距离仪器埋设（测量）时刻的时间段内边坡继续开挖，为了描述该段时间段内边坡的空间变化，引入边坡的测量前开挖高度（m）X_4；为了补偿该时间段内岩体的变形，引入了测量开始前时间（d）X_5。

（4）测量结束时空间与时间状况。为了表示岩体变形与边坡的开挖的时间效应关系，采用完整的仪器测量时长（d）X_6；为了表示岩体变形与边坡的整体开挖关系，引入边坡测量结束的实际开挖高度表示开挖深度（m）X_7。

2. 预测结果分析及检验

评价一个模型科学性的一个重要的方面是模型的范化能力，为了检验模型的范化能力，在建模时将采用的组样本按照 8：1 分成两部分，一部分是训练样本，剩下的样本作为网络的测试样本。为了尽可能反映模型的预测能力，测试样本的选取采用从边坡监测断面中随机选择，尽可能从每个横断面的仪器测量值中选取一个作为测试样本进行计算，测试样本见表 5-9。

表 5 - 9　　　　　　　　　　　　网 络 的 测 试 样 本

序号	断面号	仪器编号	弹性模量 X_1 /GPa	岩体类别 X_2	安装高度 X_3 /m	测量前开挖深度 X_4 /m	测量前时长 X_5 /d	测量时长 X_6 /d	开挖深度 X_7 /m	测量位移 u /mm
1	$1'-1'$剖面	M1	13	4	183.8	237.5	222	269	77.5	3.62
2	3 - 3 剖面	M10	15	4	80	140	93	529	150	1.23
3	3 - 3 剖面	M11	9	5	110	140	56	567	175	4.75
4	3 - 3 剖面	M12	16	4	138	185	37	221	60	-0.1
5	$1'-1'$剖面	M2	15	4	213.8	245	168	249	75	1.78
6	A - A 剖面	M2C3L	10	5	275.5	290	16	117	45	6.21
7	1 - 1 剖面	M3	17	4	183.8	219	146	345	96	0.83
8	1 - 1 剖面	M4	11	4	213.8	237.5	153	253	82.5	4.53
9	2 - 2 剖面	M5	15	4	153.8	185	69	393	105	0.91
10	$B'-B'$剖面	M6C3L	15	4	247	268	42	284	82	-0.3
11	2 - 2 剖面	M7	9	5	213.8	238	133	78	37	3.16
12	$B'-B'$剖面	M7C3L	17	4	277	305	148	101	45	4.15
13	3 - 3 剖面	M8	17	4	17.32	51	100	760	269	-0.89
14	3 - 3 剖面	M9	17	4	45.53	69.5	70	112	70.5	0.1
15	B - B 剖面	M9C3L	17	4	241.5	245	11	180	60	0.74

通过试算确定了 BP 网络的网络结构，含有两个隐层的神经网络，GA 的种群规模为 120，遗传代数为 10 代的混合模型。

采用如上所述网络模型经过计算，GA 达到设置条件（遗传代数为 10）后退出得出，BP 神经网络经过 200 步微调后得到网络设置精度。图 5 - 33 为 GA 优化 BP 网络过程中适应度的变化示意图。图 5 - 34 为 GA 优化 BP 网络后 BP 网络微调过程中训练的误差性能曲线。

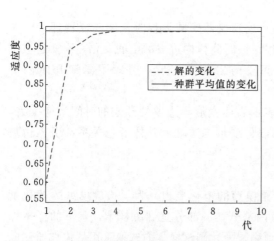

图 5 - 33　GA - BP 模型训练过程中 GA 的适应度变化　　图 5 - 34　GA - BP 模型训练的误差性能曲线

采用 sim( ) 函数对训练后 BP 的网络进行验证，$a = \mathrm{sim}(\mathrm{net}, p)$，经计算后的输出

值和目标值如图 5-35 所示，计算后的输出值和目标值完全吻合，证明训练过后的 BP 网络是可行的。利用线性回归方法分析了变形预测值和实测值的关系，即预测值相对实测值的变化率，从而评估网络的预测结果。图 5-36 表示训练后网络的输出值和目标值的关系，横坐标为实测值，纵坐标为预测值，虚线为理想回归直线，实线为最优回归直线。从图 5-36 可以看出 BP 网络的仿真效果良好。

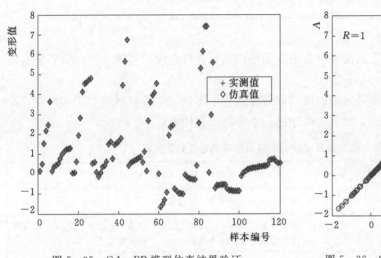

图 5-35　GA-BP 模型仿真结果验证　　　　图 5-36　GA-BP 模型仿真结果比较

利用训练后的网络对典型测试样本进行预测，得到如图 5-37、图 5-38 所示的网络预测值和实测值关系图。

将分析得到的变形预测值同实测结果相比较，判断两者的符合程度。常用的判断准则有多种，这里采用一种称为"后验差"的检验方法对预测值的可信程度作出检验。可以得出本组预测结果：$C=0.096$，$P=1.0$，通过对比预测结果检验见表 5-10，可知本组预测

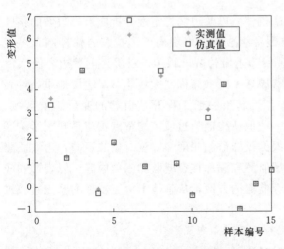

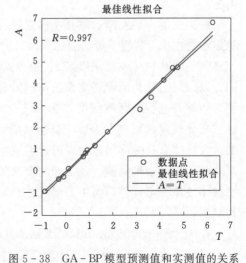

图 5-37　GA-BP 模型预测值和实测值的关系曲线　　　图 5-38　GA-BP 模型预测值和实测值的关系

结果指标为优，预测结果是有效的。

表 5-10　　　　　　　　　　　　预测结果检验表

指标	优	合格	勉强	不合格
P	>0.95	>0.80	>0.70	≤0.70
C	<0.35	<0.50	<0.65	≥0.65

5.3.2.4　预警指标

在施工中为了施工安全，需要对监测量和预测指标进行合理的评估，并在结果显示有可能发生危险时采取适当的工程措施。

根据锦屏一级拱坝左岸拱肩槽边坡实际开挖过程中出现的边坡变形速率变化规律以及测值水平，采取了如表 5-11 所示的指标进行指标判定和预警。

表 5-11　　　　　　锦屏一级边坡开挖过程中建议警戒等级及判定指标

警戒等级	变形速率/(mm/d)	相 应 工 程 措 施
安全	<0.1	绿灯：继续按施工方案正常开挖和支护
一级警戒	0.1～0.2	黄灯：施工开挖可继续，但需加强监测，并适当放缓开挖速度，及时跟进支护或适当加强支护，待变形速率减小时再正常施工
二级警戒	≥0.2	红灯：停工，加强支护，直至监测确定变形速率实质性减小时方可复工

5.3.3　动态监测与预警预报

5.3.3.1　边坡施工安全监测系统布置

安全监测系统应结合边坡特点进行设计。一般边坡以整体稳定性监测为主，兼顾局部稳定性监测；稳定性监测以变形监测为主；对于滑动面确定的滑坡，以地表变形监测为主。

根据锦屏一级左岸边坡开挖揭露的地质条件，以及边坡稳定性分析成果，边坡的整体稳定性受由 f_{42-9} 断层、煌斑岩脉、SL_{44-1} 拉裂带组成的左岸坝肩变形拉裂岩体控制，可能变形失稳滑移破坏模式是以 SL_{44-1} 松弛拉裂带为上游边界，以 f_{42-9} 断层为下游边界及底滑面，以煌斑岩脉为后缘切割面的楔形体滑移破坏模式（简称"大块体"）。边坡地质条件表明，边坡开挖影响区域深度可达 80～90m，远超出一般工程开挖引起的变形影响区域。边坡岩体较深区域存在变形拉裂缝和其他一些地质构造，边坡监测重点相应是开挖影响区的"大块体"和地质构造边界附近区域。根据仪器监测深度和监测对象的不同，边坡监测可划分为表面变形监测、浅部开挖影响区域监测和深部拉裂缝监测三项内容。以表面和浅层坡体整体稳定性监测为主，同时兼顾深部监测的方案，从整体上由表及里的监控边坡工作状态。

1. 缆机平台 1960m 高程以上施工监测断面及测点布置

缆机平台 1960m 高程以上施工期监测共布置有监测断面 3 个，多点位移计 11 支，锚杆应力计 8 支，锚索测力计 79 支。具体布置情况见表 5-12。

表 5 - 12　　　　　缆机平台 1960m 高程以上施工监测断面及仪器数量统计表

序号	项目	监测仪器	部位	监测断面数/个	仪器数量/支	仪器小计/支
1	岩体变形	多点位移计	Ⅰ区	1	3	11
			Ⅱ区	1	3	
			Ⅲ区	1	5	
2	岩体应力	锚杆应力计	Ⅰ区	1	2	8
			Ⅱ区	1	2	
			Ⅲ区	1	4	
3	锚索受力	锚索测力计	Ⅰ区	—	17	79
			Ⅱ区	—	35	
			Ⅲ区	—	27	

2. 1885m 高程缆机平台施工监测断面及测点布置

1885m 高程缆机平台施工期监测共布置有监测断面 7 个,多点位移计 15 支,锚杆应力计 14 支,锚索测力计 47 支。具体布置情况见表 5 - 13。

表 5 - 13　　　　　　　1885m 高程缆机平台施工监测断面及仪器数量统计表

序号	项目	监测仪器	部位	监测断面数/个	仪器数量/支	仪器小计/支
1	岩体变形	多点位移计	Ⅰ区	2	4	15
			Ⅱ区	3	7	
			Ⅲ区	2	4	
2	岩体应力	锚杆应力计	Ⅰ区	2	4	14
			Ⅱ区	3	6	
			Ⅲ区	2	4	
3	锚索受力	锚索测力计	Ⅰ区	—	22	47
			Ⅱ区	—	13	
			Ⅲ区	—	12	

3. 1885～1720m 高程施工监测断面及测点布置

1885～1720m 高程施工期监测共布置有监测断面 12 个,多点位移计 27 支,锚杆应力计 18 支,锚索测力计 63 支。具体布置情况见表 5 - 14。

表 5 - 14　　　　　　　1885～1720m 高程施工监测断面及仪器数量统计表

序号	项目	监测仪器	部位	监测断面数/个	仪器数量/支	仪器小计/支
1	岩体变形	多点位移计	拱肩槽	1	5	27
			Ⅰ区	2	11	
			Ⅱ区	1	3	
			Ⅲ区	2	8	

序号	项目	监测仪器	部位	监测断面数/个	仪器数量/支	仪器小计/支
2	岩体应力	锚杆应力计	拱肩槽	1	5	18
			Ⅰ区	2	6	
			Ⅱ区	1	2	
			Ⅲ区	2	5	
3	锚索受力	锚索测力计	—	—	63	63

5.3.3.2　边坡开挖施工监测预测模型

以遗传网络失效变形模型为基础，以锦屏一级左岸边坡拱肩槽所在的 V-V 剖面为典型剖面，以该剖面 1960～1885m 高程之间的多点位移计 M_4（高程 1886.2m）所在位置为监测点，以此为例建立高边坡施工期稳定性分析混合模型。

1. 施工开挖阶段稳定性分析

施工开挖阶段即为：分层开挖过程中，每层开始开挖时的时间点到该层开挖完成时的时间点。通过对工程施工开挖阶段施工过程动态仿真分析，得到 M_4 监测点在开挖阶段随各层开挖完成时的变形表和 M_4 监测点在开挖阶段随各层开挖完成时的变形曲线，见表 5-15 和图 5-39。

表 5-15　　　　M_4 监测点在开挖阶段随各层开挖完成时的变形表

开挖分层	分层高程/m	开挖完成时间/（年-月-日）	该层开挖完成时变形值/mm
g_1	1885～1870	2007-09-30	0.808
g_2	1870～1855	2007-11-03	3.081
g_3	1855～1840	2008-01-12	4.359
g_4	1840～1825	2008-04-02	4.676
g_5	1825～1810	2008-04-26	4.604
g_6	1810～1795	2008-06-07	4.563
g_7	1795～1780	2008-07-06	4.489
g_8	1780～1765	2008-08-30	4.455
g_9	1765～1750	2008-09-13	4.454
g_{10}	1750～1730	2008-10-25	4.578
g_{11}	1730～1720	2008-11-01	4.539
g_{12}	1720～1710	2008-11-16	4.477
g_{13}	1710～1700	2008-12-07	4.413
g_{14}	1700～1690	2008-12-09	4.347
g_{15}	1690～1680	2009-01-11	4.275
g_{16}	1680～1670	2009-02-08	4.212
g_{17}	1670～1660	2009-02-22	4.178
g_{18}	1660～1650	2009-02-28	4.142

续表

开挖分层	分层高程/m	开挖完成时间/(年-月-日)	该层开挖完成时变形值/mm
g_{19}	1650～1640	2009-03-15	4.110
g_{20}	1640～1630	2009-03-21	4.042
g_{21}	1630～1620	2009-04-19	3.987
g_{22}	1620～1610	2009-05-10	3.917
g_{23}	1610～1600	2009-06-14	3.863
g_{24}	1600～1595	2009-07-19	3.829
g_{25}	1595～1590	2009-07-25	3.811
g_{26}	1590～1585	2009-08-08	3.795
g_{27}	1585～1580	2009-09-16	3.779

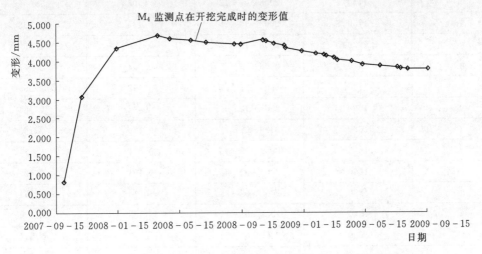

图5-39 M_4 监测点在开挖阶段随各层开挖完成时的变形曲线

分析 M_4 监测点在开挖阶段随各层开挖完成时的变形曲线可知，开挖初期，随着各分层开挖的完成，岩体变形逐渐增大，变形速率较大，开挖因子对变形影响显著。在 g_4 层开挖完成时，M_4 监测点岩体变形值出现最大值，为4.676mm。从 g_5 层开挖完成时开始，岩体变形明显减缓，开始趋于稳定，开挖因子对岩体的变形影响弱于开挖初期产生的影响。

分析表5-15可知，在施工开挖阶段，M_4 监测点变形值普遍较大，分层开挖对 M_4 监测点变形影响较显著。这主要由于 M_4 监测点位于高程1886.20m，紧邻开挖区域高程1885～1580m。

2. 施工暂停阶段稳定性分析

暂停阶段即为：分层开挖过程中，本层开挖完成时的时间点到下层开始开挖时的时间点。通过对工程各层施工暂停阶段建立遗传神经网络时效变形预测模型，得到 M_4 监测点相邻层施工暂停阶段变形值和 M_4 监测点相邻层施工暂停阶段变形累计曲线，见表5-16和图5-40。

表 5 - 16　　　　　　　　M₄ 监测点相邻层施工暂停阶段变形表

施工暂停层	开挖完成高程 /m	开挖完成时间 /(年-月-日)	该暂停阶段变形值 /mm	暂停阶段累计 变形值/mm
g_1	1870	2007 - 09 - 30		
g_2	1855	2007 - 11 - 03	0.369	0.369
g_3	1840	2008 - 01 - 12	1.119	1.489
g_4	1825	2008 - 04 - 02	0.156	1.644
g_5	1810	2008 - 04 - 26	0.239	1.883
g_6	1795	2008 - 06 - 07	0.194	2.077
g_7	1780	2008 - 07 - 06	−0.007	2.070
g_8	1765	2008 - 08 - 30	0.062	2.132
g_9	1750	2008 - 09 - 13	−0.033	2.099
g_{10}	1730	2008 - 10 - 25	0.489	2.588
g_{11}	1720	2008 - 11 - 01	0.170	2.759
g_{12}	1710	2008 - 11 - 16	0.054	2.813
g_{13}	1700	2008 - 12 - 07	0.192	3.005
g_{14}	1690	2008 - 12 - 09	−0.021	2.984
g_{15}	1680	2009 - 01 - 11	0.179	3.163
g_{16}	1670	2009 - 02 - 08	0.271	3.434
g_{17}	1660	2009 - 02 - 22	0.194	3.627
g_{18}	1650	2009 - 02 - 28	−0.156	3.471
g_{19}	1640	2009 - 03 - 15	0.102	3.574
g_{20}	1630	2009 - 03 - 21	−0.158	3.416
g_{21}	1620	2009 - 04 - 19	0.111	3.527
g_{22}	1610	2009 - 05 - 10	0.107	3.634
g_{23}	1600	2009 - 06 - 14	0.180	3.814
g_{24}	1595	2009 - 07 - 19	0.111	3.925
g_{25}	1590	2009 - 07 - 25	0.117	4.042
g_{26}	1585	2009 - 08 - 08	0.011	4.052
g_{27}	1580	2009 - 09 - 16	0.144	4.196

　　分析 M₄ 监测点相邻层施工暂停阶段变形累计曲线可知，开挖初期，随着各分层开挖的完成，施工暂停阶段岩体变形逐渐增大，变形速率较大，时间因子对变形影响显著。开挖中后期，由于开挖面临时支护措施的实施，下挖施工程序和施工方法的合理安排，施工暂停阶段岩体累计变形增加速率逐步放缓，趋于稳定，变形规律无发散，并最终收敛于 4.000mm 附近，最终收敛位移较小。

　　3. 施工期稳定性分析混合模型

　　通过对工程各层施工开挖阶段和施工暂停阶段采用综合分析法，建立高边坡施工期稳

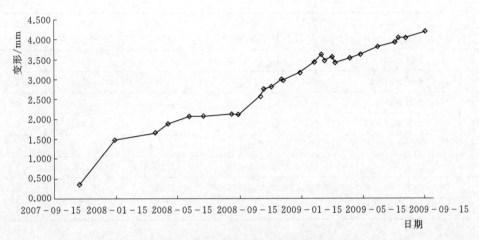

图 5-40　M₄ 监测点相邻层施工暂停阶段变形累计曲线

定性分析混合模型，得到 M₄ 监测点施工期混合模型结果分析表和 M₄ 监测点变形计算预测值与监测值比较曲线，见表 5-17 和图 5-41。

表 5-17　　　　　　　　　　M₄ 监测点施工期混合模型结果分析表

开挖分层	时间 /（年-月-日）	施工开挖 阶段变形	暂停阶段 累计变形	计算预测 变形值	监测 变形值	相对误差 /%
g_1	2007-09-30	0.808				
g_2	2007-11-03	3.081	0.369	3.450	0.497	593.99
g_3	2008-01-12	4.359	1.489	5.848	4.382	33.46
g_4	2008-04-02	4.676	1.644	6.320	4.905	28.85
g_5	2008-04-26	4.604	1.883	6.487	5.196	24.84
g_6	2008-06-07	4.563	2.077	6.640	5.345	24.23
g_7	2008-07-06	4.489	2.070	6.559	5.315	23.40
g_8	2008-08-30	4.455	2.132	6.587	5.483	20.13
g_9	2008-09-13	4.454	2.099	6.553	5.394	21.48
g_{10}	2008-10-25	4.578	2.588	7.166	7.832	8.50
g_{11}	2008-11-01	4.539	2.759	7.298	8.337	12.46
g_{12}	2008-11-16	4.477	2.813	7.290	8.242	11.55
g_{13}	2008-12-07	4.413	3.005	7.418	8.488	12.60
g_{14}	2008-12-09	4.347	2.984	7.330	8.467	13.42
g_{15}	2009-01-11	4.275	3.163	7.438	8.555	13.06
g_{16}	2009-02-08	4.212	3.434	7.646	8.701	12.13
g_{17}	2009-02-22	4.178	3.627	7.805	8.922	12.51
g_{18}	2009-02-28	4.142	3.471	7.614	8.621	11.68
g_{19}	2009-03-15	4.110	3.574	7.684	8.661	11.28

续表

开挖分层	时间 /(年-月-日)	施工开挖 阶段变形	暂停阶段 累计变形	计算预测 变形值	监测 变形值	相对误差 /%
g_{20}	2009-03-21	4.042	3.416	7.457	8.344	10.63
g_{21}	2009-04-19	3.987	3.527	7.514	8.193	8.30
g_{22}	2009-05-10	3.917	3.634	7.551	8.419	10.32
g_{23}	2009-06-14	3.863	3.814	7.677	8.246	6.90
g_{24}	2009-07-19	3.829	3.925	7.754	8.273	6.27
g_{25}	2009-07-25	3.811	4.042	7.853	8.182	4.03
g_{26}	2009-08-08	3.795	4.052	7.847	8.387	6.44
g_{27}	2009-09-16	3.779	4.196	7.975	8.549	6.71

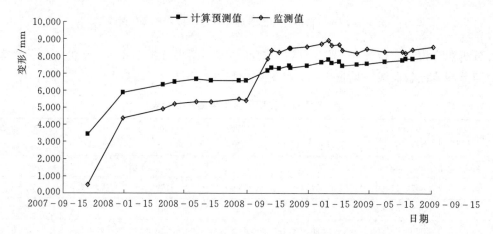

图 5-41　M_4 监测点变形计算预测值与监测值比较曲线

　　多点位移计 M_4 处于监测初期，受灌浆等影响，监测数值不稳定，因此计算预测变形值和监测变形值误差较大，下面着重以 $g_3 \sim g_{27}$ 层开挖为例分析高边坡施工期稳定性分析混合模型在依托工程的应用。

　　分析表 5-17 和图 5-41 可知，对于 M_4 监测点，根据施工期混合模型分析，计算预测变形值与监测变形值平均误差为 14.21%，最大误差为 33.46%，最大误差发生在 g_3 层，主要由于多点位移计 M_4 处于监测初期，受灌浆等影响，监测值不稳定。到后期，混合模型计算预测值的相对误差已控制在 10% 以内。

　　总体来说，混合模型分析的计算预测值与监测值分布规律相同，数值接近，混合模型精度较高，基本反映了监测点所在位置岩体变形随分层开挖的变化规律，能够满足工程现场的需要。进一步分析发现，随着各分层开挖层数的增加，逐层将计算预测值与监测值比较，修正分析混合模型参数，再进行下一层的计算预测，如此循环，混合模型计算预测值更稳定，预测精度更高。

　　分析 M_4 监测点变形计算预测值与监测值比较曲线可知，开挖初期，岩体变形增大较快，变形速率较大，变形值已占最终收敛值的大部分，这是由于 M_4 监测点位于高程

1886.20m，紧邻开挖区域高程1885～1580m，开挖初期的开挖层距M₄监测点较近，施工影响较显著。开挖后期，由于开挖面临时支护措施的实施，下挖施工程序和施工方法的合理安排，岩体变形增加速率逐步放缓，整体变形趋于稳定，变形规律无发散，并最终收敛于8.000mm左右，最终收敛位移较小。

5.3.3.3　边坡开挖分级预警和工程技术措施

1. 监测变形速率-时间变化及相应工程措施分析

在锦屏一级左岸高边坡工程中，施工期监测数据变化是众多因素变化的综合体现，因此在分析安全监控指标时，一方面是从监测物理量的数值大小进行分析和判断，比较的标准可以是施工期有限元预分析和反馈分析的计算成果，也可以是利用经验公式计算和分析的成果；另一方面还应注重监测物理量的变化分析，以变形、应力等监测量的变化趋势和变化速率进行判断。

根据对开挖施工期各监测断面的变形测值及变化速率的统计可知，不同断面的实测值和变化速率有较大差异，以拱肩槽所在的典型剖面为例，通过上述边坡开挖混合GA-BP预测模型和现场监测信息综合分析开挖过程中边坡变形变化速率。

拱肩槽所在的典型剖面在1960～1885m高程之间共布置了2个多点位移计，分别为M₄（高程1886.20m）和M₃（高程1916.20m）。表5-18统计了各层开挖时各多点位移计的最大变形值和最大变形速率。由表可知，M₃仪器在工况1出现较大变形速率，为0.194mm/d。M₄在工况3开挖中出现最大变形速率为0.169mm/d，数值稍小。需要对M₃进行重点分析。

表5-18　　　　　　　各多点位移计最大变形值及变化速率分层统计表

仪器	M₄（高程1886.20m）		M₃（高程1916.20m）	
开挖分层	u/mm	$\Delta u/\Delta t$/(mm/d)	u/mm	$\Delta u/\Delta t$/(mm/d)
g_1	—	—	0.447	0.194
g_2	0.099	0.020	0.704	0.040
g_3	2.755	0.169	0.742	−0.040
g_4	3.651	0.083	0.824	0.046
g_5	3.971	0.031	0.745	−0.022
g_6	4.093	0.018	0.767	−0.019
g_7	4.538	0.052	0.890	0.002
g_8	4.582	0.037	1.179	0.022
g_9	5.088	0.030	1.182	0.007
g_{10}	6.848	0.090	1.321	0.077
g_{11}	7.014	0.046	1.135	0.032
g_{12}	7.168	0.026	1.407	0.026

续表

仪器	M₄ （高程 1886.20m）		M₃ （高程 1916.20m）	
开挖分层	u/mm	$\Delta u/\Delta t/(\text{mm/d})$	u/mm	$\Delta u/\Delta t/(\text{mm/d})$
g_{13}	7.181	0.047	1.502	0.022
g_{14}	7.466	−0.021	1.417	−0.014
g_{15}	8.202	0.169	1.746	−0.013
g_{16}	7.776	−0.080	1.844	0.040
g_{17}	7.898	−0.058	2.044	0.017
g_{18}	8.070	0.025	1.565	−0.068
g_{19}	7.725	−0.164	1.217	−0.145
g_{20}	7.498	0.052	1.290	0.010
g_{21}	7.645	−0.032	1.258	0.068
g_{22}	8.035	0.081	1.417	0.028
g_{23}	8.483	0.108	1.531	−0.066
g_{24}	8.208	−0.087	1.245	−0.061
g_{25}	7.942	0.073	1.321	0.078
g_{26}	7.738	−0.029	1.417	0.024
g_{27}	7.715	−0.021	1.290	−0.016
截至已有监测数据	9.382	−0.066	1.470	−0.056

多点位移计 M₃ 监测到的最大变形速率值为 0.194mm/d，发生时间为 2007 年 8 月 13—16 日。该周施工周报反映，工区普降大雨，受降雨影响，2007 年 8 月 13—16 日，变形突然增大，由 −0.14mm 增加至 0.45mm，相应变形速率达到 0.194mm/d，故进行一级预警，要求在加强观测的条件下继续施工。随着降雨结束，边坡变形明显减缓，8 月 20 日已减小到 0.1mm/d 以下。截至已有监测数据，该仪器一直保持较低的变形速率（小于 0.1mm/d）。

通过上述案例我们可以清晰地看到安全预警对边坡施工的影响。安全预警值为施工提供决策依据，并且论证已开挖边坡及其支护的稳定性。通过分析变形原因、督促支护工程施工进度、明确加密监测频次、确定加固支护方案等一系列措施的实施，及时有效地保证了高边坡开挖施工过程的安全稳定。

2. 施工期安全监控指标的建立和预警分析

通过高边坡施工期混合 GA-BP 模型和对拱肩槽典型剖面多点位移计观测数据的处理和分析，可得出以下结论：

（1）各测点的变形速率雨季较大，其余时段的位移数值变化稍小，但总体变形速率值偏小，这与多点位移计安装于锚索完成后有关，表明支护措施及时且得当。

（2）开挖过程中尽管出现了较大变形值和变形速率值，但由于及时预警，并及时采取了加强支护和停止或延缓开挖等工程措施，有效地控制了变形速率的进一步增大。这说明在开挖过程中，边坡变形速率在可控制范围内。针对具体监测变形变化情况进行预警工作，达到及时调整现场施工措施，降低了拱肩槽边坡开挖而发生安全事故的可能性，保障了施工安全。这个过程也就是监测动态反馈开挖支护的过程。

5.4 施工信息三维可视化动态管理

水利水电工程高边坡面临着地质条件、施工、环境影响量等一系列不确定因素，影响边坡稳定性和造成边坡失稳的原因，是多因素、多变量、强耦合、非线性综合作用的结果。因此，应考虑在地质、施工、环境影响量等多源信息的复杂环境下，建立工程边坡安全实时监测分析和时空预测的综合管理系统。

结合大型水利水电工程岩石高边坡工程，依据工程施工期布设的安全监测系统所获得的海量监测数据资料，应用计算机三维建模、虚拟现实、数据库、计算机网络等先进技术方法，实现基于计算机三维可视化理论和方法的岩石边坡工程工作性态的智能、动态、直观的多方法综合集成分析。

5.4.1 三维动态可视化管理系统模块

三维动态可视化管理系统主要功能模块包括：边坡施工信息管理模块、边坡施工过程三维实时可视化模块、监测数据管理与预测预警模块、信息统计及成果输出模块、工程资料管理模块。应用三维动态可视化管理系统，实现边坡开挖及支护施工过程的信息化。具体目标如下：

（1）实现边坡开挖、支护等施工过程的信息化和可视化，提供边坡各施工阶段形象面貌的三维可视化信息查询和分析平台。

（2）提供真实的建基面边界条件和直观的三维地质条件解析，跟踪揭示边坡地质条件的变化，为优化支护方案提供直观的决策依据。

（3）为边坡施工期变形监测提供更加高效的监测分析和预警工作平台，为信息化施工的安全监测快速反馈提供决策支持。

5.4.2 三维动态可视化管理方法和原理

5.4.2.1 三维施工场景快速建模方法

1. 面向复杂边坡三维实体建模的数据结构

边坡三维建模基础数据的组织和表达方式即三维数据结构是边坡三维建模的基础，水电工程边坡区域的地面、地下结构及地质构造非常复杂，建模数据信息量大，且三维可视化分析要求高，因此，选择和建立合适的三维数据结构是高效建立复杂边坡三维模型的关键。以 NURBS 结构作为构造边坡三维模型的几何边界线和曲面，应用 B-Rep 结构组织 NURBS 曲面（线）的空间拓扑关系，以实现组成复杂边坡三维实体模型的地质构造体、地面及地下开挖体的几何描述。

2. 复杂 B‑Rep 实体拓扑关系建立方法

动态建立 B‑Rep 实体的空间拓扑关系是实现复杂边坡整体三维模型的 B‑Rep 实体描述的关键。三维几何造型领域所研究的三维空间几何元素的拓扑关系多偏重于单个由基本几何体组成部件的体、表面、棱边、顶点之间的关系，而三维 GIS 则仅偏重于在矿山与地质领域的应用。由于水电工程边坡包含大量的地面、地下开挖等人工构造物，使本来已很复杂的地质结构体域的空间关系变得更加复杂。这里从水电工程边坡三维建模的实际出发，提出一种适合于边坡三维实体建模的 B‑Rep 实体拓扑关系建立方法。

三维拓扑关系的自动建立和维护是三维 GIS 领域中的一大难题，对于如图 5‑42（a）所示的不太复杂的边坡对象，要建立以上定义的 6 组拓扑关系的算法相当复杂。该例子由 6 个平面 ABFEA、BCGFB、CDHGC、AEHDA、ABCDA、EFGHE 构成外边界，地形界面 abcda 将研究区域分为山体与地上体，断层下盘界面 efghie 和上盘界面 $e'f'g'h'i'e'$ 将山体分隔为三部分，被断层切割的岩层面 jklmj、$j'k'l'm'j'$ 将两边山体再各自一分为二，洞室界面 OO' 将山体切割为基岩和开挖体。可采用"界面引入—体划分"的方法实现三维拓扑关系动态建立与维护。

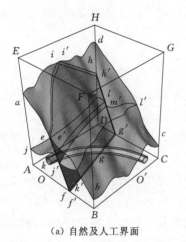
（a）自然及人工界面

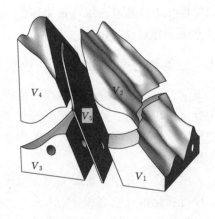
（b）逐级引入界面后山体分割结果

图 5‑42 典型边坡三维实体拓扑关系

"界面引入—体划分"的基本思想是：任何内部构造复杂的研究区域，都可以从没有任何内部构造的简单体域开始逐级引入界面，逐级体域划分，界面引入的次序是遵循"先自然后人工，兼顾由大到小、由新到老"的原则。

以图 5‑42（a）为例，其拓扑关系的建立步骤如下：

（1）根据研究区域的空间范围，确定包围研究区的最小长方体 ABCDEFGH，将空间分为研究区内和研究区外两部分。

（2）先引入地质类界面，依据由大到小的原则，引入区域性的大界面，如地形表面、地下水位面、卸荷及风化界面等，然后引入局部性的小界面。图 5‑43（a）为引入地形面 abcda 后的体域划分结果。

（3）按照由新到老的原则，引入最晚生成的界面［见图 5‑43（b）的断层界面］，然后引入较早生成的界面［见图 5‑43（c）的岩层界面］。

（4）引入人工界面，如地面开挖面、地下洞室界面等，图 5 - 43（d）为引入洞室界面 OO' 后的拓扑关系。

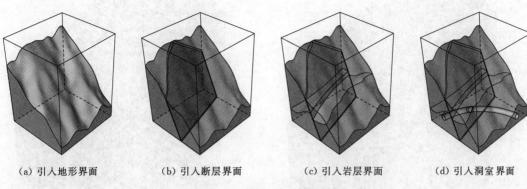

(a) 引入地形界面　　(b) 引入断层界面　　(c) 引入岩层界面　　(d) 引入洞室界面

图 5 - 43　逐级引入界面过程

以上由简单到复杂的拓扑关系建立方法将大大降低算法实现的复杂程度，并且拓扑关系的调整仅影响到局部范围。

新界面引入后将相交实体一分为二，可用二叉树数据结构来记录界面引入和体划分的过程，便于算法的程序实现。在确定研究对象的拓扑关系后，就可用 B - Rep 实体数据结构来存储划分结果，图 5 - 39（b）为引入所有地质和人工界面后的山体分割 B - Rep 存储结果，山体被界面分割为 5 个 B - Rep 实体。

3. 基于 B - Rep 数据结构的边坡三维实体建模

根据"界面引入—体划分"的拓扑关系建立方法，将自然地表、人工构筑物和地质结构等 Nurbs 界面按照"先自然后人工，兼顾由大到小、由新到老"的原则逐步引入，图 5 - 44 显示了某边坡三维建模界面的引入步骤，地质结构界面的引入顺序是：先引入风化卸荷界面，然后引入断层、岩脉，最后引入岩层。

随着各种界面的不断引入，边坡区域的几何体域不断被划分，每个子区域的 B - Rep 实体拓扑关系是动态更新的，整个过程可以用二叉树结构存储，以便确定每个 B - Rep 实体所代表的岩块的所属岩层岩性、风化卸荷情况、地质构造发育和人工构筑物的分布等信息。

以上建立的边坡三维实体模型是以 B - Rep 数据结构描述和存储的由大量 NURBS 参数函数描述的曲线、曲面集合，因此还需应用三维可视化技术对其进行可视化重构和纹理映射处理，才能直观、逼真地表现边坡的三维形象。

5.4.2.2　空间数据场三维实时可视化方法

1. 三维云图的面绘制与体绘制

边坡监测数据场可视化通常以三维云图的形式显示，三维云图的绘制方法包括面绘制和体绘制。

面绘制方法需要从三维数据场提取出曲线、边界曲面、等值面等中间几何信息，如图 5 - 45（a）所示，该方法的核心内容是等值面的提取和绘制，当离散三维数据场的密度很高时，为了表现数据场变化的细节，需要生成更多的等值面，导致等值面绘制效率非常低且存储数据量很大，由于等值面是随数据场的变化而变化的，面绘制方法很难实现三维数

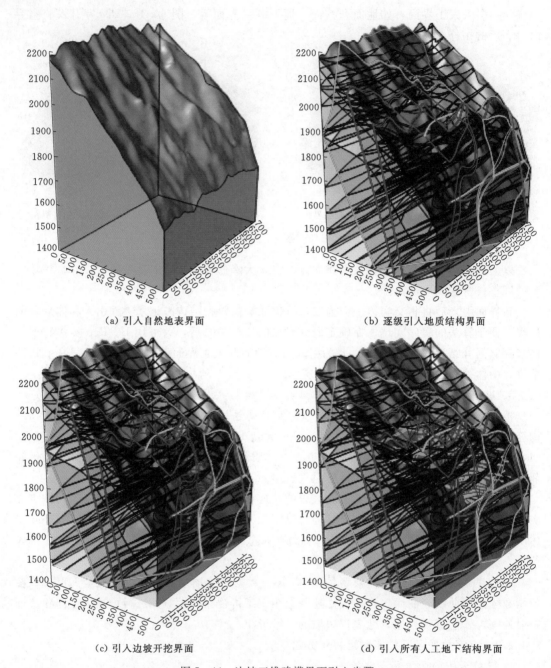

（a）引入自然地表界面　　　　　　　（b）逐级引入地质结构界面

（c）引入边坡开挖界面　　　　　　　（d）引入所有人工地下结构界面

图 5-44　边坡三维建模界面引入步骤

据场的实时动态可视化。

　　体绘制是三维数据场可视化技术发展的一个突破性进展，该方法无须构造等值面等中间几何元素，采用直接对体数据进行明暗处理的方法来合成具有三维效果的图像，如图 5-45（b）所示，因此体绘制方法是实现三维数据场实时动态云图绘制的首选方法。桌面级虚拟现实技术 X3D 是建立在 OpenGL、Direct3D 等底层三维图形驱动之上的更高一级的三维图形编程接口，应用 X3D 技术可为三维数据场可视化的体绘制提供更高级、便捷的途径。

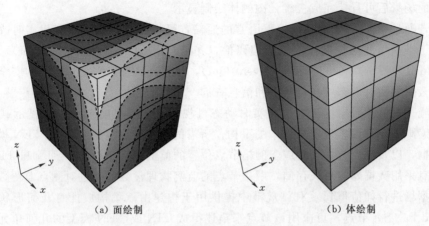

（a）面绘制　　　　　　　　　　　（b）体绘制

图 5-45　三维数据场云图绘制方式比较

2. 基于 X3D 的监测数据场三维云图可视化方法

数据场可视化的体绘制算法非常复杂，通常涉及图形硬件的操作，X3D 标准可以在不考虑体数据的明暗处理算法和图形硬件设备的前提下，实现三维数据场实时动态云图的体绘制可视化显示，具体实现步骤如下：

（1）生成用于监测数据场三维云图显示的几何载体模型［见图 5-46（b）］。云图显示的几何载体形式可以是监测断面二维剖切面的 TIN 离散模型或监测区域三维实体的 TEN 离散模型。

（2）提取研究区域内相关监测点的坐标［见图 5-46（a）］，以及各测点对应的监测物理量数值，形成监测数据场数据文件。应用插值算法对数据场进行插值计算，得到 TIN 或 TEN 网格节点的监测物理量数值。

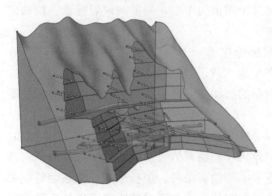

（a）监测点的空间分布　　　　　　　　（b）TEN 网格的节点集合

图 5-46　监测数据场三维云图绘制的基础数据

（3）选择合适的 X3D 三维几何造型节点，对可视化显示载体 TIN 或 TEN 模型进行虚拟现实场景对象的重构。

（4）按照特定的云图颜色表将 TIN 或 TEN 网格节点位置监测物理量数值转换为 RGB 色彩编码并作为虚拟现实场景对象几何控制点的颜色（Color）域值，X3D 浏览器加载所生成的场景后可直接完成三维云图的体绘制显示。

另外，通过 X3D 场景与高级编程语言的通信，可根据监测数值的变化实时改变虚拟现实场景三维模型几何控制点的色彩编码值，并结合 X3D 的锚节点（Anchor）、传感器节点（Touch Sensor）和事件反馈（Event Out），可实现具有三维交互功能的安全监测数据场三维云图的实时动态可视化显示和信息查询。

边坡施工期监测数据场三维云图实时动态可视化的关键是实现可视化显示载体 TIN 或 TEN 模型在 X3D 虚拟现实场景中的重构，所需的基础数据包括 TIN 或 TEN 模型的几何信息数据，以及监测数据场对应于网格节点位置的监测物理量数值。TIN 和 TEN 模型的几何信息采用数据库的形式存储，网格节点的监测物理量数值通过对测点监测数据构成的离散数据场进行插值得到。X3D 规范中提供用于构建由点集构成任意几何形状多面体的 Indexed FaceSet 节点，可应用该节点来描述组成 TIN 或 TEN 模型的几何单元，从而实现可视化几何载体模型到虚拟现实场景对象的转化。

5.4.2.3　监测数据处理与预警预报方法

1. 监测数据预处理方法

针对施工期监测原始数据和监测物理量数据序列的预处理功能要求，SlopeMIS^{3D} 系统主要数据预处理方法如下：

（1）可信度分析。可信度分析是对非确定性问题进行预测和评价的方法。水电工程高边坡监测项目中，工程监测部位的地质条件复杂，监测仪器种类繁多，现场不确定因素多，监测数据影响因素较多，而监测数据的失真对整个系统的监测和判断影响重大，因此，须对监测数据进行可行度分析。

监测数据中存在粗差和异常值，粗差是由错误导致的误差，分布无规律，呈现偶然性和单独性；而异常值由于是被观测体自身的变形引起的，所以分布具有连续性和累进性。可信度分析的原理：选取适当的搜索范围，以某个测值为中心，向前和向后搜索，以约定的偏差范围确定出当前测值在邻域内的可信度。

（2）三点中值滤波。中值滤波是将监测数据的连续 m 次采样值按大小进行排序，取其中间值作为本次的有效采样值。本算法为取中值，故采样次数 m 应为奇数，一般 $3\sim5$ 次即可。中值滤波对缓变过程中的偶然因素引起的波动或监测仪器的不稳定造成的误差所引起的脉动干扰比较有效。

（3）加权平均滤波。对连续 N 次采样值，分别乘上不同的加权系数之后再求累加和，加权系数一般先小后大，以突出后若干采样的效果，加强系统对参数变化趋势的辨识。各个加权系数均为小于1的小数，且满足总和等于1的约束条件。加权平均滤波是对每次采样值不以相同的权系数而以增加新鲜采样值的权重相加，这种算法能协调系统的平滑度和灵敏度的矛盾，提高灵敏度。

（4）移动平滑滤波。当监测周期较长或监测数据变化较快时，数据的实时性就无法得到保证。移动滑动平均滤波是在每个采样周期只采样一次，将这一次采样值和过去的若干次采样值一起求平均，所得结果即为有效采样值，移动平滑滤波算法的最大优势就是实时性好，提高了监测数据的响应速度。等权的移动平滑滤波，能修匀局部波动及估计局部均值。

2. 预测预报方法

针对监测数据序列的预测预报建模功能要求，系统主要预测预报建模方法如下：

(1) 指数平滑预测模型。指数平滑法是一种非统计性的时间序列分析方法，该方法认为：每个时间序列都具有某种特征，即存在着某种基本数学模式，而实际观测值既体现这种模式，又反映随机变动。指数平滑法的目标就是采用"修匀"历史数据来区别基本数据模式和随机变动，这相当于在历史数据中消除极大值和极小值，获得该时间序列的平滑值，并以它作为对未来时期的预测值。在整个预测中，不断用预测误差来纠正新的预测值，即运用"误差反馈"原理对预测值不断修正。

(2) 灰色预测模型。部分信息已知、部分信息未知的系统，称为灰色系统。灰色系统理论是研究解决灰色系统分析、建模、预测、决策和控制的理论，它把系统论、信息论、控制论的观点和方法延伸到社会、经济、生态等抽象系统，结合运用数学方法，发展了一套解决信息不完备系统即灰色系统的理论和方法。灰色系统理论建模的主要任务是根据社会、经济、技术等系统的行为特征数据，找出因素本身或因素之间的数学关系，从而了解系统的动态行为和发展趋势。

灰色模型简称 GM 模型，是灰色系统理论的基本模型，也是灰色控制理论的基础。它以灰色模块（所谓灰色模块是时间序列在时间数据平面上的连续曲线或逼近曲线与时间轴所围成的区域）为基础，以微分拟合法建成的模型。概括地说，GM 模型有以下特点：

1) 建模所需信息较少，通常只要 4 个以上数据即可建模。

2) 无须原始数据分布的先验特征，对无规或服从任何分布的任意光滑离散的原始序列，通过有限次的生成即可转化成有规序列。

3) 建模的精度较高，可保持原系统的特征，能较好地反映系统的实际状况。

(3) BP 神经网络模型。人工神经网络是人工智能研究的一个分支，具有在复杂的非线性系统中较高的建模能力及较强的拟合能力。对于处理强噪声、模糊性、非线性的信息具有广阔的应用前景，在岩土工程各领域得到了十分广泛的应用。神经网络的最大特点是自适应性、非线性处理和并行处理，这对其广泛的应用起着至关重要的作用。

目前最常使用的人工神经网络模型为 BP（Back Propagation）网络模型。BP 网络模型是把一组样本的输入、输出变成非线性优化问题。输入层有 n 个神经元，输出层有 m 个神经元，则网络是从 n 维欧氏空间到 m 维欧氏空间的映射。通过调整 BP 网络中的连接权值、网络的规模（包括 n、m 和隐层节点数），可以实现任意精度逼近任何非线性函数，用于监测曲线的拟合。

BP 网络算法包括学习和回判两个过程。学习是由已知样本通过调整各层网络的连接权和闭值来获取输入与输出之间的非线性关系，回判是由网络掌握的"知识"进行判断修正。BP 网络的学习，一般采用梯度下降算法，使得网络的实际输出与期望输出的均方差极小化。BP 型人工神经网络的学习方法和网络训练过程包括三个步骤：正向传递、反向传递、学习过程。在网络设计分析上，选取网络的层数、每层中神经元的个数和激活函数、初始值以及学习速率，通过对样本的学习训练，可以得到具体的网络模型，并用于预测。

（4）回归预测模型。许多实际问题，不是由于变量之间的关系比较复杂，无法得到精确的数学表达式，就是由于生产或实验过程中不可避免地存在着误差的影响，而使它们之间的关系具有某种不确定性，因此，需要用统计的方法，在大量的实验和观察中，寻找隐藏在上述这些随机性后面的统计规律，这类统计规律称为回归关系，有关回归关系的计算方法和理论通称为回归分析。它是数理统计的一个重要分支，在生产和科研中有着广泛的应用。

回归平方和是所有自变量对预测变量的波动的总贡献，所考察的变量越多，回归平方和就越大，因此若在所考察的自变量中去掉一个自变量时，回归平方和只会减少，不会增加。减少的数值越大，说明该因素在回归中所起的作用越大，也就是该变量越重要。而剩余平方和是由实验误差以及其他未加控制的因素引起的，它的大小反映了实验误差及其他因素对实验结果的影响。所谓"最优"回归方程，就是包含所有对预测变量影响显著的变量而不包含对预测变量影响不显著的变量的回归方程。因此选择逐步回归方法来建立"最优"回归方程。

边坡的变形监测和分析是一个综合动态分析，因此不能仅局限于以上预测建模方法得出预测预报结论，需要在监测资料建模分析的基础上，结合地质和力学分析、宏观变形的经验，判断变形的趋势，作出更为全面的预测预报。

3. 监测预警方法

系统中依据边坡变形与稳定状态将施工期边坡监测预警分为五个等级进行警情的管理和警度设计。即边坡稳定等级分为极稳定、稳定、基本稳定、不稳定和失稳，分别对应的警度为无警、微警、轻警、中警和重警，相应的预警信号以此为绿色、蓝色、黄色、橙色、红色。不同警度相应的预警标示信号和边坡稳定性状态如表5-19所示。

表 5-19　　　　　　　　　　　边 坡 预 警 等 级

评价等级	警度	预警信号	边 坡 状 态 描 述
Ⅰ级（极稳定）	无警	绿色	监测到各项物理指标状态良好，无异常情况发生
Ⅱ级（稳定）	微警	蓝色	各项物理量状态基本正常，异常现象不显著，一般异常情况可自行恢复正常运行
Ⅲ级（基本稳定）	轻警	黄色	个别物理量出现一定异常，边坡整体结构没有大的变化，尚可维持基本稳定，局部异常
Ⅳ级（不稳定）	中警	橙色	多项监测指标出现异常，边坡整体结构有一定的变化，整体稳定，出现局部破坏
Ⅴ级（极不稳定）	重警	红色	多项监测物理量出现较大异常，出现边坡整体破坏的绝大多数警兆，边坡整体趋于破坏

根据边坡监测信息及预警等级，制定如下应急对策：

Ⅰ级：边坡各项监测指标状态良好，监测显示无异常情况发生。继续保持同种方式观测，不容懈怠。

Ⅱ级：边坡各项监测物理量指标状态基本正常，无明显的异常出现，个别异常情况通过监测专业人员能很快查明其中原因，并能自行迅速恢复正常运行。对个别异常部位情况查明原因，并提防后续干扰因素，继续正常观测。

Ⅲ级：已经发现并确认边坡变形异常，个别加固结构发生破坏。将详细情况上报，商讨并分析原因，尽快提出补救措施或下一步处理措施，此时应加密监测次数，必要时增加监测项目，每日巡视，确保准时及时掌握边坡变形发展情况。

Ⅳ级：边坡变形不收敛，局部区域加固结构破坏，确认边坡已经进入渐进破坏过程。及时上报详细情况，必要时召开应急专门会议商讨对策，并提出下一步应对措施。连续监测和巡视，对本地区有关部门发布内部警报，边坡作业人员撤离。

Ⅴ级：确认边坡进入加速变形阶段，在3～5d内将发生破坏。迅速向建设单位报告实际情况，仅对特征点进行连续远距离监测，对边坡破坏可能影响范围内的人员及关键设备全部撤离，确保边坡失事无人员伤亡。

5.4.3 三维可视化动态管理系统的应用

依托锦屏一级、溪洛渡和长河坝等水电站工程，针对300m级及以上高陡边坡开挖及支护施工过程进行分析。其工程边坡地质条件复杂，主要表现为地应力高、断层裂隙发育、岩体卸荷深度大等，在施工期和运行期边坡的稳定性问题突出。

在边坡开挖过程中，采用了多种先进的监测手段和设备对工程全过程进行监测，从而掌握山体边坡的变形发展方向、大小及发展趋势。通过统计监测系统测点的布设位置，完成测点的三维布置和三维施工进度场景的耦合显示，实现了施工期监测数据与地质、施工信息的综合分析。

5.4.3.1 三维施工场景显示

在SlopeMIS[3D]系统通过工程项目的添加可以扩充需要管理的项目，通过选择工程项目来选择自己需要管理的工程，如图5-47所示。

图5-47 系统管理界面

当选择需要管理的工程项目后，在 SlopeMIS[3D] 系统的三维场景对象管理界面中，可将系统的三维场景对象属性数据表和几何模型数据文件并导入系统，如图 5-48 所示。

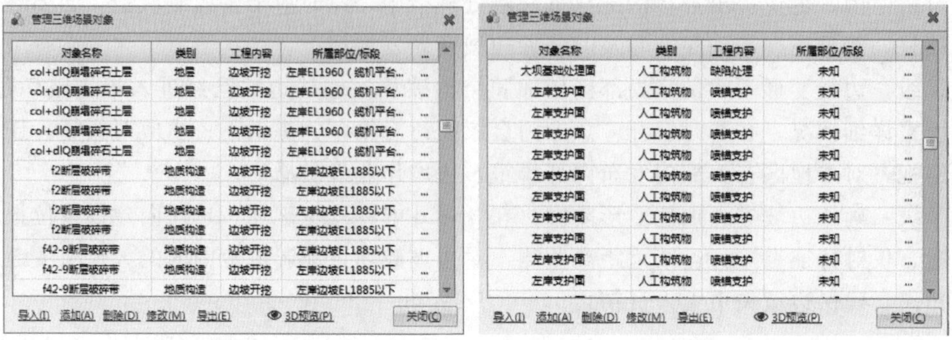

（a）锦屏一级水电站左岸边坡工程　　　　　（b）溪洛渡水电站边坡工程

图 5-48　水电站边坡工程三维场景对象列表界面

在场景对象管理界面中可对三维对象进行导入、添加、删除、修改、导出等操作，以及实现三维对象的单独预览。以锦屏一级水电站左岸边坡工程与溪洛渡水电站边坡工程三维场景显示为例，在 SlopeMIS[3D] 系统中通过改变虚拟现实场景的时钟变量可获得不同时刻边坡工程形象面貌的虚拟现实可视化结果。图 5-49 显示了锦屏一级水电站左岸边坡几个典型开挖高程（1960m、1885m、1730m、1580m）的虚拟现实可视化结果。

5.4.3.2　地质条件和施工信息三维交互查询

SlopeMIS[3D] 系统中虚拟现实场景对象都具有地层、地质构造等地质属性信息，系统支持任意地质条件的可视化查询。图 5-50 所示为锦屏一级左岸边坡区域的主要地质构造、岩体风化、卸荷分类的虚拟现实可视化结果。

其中，图 5-50（a）为边坡区域主要地质构造空间关系，可视化参数为挖填类型=0，地质类型=1，块体种类=5，即不包含开挖替换部分的地质构造体，属 V 类岩级；图 5-50（b）为边坡区域不包含开挖体的强卸荷、弱风化岩体，可视化参数为挖填类型=0，风化程度=2，卸载水平=3；图 5-50（c）为边坡区域不包含开挖体的弱卸荷、微风化岩体，可视化参数为挖填类型=0，风化程度=1，卸载水平=2；图 5-50（d）为边坡区域不包含开挖体的深卸荷及新鲜岩体，可视化参数为挖填类型=0，风化程度=0，卸载水平=1。

SlopeMIS[3D] 系统支持虚拟现实场景单一对象属性信息的查询，如图 5-51 所示。

如图 5-48 所示，当去除人工构筑物中的大坝部分，该系统可以智能地显示出所需要管理的部分，之后对所管理对象进行灵活的修改。

5.4.3.3　监测系统三维布置

以锦屏一级水电站为例，其左岸边坡施工期监测系统主要包括以下监测项目：

（1）采用表面变形测点监测边坡表层岩体的变形和边坡宏观变形趋势。观测墩布置在左岸边坡各级马道以及边坡开口线附近，边坡表面监测设立 80 个外部观测墩。

（2）利用多点位移计监测边坡浅层内部岩体的卸荷松弛变形以及局部块体滑动位移。测点穿过主要断层上、下盘，能有效监测断层之间块体变形情况。

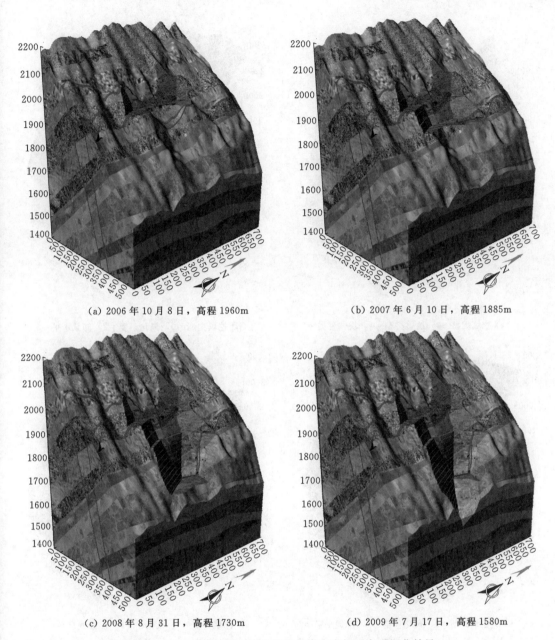

(a) 2006 年 10 月 8 日，高程 1960m　　　　　(b) 2007 年 6 月 10 日，高程 1885m

(c) 2008 年 8 月 31 日，高程 1730m　　　　　(d) 2009 年 7 月 17 日，高程 1580m

图 5 - 49　锦屏一级左岸边坡开挖进度虚拟现实可视化结果

（3）在具备观测条件的地质勘探平洞及排水洞内布置石墨杆杆式收敛计，监测山体边坡深部变形，在左、右两岸具备通视条件的平洞内布置观测墩，观测左、右两岸岩体的相对变形，即谷幅平距观测。

（4）左岸边坡施工期共设计布设 7 个测斜孔。

（5）为了评价支护效果和了解支护后边坡应力调整变化情况，以指导施工、反馈设计，按照 5％的比例在预应力锚索上安装锚索测力计进行支护效果监测。

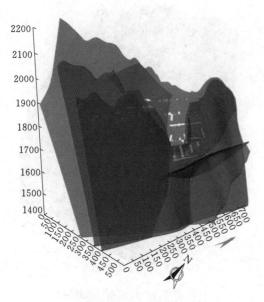 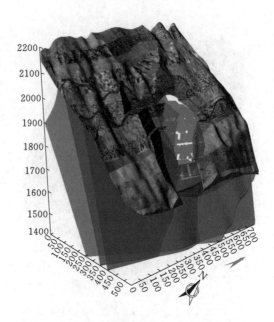

（a）挖填类型＝0，地质类型＝1，块体种类＝5　　　（b）挖填类型＝0，风化程度＝2，卸载水平＝3

 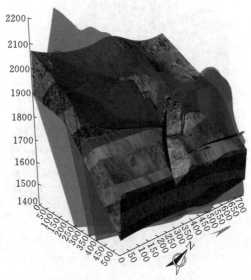

（c）挖填类型＝0，风化程度＝1，卸载水平＝2　　　（d）挖填类型＝0，风化程度＝0，卸载水平＝1

图 5-50　锦屏一级左岸边坡区域地质结构分类虚拟现实可视化结果

（6）在三层抗剪洞内布置多点位移计、锚杆应力计、位错计、测缝计、钢筋计、应变计等若干套（组），监测抗剪洞的变形情况，另外布置渗压计监测边坡岩体地下水位变化情况。

在三维场景中，将检测系统测点进行三维参数化描述，作为场景几何对象导入到 SlopeMIS³ᴰ 系统中，完成监测系统的三维可视化布置和监测数据的交互查询。如图 5-52 所示，对象列表树形图中列出了锦屏一级水电站左岸边坡监测系统的测点，在三维视图中

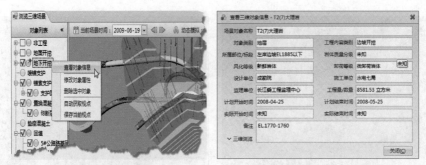

（a）查看对象信息快捷菜单　　　　　（b）查看三维对象信息

图 5-51　虚拟现实场景单一对象属性信息的查询

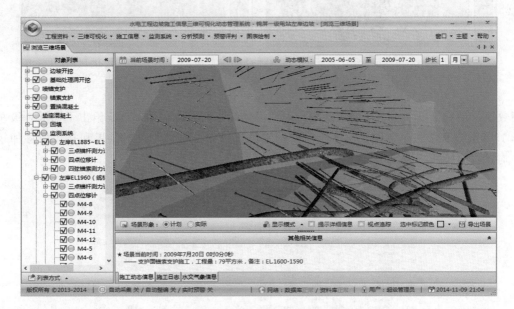

图 5-52　锦屏一级水电站左岸边坡监测系统三维布置

可点击测点获得相应的监测数据。

　　根据可视的监测布置，可以准确地把握工程重点监测部位，以及实际应关注的重点，经过量化处理，给出工程实际的布置方式。

5.4.3.4　监测数据三维可视化分析

　　SlopeMIS³ᴰ系统还支持监测区域的监测物理量三维分布云图的实时动态显示，可根据施工的不同阶段，实时显示边坡的位移云图分布。如图 5-53 所示锦屏一级左岸边坡外观监测位移变化量三维云图可以通过整体进行显示，让监测人员可以及时得知那个部位的变形偏大，从而控制施工安全。

5.4.3.5　监测数据预处理

　　应用系统提供的监测数据预处理功能可对监测数据进行可信度分析和平滑滤波处理，以判断数据的可靠性，以及为预测建模提供优质的数据样本。如图 5-54 所示，该系统可以进行监测数据的可靠度分析，并且可以采用不同的监测数据处理理论从而进一步优化监

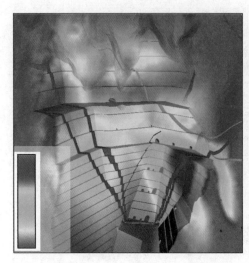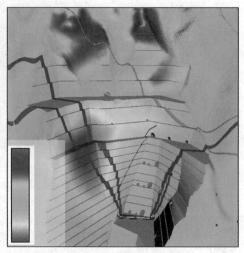

(a) X 向位移变化量(2009 年 5 月 18 日至 6 月 18 日)　(b) Y 向位移变化量(2009 年 5 月 18 日至 6 月 18 日)

图 5-53　锦屏一级左岸边坡外观监测位移变化量三维云图

测数据,最后可以采用不同的预测模型对监测结果进行预测。图 5-55 给出了锦屏一级左岸 1960m 高程缆机平台四点位移计 M_{4-4} 的 1 号点读数的可信度分析结果和孔口位移加权平均滤波的处理结果。

图 5-54　监测数据分析预测界面

图 5-56 (a) 给出了锦屏一级左岸 1960m 高程缆机平台四点位移计 M_{4-4} 的孔口位移采用指数平滑法进行监测数据的预测,如图所示,本系统可以选取两种建模模型:线性二次指数和二次指数三次曲线,及选取合适的预测外延时间间隔数。当选取线性二次指数预测模型时可知最佳平滑参数 A 和最小平方误差,其预测的结果如图 5-56 (b) 所示。

同理该系统可以对其他的监测数据进行类似的操作,通过布置的监测数据点采集的信息从而进行监测数据的系统管理,如图 5-57 所示。

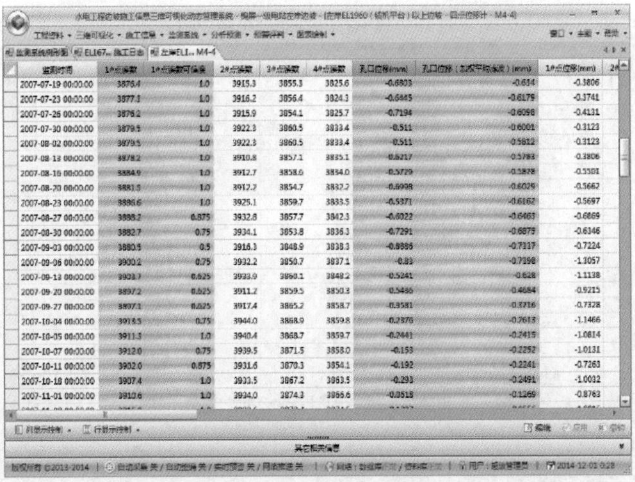

图 5-55　左岸边坡监测数据预处理

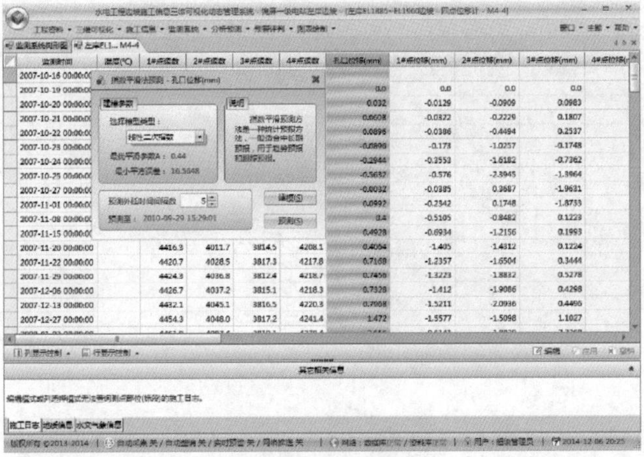

（a）监测数据的预测

（b）预测的结果

图 5-56　锦屏一级左岸边坡孔口位移监测数据预测分析

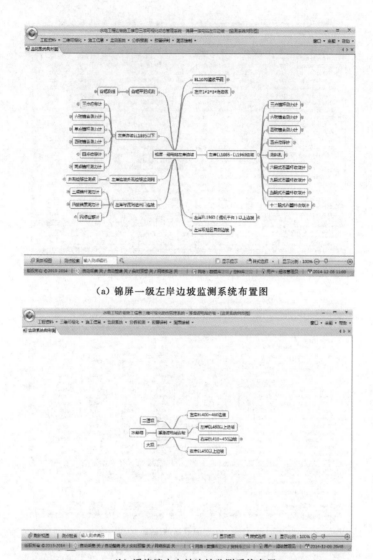

（a）锦屏一级左岸边坡监测系统布置图

（b）溪洛渡水电站边坡监测系统布置

图 5-57　SlopeMIS³ᴰ系统监测系统树形图（监测点布置）

根据监测系统的布置可以很容易地找到需要关注的工程部位，从而方便工程的监测系统的管理，也为监测数据提供了一个简单实用的分析平台。

5.4.3.6　监测数据预测建模

选定数据样本并且进行平滑滤波预处理操作后，可在系统中选择合适的数学模型进行预测建模，以实现监测数据发展趋势的短期预测。如图 5-58（a）所示针对监测数据该系统预置了四种预测模型可以采用分别为指数平滑预测、曲线回归预测、灰色理论预测、BP 神经网络预测。通过前面介绍的数据预处理及滤波分析之后，即可进行相应的预测分析。

如图 5-58（b）所示为锦屏一级左岸 1960m 高程缆机平台四点位移计 M_{4-4} 的孔口位移 BP 神经网络预测建模过程。这样的操作使以往复杂的计算变得简单，极大地提高了工

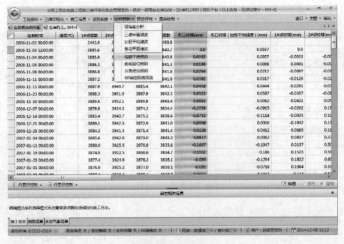

（a）监测数据预测模型

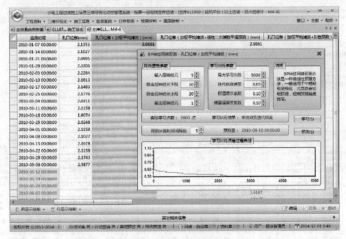

（b）监测数据预测建模

图 5-58　锦屏一级左岸边坡监测数据预测

作效率，对水电工程大数据的处理极为方便。

5.4.3.7　监测实时预警

SlopeMIS³ᴰ系统具有实时自动监测功能，打开监测数据自动采集、自动整编、实时预警选项，可实现监测系统实时预警，见图 5-59。在 SlopeMIS³ᴰ 的系统管理界面中可设置预警指标和预警等级，如图 5-60 所示。

选择分部工程（工程部位）后可对其进行综合预警并获取详细预警信息。依据锦屏一级左岸 1885～1960m 高程边坡变形速率进行综合预警的结果，给出了预警等级和监测点的详细预警信息，如图 5-61 所示。

5.4.3.8　监测统计表和过程线

在系统中按检测类型定制统计表模板，即可将其应用到所有工程的相应监测类型测点的监测数据统计，生成统计报表。图 5-62 给出了锦屏一级左岸 1960m 以上边坡四点位移计监测成果的统计表。

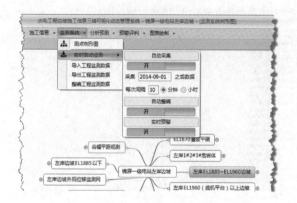

图 5-59　锦屏一级左岸边坡实时预警监测　　　　图 5-60　边坡预警指标设置

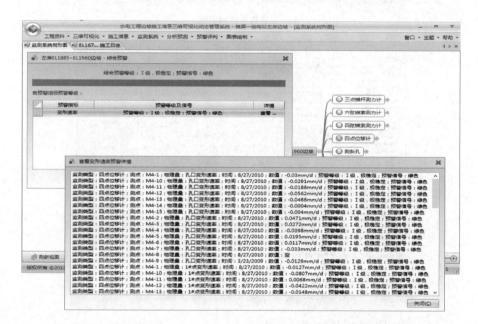

图 5-61　锦屏一级左岸 1885~1960m 高程边坡变形速率预警结果

应用系统可进行边坡监测点的监测物理量原始数据、预处理数据、预测结果数据的过程线绘制。图 5-63 给出了锦屏一级左岸 1885~1960m 高程边坡测斜孔 VEL7 的 A 向和 B 向增量位移随孔深的分布过程线图。图 5-64 给出了长河坝右岸建基面第三层上部上游侧爆破震动监测获得的各方向震动加速度过程线图。

将 SlopeMIS³ᴰ 系统应用于锦屏一级、溪洛渡和拉西瓦等水电站工程，建立基于多源信息融合和管理的安全监测实时在线三维可视化分析平台，尤其对锦屏一级水电站高陡边坡的地质条件进行了虚拟现实可视化方式解析，对安全监测系统主要监测项目的监测成果进行了更加直观的三维可视化分析，从地质、施工等方面综合分析了边坡各区域的变形趋势和稳定状态，实现了上述边坡工程分析的网络化、集成化和三维可视化，使安全监测工作能够多部门协同进行，以达到快速决策反馈的目的。并且 SlopeMIS³ᴰ 系统加强了数据

图 5 - 62　锦屏一级左岸 1960m 高程以上边坡四点位移计监测成果统计

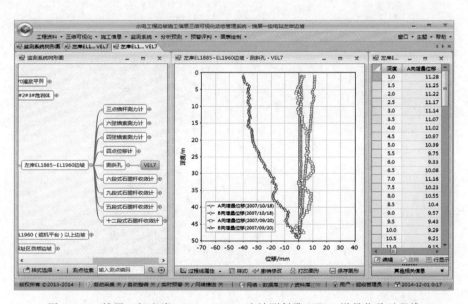

图 5 - 63　锦屏一级左岸 1885～1960m 边坡测斜孔 VEL7 增量位移过程线

挖掘、风险分析、智能预测方法和预警体系的结合，从而形成一个相对比较完备的边坡施工三维可视化管理系统。

　　针对锦屏一级左岸复杂地质高陡边坡开挖，采用三维和二维数值仿真的方法对边坡进行动态稳定分析，并根据分析结果主动调整优化施工方案，建立了边坡稳定性控制开挖分级支护措施。开挖过程中对涉及的可能破坏模式存在区域开展有针对性的重点支护加固，实施了"整体、局部、重点部位"相协调的"多层次分级、多形式组合"的高边坡支护方案。

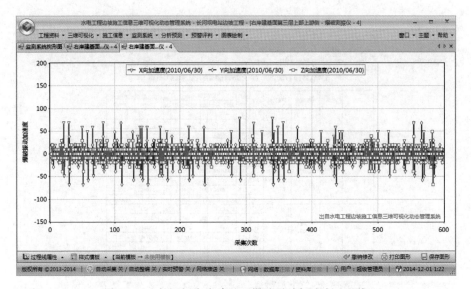

图 5-64　长河坝右岸建基面爆破震动加速度过程线

特殊地质边坡稳定控制与治理技术

随着我国水电建设项目的逐渐西移，工程地质条件发生了很大的变化，锦屏一级、小湾、杨房沟、溪洛渡、红石岩等一批已建和在建的水电工程，在建设中均遇到过特殊地质边坡问题，如高地应力边坡、堆积体边坡、震损边坡、滑坡体边坡、黄土边坡等，在没有太多工程经验可以借鉴的情况下，通过各方面的试验研究和技术攻关，解决了工程中的诸多边坡处理技术难题，为工程安全快速地建设奠定了良好的基础。本章总结了几种类型的特殊地质边坡稳定控制技术，旨在为类似特殊地质边坡工程提供技术参考。

6.1 高地应力边坡开挖控制技术

6.1.1 高地应力施工问题

边坡应力环境复杂、地应力量级高是西部地区岩石高边坡在赋存环境上的一个显著特征。由于西部地区，尤其西南地区恰好处在环青藏高原东侧的周边地带，印度板块与欧亚板块碰撞所导致青藏高原物质向 E 及 SE 方向挤出，致使环青藏高原周边地带强烈挤压，形成了这一地区的区域高地应力环境；加之深切河谷的地貌特征，加剧了高边坡应力场的复杂程度。

西部地区河谷底部的应力具有非常独有的特征，主要表现为比较浅的应力释放区（或降低区）和明显的"高应力包"现象。应力释放区的深度范围一般为 $0 \sim 25\text{m}$，很少超过 30m。若干工程揭示的现象表明，"应力包"的范围可以采用 $\sigma_1 = 25\text{MPa}$（也就是"岩芯饼裂"出现的最低应力量级）来划定，其深度范围可达谷底以下 $150 \sim 200\text{m}$，应力集中量级为 $25 \sim 40\text{MPa}$，最高可达 $50 \sim 60\text{MPa}$（二滩水电站）。

河谷建基面的开挖必然造成岩体应力重分布、卸荷回弹和损伤破坏。我国已建的拉西瓦、二滩和小湾等高拱坝水电工程，在建基面开挖时均存在由于高地应力岩体卸荷造成的建基面回弹松动，致使不得不进行大面积二次施工。小湾水电站坝基开挖中出现了罕见的卸荷松弛现象，主要表现形式为："葱皮"、"板裂"、差异回弹、蠕滑和岩爆（见图6-1）。

因此，在高地应力条件下，如何减少高地应力区岩体卸荷松弛对坝基岩体质量的影响，提高坝基建基面岩体开挖质量成为一个值得关注的问题。结合锦屏一级水电站坝基开挖，通过理论和试验研究，对比分析了不同开挖措施条件下岩体卸荷松弛和回弹变形规律，提出了控制高地应力区域变形松弛的合理方法。

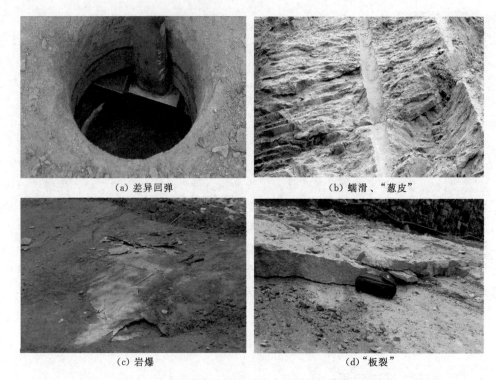

（a）差异回弹　　　　　　　　　　　（b）蠕滑、"葱皮"

（c）岩爆　　　　　　　　　　　　（d）"板裂"

图 6-1　小湾水电站坝基开挖中出现的卸荷松弛现象

6.1.2　理论与试验研究

6.1.2.1　理论分析

1. 地应力场反分析

由于工程区域位于深切河谷地形，在谷底应力集中比较明显，结合地应力实测资料，利用地应力场反分析方法，计算得到了工程区域内的地应力场。基本过程如下：

（1）根据已知地质地形勘测试验资料，建立三维计算模型。

（2）把可能形成初始地应力场的因素（自重、构造运动、温度等）作为待定因素，对每一种待定因素用数值计算获得已知点位置的应力值，然后在每一种待定因素计算的应力值与已知点实测地应力值之间建立多元回归方程。

（3）用统计分析方法（最小二乘法），根据残差平方和最小的原则求得回归方程中各自变量（待定因素）系数的最优解，同时在求解过程中可对各待定因素进行筛选，贡献显著的引进，不显著的剔除，从而获得区域初始地应力场规律，如图 6-2 所示。

从图 6-2 可以看出，地应力沿着高程往下逐渐增大，谷底的最大主应力达到 40～50MPa，工程区域在河谷深切和水平构造共同作用下，河谷的地应力明显比较大，这与实际地应力测试数据和河谷的岩芯饼化现象比较吻合。

沿高程方向选取边坡表面关键点的最大主应力变化曲线如图 6-3 所示。

从图 6-3 可以看出，边坡岩体最大主应力随着高程降低而逐渐增大，在 1825m 高程和 1630m 高程两处存在明显的突变，1825m 高程以上边坡的最大主应力不超过 10MPa，

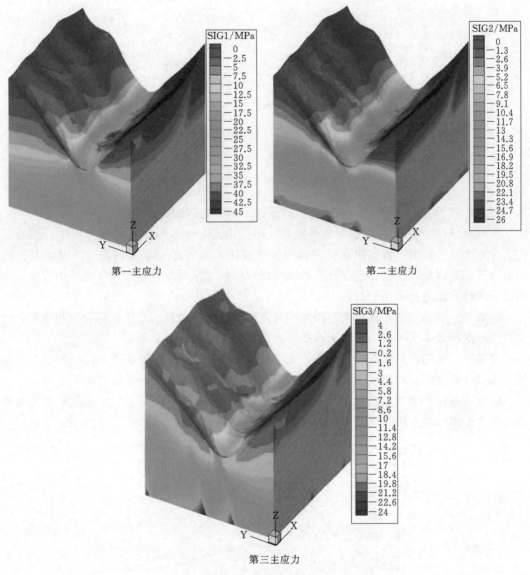

第一主应力

第二主应力

第三主应力

图 6-2　工程区域地应力反分析成果

1825~1650m 高程边坡岩体的应力在 10~25MPa 左右，而 1650~1630m 高程边坡岩体的应力在 25~38MPa 之间，1630m 高程以下边坡岩体的应力在 40MPa 以上。高程 1650m 以下边坡处于高地应力区，岩体受到开挖卸荷的影响非常明显，岩体开挖过后，其卸荷回弹变形非常大，极容易导致边坡的失稳，因此针对 1650m 高程以下高地应力区岩体需采取保护开挖措施，以保证高地应力区边坡岩体的开挖稳定性。

2. 开挖措施对岩体卸荷松弛的影响

边坡处于高地应力区时，由于岩体受到开挖卸荷的影响非常明显，岩体开挖后，其卸荷回弹变形非常大，极容易导致边坡的失稳，因此需要采取针对性的开挖措施，以保证边坡的稳定性。从前面的地应力场分析结果可以看出，由于靠近河谷区域边坡处于高地应力

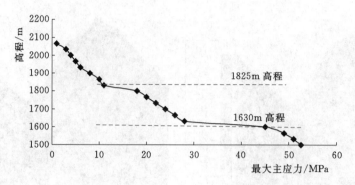

图 6-3　最大主应力沿高程方向变化曲线

区，因此针对 1650m 高程以下左岸边坡的开挖采取了相应的保护措施。

左岸边坡在 1650m 高程以下岩体完整，地应力高，在坝肩槽坡开挖过程中，受开挖应力释放调整的影响，将发生卸荷回弹和松弛破坏。为研究 1650m 高程以下基坑开挖引起的回弹，对边坡开挖进行三维分析，研究回弹影响及采用"先锚后挖"措施的效果。采用以下两种方案进行对比分析：

方案一：不采用"先锚后挖"措施。首先施加自重荷载计算出模型的应力和位移，然后将待开挖部分一次挖掉，回弹变形即前后两次计算出的位移之差。

方案二：采用"先锚后挖"措施。先在建基面上预留 3m 厚保护层，在保护层上采用埋入式锚杆或锚筋束对建基面岩体进行锚固，控制卸荷松弛后，再挖除保护层。

选取坝基在坝肩槽坡的坡脚中部为典型部位，分析其回弹变形，不同方案开挖条件下，该典型部位变形随时间的变化曲线如图 6-4 所示。

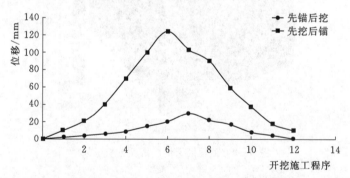

图 6-4　不同方案开挖条件下典型点位移变化曲线

由分析结果可见，在未锚固情况下进行开挖时，在槽坡开挖后的应力释放调整过程中将发生约 13cm 的卸荷回弹量，引起坝基岩体松弛破坏；但在采取先锚固后开挖方案后，卸荷回弹量减小 60% 以上，因此，在该部位的开挖过程中应采用"先锚后挖"方案，以减小开挖卸荷回弹对建基面岩体完整性的影响。

6.1.2.2　高地应力河床建基面开挖对比试验

针对高地应力河床坝基开挖后可能会出现岩体卸荷回弹变形和损伤的问题，在 1620～1610m 高程坝基开挖时，开展了高地应力河床建基面开挖试验，包括"先锚后挖"

和"先挖后锚"两种施工方案的试验。为了检验两种开挖方案对建基面的损伤程度，进行了两次爆破试验，主要爆破参数见表6-1，并进行了爆破松弛效应检测。

表6-1　　　　　　　　　　　　主　要　爆　破　参　数

爆 破 参 数	先 挖 后 锚		先 锚 后 挖	
	预裂孔	缓冲孔	预裂孔	缓冲孔
孔径/mm	90	90	90	90
孔距/m	0.6	2×2.5	0.6	2×2.5
孔深/m	10	5	10	5
单孔药量/kg	3.5	10.5	3.4	9
药卷直径/mm	32	70	32	70
最大单响药量/kg	12	10.5	12	9
孔口堵塞长度/m	1.5	1.5	1.5	2

岩体爆前和爆后波速衰减率及爆破松弛深度监测结果见表6-2。

表6-2　　　　　岩体爆前和爆后波速衰减率及爆破松弛深度监测结果

钻孔编号	1m处爆前、爆后声波速度/(m/s)		衰减率 η/%	爆破松弛卸荷深度/m
	爆前值	爆后值		
先锚后挖	5882	5319	9.6	1.0
过渡区	5208	5000	4.0	1.4
先挖后锚	5556	5155	7.2	1.4

由表6-2可以看出，左岸建基面1615m高程爆后开挖爆破松弛深度范围为0~1.4m。其中先锚后挖试验区监测的爆破松弛卸荷深度1.0m，先挖后锚试验区监测的爆破松弛卸荷深度1.4m。

边坡浅层位移监测结果见表6-3，位移变化曲线见图6-5。

表6-3　　　　　　　　　　　　岩　体　位　移　变　化

仪器编号	测点编号	测点距孔口距离/m	分段累积位移量统计/mm
M$_1$（先挖后锚区）	1	10	5.89
	2	15	−0.21
M$_2$（先锚后挖区）	1	10	1.71
	2	15	−0.50

从表6-3和图6-5可以看出，坝基边坡浅层变形主要集中在孔口到10m深以内，M$_1$（先挖后锚区）位移变化比较明显，在孔口到10m深锚点半月内累计分段位移增加5.89mm。M$_2$（先锚后挖区）变化较小，在孔口到10m深锚点半月内累计分段位移增加1.71mm，位移也表现在10m深以内。两套位移计同时安装，但先锚后挖区部位岩体支护效应已经得到充分发挥，且其岩性比先挖后锚区要好，其累积位移偏小。

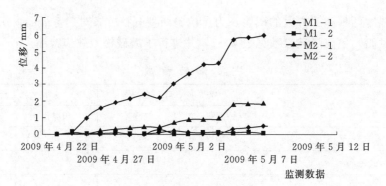

图 6-5　浅层岩体位移变化曲线

为监测坝基回弹松弛应力变化情况，在坝基 1620m 高程布置了 2 套三点锚杆应力计（2.5m、5.0m 和 7.5m），进行边坡浅层应力监测，监测结果见图 6-6。

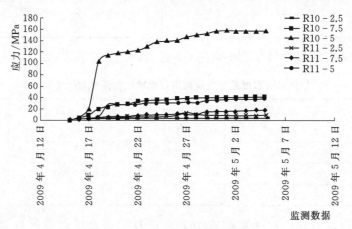

图 6-6　浅层岩体应力变化曲线

从图 6-6 可以看出，边坡松弛应力主要集中在 5m 深处部位，最大应力为 R10-5（先挖后锚）达到 152.2MPa。主要原因是 4 月 17 日放炮后，应力突变 84MPa，而同时 R11-5（先锚后挖）的突变只有 20MPa。由于"先锚后挖"部位岩体支护效应已经得到充分发挥，且其岩体比先挖后锚区要好，其锚杆应力增加较小，说明坝基开挖岩体卸荷松弛应力较小，卸荷松弛效应控制效果显著。

综上所述，通过"先锚后挖"与"先挖后锚"对比试验得出："先锚后挖"试验区比"先挖后锚"试验区卸荷深度小；"先锚后挖"试验区预锚锚筋在开挖后应力增大值远小于"先挖后锚"试验区后期施工的锚筋；"先锚后挖"试验区浅层变形位移仅为"先挖后锚"试验区的 29%。因此，"先锚后挖"在高地应力开挖中能通过预锚锚筋与建基面岩体的联合作用，参与开挖后的应力重分布，使岩体卸荷作用极大消减，浅层岩体变形位移大大减小，显著改善了高地应力对坝基岩体的破坏。

6.1.3　"先锚后挖"开挖施工

为保证坝基岩体在开挖后的完整性，提出在坝基基础开挖前预留保护层，提前对坝基岩体进行超前预锚，并布置监测仪器，待锚筋（束）达到设计强度、与岩体牢固黏结后，采用小范围小药量的台阶分层挖除保护层方式，以保护坝基岩体。

6.1.3.1　施工方案

针对锦屏一级水电站左岸1650m高程以下高地应力坝基开挖施工，参照工程区域地应力反分析成果，根据不同高程建基面的地应力大小和分布状况，制定对应的开挖方案。

（1）1650～1630m高程，采用"内外侧预裂爆破"施工。

（2）1630～1610m高程，开挖除采用内外侧开挖外，对内侧块采用"先挖后锚、小块开挖、及时支护"的开挖方式。

（3）1610～1585m高程，坝基开挖采取"预留保护层、先锚后挖"的开挖方式。

（4）1580m高程水平建基面采取"预留保护层、先锚后挖、开先锋槽水平预裂"的开挖方式。

1. 1650～1630m高程坝基开挖

开挖区外侧梯段（分层）爆破高度15m，边坡预裂高度5m，边坡内侧10m宽预留梯段台阶，外侧梯段爆破完成后，预留10m宽台阶采用预裂和梯段台阶一次爆破开挖。爆破参数见表6-4。

表6-4　　　　　　　　　　　　　**1650～1630m高程主要爆破参数**

爆破参数	坝基预裂孔	缓冲孔	爆破孔
钻孔机具	XZ-30型潜孔钻	TAMROCK700液压钻机	TAMROCK700液压钻或CM-351潜孔钻
孔径/mm	90	76	89/100
孔距/cm	75	1.5×1.8	3.0×2.5/3.5×3.0
孔深/m	5.6	—	—
台阶高度/m	5	5	15
线装药密度/(g/m)	260～300	—	—
炸药单耗/(kg/m³)	—	0.30～0.32	0.32～0.38
药卷直径/mm	32/25	50	70
装药结构	导爆索串联间隔不耦合装药	导爆索串联间隔不耦合装药	分段间隔装药
孔口堵塞长度/m	1.2	2.0	2.5

2. 1630～1610m高程坝基开挖

开挖区外侧梯段（分层）爆破高度15m，边坡预裂高度5m，边坡内侧10m宽预留梯段台阶，外侧梯段爆破完成后，预留部分岩石采用分区小块开挖，建基面揭露后及时支护的施工方式进行，即"小块开挖、及时支护"。爆破参数见表6-5。

3. 1610～1585m高程坝基开挖

开挖大面为梯段台阶开挖区，距坝基面10m为爆破控制区，然后预留3m的保护层最后进行开挖。即"先锚后挖"施工方法。预留下来的保护层及时进行锚固。主要预锚参数有：$\phi 28mm$预锚锚杆，$L=6m$；$\phi 32mm$预锚锚杆，$L=9m$；$3\phi 32mm$锚筋束，$L=9m$，锚固孔深度=预锚锚杆长度+保护层厚度。爆破参数见表6-6。

表 6 - 5　　　　　　　　　　1630～1610m 高程主要爆破参数

爆破参数	坝基施工预裂孔	坝基预裂孔	缓冲孔	爆破孔
钻孔机具	TAMROCK700 液压钻	XZ - 30 型或 QJ - 100B 型潜孔钻	TAMROCK700 液压钻机	TAMROCK700 液压钻机 和 CM351 钻机
孔径/mm	89	90	76	89/108
孔距/cm	150	75	1.5×1.8	2.5×2.0
孔深/m	7.5	7.5	—	—
台阶高度/m	10.6	10.6	7.5	10
线装药密度/(g/m)	500～800	280～320	—	—
药卷直径/mm	32	32/25	50	70
炸药单耗/(kg/m³)	—	—	0.30～0.35	0.32～0.38
装药结构	导爆索串联间隔 不耦合装药	导爆索串联间隔 不耦合装药	导爆索串联间隔 不耦合装药	连续不耦合装药
孔口堵塞长度/m	2.0	1.2	2.0	2.5

表 6 - 6　　　　　　　　　　1610～1585m 高程主要爆破参数

爆破参数	坝基施工预裂孔	坝基预裂孔	缓冲孔	爆破孔
钻孔机具	TAMROCK700 液压钻	XZ - 30 型或 QJ - 100B 型潜孔钻	TAMROCK700 液压钻机	TAMROCK700 液压钻机 和 CM351 钻机
孔径/mm	89	90	76	89/108
孔距/cm	150	75	1.5×1.8	2.5×2.0
孔深/m	7.5	7.5	—	—
预裂台阶高度/m	10.6	10.6	7.5	10
线装药密度/(g/m)	500～800	280～320	—	—
炸药单耗/(kg/m³)	—	—	0.30～0.35	0.32～0.38
药卷直径/mm	32	32/25	50	70
装药结构	导爆索串联间隔 不耦合装药	导爆索串联间隔 不耦合装药	导爆索串联间隔 不耦合装药	连续不耦合装药
孔口堵塞长度/m	2.0	1.2	2.0	2.5

4. 1585～1580m 高程水平建基面开挖

1585～1580m 高程保护层开挖采用水平预裂施工，保护层开挖爆破参数见表 6 - 7。

表 6 - 7　　　　　　　　　　1585～1580m 高程保护层爆破参数

爆破参数	高程 1580m 坝基水平预裂孔	坝基保护层垂直爆破孔
钻孔机具	100B 潜孔钻	TAMROCK700² 液压钻机
孔径/mm	65	76
孔距/cm	50	150×150
孔深/m	6.0	4.0
线装药密度/(g/m)	280～300	—

续表

爆破参数	高程1580m坝基水平预裂孔	坝基保护层垂直爆破孔
单耗药量/(kg/m³)	—	0.5
药卷直径/mm	25	2φ32
装药结构	导爆索串联间隔不耦合装药	连续不耦合装药
孔口堵塞长度/m	1.0～1.5	1.2

6.1.3.2　施工工艺

高地应力坝基开挖预锚施工工艺流程如图6-7所示。

1. 施工准备

(1) 进行高地应力坝基岩体开挖部位的岩体属性、抗压强度、地应力、层理走向等综合分析，确定预锚施工工艺的锚固参数和开挖时机。

(2) 高地应力区域坝基开挖分层高度5～10m，开挖宽度根据开挖体型确定。

(3) 形成开挖施工平台，满足高地应力区域坝基基础开挖施工钻孔设备的施工要求。

2. 坝基基础预留保护层外侧预裂和开挖

(1) 在坝基高地应力基础岩体开挖前，在基础外侧预留3m厚度（垂直设计边坡岩体方向厚度）的保护层。

(2) 保护层采用预裂爆破预留，施工预裂孔径为90mm，孔深根据开挖台阶高度和开挖角度确定，孔距0.8m，施工预裂孔向平行于设计边坡，线装药密度0.5～1.0kg/m，堵塞长度1.5m，采用TAMROCK700² 液压钻造孔。预裂爆破与外侧岩体梯段爆破一同进行。

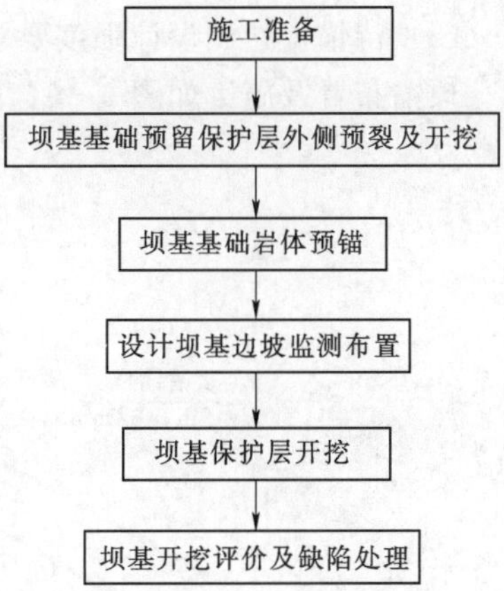

保护层造孔施工如图6-8所示。

```
施工准备
    ↓
坝基基础预留保护层外侧预裂及开挖
    ↓
坝基基础岩体预锚
    ↓
设计坝基边坡监测布置
    ↓
坝基保护层开挖
    ↓
坝基开挖评价及缺陷处理
```

图6-7　高地应力坝基开挖预锚施工工艺流程图

图6-8　TAMROCK700² 液压钻保护层造孔施工图

3. 坝基基础岩体预锚

(1) 保护层外侧预裂与外侧岩体梯段爆破开挖完成后,对坝基设计边坡岩体进行预锚施工。

(2) 预锚施工主要预锚参数有:$\phi 32mm$ 预锚锚杆,$L=9m$,梅花形布置,间排距 $2m \times 2m$。

(3) 预锚锚固孔采用 TAMROCK700^2 液压钻或 XZ-30 潜孔钻施工,钻孔深度为锚杆长度+保护层厚度,钻孔总长度12m。

(4) 钻孔完成后进行清孔,然后下锚施工,锚杆伸入锚杆孔最底部,保证保护层开挖完成锚杆与设计边坡垂直,预锚孔全孔注浆。

(5) 待锚杆达到设计强度要求后,再进行保护层的开挖。

预锚布置及施工如图6-9、图6-10所示。

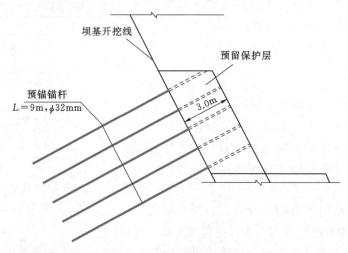

图6-9　预锚布置示意图

图6-10　TAMROCK700^2 液压钻预锚施工图

4. 坝基保护层监测布置

(1) 坝基保护层开挖前后,应对坝基基础岩体进行三点式锚杆应力、两点式位移、单孔声波、对穿声波、钻孔电视和爆破震动监测。

（2）在保护层开挖前埋设的仪器为三点式锚杆应力计，垂直方向布置在坝基开挖分层高度的中部，水平方向按照开挖区域宽度布设。三点式锚杆应力计钻孔深度12m，孔向垂直边坡，孔径为110mm，锚杆应力计长度9m，直径为28mm，测点埋深分别为距基础2.5m、5m、7m，采用全孔段灌浆。两点式位移计在保护层开挖爆破前进行钻孔施工，孔口部位预埋保护管，并使用棉纱堵塞孔口，爆破后再进行位移计的安装。

（3）爆破前需进行单孔声波监测、对穿声波监测和钻孔电视。

（4）爆破振动监测仪器在爆破作业前安装，仪器安装在爆破作业区域以外和特别需要振动保护的岩体和混凝土周边。

5. 坝基保护层开挖

（1）坝基保护层开挖在预锚施工完成、锚筋（束）达到设计强度且监测仪器布置完成后进行。

（2）开挖施工钻孔由开挖线外侧向设计边坡方向依次为爆破孔、缓冲孔和预裂孔。爆破孔和缓冲孔造孔均采用TAMROCK700² 液压钻进行，钻孔角度与设计边坡方向角度一致。缓冲孔间排距1.5m×1.0m，爆破孔间排距2.0m×1.5m，单耗药量0.30~0.35kg/m³，预裂孔采用XZ-30钻进行，孔径为90mm，预裂孔间距0.6m，线装药密度200~250g/m；分段雷管为MS2，缓冲孔孔内雷管为MS13（个别孔内位MS9），整体网路采用下游侧起爆。

（3）开挖爆破完成后采用人工或液压冲击锤配合反铲将石渣挖除，开挖过程中应注意对预埋监测仪器及电缆的保护。

保护层开挖完成后坝基基础效果如图6-11所示。

图6-11　保护层开挖完成后坝基基础效果图

6. 坝基开挖评价及缺陷处理

（1）高地应力坝基开挖爆破出渣完成后，立即对边坡进行清理，标记原来三点式锚杆应力计、单孔监测声波孔及对穿声波孔位置和编号。并对爆破前施工的两点式位移计钻孔进行清孔，立即进行两点式位移计的安装。

（2）两点式位移计和三点式锚杆应力计监测频率为前15d 1次/d，后续15d 1次/2d，一个月后每周观测1次，根据时间的推移形成数据统计并进行分析。

（3）爆后单孔声波监测、对穿声波监测及钻孔电视，取得爆破后不同深度岩体的声波传递速率和裂隙发育情况，并与开挖爆破前的岩体参数进行对比，了解爆破开挖后高地应力岩体的应力释放、卸荷松弛和回弹变形情况。

（4）对开挖完成的岩体表面半孔率、平整度等进行统计分析，分析爆破开挖情况。同时对开挖完成后的岩体进行地质素描，了解高地应力开挖施工区域的岩性、产状、断层走向等参数。

（5）根据开挖后岩体地质素描情况和技术要求，对断层带、裂隙发育带处理。

6.1.3.3　应用效果

因地制宜的综合采取多种开挖方法，坝基岩体在开挖完成后应力重分布时受力条件得到明显改善，高地应力区段坝基的开挖质量受控。

左岸建基面监测成果表明，最大超挖值 0.98m，平均超挖 0.24m，在 1607 个采样点中有 59 个欠挖点，占 3.7%，不平整度合格率 84.3%~95.6%，平均 91.7%；预裂残孔率 78.3%~97.8%，平均 90.9%。左岸建基面爆破松弛深度大多为 1.0~2.0m，爆后声波波速衰减率小于 10%。

边坡的多点位移计、锚杆测力计的监测数据均较小，说明坝基开挖岩体卸荷松弛应力较小，卸荷回弹变形控制效果显著，避免高地应力坝基岩体卸荷松弛，造成的坝基基础二次开挖、固结灌浆和重复锚固施工，大大缩短施工工期和施工成本，确保坝基开挖质量的优良。

左岸边坡建基面开挖效果见图 6-12。

图 6-12　左岸边坡建基面开挖效果图

6.1.4　"反弧形"开挖施工

根据坝址区河谷狭窄、地应力水平较高，河床坝基存在高地应力集中区—应力包的特点，开挖设计和控制不当可能使坝基卸荷回弹破坏严重，坝基岩体质量降低，影响拱坝的质量和拱坝的安全。为尽可能地减小坝基开挖产生的卸荷回弹甚至借助了消能反拱水垫塘的研究成果，提出了一种由岸坡向河床光滑过渡，减少常规平底开挖时，梯级拐角处的应力集中，将河床建基面开挖成更好地适应地应力释放卸荷影响的反拱形开挖型式。

6.1.4.1　反弧形与平底开挖应力对比分析

为了论证反弧形开挖型式的效果，采用有限元对两种坝基开挖岩体中主应力分布情况进行对比分析。反弧形开挖型式的差别在于将传统的水平开挖调整为由坝肩到河床按光滑过渡的反弧形曲线开挖。这样的设计优化方案，旨在改善坝基岩体的卸荷损伤，同时也可减小开挖工程量，见图 6-13～图 6-16。

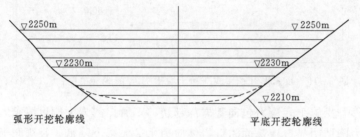

图 6-13　坝基反弧形和平底两种开挖轮廓设计图

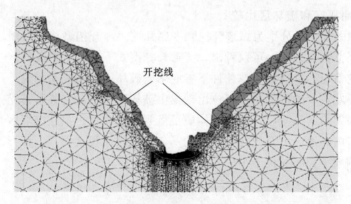

图 6-14　坝基反弧形开挖的二维有限元计算网格图

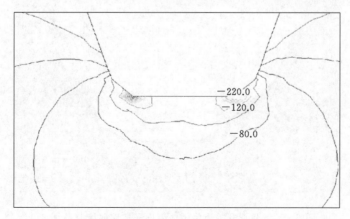

图 6-15　平底开挖型式下河床坝基 σ_1 等值线（单位：0.1MPa）

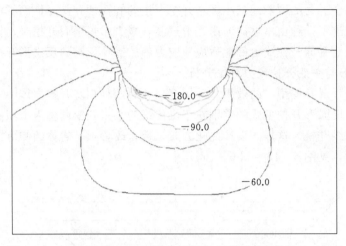

图 6-16　反弧形开挖型式下河床坝基 σ_1 等值线（单位：0.1MPa）

采用反弧形开挖施工，应力包向基岩深部转移，所揭露岩大幅度降低，河床坝基应力包随开体的应力降低明显，建基面附近岩体应力水平大幅度降低，反弧形开挖工艺具有明显的优势。

6.1.4.2　基岩屈服区和破坏区比较

图 6-17 和图 6-18 分别为弧形开挖和平底开挖两种开挖型式下沿坝轴线剖面基岩的屈服区和破坏区范围与分布。可以看出，弧形开挖型式下谷底基岩破坏区分布范围与深度均小于平底开挖情况，且弧形开挖条件下谷底基岩破坏区分布相对均匀，而平底开挖型式下基岩破坏区在左右岸的两侧角点部位出现集中破坏区，可见，弧形开挖条件下该部位的破坏区范围与深度均明显减小，坝基岩体质量得到良好改善。上述破坏区和屈服区成果表明，就谷底坝基由高地应力开挖卸荷引起的基岩屈服破坏程度而言，弧形开挖型式对基岩的开挖扰动影响较小，明显优于平底开挖情况。

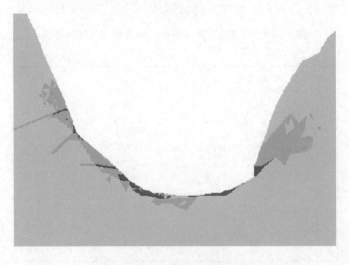

图 6-17　弧形开挖后坝轴线剖面开挖屈服区与破坏区

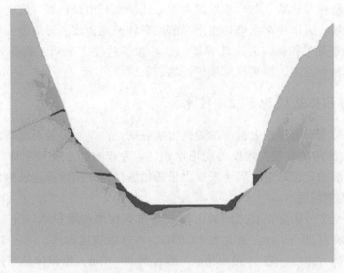

图 6-18　平底开挖后坝轴线剖面开挖屈服区与破坏区

6.1.4.3　高地应力峡谷坝基反弧开挖型式的优化分析结论

（1）平底开挖型式下坝基在两岸坡脚处，应力集中现象明显，而反弧形开挖型式下河床坝基的应力分布则相对均匀，从而使坝基两岸坡脚处的应力集中程度得到明显改善。

（2）平底开挖型式下基岩中的应力梯度明显大于反弧形开挖型式，而反弧形开挖型式下坝基应力分布出现均化趋势，反弧形开挖型式下坝基应力分布状况优于传统的平底开挖型式。

（3）由于采用反弧形开挖，河床坝基应力包随开挖过程向基岩深部转移，使建基面附近河床基岩应力大幅度降低，从而可大大缓解实际坝基开挖过程中可能出现的岩爆、剥离等高地应力卸荷现象。

（4）平底开挖形式下河床坝基最大位移值约比反弧开挖型式大，反弧开挖型式较平底开挖型式下的坝体压应力水平亦得到有效降低，反弧开挖型式下坝基点安全度要高，反弧形开挖较平底开挖的扰动区深度要小。

已有研究表明反弧形开挖型式较传统的平底开挖型式，其坝基应力集中现象及卸荷影响范围有效减小，开挖后建基面应力相对均匀，基岩强度安全度明显提高，坝基卸荷变位明显减小，屈服和破坏范围变小，坝体应力条件得到一定的改善，从而论证了拉西瓦河床坝基采用反弧形开挖型式的合理性。

6.2　堆积体边坡稳定加固控制技术

堆积体高边坡是我国西南地区很普遍的一种地形地貌，通常处于临界状态，一遇到开挖或降雨就有可能发生开裂、解体和滑坡等自然灾害，从而给施工人员安全和工程建设带来严重的危害。而目前我国西南地区在建和已建的大型水利水电工程中，很多工程项目不可避免地要涉及堆积体高边坡问题，例如长江三峡库区堆积体高陡边坡、四川溪洛渡水电站左岸谷肩堆积体高边坡、四川紫坪铺水库导流泄洪洞出口边坡、云南梨园水电站进水口冰水堆积体边坡、云南小湾水电站左岸坝前堆积体高陡边坡、云南金安桥水电站大坝左岸下游侧 B20 区崩塌堆积体高陡边坡等等，这些工程往往需要对工程所处的自然堆积体高陡边坡进行整治和改造，以满足工程建设的需要。

6.2.1   崩塌堆积体边坡稳定加固技术

小湾水电站位于澜沧江中上游河段的高山峡谷区，两岸岸坡地形陡峻，开挖边坡高达 700m。在坝址上游两岸有较大规模的崩塌堆积体，左岸有饮水沟堆积体，右岸有大椿树沟堆积体，高边坡稳定性较差，需要采取大量的锚固措施才能维持边坡的稳定。

6.2.1.1   稳定控制问题

左岸饮水沟至 2 号山梁山脊之间的山坡上分布有饮水沟堆积体，分布高程为 1130～1600m，厚度一般为 30～37m，最大为 60.63m。右岸大椿树沟内 1170～1770m 高程分布有大椿树沟堆积体，厚度一般为 20～30m，最后达 50.70m。堆积体是当地山坡崩塌堆积物和坡积物的混合体，总体上中等密实，但局部地段较为疏松，并存在架空现象，渗透性较强。小湾水电站左岸堆积体边坡如图 6-19 所示。

图 6-19   小湾水电站左岸堆积体边坡

在左岸 2 号山梁及饮水沟堆积体边坡开挖过程中，相继发现其堆积体上游边线沿 F_7 断层及其下游与基岩分界线附近产生纵向裂缝，裂缝宽度达 30～46mm，裂缝开度呈增大趋势，并伴有喷射混凝土隆起脱落破坏特征，1400m 高程监测斜孔孔口位移变化速率最大达 10.37mm/d，孔深 36m 处滑面相对位移变化速率最大达 0.257mm/d，其变化速率有不断增大趋势，各表观点位移速率不断缓慢增加，1380m 高程以上平均水平位移速率达 1.477mm/d、最大达 1.837mm/d、平均垂直位移速率达 0.997mm/d、最大达 1.167mm/d，1380～1245m 高程平均水平位移速率达 2.567mm/d、垂直位移速率达 0.747mm/d，且 1396m 高程锚索测力计监测荷载呈近线性递增至设计值的 1.23 倍达 1227.7kN，最大变化速率达 5kN/d，最后被拉断破坏，堆积体边坡多处出现局部失稳坍塌，所有这些征兆均揭示左岸边坡已出现蠕滑变形失稳迹象，需要采取紧急除险加固措施。

综合分析认为，左岸 2 号山梁及饮水沟堆积体边坡蠕滑变形的主要原因是：堆积体存在潜在的最危险滑面（堆积体与下伏基岩的接触带），两侧有较陡的破裂结构面（基岩面）限制，并存在地下水活动的条件，是其发生变形破坏的内在不利影响因素，下部开挖边坡较陡，切除了堆积体南侧及前缘的部分阻滑岩体，部分失去三维效应，是其发生变形破坏的主要外在诱发因素。

6.2.1.2　稳定控制技术

为了保证堆积体边坡的施工稳定和安全，两岸高边坡采取了"挖、排、锚、挡"等多种综合措施，具体包括土石方明挖、预应力锚索、普通砂浆锚杆、锚筋桩、预应力锚杆、网喷、抗滑桩及混凝土挡墙等。两岸1000m高程以上边坡土石方开挖1727万 m³，预应力锚索6835根（其中堆积体锚索2344根），锚杆支护120206根，喷射混凝土96685m³，现浇混凝土341401m³（包括贴坡、挡墙、抗滑桩混凝土等），排水沟74904m。

针对左岸饮水沟堆积体蠕滑变形的综合治理，既要迅速抑制其继续变形蠕滑，以免产生大范围贯通裂缝后发生大规模的塌滑，还必须综合考虑高边坡的永久稳定。通过综合比较"预应力锚固为主＋抗滑桩支挡压脚＋内外排水"以及"抗滑桩支挡压脚为主＋预应力锚固＋内外排水"等多套综合治理方案，并结合工程实际，最终选择"预应力锚固为主，结合削坡减载、抗滑桩支挡、坡脚反压、内外排水"的综合治理方案，即以预应力锚固为主，并结合高程1245m抗滑桩及其内侧坡脚反压回填、排水洞与坡面排水及高程1600m坡顶削坡减载等工程措施。

6.2.1.3　综合治理措施

治理措施上强调充分挖掘和提高岩土体和支护结构的阻滑潜力，使工程措施的针对性、适应性、可实施性更强。

（1）针对饮水沟堆积体变形因素之一的部分三维效应失去，采取桩—锚—墙联合受力并结合反压的受力结构，以补偿和恢复其三维效应。

（2）在具备条件的部位，尽量采用施工速度快、效果显著的预应力锚索加固，总量约8000束。

（3）基于变形失稳模式，确保支护重点，如六号山梁主要失稳模式是滑移型崩塌破坏，采取以加固前缘为重点，利用排水洞设置对穿锚索的支护方法，限制松弛拉裂变形。

（4）充分利用前缘的阻滑缓坡地段进行回填反压，如场内公路4号滑坡体和饮水沟堆积体综合治理。

（5）在支护结构上取得了创新和发展，如采用孔深达92m的1800kN级预应力锚索、桩深近80m的桩—桩（3m×5m）联合受力结构，净跨达28m的底拱形基础—上部挡墙—预应力锚索抗滑结构、截面尺寸达4m×7m的锚索—桩—板墙联合阻滑及反压结构等措施。

对饮水沟堆积体进行了综合治理。具体措施如下：

（1）预应力锚索。预应力锚索采用普通拉力型全长无黏结预应力混凝土网板、锚拉板及抗滑桩锚支挡结构锚索。增加布置1226束1800kN及140束1000kN级预应力锚索，共1366束，总共增加3.6×10⁶kN设计锚固力，单束预应力锚索张拉锁定吨位为设计吨位的100％～115％混凝土锚拉板、网板锚索布置于1245～1600m高程2号山梁及饮水沟堆积体内，锚索间排距为5m×4m，矩形布置，加密区锚索间排距为5m×2m，梅花形布置，另在 1245m 高程平台的钢筋混凝土抗滑桩上布置 2～6 排预应力锚索 110 束,间排距 (2～7.5)m×(2～8)m,根据堆积体厚度及滑移面深度,锚索设计孔深为 50～75m,内锚固段长度为 8m 或 10m,并保证锚固段处于稳定的弱风化岩体内,其方位均为垂直边坡走向或蠕滑变形堆积体滑移结构面、倾向 SE,水平下倾 10°,采用 ϕ15.24mm、高强度、低松弛无黏结预应力钢绞线及 HVM 标准系列外锚具。抢险锚索施工如图 6-20 所示。

图 6-20　左岸 2 号山梁抢险锚索施工图

(2)抗滑桩锚支挡结构。沿高程 1245m 平台内侧开挖边坡布置,堆积体 0～69m 以北布置 10 根 3m×5m 抗滑桩,水平间距 7.5m,以南布置 5 根 4m×7m 抗滑桩,水平间距 10m;桩体嵌入基岩约 1/3 桩长,桩底东西侧各布置 4 排 ϕ32mm 锚杆,筋长 6m,外露 1.5m;间排距 0.75m;桩体布置 2～6 排预应力锚索 110 束,间排距 (2～715)m ×(2～8)m;底板浇筑 0.1m 厚 C15 素混凝土,桩体混凝土为 C35,桩间以 5m 或 7m 厚现浇混凝土联系墙连接,联系墙下打锚筋桩 3ϕ32mm@1m×1m,长 9m,入岩 7m,1246～1260m 高程墙上梅花形布置 ϕ200mm 排水孔@2m×2m,墙后反压回填石渣,1355m、1500m 高程共 20 根抗滑桩视后期边坡变形监测成果确定施工。

(3)坡脚石渣反压回填。当桩墙及上下游挡墙混凝土上升至高程 1254m 高程后,进行桩墙外侧 1245～1256m 高程道路的垫渣,并回填桩墙内侧的石渣至高程 1290m。自卸汽车运输石渣料,挖掘机、推土机翻渣摊铺,填料粒径不大于 40cm,填筑层厚 0.6m,YZT18C 振动碾压密实,压实干密度不小于 2.0t/m³ 桩墙顶高程 1274m 以上回填边坡,采取挖掘机自下而上逐段逐层削坡至 1:2～1:1.5 的设计坡比,后喷 0.1m 厚 C20 混凝土覆盖封闭。石渣反压回填部位锚索采用 ϕ25mm 插筋固定在内侧边坡上,待石渣回填至锚索孔位处,将锚索放下并穿过预埋的 ϕ168mm 钢管防护,采用 ϕ25mm 钢管架固定。

（4）其他措施。包括锚杆、锚筋桩、框格梁等浅层系统支护；合理设置排水体统及削坡减载等措施。

治理完成后，对左岸饮水沟蠕滑变形堆积体 11 个多点位移计的观测成果资料分析，27%的测点位移减小，73%的测点增加，其增加平均速率缓慢，仅 0.043mm/d，最大者仅 0.13mm/d，且大多数呈逐渐收敛趋势。

6.2.1.4　施工技术总结

（1）锚索加固效果分析，根据牵引失稳模式和南侧变形大于北侧的情况，锚索主要分布在Ⅳ区和Ⅵ区。堆积体边坡Ⅰ～Ⅵ变形区域共计张拉抢险锚索 674 根，安装锚索测力计 15 台，有 8 台自锁定以来呈现增长趋势，特别是Ⅳ区受下部牵引和上部推移的共同作用，大部分监测锚索荷载增长较快，平均增长速率约为 1.6～2.5kN/d，其中有两根锚索出现钢绞线局部断丝现象。这表明锚索对抑制边坡变形发挥了重要作用，锚固位置选取和实施顺序安排处于关键部位，锚固深度设置合适。

（2）小湾左岸 2 号山梁及饮水沟蠕滑变形深厚堆积体边坡抢险加固工程综合治理施工实践证明，对于具有软弱滑面的松散堆积体高陡边坡的浅层永久防护，采用网格梁喷混凝土支护方式比网格梁植草防护对于边坡稳定更适宜、更具有优越性，虽然网格梁植草防护有利于边坡的环保与绿化且投资较省，但对防止地表水入浸边坡不如网格梁喷混凝土的作用直接有效，相对不利于边坡稳定。

（3）对于类似的深厚堆积体边坡抢险加固工程，施工期建立边坡安全监测网，并注意其信息反馈，显得尤其重要，须得到充分重视。在小湾左岸 2 号山梁及饮水沟深厚堆积体整体蠕滑变形抢险加固工程综合治理施工中，多次根据边坡变形监测成果资料及施工过程中揭露的地质条件出现的新变化，不断对左岸蠕滑变形堆积体边坡抢险加固综合治理工程的设计方案、施工组织重点及支护施工力量进行多次调整与优化，对于加快抢险工程施工进度、确保工程安全起到了重要的作用。

（4）传统的钻孔设备在堆积体边坡的施工过程中遇到了很多问题，如设备笨重不利于施工、钻孔效果差、效率低，为了寻求适合于小湾堆积体边坡钻孔的方法，开展了相应的技术研究，进行了钻机比选，改进了钻具和成孔施工方法，开发了跟管钻具配套机具和预应力锚索钻孔配套机具，提出了预应力锚索成孔施工技术和预应力锚索防腐施工技术等，取得了良好的效果。

右岸堆积体边坡加固施工效果如图 6-21 所示。

6.2.2　冰水堆积体边坡开挖控制技术

冰水堆积体是第四纪更新世中晚期由冰川运动所携介质在河谷地带沉积而成的地质堆积物，是一种有别于常规土体的特殊地质材料，由强度较高的不规则岩块和强度相对较弱的土体颗粒构成。在我国西南地区由于受到过第四纪冰川的作用，在河流两岸形成了结构组成复杂的冰水堆积体，分布范围广泛、规模巨大。与岩质及土质边坡相比，构成冰水堆积体的物质成分变异性很大，且空间结构较为复杂。同时，该类堆积体在物质构成方面介于土和岩石之间，对其参数试验、施工期稳定性、开挖技术参数和支护施工技术措施等均缺乏成熟的理论与技术。

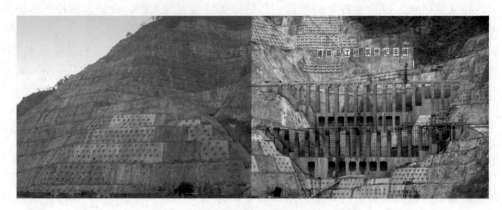

图 6-21 右岸堆积体边坡加固施工效果图

6.2.2.1 冰水堆积体施工问题

梨园水电站进水口正面边坡最大开挖高度达 215m，进水口正面和上游侧边坡均涉及下咱日堆积体，进水口约 1/2 边坡为冰水堆积体边坡，开挖边坡比为 1:1～1:1.4，开挖方量为 441 万 m³，开挖厚度为 18～119m，是目前国内开挖完成规模最大的冰水堆积体。

堆积物主要为分布于堆积体前部的具有层理状结构的砂卵砾石层（卵石混合土）和分布于堆积体后部的冰碛砾岩两大类物质（混合土卵石）。堆积物平面分布范围广、分布不均、连续性差、埋藏深、规模大，成因复杂，结构密实，是一种介于土和岩石之间的岩土体。

冰水堆积体边坡施工存在的主要技术问题如下：

(1) 冰水堆积体胶结物特性各异，空间分布不均，爆破效果差，爆破效率低。

进水口施工范围内冰水堆积体分布范围广，不同类型胶结物在颗粒物质组成、强度、密度、孔隙率等物理力学特性上存在较大差别，部分呈弱胶结，表部形成"硬壳"，各种胶结物在空间上分布不均匀，物质分布不连续，堆积体内粉细砂或粉土多呈透镜状或"鸡窝"状，这给钻爆开挖施工技术参数的确定带来很大的难度，即便是同一层面上的开挖作业，也可能由于物理力学特性的差异，爆破效果会存在很大区别，对爆破效率造成较大的影响，如图 6-22、图 6-23 所示。

图 6-22 冰水堆积体胶结物局部分布图（胶结物特性各异，空间分布不均）

图 6-23　冰水堆积体致密程度不同、产状交错等造成的开挖"留柱"现象

（2）冰水堆积体颗粒物质组成复杂，开挖与支护钻孔困难，钻孔效率低。颗粒物质组成和物理力学特性复杂，松散程度不一，施工过程中面临钻爆和支护造孔时塌孔严重，成孔率低等问题，需要改进钻孔设备和采用合理施工工艺，以提高施工效率。冰水堆积体钻孔卡钻、塌孔及前期爆破如图 6-24、图 6-25 所示。

图 6-24　冰水堆积体钻孔卡钻、塌孔

图 6-25　冰水堆积体前期爆破及挖装效果图

（3）冰水堆积体胶结物及松散体等产状交错，内部局部松散、架空，爆破参数难以掌

握。胶结物及松散体层状分布，爆破时易漏气，造成单耗药量高，而爆破效果却很差，严重影响挖装设备效率，制约开挖施工进度。同时边坡的支护效果也会对边坡稳定产生重大影响。

对工程区堆积体的分布、物质组成、物理力学性状进行试验和分析，结合开挖施工过程中的试验和实践，对堆积体边坡的开挖和支护施工关键技术进行研究，获得科学合理的施工工艺和技术参数，以保证冰水堆积体施工安全、优质、高效地进行。

6.2.2.2　冰水堆积体钻爆开挖施工

梨园水电站进水口边坡土石方明挖总量 597 万 m^3，其中冰水堆积体 441 万 m^3；高峰月开挖强度 55 万 m^3，其中开挖有用料约 135.9 万 m^3 需直接上坝或上堰。高强度开挖对爆破施工技术提出了较高的要求。需要对开挖爆破的梯段高度、孔排距等进行分析研究，获得冰水堆积体开挖爆破技术参数。

1. 冰水堆积体施工特性分级

（1）颗粒物质组成分类。对于小型堆积体边坡，其工程特性较容易把握，工程处置相对简单，但对大型堆积体边坡，其工程特性的把握要困难很多。梨园水电站下咱日大型冰水堆积体的颗粒物质组成和胶结程度差异很大，主要为具有层理状结构的砂卵砾石层和冰水堆积层，现场对两层物质在勘探平洞内取样进行 7 组颗分试验，其中编号 PD209-2 和 PD209-3 为在冰水堆积层进行颗分试验，其余为在砂卵砾石层进行颗分试验，试验结果如图 6-26 所示，现场颗分试验显示大部分堆积物巨粒（粒径大于 60mm）含量大于40%，部分大于50%。

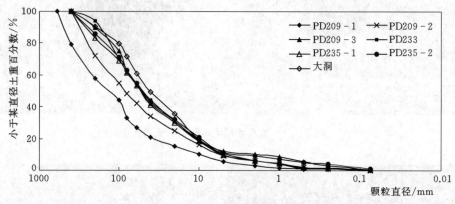

图 6-26　堆积物颗分试验级配曲线

砂卵砾石层主要分布于堆积体前部，组成物质以卵砾石为主，岩性多为灰岩，粒径大于 5mm 的颗粒平均占 89.5%。结构上具成层性，较密实，磨圆度好，层理结构明显，为顺坡倾向，倾角约为 20°。从其物质组成、磨圆度分析属河床堆积。冰水堆积层主要分布于堆积体后部，为堆积体的主要组成部分，物质组成主要为孤石、碎块石，卵砾石，巨粒含量达 50%～75%。颗粒具有一定磨圆度，多呈次棱角状或次圆状。

根据颗分试验结果，将冰水堆积体按颗粒物质组成和胶结程度不同分为 4 类，各类冰水堆积体在进水口边坡的分布情况如图 6-27 所示。其中第 1 类为状如混凝土的卵石和细砂致密胶结物［图 6-28（a）］，主要分布于堆积体表层；第 2 类为状如砂岩的细砂致密胶

结物 [图 6-28 (b)]，主要分布于堆积体表层；第 3 类为状如蜂窝的卵石胶结物 [图 6-28 (c)]，分布于堆积体表层下部；第 4 类为层状的弱胶结粉细砂含少量细粒卵石 [图 6-28 (d)]，分布于堆积体下部。

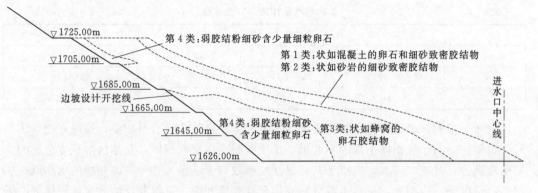

第 4 类：弱胶结粉细砂含少量细粒卵石
第 1 类：状如混凝土的卵石和细砂致密胶结物
第 2 类：状如砂岩的细砂致密胶结物
▽1725.00m
▽1705.00m
▽1685.00m
边坡设计开挖线
▽1665.00m
第 4 类：弱胶结粉砂
含少量细粒卵石
第 3 类：状如蜂窝的
卵石胶结物
▽1645.00m
▽1626.00m
进水口中心线

图 6-27　进水口边坡典型断面冰水堆积体分类

（a）　　　　　　　　　　　　（b）

（c）　　　　　　　　　　　　（d）

图 6-28　冰水堆积体颗粒物质组成分类

（2）施工特性分级。在冰水堆积体施工部位选取多个具有代表性的试样，分别代表不同颗粒物质组成类别的堆积体，加工为 100mm×100mm×100mm 的试件，检测试件的单轴抗压强度、密度和孔隙率等参数。根据室内物理力学试验和现场实际爆破施工效果，将冰水堆积体按其施工特性分为 3 级，其中第Ⅰ级为强胶结冰水堆积体，第Ⅱ级为较致密的弱胶结冰水堆积体，第Ⅲ级为较松散的弱胶结冰水堆积体。各级冰水堆积体所对应的颗粒物质组成类别见表 6-8。

表 6-8   冰水堆积体施工特性分级

级别	抗压强度/MPa	孔隙率/%	密度/(kg/m³)	对应颗粒物质组成分类
Ⅰ	30～35	2～5	2400～2600	1 类和 2 类
Ⅱ	10～30	5～10	2400～2600	部分 3 类
Ⅲ	6～10	10～22	2000～2200	部分 3 类和 4 类

分布于堆积体表层的第Ⅰ级强胶结冰水堆积体性质与普通岩石相似，钻爆开挖方法与岩石类似。分布于堆积体下部的第Ⅱ级、Ⅲ级弱胶结冰水堆积体，是冰水堆积体边坡的主要组成部分，开挖方量大，但由于其钻爆开挖参数难于掌握，导致爆破开挖的效率低、成本高、进度慢、成型差，所以本部分研究主要针对第Ⅱ级、Ⅲ级弱胶结冰水堆积体的钻爆参数进行优化。

2. 冰水堆积体爆破参数优化理论与试验研究

(1) 基于应变能系数的最优抵抗线分析。

1) 利文斯顿爆破漏斗理论。利文斯顿爆破漏斗理论以能量为基础，炸药爆炸时传给岩石的能量多少和速度大小，取决于岩石性质、炸药性能、药包大小和药包埋置深度等因素。根据爆破作用效果不同，将岩石爆破时变形和破坏形态分为弹性变形、冲击破坏、碎化破坏和空气中爆炸。

地表下埋置很深的药包爆破，是爆破的内部作用，地表岩石不会遭到破坏。在药量不变的情况下，当埋置深度减小到某一临界值时，地表岩石开始发生明显破坏，这个埋置深度称为临界深度：

$$L_n = E \sqrt[3]{Q} \qquad (6-1)$$

式中：L_n 为临界深度，m；Q 为药量，kg；E 为应变能系数，$m/kg^{1/3}$。

如果药包质量不变，埋置深度从临界深度进一步减少，地表岩石"片落"现象将更加显著，爆破漏斗体积增大。当药包埋置深度减小到某一界限值时，爆破漏斗体积达到最大，这时的埋置深度就是最适宜深度 W_0。令所采用的埋置深度与临界深度的比值为"深度比"并以 Δ 表示，当药包埋置深度为最适宜深度 W_0 时，最适宜深度比为

$$\Delta_0 = W_0 / L_n \qquad (6-2)$$

最适宜深度 W_0 计算公式为

$$W_0 = \Delta_0 E \sqrt[3]{Q} \qquad (6-3)$$

式中：Δ_0 的值随岩石性质的不同而差异很大，一般在脆性岩石中 Δ_0 值较小，约为 0.5；Δ_0 值在塑性岩石中较大，接近 1。冰水堆积体物理力学性质表现为典型的塑性，所以计算时 Δ_0 取 1。

计算最适宜深度时，先通过现场爆破试验得到临界深度，然后根据已知的药量和式 (6-1) 计算应变能系数，再将应变能系数代入式 (6-3) 计算不同药量时的最适宜埋深。

2）应变能系数计算。应变能系数表征一定药量情况下，岩石表面开始破裂时岩石可能吸收的最大爆破能量，从物理意义分析，应变能系数反映了单位药量情况下的临界深度值。

在第Ⅱ级弱胶结冰水堆积体中进行小型洞室爆破，从爆破效果看，洞室1竖井内堵塞物被冲出，井口附近冰水堆积体未被爆穿，只形成了几道明显的裂缝；洞室2局部石渣被翻起，大部分石渣粒径大于2m。两个洞室的装药情况相同，一个洞室地表出现了裂缝，另一个地表出现了破坏现象，呈现的特征是局部破碎，地表隆起，根据爆破漏斗理论，本次洞室爆破可以认为是一次药包埋置深度为临界深度的爆破漏斗试验，药包埋置深度15m即可作为临界深度，爆破所用药量为1710kg，根据式（6-1）得应变能系数为1.25m/kg$^{1/3}$。

在第Ⅲ级冰水堆积体中进行梯段爆破试验，其中一组6个孔，孔径为115mm，炮孔间排距均为3m，平均孔深为3.9m，药卷直径为70mm，炸药单耗为0.22kg/m^3，每孔装药量为7.8kg。爆破后试验区地表出现裂缝，没有出现渣体抛出，根据爆破漏斗理论，本次试验区可以认为是一次药包埋置深度为临界深度的爆破漏斗试验，药包埋置深度为条形药包的几何中心，得到临界深度为2.925m，根据式（6-1）得应变能系数为1.48m/kg$^{1/3}$。

根据国外相关研究，岩石应变能系数为4.88～10.89m/kg$^{1/3}$，而弱胶结冰水堆积体应变能系数仅为1.25～1.48m/kg$^{1/3}$，说明药量相同时为使弹性变形阶段能够完成，冰水堆积体需要更小的埋置深度，也反映了同样体积的爆破量，弱胶结冰水堆积体相较于岩石其弹性变形的耗能量要大得多。

3）梯段爆破最优抵抗线计算。梯段爆破开挖中，药卷装药为延长药包，相对于球形药包，延长药包爆破后形成一个V形爆破沟槽，球形药包的埋置深度可以作为延长药包的抵抗线。假设梯段爆破线装药量密度为Q_0，考虑炮孔延长装药爆破漏斗形式，同时忽略药包两端端部效应，将式（6-3）中的药量Q换为线装药量密度Q_0，则可以根据式（6-3）计算延长装药最优抵抗线。冰水堆积体梯段爆破采用不同直径药卷装药的情况下，根据式（6-3）计算的最优抵抗线，结果见表6-9。通过现场钻爆试验，使用大孔径耦合装药比小孔径装药爆破效果要好，所以本工程使用 ϕ70mm 药卷，最优抵抗线分别为2.8m和3.6m，为方便施工，实际抵抗线即梯段爆破的排距分别取3.0m和4.0m。

表6-9   梯段爆破最优抵抗线

序号	药卷直径 ϕ/mm	线装药密度 Q_0/kg	较密实弱胶结体 W_0/m	较松散弱胶结体 W_0/m
1	32	0.8	1.3	1.6
2	55	2.5	2.2	2.8
3	70	4.0	2.8	3.6
4	90	6.7	3.6	4.7

注 炸药密度按照1.05g/cm^{3}计算。

（2）冰水堆积体开挖爆破钻孔机械选型和造孔技术。从冰水堆积体的力学特性，特别是抗压强度、普氏坚固系数分析，冰水堆积体强度开挖爆破钻孔中凿碎钻进不是很大的问题，而关键在于钻进过程中维持孔壁稳定和排渣的问题，因此冰水堆积体开挖爆破造孔中，一方面钻进过程中减少扰动，避免塌孔；而另一方面选择高风量、高风压的钻机来改善排渣效果。冰水堆积体计算普氏坚固系数和凿碎比能详见表6-10。

表6-10　　　　　　冰水堆积体计算普氏坚固系数和凿碎比能

序号	冰水堆积体类别	抗压强度/MPa	普氏坚固系数 f	凿碎比能/(J/cm³)
1	Ⅰ类	>30（平均31.0）	3.1	124
2	Ⅱ类	10~30（平均15.3）	1~3（平均1.5）	40~120（平均60）
3	Ⅲ类	<10	<1	<40

通过对冰水堆积体颗粒物质构成和物理力学特性的分析，结合不同钻孔设备造孔试验的对比研究，选择高风压钻机作为冰水堆积体开挖爆破钻孔机械，有效地避免了因风压不足孔内大粒径砂石无法冲出，减少塌孔概率，保证了成孔率；同时，高风压钻机扭矩大，钻进快，缩短成孔时间，有利提高机械效能、降低施工成本，加快了施工进度。详见图6-29~图6-32。

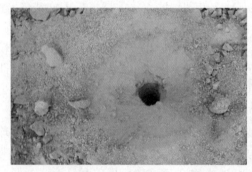

图6-29　典型爆破钻孔孔口反渣和形态

（a）10cm螺旋钻杆　　　　　　　　（b）100B配螺旋钻杆造孔

图6-30　螺旋钻杆造孔工艺试验图

根据设备选型研究成果，对于冰水堆积体造孔设备进行合理调配，即全部采用高风压钻机，改用高风压钻机后，成孔时间比液压钻缩短25%，成孔率也提高了30%，一次钻孔成孔深度可达6m，见表6-11。

（a）偏心钻头实物

（b）偏心钻跟管钻进施工

图 6-31　偏心钻跟管造孔工艺试验图

（3）梯段高度和炸药单耗优化。第Ⅱ级和第Ⅲ级弱胶结冰水堆积体胶结程度不同，分布也不均匀，钻孔深度很难统一，在现场进行了不同孔深条件下的钻爆试验，试验结果见表 6-12。对比不同钻爆试验的成孔耗时、成孔速率、炮孔利用率等关键指标，发现浅孔爆破的效果要优于深孔爆破。根据试验结果，第Ⅱ级和第Ⅲ级弱胶结冰水堆积体宜分别采用 3m 和 4m 的梯段高度，可见现场钻爆试验结果与基于应变能系数的理论分析结果一致，理论和试验研究均表明冰水堆积体需要较小的埋置深度，即采用"浅台阶"的爆破才能达到较好的爆破效果。

图 6-32　冰水堆积体爆破高风压钻机造孔成像

表 6-11　　　　　　　　冰水堆积体钻孔设备选型及成孔效率对比

钻机型号	设计孔深/m	造孔直径/mm	成孔深度/m	成孔耗时/min	成孔效率/(m/min)
英格索兰 831C	4	90	1.2~2.7	2.7~5.5	0.45
CM351 高风压	4	115	2.0~3.5	4~5.5	0.5~0.6
红五环 HC726A	3	115	2.3~3.8	3~5.8	0.6~0.7

通过多次现场钻爆试验，同时得到了第Ⅱ级和第Ⅲ级冰水堆积体较优的平均炸药单耗分别为 0.30kg/m³ 和 0.28kg/m³。

（4）冰水堆积体永久边坡成形技术。永久边坡形成过程中，对于松散冰水堆积体，利用反铲可直接削坡。对于坡面局部强胶结物，反铲无法直接成坡，前期施工中，采用光面爆破进行施工光爆参数：手风钻造孔，孔距 40~60cm，孔径为 42mm，孔深根据胶结物的厚度情况现场确定，采用 ϕ32mm 乳化炸药不耦合装药，线装药密度 250~350g/m。

表6-12 钻孔和爆破试验结果

组号	设计孔深 /m	成孔耗时 /(孔/min)	成孔速率 /(m/min)	炮孔数 /个	平均孔深 /m	爆破方量 /m³	爆破深度 /m	炮孔利用率 /(m³/m)
1	6	12～15	0.38～0.44	54	5.25	3390	5.98	11.9
2	6	21～31	0.18～0.24	43	4.93	2471	5.69	11.65
3	4	3～5.8	0.65～0.77	146	3.62	6942	4.52	13.13
4	3	3～5	0.54～0.73	154	2.67	5296	4.09	12.88

图6-33 冰水堆积体边坡使用破碎锤成坡

由于胶结物质地不均匀，局部蜂窝状结构，使得造孔卡钻严重，成孔困难，效率低下，严重影响施工进度及坡面质量，因而光面爆破对于永久边坡欠挖处理不尽理想。后采用液压破碎锤，对冰水堆积体坡面欠挖胶结体局部修整破碎，由于其操作灵活，设备效率高，提高了永久坡面成坡速度，坡面质量也得到改善，见图6-33、图6-34。

3. 工程应用效果

针对第Ⅰ级强胶结冰水堆积体进行多次钻爆试验，炮孔间排距分别取2.5m×2.5m、

图6-34 成形的冰水堆积体永久边坡

$3m\times3m$、$3m\times3.5m$、$3.5m\times4m$，孔深分别取 $2.5m$、$4.0m$、$5.0m$、$6.0m$，单耗分别取 $0.25kg/m^3$、$0.3kg/m^3$、$0.35kg/m^3$，根据实际爆破效果分析，布孔间排距宜为 $2.5\sim3.5m$，造孔深度宜为 $2.0\sim3.0m$，炸药单耗宜为 $0.3\sim0.35kg/m^3$，并采用 $\phi70mm$ 药卷耦合装药，爆破效果较优。总结各级强、弱胶结冰水堆积体的钻爆参数，结果见表 6-13，在爆破施工中，根据冰水堆积体的分级，可以快速选择合理的钻爆参数。

表 6-13　　　　　　　　　各级冰水堆积体爆破参数

施工特性分级	平均单耗/(kg/m^3)	药径/mm	孔距/m	排距/m	孔深/m
Ⅰ	$0.3\sim0.35$	70	3.5	$2.5\sim3.5$	$2.0\sim3.0$
Ⅱ	0.30	70	$3\sim3.5$	3.0	3.0
Ⅲ	0.28	70	$3\sim3.5$	4.0	4.0

分析实际爆破开挖效果，冰水堆积体只需上部一个临空面即可达到较好爆破效果，这为平面大面积多点作业提供了依据。所以进一步提出采用"高风压、大孔径、大面积、浅台阶"的爆破施工方法，即采用高风压钻机钻孔、$\phi70mm$ 药卷、$3\sim4m$ 的浅台阶和平面大面积多点爆破方法。该方法在梨园水电站其他工程部位也得到了推广应用，提高了爆破开挖效率，边坡各级强、弱胶结冰水堆积体的爆破开挖效果如图 6-35 所示。

研究成果有效解决了大规模冰水堆积体的钻爆开挖施工难题，可以为类似地质条件下的边坡开挖施工提供参考。

6.2.2.3　冰水堆积体边坡支护施工

1. 支护型式

进水口 1626.00m 高程以上边坡支护型式主要为 A 区坡面类型进行支护。

A 区边坡支护型式：开挖坡面喷 C20 混凝土，厚 0.15m，挂钢筋网 $\phi6.5mm$@$0.15m\times0.15m$；坡面设 $\phi28mm$ 系统锚杆，$L=6m$，外露 0.1m，间排距 2.5m，梅花形布置；坡面设 $\phi76mm$ 排水孔，$L=5m$，水平上仰 5°，间排距 6m，交错布置；马道以上 1m 左右设一排 $\phi110mm$ 深排水孔，$L=12m$，间距 5m；距马道外边缘 1.0m 处布设一排 $3\phi28mm$ 马道锚筋桩，$L=9m$，间距 3m，外露 0.1m；距开口线外 1.0m 左右布设一排 $3\phi28mm$ 锁口锚筋桩，$L=9m$，间距 2m，外露 0.1m；边坡马道内侧均布置排水沟，并与截水天沟顺接，马道采用 C15 素混凝土封闭，厚 0.15m。开挖坡面视开挖揭露的实际地质情况设置 2000kN 级随机锚索。

根据地质资料及现场爆破开挖试验所揭露的地质情况，进水口冰水堆积边坡砂卵砾石内部结构分布不均，开挖及支护期间坡面稳定问题比较突出，同时支护施工可能会因地质情况而影响边坡支护速度，如边坡锚杆钻孔容易塌孔，锚杆注浆密实度难以保证，排水孔施工困难等，我项目部将在施工中密切注意边坡安全情况，采用有效措施或其他方式加快边坡支护，在必要的情况调整支护形式，以保证边坡稳定，确保下方施工安全。

2. 支护施工程序及施工方法

(1) 支护施工程序：开挖完成→松动岩石清理→马道排架地基处理→支护排架搭设→锚杆施工、锚筋桩（同时进行排水孔施工）→喷混凝土施工（如有钢筋网先进行钢筋网施

（a）Ⅰ级冰水堆积体

（b）Ⅱ级冰水堆积体

（c）Ⅲ级冰水堆积体

图 6-35　不同分级冰水堆积体典型爆破效果图

工）→锚索施工→排架拆除。

（2）支护施工方法详见 4.2 节内容。

6.3　震损边坡稳定控制及治理技术

6.3.1　工程概况

2014 年 8 月 3 日 16 时 30 分，云南省鲁甸县发生 6.5 级地震，在鲁甸县火德红乡李家山村和巧家县包谷垴乡红石岩村交界的牛栏江干流上，造成右岸山体崩塌、滑坡形成堰塞湖，堰塞体高度 103m，方量 1000 万 m³，总库容 2.6 亿 m³，见图 6-36。后经应急处置后堰塞湖水位下降，险情得以解除。为了彻底消除地震造成的堰塞湖可能引发的洪水等次生灾害，需对红石岩堰塞湖整治改建。

图 6-36　红石岩堰塞湖

红石岩堰塞湖整治工程是国内首个利用天然形成的堰塞体作为挡水坝，并对其进行防渗处理，变废为宝，改建为发电和下游灌溉综合工程。红石岩堰塞湖整治工程枢纽等级属Ⅱ等大（2）型，堰塞体为 1 级建筑物，泄洪建筑物、电站进水口等为 2 级建筑物。枢纽主要由堰塞体、右岸溢洪洞、右岸泄洪冲沙放空洞、右岸引水系统、岸边主副厂房等建筑物组成。

2014 年鲁甸 6.5 级地震诱发滑坡后，红石岩边坡地形发生了明显变化，滑坡残留体类似于一个大椅子形状。一个倾斜平台将斜坡分成两部分，上部是一个巨大的滑坡残留后壁，高度为 330m，沿河的总宽度约为 900m；下部是一个高度为 360m 的原始陡坡崩塌后，滑坡残留体呈圈椅状，上部为陡峭的滑坡后壁，下部为震损原状边坡。溢洪洞、泄洪冲沙放空洞以及引水系统的进水口均布置在下部震损边坡内，如图 6-37 所示。

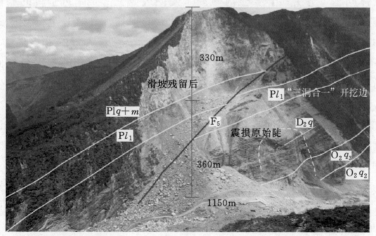

图 6-37　"圈椅状"震损边坡

红石岩斜坡为典型的反倾层状边坡，主要地层自上而下由三层组成：下二叠统（P）为块状灰岩和白云岩，中泥盆统（D）为砂岩和页岩或泥岩，中奥陶统（O）为白云岩或灰岩。枢纽区没有区域性断裂构造，小型断层时有分布。右岸坡发育的断层有 F_5：N5°～15°W/SW∠40°～50°，宽度 50～100cm，由碎裂岩及断层泥组成。由于长期风化卸荷作用、地震荷载以及滑坡瞬时卸荷的作用，上部滑坡残留体岩体十分破碎，陡倾角卸荷发育，主要有三组结构面，除上述的岩层面以外，还有以下两组：①EW/S∠80°～83°，为顺河向节理，受卸荷回弹作用，在浅部多张开、面起伏、粗糙，延伸长度大；②N30°W/NE∠80°，为横河向构造节理，多张开，地表为宽大的溶蚀裂隙，并充填有次生泥。

"三洞合一"进水口边坡设在下部震损原始陡坡上，边坡地形呈下部陡、中部较缓、上部又变得陡峭，属构造剥蚀为主的中高山峡谷区。高程 1210m 以下地形坡度约 69°，高程 1210～1240m 约 31°，高程 1240m 以上约 68°。边坡基岩裸露，由奥陶系上巧家组（O_2q）弱风化中层状至薄层状砂岩、石英砂岩、页岩组成。结构面以层面节理为主，产状：N20°～60°E/NW∠10°～30°。节理有 2 组：①EW/S∠80°～83°，为顺河向节理，受卸荷回弹作用；②N30°W/NE∠80°，为横河向节理，多张开，并充填有次生泥。边坡稳定性受结构面控制，主要结构面为层面，缓倾下游偏山里，两组节理间距较大，多张开。边坡下部为页岩地层，岩性软弱，易软化、泥化。

6.3.2　震损边坡稳定控制难题

红石岩右岸进水口边坡受到长期地质构造作用和短期的地震动力扰动，岩体结构松弛、节理裂隙发育，开口线上方地震残留体边坡陡立，发育着大量的危岩体，开口线下方岩体地震损伤过大，结构面多呈张开。其主要问题如下：

（1）岩体质量劣化明显，各区域差异性大，稳定性差。受地震快速循环载荷作用，震损边坡岩体破碎，强度劣化明显，且各个区域差异性很大，边坡整体变形较大，前期常规地质调查难以全面揭露真实的地质状况，单点式监测手段也很难全面反映边坡的变形演化情况。

（2）危岩体问题十分突出，安全风险高。开挖边坡上部是一近垂直的崩塌残留体，其浅表层在地震循环动力荷载作用下岩体出现了极大的损伤，尤其是上部陡立的滑坡后壁出现了严重的卸荷破坏，岩块间的切割裂隙纵横交错，孕育着大量的危岩体，稳定性极差。在外界扰动下（如振动、降雨）极易出现崩塌、掉块，危及下部施工平台。此外，下部开挖边坡岩体质量也差，由于开挖扰动和余震作用下，小型崩塌、掉块时有发生，对施工人员和机械造成很大安全威胁，如图 6-38 所示。

（3）下部开挖边坡，受到地震影响，岩体松弛，导致钻爆和支护难度大，易出现超欠挖；马道成型困难，边坡开挖质量难以保证，震损边坡岩体劣化、破碎，爆破成孔难度大，爆破过程中易出现漏气，马道成型困难，反复掉块、崩塌。

（4）边坡在开挖过程中，上部受到反倾层面的影响，当下部支撑点被开挖后，会出现倾倒变形。随着不断开挖，岩体会沿着层面卸荷变形，若支护滞后会导致边坡下部出现"错台式"的失稳破坏模式。

边坡在施工期间最突出的问题就是危岩体。开口线以上的陡立残留体出现了严重的卸

图 6-38　震损边坡危岩体

荷破坏，岩块间的切割裂隙纵横交错，对下部施工平台带来了极大的威胁，在施工过程中出现了多次掉块、塌方事件。而下部开挖边坡虽然结构面的发育程度不及上部，但是地震对岩体仍然造成了极大的损伤，表现在结构面间的张开程度变大，微裂纹急剧扩张并不断贯通。

6.3.3　震损边坡稳定控制技术分析

6.3.3.1　震损边坡岩体质量分区综合评价

　　针对震损边坡上部岩壁陡峭、岩体破碎，落石频繁发生，技术人员难以到达的特点，采用无人机、三维激光扫描等远程多源信息获取技术，精准获取边坡几何信息，并通过数据融合与实景复制建模技术，实现边坡高精度、高分辨率建模。针对红石岩震损边坡结构面众多，各个区域差异性很大的特点，开发了基于模糊聚类算法的结构面自动识别算法，可以快速自动识别边坡全域的优势结构面，实现对边坡各个区域结构面发育情况的定量评价。结合各分区岩体物理特性的综合检测，对各分区岩体质量半定量计算，并根据岩体质量分级标准，实现边坡岩体质量分区精细化综合评价，为工程施工提供较为准确的地质信息。

　　（1）各分区岩体质量计算。岩体基本质量分级，应根据分级因素的定量指标 R_c 的兆帕数值和岩石完整系数 K_v，按式（6-4）计算：

$$BQ = 100 + 3R_c + 250K_v \qquad (6-4)$$

　　1）当 $R_c > 90K_v + 30$ 时，应该以 $R_c = 90K_v + 30$ 和 K_v 代入计算 BQ。

2）当 $K_v > 0.04R_c + 0.4$ 时，应该以 $K_v = 0.04R_c + 0.4$ 和 R_c 代入计算 BQ 的值。

3）通过试验检测确定，Ⅰ区 R_c 和 K_v 值分别为 25MPa 和 0.265；Ⅱ区 R_c 和 K_v 的值分别取为 35MPa 和 0.3；Ⅲ区 R_c 和 K_v 值分别为 40MPa 和 0.4。

将各区的计算参数代入公式，所确定的岩体基本质量参数见表 6-14。

表 6-14　　　　　　　　　　　各区基本岩体质量参数

Ⅰ 区		Ⅱ 区		Ⅲ 区	
R_c=25MPa	K_v=0.265	R_c=35MPa	K_v=0.3	R_c=40MPa	K_v=0.4
BQ=241		BQ=280		BQ=320	

（2）各分区岩体质量分级。岩石边坡工程详细定级时，应根据控制边坡稳定性的主要结构面类型与延伸性、边坡内地下水发育程度以及结构面产状与坡面间关系等影响因素，对岩体基本质量指针 BQ 进行修正，并且按照规范标定的阈值确定级别。

边坡工程岩体质量 $[BQ]$，可以按照式（6-5）计算：

$$[BQ] = BQ - 100(K_4 + \lambda K_5) \qquad (6-5)$$
$$K_5 = F_1 \times F_2 \times F_3 \qquad (6-6)$$

式中：λ 为边坡工程主要结构面类型与延伸性修正参数；K_4 为边坡工程地下水修正系数；K_5 为边坡工程主要结构面产状修正系数；F_1 为反映结构面倾向与边坡倾向之间关系影响系数；F_2 为反映主要结构面倾角影响的系数；F_3 为反映边坡倾角与主要结构面倾角之间关系影响的系数。

根据边坡层面结构、倾向倾角以及地下水情况，各个区的参数选择见表 6-15。

表 6-15　　　　　　　　　　　工程岩体质量计算参数

分区	λ	K_4	F_1	F_2	F_3
Ⅰ区	0.9	0.1	0.15	0.15	0
Ⅱ区	0.85	0.1	0.15	0.15	0
Ⅲ区	0.7	0.1	0.15	0.15	0

将表中参数代入式（6-5）和式（6-6），确定各分区所对应的 $[BQ]$ 值，Ⅰ区为 231，Ⅱ区为 270，Ⅲ区为 310。规范圈定的按照 $[BQ]$ 分级的阈值见表 6-16。

表 6-16　　　　　　　　　　　工程岩体质量分级标准

工程岩体质量级别	工程岩体质量定性特征	基本指标 $[BQ]$
Ⅰ	坚硬岩，岩体完整	>550
Ⅱ	坚硬岩，岩体较完整；较坚硬岩，岩体完整	550~451
Ⅲ	坚硬岩，岩体较破碎；较坚硬岩，岩体较完整；较软岩，岩体完整	450~351
Ⅳ	坚硬岩，岩体破碎；较坚硬岩，岩体较破碎～破碎；较软岩，岩体较完整～较破碎；软岩，岩体完整～较完整	350~251
Ⅴ	较软岩，岩体破碎，软岩，岩体较破碎～破碎；全部极软岩及全部极破碎岩	<250

根据表 6-16，确定三个区揭露的工程岩体质量分别为：Ⅰ区，Ⅴ类，软岩、岩体破碎；Ⅱ区，Ⅳ类，较坚硬岩，岩体破碎；Ⅲ区，Ⅳ类，坚硬岩、岩体较破碎，如图 6-39 所示。

图 6-39　Ⅰ区、Ⅱ区和Ⅲ区工程岩体质量分类

以上结果表明：Ⅰ区 1210~1230m 高程范围内揭露岩体主要为黑色炭质灰岩，强度低，饱和抗压强度约为 25MPa，为Ⅴ类软岩，岩体十分破碎；Ⅱ区以白云岩为主，其饱和强压强度约 35MPa，为Ⅳ类较坚硬岩，但整体岩体较为破碎；Ⅲ区以白云岩为主，其饱和强压强度约 40MPa，为Ⅳ类坚硬岩、岩体较破碎。

6.3.3.2　爆破智能设计优化

红石岩边坡开口线以下岩体受到三组结构面控制，分别为缓倾下游偏山里的层面、顺河向陡倾的结构面以及横河向陡倾的结构面，这三组结构面在鲁甸地震作用下不断地扩张、贯通，边坡被切割成很多松动的块体，在开挖揭露过程中存在极大的安全隐患，同时给爆破开挖带来了难题，主要包括施工开挖面难以成型，极易出现超欠挖情况，开挖面平整度差、半孔率低、药量过大易造成飞石威胁施工人员安全等。

1. 影响抛掷爆破效果的因素

（1）台阶高度 H 与采宽 W 之比。台阶高度（孔深）和台阶宽度宽的比值增加时，抛掷量线性增加。如果台阶幅宽一定，随着台阶的增高，抛掷量也同时增大，剥离成本则相应降低。

（2）倾斜炮孔。倾斜炮孔相对于垂直炮孔具有以下优点：

1）提高岩石破碎效果。

2）相比垂直台阶，倾斜台阶边坡更加稳定。

3）通过增加孔长和炸药用量，在单耗不变的情况下可增加排距和孔距。

4）可以提高有效抛掷量。

（3）延时时间间隔。通过试验研究发现，合理的微差可以有效利用不同时间点爆炸的震动波，增加岩石破碎率和抛掷量，相应的可以减少炸药单耗，并适当增加排拒和孔距，达到较少剥离费用提高效率的效果。

（4）预裂爆破。露天台阶深孔爆破中，通常会采用台阶与主体分离的预裂爆破技术，主要作用和目的如下：

1）爆区与主体岩体分离，减少抛掷爆破的后冲。

2）使边坡更加整齐，从而提高边坡稳定度。

3）排水作用，如果爆区富含水，通过预裂爆破产生的预裂缝隙起到疏干的作用。

2. 确定爆破设计参数

震损边坡岩体劣化、破碎，爆破成孔难度大，已成型的马道受爆破扰动的影响敏感，揭露的地质条件不断变化。为了解决上述难题，结合爆破三维可视化技术，开发了爆破设计智能专家系统，实现爆破智能化设计，爆破方案及参数的实时动态优化，爆破振动的实时监测与反馈控制，能够大大提高开挖效率、减少超欠挖、减小爆破扰动、保证施工质量。

爆破设计智能专家系统功能主要包括三维边坡建模平台、地质信息管理系统、台阶深孔爆破智能设计系统、爆破爆堆形态模拟系统和规范数据接口等内容。系统数据流程如图6-40所示。

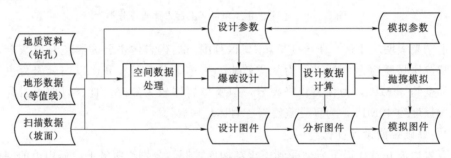

图6-40　系统数据流程图

（1）炸药单耗的确定。炸药单耗选择很大程度依赖于岩体的性质，为了准确合理地反应岩体性质，首先按照裂隙发育程度把岩体分为两类，即完整性好的岩体和完整性差的岩体。岩体完整性系数是衡量岩体完整程度的一个指标，岩体的完整性系数 K_v 定义为

$$K_v = \sqrt{\frac{c_{mass}}{c_{rock}}} \tag{6-7}$$

式中：c_{mass} 和 c_{rock} 分别为纵波在岩体和岩石中的传播速度。

一般来讲，岩体完整性系数 $K_v < 0.8232$ 时，说明岩体不完整；岩体完整性系数 $K_v > 0.8232$ 时，说明岩体比较完整。

当 $K_v < 0.8232$ 时，根据爆孔抵抗线范围内岩体的可爆性指数 ξ_{rm} 和炸药爆炸威力 p_{power} 确定炸药单耗 q，具体公式如下：

$$q = C \frac{\xi_{rm}}{P_{power}} \tag{6-8}$$

式中：P_{power} 为炸药爆炸威力；C 为常数系数。

当 $K_v > 0.8232$ 时，岩体可以认为与岩石的性质一样，根据硬度系数，确定炸药单耗。表 6-17 数据以 2 号岩石铵锑炸药为标准。

表 6-17　　　　　　　　　　　　炸药单耗与岩石坚固性系数的关系

岩石坚固性系数 f	0.8~2	3~4	5	6	8	10	12	14	16	20
$q/(kg/m^3)$	0.40	0.43	0.46	0.50	0.53	0.56	0.60	0.64	0.67	0.70

确定了炸药单耗后，根据炸药当量换算值确定所选炸药类型的单耗。

（2）填塞长度与超深。实践证明堵塞长度一般选择炮孔直径的 20~30 倍或最小抵抗的 0.7~1 倍。实际设计中，确定超深一般采为 0.5~3.6m，后排孔的超深值一般比前排小 0.5m。

（3）孔距、排距的确定。结合实际经验及经验公式孔距 $a = mW_{底}$（m 为炮孔密集系数，$m = 1.0~1.4m$），排间距 $b = (0.8~1.0)a$，根据地形地势的不同和满足现场周边环境的要求可作适当的调整。

（4）延时的确定。延时主要受岩石性质、岩体构造、布孔参数、岩体破碎和运动特征等因素决定。排间延时间隔：排间延时间隔范围在（10~20）Bms 之间较好（B 为排距，单位：m）。

6.3.3.3　震损边坡三维全域安全监测预警

采用三维激光扫描、地基合成孔径雷达等高新远程非接触监测技术，对边坡变形破坏实时动态监测预警，对整个边坡危岩体的全域排查与风险分析，并通过滚石三维风险分析与冲击计算，提出和优化相应的防治措施。

1. 震损边坡全域变形监测与时空演化

基于三维激光扫描技术对边坡精准扫描建模，采用多时相三维模型空间差值算法实现对边坡全域三维变形可视化监测，揭露边坡各个区域的变形差异性，分析边坡变形时空动态演化规律。

2. 边坡开挖区实时远程监控预警与防控

融合地基合成孔径雷达高精度实时二维监测与三维激光扫描高精度三维建模技术，开发三维变形实时监测集成系统（Real Time 3D Displacement Monitoring），将雷达的二维监测结果解析到高精度三维 DEM 模型中，实现边坡开挖区三维变形实时远程监测预警。根据边坡结构面的全域精细识别统计，根据结构面空间组合关系，实现边坡危岩体风险定量评价，对圈定的危岩体进行远程重点监控，并通过三维滚石模拟与冲击破坏计算，提出危岩体拦挡防护措施并优化设计方案。

3. 边坡开挖反演和反馈控制技术

采用三维块体离散元模拟技术，反演边坡开挖施工过程，揭露施工期间的变形演化规律及潜在的破坏失稳模式。并根据实际开挖效果反馈调整模拟开挖过程和参数，进而对开挖方案进行优化。

6.3.4　震损边坡防护治理技术

通过勘探及施工开挖揭露，稳定分析以及三维激光扫描辨识结果，边坡可能出现的变形破坏模式主要包括上部倾倒、下部"错台"破坏、卸荷裂隙与层面等边界组成的块体整体滑动问题，以及由随机裂隙组成的"小块体"滑动问题。

（1）边坡在施工期间最突出的问题就是危岩体。开口线以上的陡立残留体出现了严重的卸荷破坏，岩块间的切割裂隙纵横交错，对下部施工平台带来了极大的威胁，在施工过程中出现了多次掉块、塌方事件。而下部开挖边坡虽然结构面的发育程度不及上部，但是地震对岩体仍然造成了极大的损伤，表现在结构面间的张开程度变大，微裂纹急剧扩张并不断贯通。这样的工程地质背景造成了危岩体成为该边坡施工期间防护的重点和难点。为此，首先对开口线上部的陡立边坡进行主动和被动的防护，包括清理危岩体、挖前锚喷、浆砌石挡护、柔性防护网（如钢丝网）等处理措施，并且加强对变形体的监测。下部开挖边坡受到开挖卸荷以及爆破扰动的影响，出现局部危岩体失去支撑点发生滑移、掉块，导致超挖欠挖、马道难以成型，为此需要注重监测、合理进行固结灌浆，保证安全的同时提高成孔效率和锚索成活率。

（2）针对边坡的地质条件、边坡稳定性及加固措施要求，为了保证边坡开挖质量和施工安全，提高钻孔效率和爆破效果，有利于锚喷支护施工，协调好施工工期安排，需要借鉴和吸取国内外类似工程的成功施工经验，形成一套对本工程切实可行的各类边坡开挖支护的施工程序和相应的施工措施。主要包括：

1）高边坡的开挖支护施工，应严格控制开挖爆破，统一同类边坡工程开挖爆破钻孔孔径和药卷直径的规格。

2）加强支护措施，做到稳扎稳打，边坡的稳定势必受到下部边坡开挖的影响，尤其是坡开口线下部的3～4层台阶开挖支护施工。一旦在进行下部开挖或运行期间边坡出现拉裂、大变形、蠕变等滑移现象，再进行二次处理则给施工带来了很大的难度。

3）重视各层马道的锁口支护，特别是马道锁口钢筋束的施工。

（3）鉴于爆破能量、结构的响应程度对爆破振动标准都会产生影响，且爆破振动在一定的高程范围存在放大效应，有必要开展现场爆破试验，制定合理的爆破振动控制标准和爆破振动控制措施。

（4）加强边坡工程施工期安全监测工作，同时应重视施工期工作面的巡视检查（特别是在雨季施工），开口线以上边坡，以便及早发现边坡开挖施工中的安全隐患，及时进行加固处理。开展施工期爆破振动跟踪监测工作，及时反馈信息，优化调整爆破设计。

（5）加强施工期现场地质分析、统计、编录等工作，跟踪现场施工揭露出来的地质情况和监测成果，进行动态施工，及时调整施工方案和施工技术措施。

6.3.4.1　危岩体防治技术

危岩体防治技术方法包括爆破（人工）清除、锚（索）杆支护、坡面防护、坡表截、排水、主（被）动防护网、钢筋笼拦渣坝等。即以危岩体为基本单元进行处理，对Ⅰ类危岩整体清除或支护；对Ⅱ类危岩局部清除或支护；对Ⅲ类危岩利用被动防护措施。

危岩体处理原则是根据边坡卸荷程度、震裂损伤程度、危岩体的发育程度，危岩的稳定性、危害性分级等情况，采用综合处理方案，最大程度清除隐患。具体措施如下：

（1）根据边坡具体地形特征在合适的位置设置疏导槽，同时，也可以对边坡上集中分布的孤块石进行人工机械清理，对易失稳滑动的不稳定结构体进行加固或清除。

（2）落石较高的部分主要分布在施工平台区，可以考虑在施工区上方设置拦挡装置，如拦石墙或被动防护网，在施工区也应设置挂网进行防护。

（3）对于孤块石和较小的不稳定结构体采取清除的措施，对于体积较大的结构体采用锚固法或灌浆法，根据落石高度分布图在不同位置设置不同高度的防护网。

（4）对于交通洞进出口，可在上述处理措施的基础上，设置接长棚洞，保护洞口各区域柔性防护网，如图6-41所示。

图6-41　各区域柔性被动防护网布置图

6.3.4.2　震损边坡开挖方案优化技术

红石岩边坡岩体劣化明显，各个区域地质条件差异性很大，初期的地质调查很难全面揭露边坡地质情况，本研究在开挖过程中，根据开挖揭露地质体和变形监测结果，反馈调整优化开挖方案，确保边坡施工进度和稳定安全性。

1. 爆破开挖方案与试验

由于右岸边坡已发生崩塌，剩余岩体过于高陡，且该地段历史上多次受到地震影响，节理裂隙十分发育，施工风险较大。需要结合施工现场情况，在部分区域进行开挖爆破试验，优化爆破参数并确保边坡在施工时不会失稳；爆破时对工程各处进行爆破振动监测，并在爆破后及时进行分析，判断此次爆破是否对边坡造成损伤，从而改善爆破参数。

（1）边坡开挖方案。震后施工环境的复杂性，为了简化生产流程，加快施工速度，提出对技术上要求更高的抛掷爆破，通过抛掷爆破智能专家系统对抛掷爆破进行优化，可有效降低爆破费用，同时可以提高施工效率，具有更好的安全性和经济性。

（2）边坡爆破开挖试验。试验目的是寻求科学的控制爆破方法与工艺，为施工方案选取钻爆参数提供依据，并全面研究不同爆破条件下的爆破振动特性及振动传播规律，对边坡开挖爆破方案、爆破工艺及参数进行调整与优化。

1）试验部位。边坡开挖中，进行了一定的针对性爆破试验，根据边坡不同部位的地形和地质状况，试验在不同高程进行。经对施工现场多次察看，反复比较，拟进行3次爆破试验，爆破施工试验场地具体情况如下：

第一次爆破施工试验高程 1330～1300m，桩号为 L0＋175m～L0＋185m，梯段高度 6m，岩石裂隙发育，呈强风化，有断层。

第二次爆破施工试验高程 1350～1340m，桩号为 L0＋30m～L0＋60m，梯段高度 10m，岩石裂隙发育，呈弱风化。

第三次爆破施工试验高程 1330～1300m，桩号为 L0＋185m～L0＋195m，梯段高度 8m，岩石裂隙极发育，呈弱风化。

2）爆破试验参数。第一次爆破试验参数见表 6－18。

表 6－18　　　　　　　　　　　第一次爆破试验参数

项目	孔径 D /mm	炮孔倾斜度 /(°)	超钻 H /m	孔深 L /m	底盘抵抗线 W_1/m	孔距 a /m	排距 b /m	单耗 q	堵塞长度 L_2 /m	适用范围
深孔	115	85	0.5	6.5	2.5	4	3	0.55kg/m³	2.5	主体石方
缓冲	115	81.5	0.5	6.5	—	3	2	0.18kg/m³	3	保护边坡
预裂	115	81.5	0.2	6.3	—	1.2	—	400g/m	1.5	边坡成型

第二次爆破试验参数见表 6－19。

表 6－19　　　　　　　　　　　第二次爆破试验参数

项目	孔径 D /mm	炮孔倾斜度 /(°)	超钻 H /m	孔深 L /m	底盘抵抗线 W_1/m	孔距 a /m	排距 b /m	单耗 q	堵塞长度 L_2 /m	适用范围
深孔	115	81.5	0.8	10.8	3	3.5	3	0.60kg/m³	2.5	主体石方
缓冲	115	63.5	0.5	11.8	—	3	2	0.20kg/m³	3	保护边坡
预裂	110	81.5	0.2	20.5	—	1.0	—	400g/m	1.5	边坡成型

第三次爆破试验参数详见表 6－20。

表 6－20　　　　　　　　　　　第三次爆破试验参数

项目	孔径 D /mm	炮孔倾斜度 /(°)	超钻 H /m	孔深 L /m	底盘抵抗线 W_1/m	孔距 a /m	排距 b /m	单耗 q	堵塞长度 L_2 /m	适用范围
深孔	115	85	0.8	8.8	4	4	3	0.50kg/m³	3	主体石方
缓冲	115	81.5	0.5	9.0	—	3	2	0.2kg/m³	3	保护边坡
预裂	115	81.5	0.2	20.5	—	0.8	—	400g/m	1.2	边坡成型

3）爆破试验效果分析。第一次爆破单耗取值为单耗为 0.55kg/m³，由于孔比较浅，爆破孔间距比较大，为 4m×3m，局部抛起，高度达到 10m，爆破后工作面可以挖运，但抛掷效果不理想；预裂爆破孔半孔率节理裂隙不发育的Ⅱ级岩体，达到 80％，节理裂隙较发育和发育的Ⅲ级岩体，达到 60％。断层不能边坡成型，满足现场试验确认的安全爆破质点振动速度的要求。

第二次爆破由于单耗取值 0.60kg/m³，爆破后抛掷率达到 40％，上部只有局部抛起，高度不超过 10m，总体石渣粒径满足挖运要求，松散效果较好，挖运后，不留"岩埂"；预裂爆破孔半孔率节理裂隙不发育的Ⅱ级岩体，达到 90％，节理裂隙较发育和发育的Ⅲ级岩体，达到 70％。满足现场试验确认的安全爆破质点振动速度的要求。该次爆破效果最好。

第三次爆破单耗为 0.6kg/m³，爆破后靠边坡约 5m 石方脱离原位，上部只有局部抛起，高度不超过 5m，总体石渣粒径基本满足挖运要求，松散效果较好，挖运后，不留"岩埂"；预裂爆破孔半孔率节理裂隙不发育的Ⅱ级岩体，达到 90％，节理裂隙较发育和发育的Ⅲ级岩体，达到 70％。满足现场试验确认的安全爆破质点振动速度的要求，但抛掷率不高。

2．抛掷爆破三维可视化设计

通过爆破试验，收集、整理试验所得的各项数据资料并进行分析总结，以爆破试验确定的爆破参数为基础，基于抛掷爆破设计智能专家系统，模拟实际边坡的爆破效果，对爆破参数不断重复设计实现最优，达到有效降低爆破费用，提高施工效率的目的。

使用抛掷爆破设计智能专家系统进行爆破设计首先需要进行边坡三维实体建模。为此需要边坡表面三维扫描点云数据，岩层面、节理面产状数据，人工开挖边坡面数据，岩石基本信息数据等数据。

岩石基本信息数据导入数据库后，系统会自动对三维空间离散的数据进行插值，推出地质形态与趋势，进而为爆破设计孔网参数提供依据。

3．爆破优化设计

通过抛掷爆破设计智能专家系统实现了参数选取、爆区的布孔设计、装药结构设计、起爆网络设计、爆破参数反馈调整、爆破过程模拟等功能，解决了主要依靠技术人员的经验进行手工设计带来的设工作效率低下、不够精细、不能进行实时优化模拟的弊端。根据开发系统平台，制定的爆破参数见表 6－21、表 6－22。

表 6－21　　　　　　台阶宽度大于 10m 的爆破参数

爆破类型		孔径 D /mm	炮孔倾斜度 /(°)	超钻 H /m	孔深 L /m	底盘抵抗线 W_1/m	孔距 a /m	排距 b /m	单耗 q	堵塞长度 L_2/m	适用范围
边坡爆破	深孔	115	85	0.8	8.8	2.5	4.4	3.5	0.55kg/m³	2.5	主体石方
	缓冲	115	63.5	0.5	9.2	—	3	2	0.18kg/m³	3	保护边坡
	预裂	100	63.5	0.2	20.5	—	1.0	—	200g/m	1.5	边坡成型

表 6－22　　　　　　台阶宽度小于 10m 的爆破参数

爆破类型		孔径 D /mm	炮孔倾斜度 /(°)	超钻 H /m	孔深 L /m	底盘抵抗线 W_1/m	孔距 a /m	排距 b /m	单耗 q	堵塞长度 L_2/m	适用范围
边坡爆破	深孔	115	85	0.5	6.5	2.5	4	3	0.55kg/m³	2.5	主体石方
	缓冲	115	81.5	0.5	6.5	—	3	2	0.18kg/m³	3	保护边坡
	预裂	100	81.5	0.2	6.3	—	1.2	—	400g/m	1.5	边坡成型

深孔爆破孔采用耦合连续装药，炸药采用 2 号岩石乳化炸药，孔口堵塞长度 2.5m。缓冲爆破孔采用不耦合连续装药，药卷直径为 32mm，炸药采用 2 号岩石乳化炸药，孔口堵塞长度 3m。预裂爆破孔采用不耦合间隔装药，药卷直径为 32mm，炸药采用 2 号岩石乳化炸药。孔口堵塞长度 1.5m。

4. 爆破效果

采用抛掷爆破，将爆堆 60％以上抛掷到坡脚的，然后推土机全部将剩余松散体推下台阶到坡脚，提高了装运效率，加快了施工进度。

6.3.4.3 基于岩体精细分区分级的支护优化技术

红石岩边坡高陡，开口线上部残留的崩滑体受到地震卸荷损伤作用形成了陡立的残垣断壁，发育这大量结构面，在结构面组合切割下，孕育着大量不稳定危岩体。开口线以下的开挖边坡主要受到三组近似正交结构面切割，并且这些结构面在地震激励下不断地扩张、贯通，岩体被切割成很多松动的块体，存在极大的危险隐患。

通过以非接触、无损、非传统量测技术，采用三维激光扫描和无人机获取工程区精细化的岩体结构参数，采用结构面自动识别算法，自动化、精准化、快速获得了控制性结构面基本参数。这些基本参数中结构面空间产状、位置是用来界定边坡开挖揭露过程中岩体潜在破坏失稳模型，从而能够反馈施工处理措施。

在施工过程中，根据岩体质量分级结果与现场监测数据，通过在适当位置增加锚拉板的覆盖范围并增设无黏结预应力锚索，对开挖边坡的支护方案进行了进一步优化，具体措施如下：

(1) 为保证三洞进口边坡稳定，对高程 1210～1230m 边坡开挖揭露出的软岩条带范围内增设 C25 混凝土锚拉板，板厚 0.5m，板内单层配筋。新增锚拉板范围内与 1220m 高程增设一排 1500kN 级无黏结预应力锚索，锚索水平间距 10m，长度 35m/40m 交错布置。

(2) 根据现场实际情况，将高程 1230～1250m 上游侧锚拉板向下游延伸至边坡中部，锚拉板范围内原设计的两排 1235m 和 1245m 高程 2000kN 级预应力锚索调整为一排 1240m 高程 1500kN 级无黏结预应力锚索，锚索水平间距 10m，长度 35m/40m 交错布置。

(3) 原设计 1260m 高程锚索水平间距调整为 10m。

(4) 对高程 1270～1290m 下游侧边坡于 1285m、1275m 高程各设置一排 2000kN 级无黏结预应力锚索，锚索水平间距 10m，长度 35m/40m 交错布置。

(5) 锚索锚固段需确保位于弱风化完整基岩内。锚索长度及位置可根据现场情况进行调整。

边坡支护优化详见图 6－42。

6.4 滑坡体边坡施工稳定控制技术

滑坡是一定自然条件下的斜坡，由于河流冲刷、人工切坡、地下水活动或地震等因素的影响，使部分土体或岩体在重力作用下，沿着一定的软弱面或带，整体、间歇、以水平位移为主的变形现象。作为一种重要地质灾害，由于其常常摧毁基础设施、侵占河道、中断交通、掩埋村镇，造成重大灾害，而且分布面广、发生频繁、产生条件复杂，作用因

图 6-42　边坡支护优化布置图

素众多，发生和运动机理的多样性、多变性和复杂性，使得预测困难、治理费用昂贵。随着社会经济的发展，建设规模的扩大，灾害损失也愈来愈大，特别是随着近年来水利水电、铁路和高速公路以及大型矿山等工程的大规模建设，形成了滑坡的一个高发期。估计我国每年因滑坡灾害损失 20 亿～30 亿元。

6.4.1　滑坡体边坡稳定问题

　　水电工程往往位于地质条件复杂区域，经常会遇到滑坡体边坡，在自然状态下滑坡体处于自稳状态，但是滑坡体内部依然存在薄弱面或滑动面，只是暂时处于临界状态。施工过程中各种人为活动和工程扰动会对滑坡体产生比较大的影响，使滑坡体复活，从而发生滑坡。

　　由于滑坡体组成和结构非常复杂，其锚固施工难度比较大，施工工艺也与一般的岩质边坡有所差别，但是目前对于滑坡体边坡还没有比较好的锚固施工技术以及相对完善的施工处理方法。

　　溪洛渡水电站左岸谷肩古滑坡是典型的滑坡体边坡，本节据此分析滑坡体边坡的稳定加固控制措施。

6.4.2　滑坡体边坡稳定控制技术

6.4.2.1　工程地质条件与加固对策

　　溪洛渡水电站左岸谷肩堆积体原始坡面平缓，总体坡度 $10°～20°$，残存的底滑面长 $550～900$m，以 $2°～6°$ 缓倾山内，滑体内地下水位较低，滑带物质结合紧密，性状较好，后缘地表无变形及错落台坎。但是在厂房进水口后边坡顶部，由于堆积体临江前缘边坡较陡，而且靠近玄武岩陡坎边缘，加上坡面完整性差，冲沟发育，在地表水的冲刷作用下，常发生表层洪积、冰水堆积层形成小型垮塌和掉块现象，对下部的厂房进水口工程威胁极大，因此进行了削坡开挖，但是在开挖完成后不久，开挖坡面及开挖坡顶开口线附近局部出现较为明显的浅层变形，并有一定程度的向外鼓出，为潜在的剪出口。上述情况表明：该部位边坡稳定性差，处于临界稳定状态。针对溪洛渡水电站左岸谷肩堆积体边坡的地质条件、边坡变形特征，参考中空注浆土锚管在土质边坡加固的效果，经过研究与反复论证，决定对左岸谷肩堆积体边坡浅层滑移变形采取中空注浆土锚管进行加固。其加固作用机理如下：

（1）中空注浆土锚管打入坡面后，使坡面增加钢管骨架，提高边坡的抗滑动能力，从而提高边坡的稳定性。

（2）中空注浆土锚管注浆时，水泥浆液在压力作用下通过布置在管壁四周的出浆孔向周围土体及碎屑块石渗透，并形成一定的渗透半径，通过水泥浆液的黏结作用使管壁周围的土体或碎屑块石胶结在一起，使坡面的整体性提高和土体之间的摩擦角增大，从而提高边坡的稳定。

（3）对已出现剪切滑移变形的坡面，通过中空注浆土锚管的锚固及骨架作用和水泥浆液的渗透黏结作用，使坡面滑移带重新稳定。

6.4.2.2　中空注浆土锚管加固技术

1. 生产性试验

中空注浆土锚管在国内水电行业仅应用于较低土质边坡局部加固施工中，对于高堆积体边坡系统布置中空注浆土锚管加固，国内尚无成熟的施工经验可以参考借鉴。因此在进行系统中空注浆土锚管加固施工前需要进行试验，以确定中空注浆土锚管的管材、灌浆的浆液浓度、灌浆压力以及土锚管支护的参数及施工工艺。

生产性试验支护区域的选取充分考虑了溪洛渡水电站左岸谷肩堆积体边坡的地质条件和边坡变形特征，选取了地质条件和变形特征具有代表性的Ⅱ区中部范围坡体中下部出现滑移变形的坡面作为生产性试验区域，桩号 0＋320m～0＋376m，高程 743.5～765m。该部位边坡地层结构主要以古滑坡残体和坡洪积为主。

（1）生产性试验支护参数的确定。根据谷肩堆积体的地质情况和变形特征，结合其他工程土锚管的支护参数，生产性试验中空注浆土锚管支护参数如下：

1）土锚管长 6m，采用 ϕ48mm、壁厚 3.5mm 的钢管制作加工，其中一端加工成锥型导向头。锥形导向头端 3m 位置，在沿管轴向方向长 10cm、角度沿管圆周方向旋转 90°螺旋线布置 ϕ6mm 出浆孔，出浆孔采用三角形角钢倒刺保护，其余 3m 不设出浆孔。

2）土锚管夯入坡面长度 5.85m，外露 15cm，土锚管沿坡面布置，间排距 1.5m×1.5m，梅花形布置，锚管下倾 15°，自开口线及马道下方 50cm 布置第一排土锚管。

3）土锚管注浆：土锚管灌注 M20 的水泥净浆，水灰比 0.8∶1，注浆压力控制在 0.3MPa 以内。

4）注浆结束标准：孔口返浆，或边坡往外串浆，即可结束灌浆；孔口未返浆，但灌浆压力已达到 0.3MPa，且浆液无明显下降时即可结束灌浆。

（2）中空注浆土锚管支护施工工艺。

1）中空注浆土锚管施工流程图见图 6-43。

2）钢管脚手架操作平台搭设。根据中空注浆土锚管的布置型式，沿坡面搭建脚手架施工平台，施工平台倾角与中空注浆土锚管的设计倾角一致，便于夯管机的就位及加固，并采用 $L=1.5$m，$\phi48$mm、壁厚 3.5mm 的钢管人工夯入坡面对排架进行加固，确保施工脚手架平台的稳定性。由于单根土锚管长 6m，搭设的脚手架平台宽度为 6m。

3）放线定孔位。脚手架搭设完成后，按照中空注浆土锚管布置间排距逐一放线标注孔位。孔位标注应明显，以便让后续施工能按标注孔位进行施工。

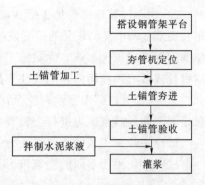

图 6-43　土锚管施工流程

4）锚管体加工。锚管体加工按照生产性试验支护参数进行加工。具体形式如图 6-44 所示。

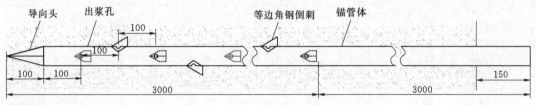

说明：
1. 图中尺寸均以 mm 计。
2. 中空灌浆土锚管管体采用外径 48 壁厚为 5mm 的钢管加工，钢管内端头制成锥形。
3. 锚管管壁设出浆孔，孔径为 6mm，间距 100mm，螺旋状布置；出浆孔处用 20×20×4 等边角钢加焊倒刺，倒刺与管体成 30°夹角，长 50mm。
4. 锚管单根加工长度初定为 6m，设有出浆孔的锚管管体长 3m，不设出浆孔的管体长 3m。

图 6-44　中空注浆土锚管结构图

5）夯管机就位。中空注浆土锚管采用 QC150 型夯管机进行夯进。将夯管机用手动葫芦吊至孔位，将钻机给进方向扶正，水平倾角调至与中空注浆土锚管设计倾角相同，然后用扣件固定在施工平台上。

6）锚管夯进。将加工好的锚管对准标注好地的孔位并与夯管机联接好，检查土锚管夯入角度符合设计要求后开始送风夯进，直至不能夯入或达到设计深度为止。

7）中空注浆土锚管注浆。中空注浆土锚管注浆首先按照 0.8∶1 的水灰比进行水泥浆液的拌制，并结合现场施工进行调整，最终确定用于施工的浆液配合比。

灌浆压力控制在 0.4MPa 以内，避免因压力过大对坡面造成破坏。

灌浆结束标准：孔口未返浆，但灌浆压力已达到 0.4MPa，持续注浆 5min 即可结束注浆；注浆压力虽然未达到设计压力，但孔口已返浆，即可结束注浆。

（3）生产试验确定的施工参数。

1）中空注浆土锚管管材确定。生产性试验共计完成中空注浆土锚管施工 1199 根，土锚管在夯进过程中，没有出现折断现象，只是在土锚管夯进时端头遇较大块石或冰川胶结体长时，管体发生弯曲折回出坡面或与夯管机连接端头管体破裂，表明采用 $\phi48$mm、壁厚 3.5mm 的钢管加工土锚管,可以满足土锚管夯进的刚度及挠度要求。

2)中空注浆土锚管加工形式确定。通过生产性试验,中空注浆土锚管在夯进施工时,未在底部 3m 布置出浆孔的位置发生折断,表明中空注浆土锚管出浆孔的布置形式未对管体的刚度造成较大影响,满足施工要求,但在施工中,为保证出浆孔在夯进施工中不被土体颗粒或石渣颗粒堵死,造成注浆困难,将出浆孔直径调整为 10mm。

3)土锚管注浆浆液水灰比及注浆压力确定。在生产性试验中,分别选取了不同的水灰比和不同的灌浆压力进行土锚管的注浆试验。

试验一:采用相同的注浆压力不同的水灰比进行土锚管的注浆量,见表 6-23。

试验二:采用不同的注浆压力相同的水灰比进行土锚管的注浆量,见表 6-24。

表 6-23　　　　采用相同的注浆压力不同的水灰比进行土锚管的注浆量

序号	水灰比	灌浆压力/MPa	土锚管平均注浆量/L	备注
1	0.8∶1	0.3	72.5	20 根为一组
2	0.7∶1	0.3	70.5	20 根为一组
3	0.65∶1	0.3	68.7	20 根为一组
4	0.55∶1	0.3	65.6	20 根为一组
5	0.5∶1	0.3	65	20 根为一组

表 6-24　　　　采用不同的注浆压力的相同水灰比进行土锚管的注浆量

序号	水灰比	灌浆压力/MPa	土锚管注浆量/L	备注
1	0.65∶1	0.1	62.3	20 根为一组
2	0.65∶1	0.2	68.2	20 根为一组
3	0.65∶1	0.3	70.3	20 根为一组
4	0.65∶1	0.4	72.5	20 根为一组
5	0.65∶1	0.5	73.2	20 根为一组

试验表明采用不同的注浆压力相同的水灰比土锚管的注量基本一致,采用相同的注浆压力不同的水灰比土锚管的注量也基本一致。

因此,为了使土锚管的浆液强度较高并使浆液有一定的扩散半径,通过试验确定了中空注浆土锚管的注浆浆液的水灰比为 0.65∶1。

4)中空注浆土锚管夯入倾角确定。为充分发挥中空注浆土锚管的抗滑能力,增加加固深度,将中空注浆土锚管的倾角由生产性试验时的下倾 15°,调整为垂直坡面夯入。

(4)试验效果。在试验区域中空注浆土锚管施工完成后,通过观察,坡面变形发展趋势基本得到控制,边坡变形没有明显加剧,表明中空注浆土锚管对边坡浅层滑移变形加固效果显著。

2. 坡面浅层变形加固处理

通过中空注浆土锚管生产性试验实施后的效果分析，中空注浆土锚管对浅层滑移变形加固效果显著，但对表层出露的洪坡积物质难以固定，表层出露的洪坡积物质长期暴露后，在雨水和地表水的冲刷作用下，常会形成小范围的垮塌，长期作用会对边坡的整体稳定形成一定的隐患。

为防止岸谷肩堆积体坡面浅表及浅层变形对边坡稳定形成隐患，采用中空注浆土锚管加拱形骨架混凝土相结合的方式对坡面进行加固处理。

（1）空注浆土锚管的布置范围及布置型式。

根据左岸谷肩堆积体边坡的地质条件、变形特征和出现变形的区域，经过反复研究决定，谷肩堆积体土锚杆先期施工范围和布置型式如下：

1）以 14 层宣威组砂岩为界，分界线以上 15m（沿坡面长度）范围内。该区域宣威组砂岩以上 6m 为贴坡混凝土支护区域，其余 9m 为拱形骨架梁混凝土护坡范围。6m贴坡混凝土支护区域中空注浆土锚管按 1.0m×1.0m 交错布置，其余 9m，在拱形骨架梁主梁布置位置，按 1.0m 间距布置一排中空注浆土锚管，坡面按 1.4m×1.4m 交错布置。

2）谷肩开挖区开口线以下 10m 部位及各层马道以下 8m 部位。坡面按 1.4m×1.4m交错布置，在拱形骨架梁主梁布置位置，按 1.0m 间距布置一排中空注浆土锚管。

3）坡面出现塌滑的区域。坡面出现塌滑的区域，坡面按 1.0m×1.0m 交错布置，在拱形骨架梁主梁布置位置，按 1.0m 间距布置一排中空注浆土锚管。

（2）拱形骨架梁混凝土护坡范围及施工参数。对已开挖的坡面全部进行拱形骨架梁混凝土护坡支护。拱形骨架梁混凝土护坡施工结合施工完成的主梁位置土锚管进行布置，具体形式如图 6-45 所示。

6.4.2.3 混凝土贴坡挡墙加预应力锚索固脚技术

根据左岸谷肩堆积体变形过程及变形特征分析，边坡开挖切脚是引起蠕滑变形的原因之一，为了重新恢复和增加左岸谷肩堆积体边坡坡脚的抗滑力，保证边坡的稳定，采用混凝土贴坡挡墙加预应力锚索对坡脚进行加固。具体形式如图 6-46 所示。

由于预应力锚所需要穿过冰川冰水堆积层、古滑坡堆积层和宣威组砂岩，采用普通的冲击钻造孔容易造孔塌孔，难以成孔。借鉴小湾水电站堆积体边坡预应力锚索施工的成功经验和科研成果，在锚索孔穿过上述部位时，采用偏心跟管钻进法进行造孔施工，钻孔到达 14 层玄武岩后，改用普通冲击钻头进行锚索孔造孔施工。

1. 偏心跟管钻进原理

偏心跟管钻具由风动潜孔锤、偏心钻头、套管和管靴组成。钻进时偏心锤头在套管靴前偏出，通过与花键导体内置嵌卡机构带动回转切削岩石，同时锤头体利用冲击器的冲击功能，冲击破碎岩石，钻出比套管靴外径大的钻孔，潜孔锤同时锤击套管靴，使连接套管跟随钻孔加深同步跟进，达到保护已钻出孔壁的目的。

2. 偏心跟管钻进设备及钻具的选择

偏心跟管钻进钻机、钻具型号选择见表 6-25。

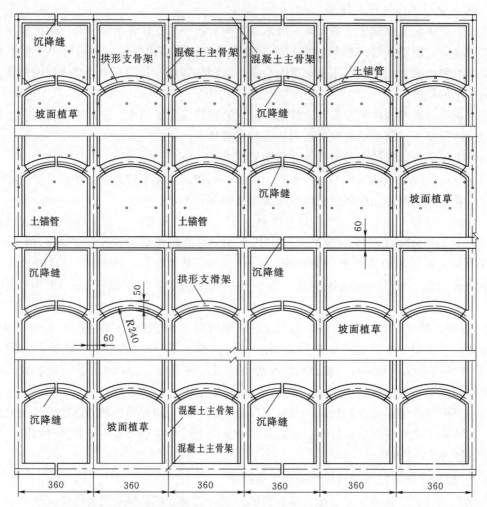

说明：1. 本图拱形骨架梁混凝土护坡典型布置图，图中尺寸以 cm 计。
　　　2. 每三榀主梁设置沉降缝一道，并用沥青麻丝填塞。
　　　3. 混凝土拱形骨架必须嵌入边坡坡面，采取在坡面人工掏槽，不得将混凝土骨架浮筑于边坡表面。
　　　4. 拱形骨架梁主梁布置位置应结合土锚管的布置进行，保证主梁混凝土与土锚管牢固连接。
　　　5. 混凝土拱形骨架梁钢筋必须与土锚管焊接连接。

图 6-45　混凝土拱形骨架梁护坡正视图

表 6-25　　　　　　　　　　　　偏心跟管钻进钻机、钻具型号选择表

锚固钻机	YG-80 型	锚固钻机	YG-80 型
套管	$\phi168mm\times10mm$	钻杆	$\phi89mm$
冲击器	QCW130	拔管机	起拔力 60t
管靴	$\phi138mm$（通孔孔径）		

6.4.2.4　浅表排水和深层排水降压技术

在"治坡先治水"的理念指导下，解决好边坡的地表水和地下水的排放是边坡治理最

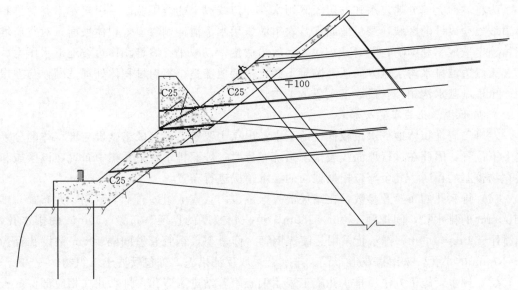

图 6-46　混凝土贴坡挡墙典型布置剖面图

关键的施工措施。溪洛渡水电站左岸谷肩堆积体的地质条件，在该边坡治理中，采用浅表排水和深层排水降压相结合的措施进行治理。

浅表排水措施包括地表截排水系统和坡面排水孔，深层排水为在谷肩堆积体下部 14 层玄武岩体内布置排水平洞，在排水平洞顶拱部位设置深孔排水孔进行深层排水。

1. 地表截排水系统的布置及形式

谷肩堆积体边坡面积较大，且坡度较斗，在暴雨后，地表水汇集，形成较大的地表径流，通过坡面较大的两条冲沟（从下游至上游命名为 1 号无名沟和 2 号无名沟）下泻，对坡面集中冲刷，使坡面受到破坏，造成垮塌。加之左岸谷肩堆积体处理范围开口线以上存在较多的梯田式农田，在进行农田灌溉时，常有农田灌溉用水顺坡面冲沟下泻，对坡面进行冲刷。

为减小地表径流和截断农田灌溉用水对左岸谷肩堆积体边坡的冲刷破坏，在谷肩堆积体边坡处理范围开口线顶部和农田下部天然边坡各布置一条混凝土截水沟，截断地表径流和农田灌溉用水。

（1）开口线顶部截水沟的布置及形式。沿左岸谷肩堆积体边坡开挖开口线顶部边坡坡脚布置混凝土截水沟，由于左岸谷肩处理区域两端地势较高，中部低凹，因此截水沟水流方向只能分别从边坡的 1 号无名沟和 2 号无名沟处进行排水，水流通过 14 层平台基础混凝土上布置的混凝土排水沟与缆机平台后边坡的排水沟相连，最终汇入坝肩下游的象鼻子沟。

根据溪洛渡水电站水文资料和左岸谷肩堆积体边坡的汇水面积，确定谷肩开口线顶部截水沟过水断面为 1.2m×0.5m。1 号无名沟和 2 号无名沟为跌坎式排水沟，过水断面为 1.2m×0.5m。

（2）天然边坡截水沟的布置及形式。左岸谷肩堆积体顶部征地范围边线外侧排水沟在 2 号无名沟部位终止，因左谷肩堆积体开口线以上汛期存在大量坡面水及灌溉用水，在电站征地范围边线外侧排水沟处及上游坡面汇集而下，直接流至谷肩堆积体Ⅳ区、Ⅴ区坡面，对左岸谷肩堆积体的整体稳定形成一定的潜在隐患。

为将坡面大部分地表水和农田灌溉用水在开口线以上的范围截断并引至左岸谷肩堆积体边坡处理以外的区域，避免坡面水及农田灌溉用水下泄冲刷谷肩堆积体坡面，对谷肩堆积体稳定造成不利影响，同时减小地表水的渗透量，以减小谷肩堆积体边坡地下水压力。

天然边坡排水沟水流方向从上游至下游，范围覆盖整个谷肩堆积体处理范围，与左岸地面出现场截水沟相接，最终汇入象鼻子沟。

2. 坡面排水孔的布置及形式

左岸谷肩堆积体地下水位较低，地下水渗出点主要集中在宣威组砂岩与堆积体的分界线上下位置，因此在进行坡面浅表排水系统布置时，坡面排水管主要集中布置在该区域和洪积物较厚的Ⅳ区，其余部位根据坡面的渗水情况进行布置。

(1) 排水孔的布置及参数。在贴坡混凝土范围内（宣威组砂岩上下范围）共布置 6 排 $\phi100mm$ 的排水孔，间排距 $2.0m \times 2.0m$，洪积物较厚的Ⅳ区，布置 $\phi50mm$ 的排水孔，间排距 $4.0m \times 4.0m$，排水管采用热镀锌钢管，仰角 5°，钢管管壁间隔 10cm 钻设孔径为 8~10mm 的小孔，采用梅花形布置。排水管采取反滤措施，外包反滤土工织物。

(2) 排水管施工方法。排水孔施工采用偏心跟管钻进法造孔，排水孔在相应部位的土锚杆管和锚索灌浆施工完成后施工。排水孔造孔完成后，孔内安装 $\phi100mm$、$\phi50mm$ 的热镀锌钢管作为排水管。排水孔施工工艺流程如图 6-47 所示。

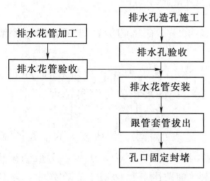

图 6-47　排水孔施工工艺流程图

1) 排水孔造孔施工。排水孔均处于堆积体内，排水孔造孔施工采用偏心跟管钻进法进行施工，施工方法同预应力锚索宣威组砂岩部位造孔施工方法。选用的跟管钻具见表 6-26。

2) 排水花管加工。排水花管采用直径为 100mm 和 50mm 的热镀锌钢管加工，钢管管壁位于排水孔上部的部分，间隔 10cm 钻设孔径为 10mm 的小孔，直径为 100mm 的排水花管共布置 5 排孔，直径为 50mm 的排水花管共布置 3 排孔，梅花形布置，孔口端 1m 不设小孔，并在排水花管出口端标识钻孔的部位，保证在排水花管安装时搭设小孔的部位朝上。排水钢管外部用每平方米 400g 长丝土工布包裹，作为反滤装置，并用 12 号铅丝间隔 1m 绑扎固定。

表 6-26　　　　　　　　　排水花管施工跟管钻具表

名称	$\phi50$ 排水孔	$\phi100$ 排水孔
套管	$\phi146mm \times 7.5mm$	$\phi168mm \times 10mm$
冲击器	QCW100	QCW120
管靴	$\phi120mm$（通孔孔径）	$\phi138mm$（通孔孔径）
钻杆	$\phi89mm$	$\phi89mm$

3) 排水孔造孔完成后应及时验收，并将验收合格的排水花管插入孔内，特别注意将排水花管插入孔内时必须保证钻孔的部分朝上。

4) 排水花管安装完成后及时使用拔管机将套管拔出孔外，避免时间过长后土体下沉造成套管不能拔出。

5）孔口固定及封堵。由于排水孔的孔径比排水花管的孔径大，因此在套管拔出后应及时按设计倾角调整排水花管的倾角、固定，并用 M10 的砂浆对孔口进行封堵，封堵长度为 10cm。

6.4.3 泥石流防护治理技术

泥石流是介于流水与滑坡之间的一种固液两相作用，系土、石、水相互混合的流动体，该流动体挟有的土石固体碎屑物含量介于 15%～80%。泥石流不同于一般的山洪，其流速流量和冲刷撞击能力都远大于山洪。典型的泥石流由悬浮着的粗大固体碎屑物和富含粉砂及黏土的黏稠泥浆组成。在适当的条件下，大量水体浸透山坡固体堆积物质，使其稳定性降低，饱含水分的固体堆积物质在自身重力作用下发生运动，从而形成泥石流。泥石流是一种灾害性地质现象，突然爆发，来势凶猛，可携带巨大的石块高速推进，能量巨大，具有极大的破坏性。

6.4.3.1 泥石流形成原因

泥石流形成的影响因素很多，包括岩性构造、地形地貌、土层性质、植被情况、水文条件、气候、降雨等。根据泥石流的组成，其形成要具备 3 项条件：水体、固体碎屑物及一定的斜坡地形，三者缺一不可。水体主要源自暴雨、冰雪融化等；固体碎屑物源自山体崩塌、滑坡、岩石表层剥落、水土流失、古老泥石流堆积物，以及由人类工程活动形成的碎屑物；其地形条件则是自然界经长期地质构造运动形成的高差大、坡度陡的坡谷地形。形成泥石流的主要原因如下：

（1）降雨尤其是强降雨是诱因。强降雨后水流不能妥善分散引排，形成对固体碎屑物的冲刷、浸透和降强，在重力作用下饱水的固液两相混合体发生运动而形成泥石流。

（2）风化松散岩体、强卸荷松动岩体、坡崩堆积体、工程堆渣等为泥石流提供了物质来源。在强降雨条件下，其松散物易产生滑移，造成大量呈条带状的坡面型泥石流。

（3）高陡边坡为泥石流的发生提供了有利的地形条件。高陡地形使雨水能够快速汇集，在雨水浸润和洪流冲刷下，使山坡表层松散物汇集成片顺坡下滑，由于边坡高陡，增加了地质灾害突发性。

6.4.3.2 泥石流防护治理措施

1. 主要防护治理措施

根据泥石流形成原因不同、规模不等的特点，常采取以下不同的防护治理措施：

（1）治水为主。主要目的是切断泥石流形成区的水流来源。利用截、排、引水等工程措施控制水流，使水与土石松散物分离，稳定山坡；辅以少量固坡、拦挡等措施稳定部分坡积体。

（2）治土为主。主要目的是切断泥石流形成区的物质来源。利用清挖、支护、拦挡等工程措施清除或稳固泥石流固体物质；同时辅以排、截水工程措施等。

（3）排导为主。主要目的是疏导泥石流通区的泥石流，避免对主要工程造成危害。利用排洪道等工程，排泄泥石流，控制泥石流的危害。

（4）综合整治。主要目的是切断泥石流形成区的水流、物质来源。一般在边坡上部以截、引水为主，中下部以清挖、支护、拦挡等工程措施清除或稳固泥石流固体物质为主。

通过采用"减、堵、截、排、挡、护"等综合工程治理措施，减少泥石流固体物质，控制泥石流规模，改变泥石流体性质，有利于排导，从而控制泥石流危害。

2. 工程实例

小湾工程左岸马鹿塘泥石流沟位于坝址区上游左岸，沟口距导流洞进口约 0.65km，汇水区面积约 2km²。据调查，该沟在历史上多次发生泥石流，其中规划阶段工作之前在马鹿塘沟曾发生过一次规模较大的泥石流，并形成短暂的堵江。马鹿塘泥石流沟距坝址较近，工程施工期及运行期若再次发生泥石流，将给工程造成巨大的损失。为确保岔马公路、左岸上游出渣公路和存弃渣场安全运行及各主体工程安全顺利施工，马鹿塘泥石流沟应采取"堵、截、排、挡"等综合整治措施。

(1) 根据马鹿塘泥石流沟的地形地质条件，采取以下重点防护治理措施：

1) 3 层排水渠的开挖和混凝土衬砌。

2) 各层排水渠的迎、送水构筑物，拦渣坝、挡渣墙施工。

3) 公路边坡的支护。

(2) 防护治理原则。

1) 因势利导，因地制宜。

2) 从上至下截水、排水、拦渣措施结合。

3) 主沟设拦渣坝、支沟设挡渣墙（结合公路上挡墙）。

4) 排水渠和排水沟通畅，确保每层公路排水有效。

5) 永久建筑物与临时建筑物结合、长远与近期结合、动态与静态结合。

6) 分层分区域、分期实施。

7) 种树，植草，恢复植被。

(3) 防护治理方案。

1) 分层、分区域的截水、排水措施及排泥。根据马鹿塘泥石流沟地形、地质条件及岔马公路、左岸上游出渣公路修建的情况，经沿线反复查勘调研后认为，治理马鹿塘泥石流沟的关键在于治水（水源）和确保公路边坡稳定（固体物质来源）。因此，将截水、排水分为 3 层、4 个区域，沿公路山坡内侧设排水渠 3 层，其余利用每层公路边坡的排水沟。此外，在靠近江边的合适位置，布设了疏导泥石流的排泥洞和排泥沟。

2) 设置拦渣坝（挡渣墙）。根据马鹿塘泥石流沟地形、岔马公路、联络线公路及左岸上游出渣公路等实际情况分为两个区：Ⅰ区为马鹿塘主沟，共布置拦渣坝 8 座，其中永久拦渣坝 4 座，临时拦渣坝 4 座；Ⅱ区为马鹿塘支沟，布置挡渣墙 13 座，拦渣坝和挡渣墙联合起拦渣、边坡稳定的作用，为确保主体工程安全施工、岔马公路及左岸上游出渣公路安全运行及度汛，共分二期修建。

拦渣坝型式选择了浆砌石坝、钢筋石笼坝和埋石混凝土坝进行比选，根据马鹿塘泥石流沟拦渣坝实际情况，类比已建工程经验综合比选。永久拦渣坝采用混凝土基础，上部浆砌石坝型方案；临时拦渣坝采用钢筋石笼坝型；挡渣墙采用重力式，为浆砌石墙型。

3) 存、弃渣场边坡保护。按规范《防洪标准》(GB 50201—2014) 和《水电枢纽工程等级划分及设计安全标准》(DL 5180—2003) 的有关规定，参考《水利水电工程边坡设计规范》(SL 386—2016)，结合渣场容量、堆渣高度、失事后果，确定存、弃渣场建筑物级别为 5 级。计算工况及安全系数控制标准见表 6－27。

表 6－27　　　　　　　　计算工况及安全系数控制标准

序号	计算工况	最小允许安全系数	序号	计算工况	最小允许安全系数
1	正常运行	1.15	2	正常运行＋地震	1.05

采用二维刚体极限平衡法进行渣场边坡稳定分析，计算采用 EMU 程序复核渣场沿基础接触面的整体稳定和沿渣场内部的局部稳定，以确保堆渣体在最不利荷载组合下有足够的稳定性，不致发生通过堆渣体或渣场接触面基础发生失稳破坏而成为泥石流的固体物质来源。

根据计算分析成果，在保证渣体排水通畅的基础上，基础接触面的强度指标对渣体的整体稳定起控制作用，渣体本身的强度指标及堆渣边坡坡比对渣场局部稳定起控制作用。为保证渣场整体与局部稳定，并尽可能增加渣场的容量，经综合比较，渣场堆渣稳定边坡坡比取为 1：1.55，每台堆渣高 20m，马道宽 2m。

4）植被恢复。马鹿塘泥石流沟整治拟在正常蓄水位以上种花、植草和栽树，以期通过植被恢复降低水土流失。

通过上述系列措施的综合处理和整治，可在保证马鹿塘泥石流沟区域工程安全运行的前提下，进而确保主体工程安全施工。马鹿塘泥石流综合治理示意见图 6－48。

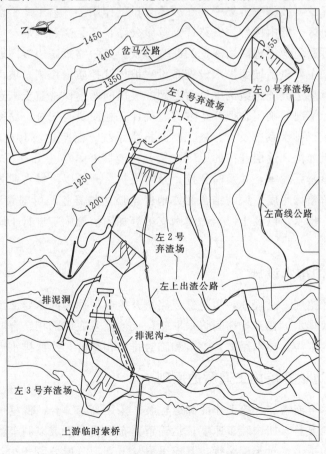

图 6－48　马鹿塘泥石流综合治理示意图

6.5　黄土边坡稳定施工控制技术

黄土是第四纪以来形成的多孔隙弱胶结的特殊沉积物，它广泛分布于亚洲、欧洲、北美和南美等地，涉及中国、苏联、法国、德国、波兰、匈牙利、罗马尼亚、墨西哥和美国等许多国家。在我国，它广泛不整合于不同的阶地砾卵石层、第三系、白垩系等古老地层的风化剥蚀面上，形成典型的黄土地貌景观。主要分布于黄河中上游的甘肃、陕西、宁夏、山西、河南和青海等省区，在河北、山东、辽宁、黑龙江、内蒙古和新疆等省区也有零星分布，总面积约 64 万 km^2，约占我国国土面积的 6.6%，占世界黄土覆盖面积的 4.9%。特别是我国西北地区，黄土地层全、类型多、分布广、厚度大。兰州西沣村黄土厚达四百余米，是世界上黄土厚度最大的地区。

由于黄土本身的特性，如湿陷性、大孔隙、力学强度较低等，黄土地区的环境地质灾害，如水土流失、地面沉陷、崩塌、滑坡等，时常发生，给黄土地区的自然生态和工程建设带来了很大的困难。特别是在大规模的工程建设中，由于大规模的开挖和施工扰动，使得黄土边坡局部剪应力集中承载力降低，从而发生失稳滑动，如兰州春风广场大厦深基坑（16m）边坡坍塌、天水卜兰（州）高速公路边坡多处滑坡等，都与黄土边坡的大规模开挖有关，一旦开挖，坡脚应力集中，在坡体自重的作用下，易于产生滑坡等灾害。

另外，在黄土区、低山区修建铁路或高等级公路，还会受到地形、坡度、曲线半径等因素的限制，不可避免地出现高填深挖的路基形式，其中路堑高边坡问题较为突出。黄土边坡开挖稳定控制主要包括坡面排水设施布设、坡体开挖质量控制、坡面平整度控制和超欠挖控制。在路堑高边坡施工案例中经常遇到的突出问题是保持黄土高边坡的稳定，应针对施工现场的实际情况，确定合理开挖方案，确保开挖质量与安全。路堑边坡开挖前，应按设计要求做好堑顶排水系统及土方施工临时排水系统。路堑边坡开挖应自上而下进行，按分级开挖、分级加固、逐层开挖的原则进行开挖与防护，防止开挖不当造成边坡失稳。边坡开挖均应尽量避开雨季，并及时开挖，及时支护。开挖以机械作业为主，严防破坏边坡和堑底，要预留整修厚度。课题结合北方地区土质边坡开挖，针对黄土物理力学特性，对黄土边坡开挖、排水，以及土钉、锚喷网支护等加固措施施工进行了研究总结。施工支护如图 6-49 所示。

6.5.1　开挖前的排水设施

黄土高边坡开挖施工过程中，水是造成路堑开挖各种病害的主要原因，所以必须保证开挖过程中的有效排水。在开挖期间将采取堑顶天沟及基底底部相结合的方式排水。应做好堑顶天沟，场内水沟，排水涵渠，永久和临时排水相结合，确保排水通畅。

6.5.2　路堑高边坡开挖施工遵循的原则

遵循原则：尽可能增加开挖工作面和运输线，采用高挖高弃，低挖低弃的原则；充分利用和保持装运地势差，加快装车速度；运输道路布置重车下坡以利车辆的运行和路堑开挖时渗水和雨水的排出。对于深路堑，开挖采取从上到下分层分段开挖。采用装载机配合

（a）开挖好的边坡　　　　　　　　　　（b）正在开挖的边坡

（c）脚墙施工

（d）孔窗式护墙施工

图6-49　黄土边坡施工支护图

挖掘机装车，自卸汽车运输进行。开挖前首先做好路堑顶天沟，再自上而下分层开挖，分段流水作业。施工中做好临时排水设施，保持排水畅通和边坡稳定。

6.5.3　黄土边坡开挖质量控制

黄土边坡开挖施工主要从以下几个方面进行质量控制：

前期控制：开挖前对整个挖方段测量放样，并埋设必要的护桩，以后每开挖一层重新测量一次，严防超挖和损伤边坡。

预留保护层：机械开挖时预留 50cm 的边坡保护层，该保护层由人工开挖以保证边坡的坡率和平整度。有边坡防护地段在防护工程施工前开挖该保护层。路基开挖至距设计标高 0.3～0.5m 时停止机械开挖，待边坡防护和堑底水沟施工完后与边坡土方、水沟土方一起施工，采用人工开挖。

现场人工控制：每作业点每班设现场跟班指挥，随时掌握现场施工情况，协调机械设备的作业效率。

6.5.4　坡面刷坡平整度控制、超欠挖控制

开挖过程中经常检查边坡位置，防止边坡各部位超挖或欠挖；边坡各部位预留厚度不小于 50cm 土层，采用人工配合机械进行边坡修整至设计要求，并紧跟开挖进行；施工中及时测量，开挖至边坡平台时，预留不小于 50cm 保护土层；每开挖一级护坡，由测量对已初挖完成的工作面进行量测，根据量测的数据进行分析计算，查看是否与原设计断面一致；如若不一致，则进行机械开挖人工配合的方式进行修坡，平台修整。

参 考 文 献

[1] 水利电力部水利水电建设总局. 水利水电工程施工组织设计手册：土石方工程　第二卷 [M]. 北京：中国水利水电出版社，2002.

[2] 伍法权，祁生文，宋胜武，等. 复杂岩质高陡边坡变形与稳定性研究 [M]. 北京：科学出版社，2008.

[3] 邹丽春，王国进，汤献良，等. 复杂高边坡整治理论与工程实践 [M]. 北京：中国水利水电出版社，2006.

[4] 中国水利水电建设集团公司. 700米级高陡边坡及堆积体开挖与锚固施工技术 [M]. 北京：中国电力出版社，2007.

[5] 李天斌，王兰生. 岩质工程边坡稳定性及其控制 [M]. 北京：科学出版社，2008.

[6] 李建林，王乐华，刘杰，郭永成. 岩石边坡工程 [M]. 北京：中国水利水电出版社，2006.

[7] 赵明阶，何光春，王多根. 边坡工程处治技术 [M]. 北京：人民交通出版社，2003.

[8] 张永兴，吴曙光，等. 边坡工程学 [M]. 北京：中国建筑工业出版社，2008.

[9] 申茂夏，郗举科，米清文. 锦屏一级水电站特高拱坝工程施工技术 [M]. 北京：中国水利水电出版社，2015.

[10] 夏元友，李梅. 边坡稳定性评价方法研究及发展趋势 [J]. 岩石力学与工程学报，2002，21 (7)：1087-1091.

[11] 夏元友，朱瑞赓. 边坡稳定性研究的综述与展望 [J]. 金属矿山，1995 (12)：9-12.

[12] 张金龙，徐卫亚，金海元，等. 大型复杂岩质高边坡安全监测与分析 [J]. 岩石力学与工程学报，2009，28 (9)：1819-1827.

[13] 杨杰，胡德秀，关文海. 李家峡拱坝左岸高边坡岩体变位与安全性态分析 [J]. 岩石力学与工程学报，2005，24 (19)：3551-3560.

[14] 胡斌，冯夏庭，黄小华，等. 龙滩水电站左岸高边坡区初始地应力场反演回归分析 [J]. 岩石力学与工程学报，2005，24 (22)：4055-4064.

[15] 周创兵. 水电工程高陡边坡全生命周期安全控制研究综述 [J]. 岩石力学与工程学报，2013，32 (6)：1081-1093.

[16] 张世殊，徐光黎，宋胜武，等. 水电工程环境边坡概念及其工程地质分类 [J]. 水力发电，2012，38 (8)：17-21.

[17] 陈祖煜，汪小刚. 水电建设中的高边坡工程 [J]. 水力发电，1999 (10)：53-56.

[18] 翟才旺. 水利水电岩质边坡的加固技术综述 [J]. 广西水利水电，2002 (3)：1-4.

[19] 马连城，郑桂斌，等. 我国水利水电工程高边坡的加固与治理 [J]. 水力发电，2000 (1)：34-37.

[20] 宋胜武，冯学敏，向柏宇，等. 西南水电高陡岩石边坡工程关键技术研究 [J]. 岩石力学与工程学报，2011，30 (1)：1-22.

[21] 宋胜武，巩满福，雷承第. 峡谷地区水电工程高边坡的稳定性研究 [J]. 岩石力学与工程学报，2006，25 (2)：226-234.

[22] 董泽荣，赵华，邱小弟，等. 小湾水电站高边坡安全稳定监测综述 [J]. 水力发电，2004，30 (10)：74-78.

[23] 黄润秋. 岩石高边坡的时效变形分析及其工程地质意义 [J]. 工程地质学报，2000，8 (2)：

148 - 153.

[24] 黄润秋. 岩石高边坡发育的动力过程及其稳定性控制 [J]. 岩石力学与工程学报，2008，27（8）：1525 - 1544.

[25] 程良奎. 岩土锚固研究与新进展 [J]. 岩石力学与工程学报，2005，24（21）：3803 - 3811.

[26] 黄润秋. 中国西南岩石高边坡的主要特征及其演化 [J]. 地球科学进展，2005，20（3）：292 - 297.

[27] 水利电力部水利水电建设总局. 水利水电工程施工组织设计手册：施工技术　第二卷 [M]. 北京：中国水利水电出版社，1997.

[28] 陈祖煜. 土质边坡稳定分析——原理·方法·程序 [M]. 北京：中国水利水电出版社，2003.

[29] 陈祖煜. 岩质边坡稳定分析——原理·方法·程序 [M]. 北京：中国水利水电出版社，2005.

[30] 许红涛. 岩石高边坡爆破动力稳定性研究 [D]. 武汉：武汉大学，2006.

[31] 何君弼. "八五"攻关预应力群锚加固边坡机理研究 [J]. 建筑技术开发，1997，24（2）：9 - 12.

[32] 郝凤山，李新，卢立生，等. "八五"国家重点科技项目（攻关）计划项目执行情况及主要经验 [J]. 水力发电，1998（3）.

[33] 张明瑶，张云. 高边坡开挖及加固措施研究成果简介 [J]. 水力发电，1998（3）：52 - 53.

[34] 郭志杰，靳国厚. 高边坡稳定及分析处理技术研究 [J]. 水力发电，1997（7）：15 - 18.

[35] 谷建国，雷浪法. 快速锚固技术在预应力锚索施工中的应用 [J]. 水力发电，1998（2）：37 - 39.

[36] 张明瑶，张云. 岩质高边坡开挖及加固措施研究 [J]. 西北水电，1995，54（4）：2 - 8.

[37] 张云. 岩质高边坡开挖控制爆破技术及动力响应研究 [J]. 西北水电，1995，4.

[38] 范中原. 岩质高边坡勘测及监测技术方法研究 [J]. 水力发电，1998（3）：54 - 56.

[39] 张现平. 岩质高边坡预应力快速锚固技术研究 [D]. 西安：西安理工大学，2002.

[40] 李祥龙. 层状节理岩体高边坡地震动力破坏机理研究 [D]. 武汉：中国地质大学，2013.

[41] 李欣丰. 堆积体高陡边坡开挖稳定性分析与加固技术研究 [D]. 长沙：湖南大学，2014.

[42] 王明月. 高边坡的安全控制与优化设计 [D]. 北京：北方工业大学，2014.

[43] 戴熙. 高边坡稳定性分析及其加固措施的研究 [D]. 包头：内蒙古科技大学，2007.

[44] 贺传仁. 岩质高边坡稳定性分析及综合治理的研究 [D]. 长沙：中南大学，2013.

[45] 朱继良，黄润秋，阮文军，等. 西南某大型水电站拱肩槽边坡开挖的变形响应研究 [J]. 工程地质学报，2009，17（4）：469 - 475.

[46] 李晶. 雅砻江锦屏一级水电站左岸坝肩边坡支护效应研究 [D]. 成都：成都理工大学，2011.

[47] 黄海峰. 高压固结灌浆在坝肩地质缺陷处理中的应用 [J]. 水力发电，2009（9）：73 - 74.

[48] 赵斌，李丽洁. 小湾水电站右岸基础固结灌浆处理与效果分析 [J]. 中国水利学会地基与基础工程专业委员会第十一次全国学术技术研讨会论文集，2011：184 - 189.

[49] 何建明，智立新，孙磊. 构皮滩水电站左坝肩地质缺陷深层处理 [J]. 人民长江，2008，39（9）：26 - 28.

[50] 王胜. 锦屏一级水电站左岸抗力体地质缺陷及加固处理技术研究 [D]. 成都：成都理工大学，2010.

[51] 魏建周. 小湾电站坝肩抗力体施工期监测信息在开挖中的应用 [J]. 探矿工程（岩土钻掘工程），2009，1：318 - 323.

[52] 杨剑锋，王国平，陈芙蓉. 左岸抗力体网格置换洞（井）施工监理 [J]. 人民长江，2009（18）：66 - 68.

[53] 陈红琼. 小湾水电站边坡锚固试验实录 [J]. 红水河，2007，26（B10）：28 - 30.

[54] 方伟，代丽华. 小湾水电站边坡锚索施工 [J]. 西北水电，2010（5）：38 - 41.

[55] 薛忠，郭万里. 小湾水电站不良地质条件下的预应力锚索施工 [J]. 水力发电，2004，30（10）：59 - 61.

［56］ 张德圣，姜玉松，吴诗勇. 小湾水电站堆积体边坡支护与锚索技术应用［J］. 水利水电科技进展，2011，31（2）：66-70.

［57］ 柯玉军. 锚杆检测技术研究及应用［D］. 兰州：兰州大学，2006.

［58］ 朱晓旭. 特高拱坝开裂分析方法与应用［D］. 北京：清华大学，2011.

［59］ 王国进，刘东勇，陈宗荣，等. 小湾拱坝拱座稳定与工程处理［J］. 水电 2006 国际研讨会论文集，2006：268-273.

［60］ 王文忠，冉启发，孙世国，等. 高陡软岩边坡控制与智能匹配优化设计技术［M］. 北京：科学出版社，2008.